动物源食品安全丛书

畜禽产品中致病微生物风险评估与控制

主 编 | 王君玮 赵 格

主 审 | 郑增忍

U0189678

Risk Assessment and Control of
Pathogenic Microorganisms
in Livestock and Poultry Products

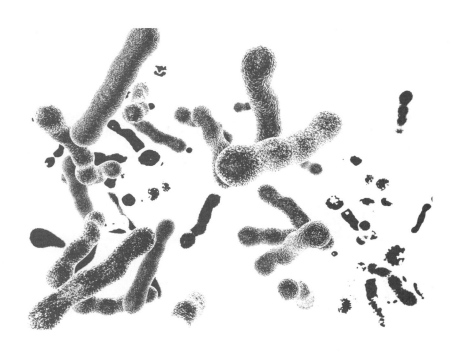

中国轻工业出版社

图书在版编目（CIP）数据

畜禽产品中致病微生物风险评估与控制／王君玮，
赵格主编. —北京：中国轻工业出版社，2021. 8
　　ISBN 978-7-5184-3367-4

　　Ⅰ. ①畜… 　Ⅱ. ①王… ②赵… 　Ⅲ. ①禽畜–动物疾
病–病原微生物–致病因素–风险评价 　Ⅳ. ①S858

　　中国版本图书馆 CIP 数据核字（2020）第 264774 号

责任编辑：靳雅帅　王　韧
策划编辑：江　娟　　责任终审：劳国强　　整体设计：锋尚设计
责任校对：吴大朋　　责任监印：张　可

出版发行：中国轻工业出版社（北京东长安街 6 号，邮编：100740）
印　　刷：三河市国英印务有限公司
经　　销：各地新华书店
版　　次：2021 年 8 月第 1 版第 1 次印刷
开　　本：787×1092　1/16　　印张：21.5
字　　数：460 千字
书　　号：ISBN 978-7-5184-3367-4　　定价：88.00 元
邮购电话：010-65241695
发行电话：010-85119835　传真：85113293
网　　址：http://www.chlip.com.cn
Email：club@chlip.com.cn
如发现图书残缺请与我社邮购联系调换
201291K1X101ZBW

本书编写人员

主　　编　王君玮　赵　格

副主编　王　琳　张喜悦　赵建梅

编　　者（排名不分先后）

王　娟　王志英　白　莉　曲志娜

刘俊辉　刘　娜　朱丽萍　孙士营

李新刚　李月华　邹　明　张青青

宋时萍　郑乾坤　高玉斌　徐翩飞

黄秀梅　颜世敢

主　　审　郑增忍

序

  风险评估是多学科交叉、综合推进的新兴领域，是实施风险管理的前提和基础，不仅适用于风险因子的危害识别与评价，还可用于风险关键控制点的锁定和关键控制技术的确立。欧美等发达国家自 20 世纪 70 年代开始探索风险评估技术在食品安全管理方面的应用，20 世纪 90 年代已经全面推广到食品加工领域，并得到世界各国的广泛推崇和国际食品法典委员会（CAC）的采纳。目前，对食品风险因素开展风险评估已成为 CAC 制定食品安全国际标准的一个基本准则。

  鉴于风险评估在食品安全领域的重要作用，2009 年颁布的《中华人民共和国食品安全法》确立了以食品安全风险监测和评估为基础的科学管理制度，明确食品安全风险评估结果作为制定、修订食品安全国家标准和对食品安全实施监督管理的科学依据，制定食品安全国家标准应当依据食品安全风险评估结果，并充分考虑食用农产品风险评估结果。这些规定要求体现了风险评估已经成为食品安全风险管理的重要技术支撑。

  我国于 2003 年开始将风险评估引入农产品质量安全风险评估领域。2006 年正式将风险评估纳入《中华人民共和国农产品质量安全法》，规定"国务院农业行政主管部门应当设立由有关方面专家组成的农产品质量安全风险评估专家委员会，对可能影响农产品质量安全的潜在危害进行风险分析和评估。国务院农业行政主管部门应当根据农产品质量安全风险评估结果采取相应的管理措施，并将农产品质量安全风险评估结果及时通报国务院有关部门"。至此，对包括畜禽产品在内的农产品质量安全风险评估，在我国不仅是一项技术和技术体系，更具有明确的法律地位，已成为我国农产品质量安全科学监管不可或缺的重要技术性、基础性工作。

  为开展好食品安全风险评估，我国学者开展了一系列相关技术研究，部分学者围绕畜禽产品中致病微生物风险也进行了相应探索。但由于从养殖到餐桌全过程和过程中风险管控的复杂性，以及评估中所需关键参数信息、数据和模型的匮乏，使得我国畜禽产品中微生物风险评估总体仍处于初级阶段，亟须有能系统阐述畜禽产品中微生物风险评估的理论、技术和方法的学术专著，以应对畜禽产品中病原危害风险评估工作面临的诸多挑战。令我欣慰的是，中国动物卫生与流行病学中心依托农业农村部畜禽产品质量安全病原危害风险评估团队编写的《畜禽产品中致病微生物风险评估与控制》一书即将正式出版。该团队长期从事畜禽产品致病微生物及其耐药性风险监测、评估和预警技术研究，积累了丰富的数据和研究成果，结合充分调研国内外最新研究文献，系统分析、总结和凝练，形成本书的基础和核心内容。

书中对微生物风险评估架构、评估理论和方法、评估结果应用以及国外微生物风险评估的经验均进行了深入阐述，尤其是从养殖到餐桌全过程中的微生物暴露情景分析和管控措施建议，将为推进我国畜禽产品中致病微生物风险评估与全链条风险管控提供科学指导。本书作者真诚地希望这本书能够成为食品安全风险评估领域和相关行业广大从业人员、学生的有益工具，为推动我国食品安全风险评估相关领域的科研、教学和风险管理决策的发展发挥积极引导的作用。

中国工程院院士

2020 年 10 月

▌ 前言

在所有食品安全事件中，食源性疾病发生率最高，健康危害最大。据世界卫生组织（WHO）发布，全球每年发现的食源性疾病高达6亿例，几乎每10人中就有1人发病，并导致多达42万人死亡。致病微生物由于暴露来源广泛，传播途径复杂，一直是引发食源性疾病的首位危害因素。根据我国卫生与健康委员会历年统计数据，微生物因素引发的食物中毒占比高达60%。归因分析表明，受致病微生物污染的畜禽产品是引发食源性疾病的主要风险来源。我国是畜禽产品生产和消费大国，生鲜畜禽产品是我国居民日常饮食中蛋白摄入最基本的来源。随着生活水平的提高，居民对畜禽产品的需求已经从保证数量转变为追求质量。政府主管部门也将食品安全问题提升到国家安全层面。为普及民众对微生物污染危害和控制的认知，提升政府监管水平，对畜禽产品实施微生物风险评估并在充分评估的基础上开展有效的管控，已经成为当前食品安全领域的普遍期待。

微生物风险评估与控制是国际上针对食品安全问题应运而生的一种食品安全管理方法学理论。它为食品安全问题提供了一套科学有效的宏观风险管理理念和风险评价体系，被认为是继良好卫生操作、危害分析关键控制点（HACCP）体系之后的第三波食品安全风险管理工具。

风险评估是风险分析的重要一环，其有效开展可以为风险管理和风险交流提供充分且有力的指导和依据。欧美等发达国家于20世纪70年代开始探索风险评估技术在食品安全领域的应用。早期的风险评估主要关注于化学品污染，涉及毒理学、流行病学、环境监测与统计建模等。经过20世纪80年代试行，90年代在畜禽屠宰和水产品加工领域开始应用，之后迅速推广到蔬菜、水果等鲜活农产品收、贮、运环节和食品加工领域，并得到世界各国的广泛推崇和国际食品法典委员会（CAC）的采纳。目前，对农产品质量安全和食品危害因子实施风险评估已成为CAC制定食用农产品和食品质量安全国际标准的一个基本准则。

微生物风险评估技术研究和应用相对滞后。20世纪80年代中期至90年代初，美国开始将风险评估技术应用于水源性病原微生物的风险评估。1995年，美国国家环境保护局成立了国家委员会，开始从事微生物风险评估架构研究。2000年左右，欧美国家针对畜禽产品中常见致病微生物风险评估研究已经取得了较大进展，并逐步应用于畜禽产品生产链过程中微生物污染风险的识别、评估和控制措施制定，为畜禽产品的微生物控制和相关风险管理提供了科学指导。

我国于2003年开始将风险评估技术引入农产品质量安全监管领域。2006年，作为重要条款列入《中华人民共和国农产品质量安全法》，成为对农产品质量安全风险隐患、未知危害因子识别、已知危害因子危害程度评价、关键控制点和关键控制技术实施风险评估的法律依据。从目前实施情况看，化学品危害风险评估和部分生物毒素风险评估已经取得很大进展，微生物危害风险评估正朝着系统审视并着力解决畜禽产品整体质量安全问题的方向努力。但是，聚焦影响畜禽产品质量安全的微生物风险因素，我国畜禽产品中的致病微生物风险因子有哪些？这些微生物风险因子在产品中的暴露状况如何？怎么对畜禽产品中的致病微生物开展暴露评估？对标畜禽产品中的微生物风险管控，我国与发达国家存在哪些差距？我们应该如何借鉴发达国家对畜禽产品的风险管理理念等？这些问题，亟须找到答案。

作为部级畜禽产品质量安全病原危害风险评估团队，我们清楚地知道：目前我国的畜禽产品微生物危害风险评估尚处于起步阶段，评估所需基础数据尚不系统，主要的评估工作尚处于定性、半定量或部分定量阶段，尚缺乏适合我国居民的剂量-反应模型和完善的暴露评估数据，尚未完全明确相关的风险类型和风险防控技术。为此，我们在多年从事畜禽产品质量安全风险评估和控制技术研究工作的基础上，充分调研国内外文献，编写这本学术专著，旨在指导有关人员对畜禽产品在从养殖到餐桌全过程中的致病微生物的风险进行科学的评估，改进和完善现有的卫生管理体系，以便对生产全链条的微生物风险进行有效控制，生产出更安全的畜禽产品，避免或减少食源性疾病的发生，促进产品在国际、国内间的正常贸易。

本书共分为7章：第1章对致病微生物风险评估的架构、相关评估常用工具和技术方法进行了介绍。第2章作为风险识别章节，重点阐述了畜禽产品中常见的微生物性危害因子。考虑到食源菌在食品安全领域的特殊媒介作用，以大肠杆菌、沙门菌和金黄色葡萄球菌为例增加了耐药性危害识别介绍。第3章的重点是结合作者多年实施的风险评估和风险监测项目，对我国主要畜禽产品中的致病微生物暴露情景和状况进行了展示，并对如何开展畜禽产品致病微生物暴露评估进行了阐述。第4章和第5章分别介绍了致病微生物的危害特征描述和风险特征描述的理论，并通过实例展示了相关研究方法。第6章重点对如何使用风险评估结果，从风险交流、舆情应对等方面进行了分析。最后，第7章对WHO、欧盟等国际组织以及美国、加拿大、日本在畜禽产品中致病微生物的风险管理和风险预警方面的做法进行了介绍，并对我国目前在该领域的管理状况进展做了对比分析。总体看来，本书不仅系统介绍了微生物风险评估的架构组成、常用技术以及建模方法，还介绍了微生物风险评估如何在风险管理和风险交流中应用，以及国内外在食品微生物风险管控方面的先进做法，更重要的是系统梳理了畜禽产品中常见致病微生物的危害识别和危害特征描述，全面分析了畜禽产品从养殖到餐桌全链条过程中微生物的暴露情景，为我国畜禽产品致病微生物的风险评估，特别是暴露评估及相应的过程控制提供了参考。

本书的完成离不开多年来一些同事和学生持续的数据甄别、收集。书中内容多是来自农业农村部畜禽产品质量安全病原危害风险评估团队多年的监测数据分析及评估技术研究成果。同时，书稿的出版得到国家农产品质量安全风险评估计划、农业农村部屠宰环节质量安全风险监测计划、国家留学人员科技活动择优资助项目、CNAS生物安全风险评估技术研究等多项经费的支持，特别是自2014年以来实施的"国家农产品质量安全风险评估重大专项课题：畜禽产品病原微生物（包括寄生虫）摸底排查与关键控制点评估""'十三五'国家重点研发计划课题：畜禽养殖和屠宰过程中重要人畜共患食源性病原微生物风险评估关键技术和预警模型研究"等项目经费的大力资助，在此一并致谢。

本书旨在为从事食品、农产品生产、加工和监管人员以及风险评估相关从业人员提供更多的信息和参考，使读者了解风险评估相关技术、方法、工具和模型，国内外畜禽产品致病微生物风险评估和管控的现状，风险评估结果在风险管理中如何应用，从而提高读者对畜禽产品中致病微生物风险评估和危害控制的认知能力。希望本书的出版，在推进微生物风险评估领域相关理论和实践发展的同时，能为食品安全、农产品质量安全等相关领域的科研、教学和风险管理决策提供有益的参考。

由于编者研究水平和时间所限，书中疏漏与错误之处在所难免。恳请广大读者不吝赐教，提出批评和修改意见，以便后续修订完善。

编者
2020 年 10 月

目录

1 致病微生物风险评估概述

2　动物源食源性致病微生物的危害识别

3　畜禽产品中致病微生物的暴露评估及暴露状况

4　畜禽产品中致病微生物的危害特征描述

7 国内外畜禽产品中致病微生物的风险预警与风险管理概况

1

致病微生物风险评估概述

"民以食为天，食以安为先"，在全球普遍关注食品安全问题的今天，由致病微生物引发的食源性疾病却呈上升趋势。据世界卫生组织（World Health Organization，WHO）最新发布的数据显示，全球每年发现食源性疾病的病例达 6 亿（几乎每 10 人中就有 1 人），并有 42 万人死亡，五岁以下儿童承受 40% 的食源性疾病负担，每年发生 12.5 万例死亡。而畜禽产品污染携带的致病微生物则是引发食源性疾病的主要原因。

随着国际食品贸易的全球化，畜禽产品的贸易也不断扩大，食源性致病微生物传播的风险也随之增强，食源性疾病已然成为一个严重的全球性公共卫生健康问题。在 2000 年召开的第 53 届世界卫生大会上通过一项决议，请求 WHO 及其会员国将食品安全作为一个重要的公共卫生问题予以足够的重视，决议还要求 WHO 创建旨在降低食源性疾病暴发的全球战略计划，并提出要最大可能地利用发展中国家在食源性因素风险评估方面的信息制定国际标准。WHO 将食品安全问题列为优先考虑范围，开展了一系列食源性致病微生物的风险评估。2019 年在日内瓦举行的国际食品安全与贸易论坛中重申了食品安全对实现可持续发展目标的重要性，要求各国政府将食品安全作为一项公共卫生重点，WHO 协助各国建设预防、发现和管理食源性风险方面的能力，其中第一条措施就是提供关于微生物和化学危害物的独立科学评估，构成国际食品标准、指南和建议的基础，以确保食品的安全性。

微生物风险评估就是为了评定特定人群感染致病微生物引起疾病的风险，并了解其影响因素。微生物风险评估可以确定引发食品安全问题的大小、食品安全水平的高低、主要风险传播来源和途径等信息，以决定是否采取行动和采取什么样的行动。世界贸易组织（World Trade Organization，WTO）在实施卫生与植物卫生措施协定（Sanitary and Phytosanitary Measures，以下简称 SPS 协定）中将风险评估作为一种确保国际食品贸易不会受到不公平的安全要求的工具来发挥作用。食品中微生物危害的风险评估已被国际食品法典委员会（Codex Alimentarius Commission，CAC）确定为重要工作领域。CAC 于 1999 年通过了微生物风险评估工作的原则和指南（Principles and Guidelines for the Conduct of Microbiological Risk Assessment，CAC/GL-30）。微生物风险评估关注食源性致病微生物及其毒素，被应用于制定或修订食品安全标准，制定重点监管食品、发现食品中新的危害等方面的标准以及为食源性疾病的控制提供科学依据。

风险评估是风险分析的科学基础，从 20 世纪 90 年代一经提出，便迅速发展，提高了世界范围内食品贸易安全水平。本章主要描述了致病微生物风险评估的目的与原则、构成、特性和类型，以及风险评估中常用的研究技术、方法与常用工具等。

1.1 致病微生物风险评估基本介绍

1.1.1 致病微生物风险评估的目的

微生物风险评估最主要的目的是"帮助了解和处理微生物风险问题的一种系统分析方法"。在微生物性食品安全中，通常关注的是某种特定食品、致病微生物、加工过程、地域、传播途径或某种复合因素导致的一种或多种影响人类健康的疾病发生率。在其他微生物风险评估中，也可以考虑对社会、环境和经济方面的影响。风险管理者希望通过开展风险评估，获得支持他们做出食品安全决策程序的资料和分析报告。

一项风险评估的目的声明应清晰明确，并应指明风险评估结果的类型，例如一种产品或病原每年可导致发病的病例数，一种产品与其他产品相比的风险等级或采取各种干预措施后预期的风险降低量。如果风险评估旨在找到降低风险的最佳选择，那么目的表述时还应确定在风险评估中要考虑的所有潜在的风险管理干预措施。问题和目的的表述都应在最大程度上指导选择描述风险特征的方法。某项风险评估中所收集到的数据和信息，

可以不同的方式进行组合和分析，以回答不同的风险管理问题。然而，如果最初风险评估的目的不明确，则可能会收集不适当的数据和信息，或进行不当的组合和分析，从而导致不能为风险管理者提供针对某些风险问题而应做出的正确决策。因此，应在风险评估启动之前，明确定义此项风险评估的目的，并由风险评估者向风险管理者进行风险特征的描述，以便收集、整理和分析相关数据和资料。

风险评估是一种判断方法，其作用不一定促进科学知识的提高，但可以及时为风险管理者就某一特殊问题提供一个合理客观可信的状况。所有的风险评估都应该在解决问题的范围内进行评价，即风险管理者希望选择什么样的风险管理措施，那么就有针对性地收集资料来评价这些措施。风险评估的目的是帮助风险管理者做出更有依据的选择，并且对任何利益相关方都有基本明确的决定。当然，不可避免的，某一项风险评估并不能包含风险问题的所有可能信息。在某些情况下，风险管理者可能需要一种非常快捷的风险评估。这时，尽管存在高水平的不确定性，尚不能确定基本的风险是否处于首要位置，但是评估结果已经可以让他们做出某种决定。

一般来说，一项特定的致病微生物风险评估的目的有以下三种类型。

（1）评估"无限制风险"或"基线风险"。

（2）比较风险管理措施。

（3）科研型研究或模型。

以上三种类型，既可以被用于"内部"目的，也可以被用于"外部"目的。内部目的包括在一个组织内制订重点、分配资源等行为，且风险评估不公开。外部目的则是用于影

响更多利益相关者，如负责修改法规的人员或用于学术培训，这些评估通常是公开发表的，且受到同行评议。

1.1.1.1 评估"无限制风险"或"基线风险"

"无限制风险"估计是在没有保障措施的情况下可能出现的风险水平；"基线风险"是估计在当前、标准或参考状态下，各种干预措施的效益和成本可以比较的基点。无限制风险的概念在进口风险分析中得到了最广泛的应用，可见它具有更明显的实用性。

微生物风险评估的实际出发点是估计现有风险水平，即在不改变当前体制的情况下评估微生物对食品安全所构成的风险水平。这类风险估计最常用于基线风险，如果需要，可以据此对干预策略进行评估。以当前风险为基准有很多优点，其中最容易的是通过估计条件变化后的风险水平相对于现有风险水平的变化，即可以避免将两种情况下的风险水平都明确量化。无限制风险评估，即如果不采取任何控制措施来控制的风险水平（有时也称为固有风险），它可能在确定现有微生物食品安全风险管理方法与整个新系统相比，在有效性方面发挥作用。随着人们对传染病成因了解的增加，在消费者和行业层面都已实施了许多控制措施以尽量减少食源性疾病。虽然很难想象在完全无控制措施的假想世界中去实际评估微生物的风险水平，但是该原理是有效的，将已经识别并量化的"原始"风险作为出发点，可以有很多控制风险的组合措施供选择。

基线风险或无限制风险的评估并不只是直接用于风险管理，更希望其用来衡量或界定某一食品安全问题的严重性。理论上虽不必为了评估干预策略而确定基线风险，但实际上几乎总是会这样进行。风险归因是一个密切相关的分析，它在多个竞争性因素间分配已识别的风险。不同产品中特定致病微生物的风险归因可用来对产品进行风险排序，这有助于管理人员确定最重要的风险食物来源，以便更有效、经济地控制病情。

1.1.1.2 比较风险管理措施

通常风险评估是用来帮助风险管理人员了解哪种干预策略可以最好地满足食品安全的需要，或者当前的风险管理措施是否足够。理想情况下，负责食品安全的机构将考虑整个食品链中所有可能的风险管理干预措施，而不考虑谁有权制订这些措施。从农场到餐桌的模型可能最适合此目的，但实际上，评估的范围可能仅限于风险管理者权限范围内的食物链部分。对于某些风险问题，流行病学数据分析或部分食物链模型可能就足以进行一些风险评估，以确定现有食品安全法规和现有干预策略是否适当或最适当，以及是否需要对其进行审查。

风险管理措施的评估通常基于基线风险评估与采用各种替代策略可能导致的预测风险的比较。首先是构建并运行基线模型（即"无干预"方案）以评估风险，然后更改选定的模型参数以确定可能的干预措施的效果。这两种风险估算值之间的差异表明了拟议干预措施对公共健康的益处，可以以类似的方式对干预措施的组合进行研究，以确定其联合效果，从而找到最佳策略。

微生物风险管理干预措施包括以下几点。

（1）家畜的疫苗接种。

（2）危害分析关键控制点（HACCP）和

类似的过程控制方法。

（3）冷藏、保质期和最佳食用日期的规定。

（4）制定微生物标准。

（5）对于限制致病微生物的生长采用"栅栏定义"。

（6）产品的可追溯性标签。

（7）消费者科普教育，特别是高风险消费者。

1.1.1.3 科研性研究或模型

前面提到的风险评估是一种决策工具，而不是科学或研究工具。某些基于研究的风险评估旨在扩展评估风险的知识或技术。这些风险评估可以基于假设性或真实决策问题，并根据对这些问题的回答进行结果评估。然而，这类风险评估并不都是由"风险管理者"发起的。

现有的许多大型微生物食品安全模型是为学术活动制作的，这些模型让我们了解了必需的技术并开发新技术，刺激现有风险评估背景下被视为有价值的研究，从而有助于推动微生物风险评估领域的发展。在某些情况下，风险管理人员随后可使用这些模型来协助风险管理决策。好的风险评估需要进行研究，同时，风险评估也有助于识别目前存在的知识差距以及需要了解更多信息的地方。特异或非特异的风险评估，可以识别研究需求、确定研究重点和设计委托研究。

1.1.2 致病微生物风险评估的一般原则

国际食品法典委员会（CAC）1999年发布的《微生物风险评估准则和指南》规定了微生物风险评估的一般原则，我国2007年参考制定了国家标准，规定了微生物危害性评估的原则。致病微生物风险评估的一般原则为以下11项。

（1）微生物风险评估应该完全地基于科学。

（2）在风险评估和风险管理之间的职能应该分别执行。

（3）微生物风险评估应该依照结构化方式建立，其中包括危害识别、危害特征描述、暴露评估和风险特征描述。

（4）微生物风险评估应该明确说明评估目的，包括将会产生的结果效应。

（5）微生物风险评估的行为应该是透明的。

（6）应确定成本、资源和时间等任何对风险评估造成影响的限制，并描述其可能后果。

（7）风险评估应该包含不确定性的描述，以及风险评估过程中不确定性的来源。

（8）数据应能确定风险评估中的不确定因素，数据和数据收集系统应该尽可能保证准确和精确，使评估中的不确定性减到最小。

（9）微生物的风险评估应该直接考虑到微生物在食品中生长、生存和死亡的动态性，以及在随后消费中人及相关消费品成分之间交互作用的复杂性，及进一步增殖的可能性。

（10）在任何可能的情况下，应通过与人类疾病数据的跟进比较，对风险进行重新评估。

（11）在获得新的相关信息时，需要重新进行微生物的风险评估。

1.1.3 致病微生物风险评估的开展步骤与要素

1.1.3.1 风险评估步骤

致病微生物风险评估是一个利用多学科

方法探索的过程，包括微生物学、流行病学和统计学等，其目的是为了评定特定人群感染微生物而引发疾病的风险，并了解其影响因子。微生物风险评估过程一般科学地基于以下步骤。

（1）目的陈述。

（2）危害识别　可能引起有害健康的微生物的确定。

（3）暴露评估　食用的食物中微生物的摄入量。

（4）危害特征描述　评价存在于食物中的微生物的危害，如果可能，应该进行剂量-反应评估。

（5）风险特征描述　既定人群患病的可能性和严重性。

（6）风险评估报告的形成和提交。

德国联邦风险评估研究所（BfR）提出在拟开展畜禽产品/食品安全风险评估时，可以遵循如下程序，包括：识别风险→选择合适的问题→概述风险评估路径→收集数据→确定使用的风险评估方法→评估风险→以透明的方式记录并解读评估结果，并针对评估结果进行沟通交流。

1.1.3.2　风险评估要素

开展风险评估时，BfR《健康评估指南文献》（2010版）（*Guidance Document for Health Assessments* 2010 Edition）对典型风险评估要素做如下要求。

（1）危害识别　在这部分，可能的风险源或称风险因素、危害因子，例如产品、化学物质（混合物）或微生物的特征，通常包括以下内容。

①该危害因子的识别，如化学的、生物学的或物理的危害。就致病微生物而言，主要是病原体的特性，包括致病微生物的致病性、毒力因子、最小感染剂量以及抵抗力等。

②危害因子在环境中、动物种群和/或食物链中流行的情况、流行强度等知识。

③对于致病微生物来说，病原体-食物组合以及食品工艺对病原体的影响。

④根据风险源（如产品、化学物质、微生物等）预期使用和可预见的使用目的，进行的对风险因素的发生、产生和应用情况的描述。

（2）危害特征描述　本部分主要考虑风险源预期的用途（例如，被评估的对象——产品），对风险源的潜在危害和致病机制进行描述，包括有关可能的不利健康的影响或其他不利影响、疾病病例发生率及其并发症（如果适用）的信息，提供了关于可能对健康造成不利影响的严重性、持续时间和临床症状的意见。

提供相对于剂量的效应或反应关系，这种特征的描述方式是目前比较能反映当前风险评估中的危害性描述的，如下所示。

①毒性动力学/药物动力学：包括药物的吸收、分布、代谢和排泄。

②毒性作用：包括急性毒性、重复剂量毒性、基因毒性、致癌性、生殖毒性。

③感染效果：致病性、传染性。

对于致病微生物风险的剂量-反应评估，必须描述病原体的相互作用（考虑到其最小感染剂量和毒性因子），包括与基质相互作用（例如病原体在某种食物中的生长）和与人类相互作用（例如免疫状态和年龄）。

进行危害特征描述时，还应解释毒理学和流行病学参数。必要时，还要描述与人类健康有关的限量，如可每日允许摄入量（ADI）。这些资料都是对评估人类健康的风险因素很有帮助的。最后做出结论时，应根据所有现有的资料信息，并考虑到个别情况的数据质量和所用的方法进行确定。

（3）暴露评估　本部分是对风险因子在某一类人群中的暴露情况进行评估，主要基于以下几个方面。

①在考虑到年龄和体重的情况下，暴露人群方面的信息，还有消费者、用户、病人和孕妇等不同暴露情况的信息。

②有关该风险源的流行情况资料，例如，哪类产品会带来这种风险。

③关于食品消费数据和其他有关暴露频率的信息。

④饮食习惯信息。

⑤关于某种风险因子和/或食品或其他产品中的残留浓度的定性和定量发生信息。

（4）风险特征描述　包括以下几个方面的概括信息。

①受影响人口或部分人口的描述。

②不良事件发生的概率，适用时，发生的频率和持续时间。

③评估的类型和导致不良健康的影响的严重程度。

④可能产生的有害健康的影响的可逆性。

⑤因果关系的经验证据。

⑥现有数据的类型和质量，以及可变性和不确定性。

⑦风险的可控性。

1.1.4　致病微生物风险评估的特性

每一个风险评估都是独一无二的，依据

"1.2 致病微生物风险评估的架构构成"中的风险评估一般原则，致病微生物风险评估又具备科学性、变异性和不确定性等特征。

1.1.4.1　科学性

充分依据科学数据是风险评估的一个主要原则，这决定了风险评估具有科学性。将来源合理、质量良好、详细且具有代表性的数据进行系统地分析，适当的时候辅以科学文献或已被接受的方法进行描述或计算，获得科学的评估结果。

当委托一项风险评估工作时，通常不能获得完成该任务所需的足够数据资料。虽然评估者在执行时会尽力填补缺失的数据来完成评估，但评估过程中还是会在某些步骤中不可避免地运用一些假设。这时，这些假设必须尽可能地保持客观，符合生物学原理和一致性，而且任何假设都应该公开并形成记录。这样，也就决定了科学的风险评估实际上是客观而透明的。风险评估者应深入了解评估中的任何判断所依据的科学资料是否充分，不带有任何偏见，不让非科学的观点或价值观判断影响评估结果。

1.1.4.2　变异性

变异性是指特定群体中，不同个体经历时间或空间变化后某些属性值之间的真实差异，此处群体可能是人、食品或某种致病微生物等。与微生物风险评估相关的可变因素包括产品的存储温度、时间，食品的烹饪方式、亚人群的易感性、消费模式的差异、菌毒种的致病性差异以及生产商对产品的处理程序差异等。

变异性也就是一个观察值和另一个观察值不同的现象。如，三种不同温度和湿度条件下，微生物生长的状态不同；不同人们对同一食品的消费量不同；人群对危害因子的易感程度不同，这些都会导致风险产生变异性。

当风险的可辨别差异是由已知因素造成时，采用"分层"的方法是在风险评估范围内解决某些因素变异的可行性方法。例如，人群可根据年龄、文化和其他因素分成不同亚人群，每个亚人群都可表述为一个变量，有着不同的均值和范围。如果找到的差异可能对风险和潜在的安全保护造成显著影响，则应考虑根据这些差异分类别地对风险特征进行描述。变异原则上表示为可变因素的一系列不同的值，然而，当变异数值非常多时，也可以用频数分布来表示变异性。

变异是很重要的，因为它反映了不同个体有着不同的暴露风险，不同加工方法也会产生不同的风险。对个体间变异的了解，有助于深入了解暴露人群中暴露最多或风险最大的亚人群，如实施干预可有助于指向特定的层级（如儿童或老人），而且通过实施针对可控变异的干预策略，就可能降低最高暴露水平从而降低风险，如降低贮存温度或减少贮存时间，可以减少贮存期间致病菌的生长。

1.1.4.3 不确定性

不确定性也就是未知性。由于现有可用的评估数据不足，或者对生物学现象了解不充分，都会导致评估结果的不确定性。例如，评估某种新病原微生物的危害时，由于缺乏人类流行病学数据，科学家可能就会依赖小鼠的毒性试验数据来进行评估，这对于人群的风险评估就造成了不确定性。风险评估者应该对评估中的不确定性及其来源进行明确描述。风险评估还应描述默认的假设是如何影响结果的不确定度的。

缺乏对真实数据的了解造成了评估中的不确定性，也可以说是认识的或主观的不确定性。通常认为变异性是研究系统的属性，而不确定性是分析人员的属性。分析人员有不同的知识水平，或者对资料和测量技术的使用能力不同，决定了他们评估预期的不确定性不同。

对不确定性的正确理解非常重要，因为它体现了认知的不足将如何影响决策。当不确定性达到使决策取向变得模棱两可时，就有必要收集更多的数据或进行更多的研究，降低不确定性。

不确定性不仅与评估模型的输入值有关，还与评估中的假设情形和采用的模型本身有关。假设情形不确定性的来源包括对相关危害、暴露途径、暴露量和暴露人群以及时间和空间等度量的潜在错误说明；模型的不确定性来源包括模型结构、细节、解决方法、确认、推断及模型中纳入或排除的界限等。

风险评估中不确定性的示例有以下几种。

（1）系统误差。

（2）随机误差 随机测量误差导致的不确定性可以通过增加测量来降低。

（3）缺乏经验基础 对于一些无法直接试验和观察的问题，通常需要根据现有基础做出假设。如当不能获得人群数据时，可使用替代数据，替代数据的不确定性可通过专家判断描述。

（4）依赖性和相关性 当存在一个以上不确定量时，这些不确定量又存在统计或函数上的相关性，在建模时无法正确预计输出变量，就造成了依赖或相关的不确定性。

（5）不一致性 用于模拟系统的数据或可选用的理论基础有限时，专家可能无法在数据结果的范围和可能性上达成一致，这时最好分别研究专家的不同意见，以确定是否会造成问题结果的本质不同。

每个风险评估的结果都有一定的不确定性。即使描述模型和参数的不确定性都透明，评估者也描述了这些因素如何影响不确定性，但是，不确定性的客观存在，依然会影响风险管理者对风险评估结果或其应用局限性的信任程度。因此，风险评估不仅要描述不确定性，还要说明不确定性对风险结果可信度和风险决策的影响。

不确定性可以用"低""中""高"等方法表述，"低""中""高"的界定可以参阅以下方式。

低：存在可靠、完整的数据；多个文献中给出了有力的证据；作者所报告的结论相似。

中：有一些数据，但是不完整；少量参考文献中给出了证据；作者结论各不相同。其他相近领域有类似可靠、完整的数据。

高：数据不足或没有数据；未发表的报告中根据观察或个人沟通交流获得了部分证据；作者得出的结论大相径庭。

1.1.5 致病微生物风险评估的类型

微生物风险评估是利用现有的科学资料、调研数据以及适当的试验方法，对因食品中某些致病微生物因素的暴露，而对人体健康产生不良后果的识别、确认以及定性（或定量），并最终做出风险特征描述的过程。微生物风险评估的类型按其评估方法可以分为定性风险评估、半定量风险评估和定量风险评估。评估者可以根据不同的评估需求及其对数据资料的掌握程度来选择不同的方法。

1.1.5.1 定性风险评估

定性风险评估（Qualitative Risk Assessment）是最简单、最快速的风险评估方法。它是根据风险的大小，人为地将风险分为低风险、中风险、高风险等类别，以衡量对人类健康影响的危害大小。定性风险评估通常用于筛查风险，决定是否值得深入调查。

定性风险评估一般在考虑以下几个原因时采用：一是需要更快、更容易地完成评估；二是让风险管理者更容易理解，更易于向第三方解释；三是实际数据缺乏，不可能采用定量风险评估；四是缺乏风险评估的数学模型或计算模型，缺乏资源或可替代的专业知识。

定性风险评估并不是简单地对所有可获得的有关风险问题的信息进行文献综述或描述。它需要得出基线风险结果的概率及（或）提出降低风险的策略等结论。国际食品法典委员会（Codex Alimentarius Commission，CAC）和世界动物卫生组织（World Organization for Animal Health，法语缩略词 OIE）都指出，定性和定量的风险评估具有同等效力，但两个组织都未解释在何种情况下定性和定量具有同等效力。因此，风险评估者对定性风险评估应用的方法以及等效的标准仍存在一定的争论。

一般来说，最初可以先行采用定性风险评估，如果必要，后期再进行定量风险评估。还有某些情况，如按照定性风险评估中已经收集的信息证明实际风险已经接近于零，那么当前就不需要继续开展更多的工作；反之，证据显示风险已经达到不可接受，必须采取保护措施时，可同样将定性风险评估作为首要步骤，快速寻求并实施经专家确认可即刻见效的保护性措施。

可应用"专家诱导"过程进行定性风险评估。综合专家的知识，并描述一些不确定性，至少可进行相对风险的分级或划分风险类别。只有当评估者了解了如何进行定性风险评估后，才有可能成为风险管理者的有效工具。

定性风险评估已广泛应用于动物及其产品中致病微生物危害的风险评估，其意图是评价动物产品中致病微生物的风险是否已经到了不能接受的程度，是否需要由此而应用一些保护性措施，如烹饪、冷冻、检测或完全禁止销售等。通常情况下，这种评估并未将对人类健康的影响作为风险评估重点。

1.1.5.2　定量风险评估

定量风险评估是一种根据致病微生物污染状况及其引发人类感染性状的调查资料或实验数据，并利用数学模型对微生物的摄入量与其对人体致病的概率以及二者之间的关系进行描述的方法。

定量风险评估是风险评估的最优模式，其创新性就在于基于预测微生物学和数学模型的定量风险评估量化了整个食品生产、加工、消费链中所存在的致病微生物危害，并把这一危害与因其所导致疾病的概率直接联系起来，其结果为风险管理政策的制定提供了

极大便利。早在 1988 年，国际食品微生物标准委员会（ICMSF）就特别指出，如果先让危害分析有意义，就必须进行定量。

定量风险评估可以是确定性的，即用平均数或者百分数这种单一数值来描述模型变量；也可以是概率性的，即用概率分布来描述模型变量。目前，大多数微生物相关风险评估的文献资料、指南和经典案例都是概率性的定量风险评估。风险的定量确定必须以某种形式将风险的两个定量部分结合起来表述，这两个定量部分分别是出现风险的可能性和风险导致的影响大小，也就是严重程度。

定量风险评估通常可以提供更多的信息。与定性和半定量风险评估相比，能够以更精细的细节和解决办法来处理已认定的风险管理问题，并且更有利于对不同的风险和风险管控措施进行准确的比较。然而，过于详细通常会花费更长的时间来完成，这无疑会降低模型所涵盖的范围，增加理解的难度。定量风险评估也可能依赖于主观性的定量假设，这些定量结果的数学精确度无意中又过分强调了准确度的实际水平。总之，定量风险评估具有很多明显的优点（表 1.1），是制定相关微生物限量标准的重要参考，也可为风险管理政策的制定提供重要依据。

表 1.1　定性、半定量与定量风险评估类型的比较

定性风险评估	半定量风险评估	定量风险评估
数据密集性可能较小	不要求精确的定量数据	需要有证据的定量数据、统计或其他数字汇总
不需要高超的数学技能	需要一些数学技能	需要一些定量分析的技能

续表

定性风险评估	半定量风险评估	定量风险评估
不需要计算机	需要计算机	需要计算机
更加主观	介于定性和定量	通过数字方式表达，更好解读
相对来说耗时较短	介于定性和定量	可能需要花费更长的时间
文字描述、易于理解	结合排序，易于理解	数字解释较有难度，沟通交流很重要
使用文字描述概率和后果，如，可忽略不计、非常低、低、中等、严重、高等，通常更加难以进行结果比较	通过分类或数字方式描述事件发生的概率和后果。使用文字描述概率和后果，如，极低、低、中、高、极高，或者使用范围，如 0~5	通过数字描述概率和后果，结果比较更加方便
可以快速描述风险大小，支持下一步工作	可很好地应用于优先排序或风险大小排序	通过数字表述更加引人注意，并可以进行敏感性分析；提供不确定性和变异性的数值范围
不存在或缺乏定量信息时有用，有时定性风险评估即足以满足要求	在没有大量的定量信息时非常有用，但往往存在争议	有些情况下，开展定量风险评估可能是不需要的

1.1.5.3 半定量风险评估

半定量风险评估（Semi-quantitative Risk Assessment）就是通过评分评价风险，为定性风险评估的文字评估和定量风险评估的数值评估的一种折中。与定性风险评估方法相比，半定量风险评估提供了一种更为严格和一致的方法对风险及其管理策略进行评估和比较，避免了定性风险评估可能产生的一些含糊不清的情况。与定量风险评估方法相比，它不要求更高的数学技能，也不需要相同的数据量，所以在缺乏精确数据的情况下，可以采用这种半定量方法进行风险评估。

半定量风险评估需要定性风险评估时的所有数据收集和分析活动，因此有时候也被划入定性风险评估的范畴。实际评估实施过程中，一般很难充分描述这两种评估方法在结构以及客观性、透明性和重复性的相对水平方面的重要区别。

半定量风险评估通常是根据风险因素发生的可能性、影响（严重性）来进行风险分级，并针对效力对降低风险的措施进行分级，这种评估方法是通过预先确定的评分系统实现的。以消费鸡肉可能暴露于沙门菌感染的半定量风险评估为例，赋分系统如表 1.2 所示。评分系统中对人们感知的风险进行分类，不同类别之间有合乎逻辑的明确的层次。

表 1.2 半定量风险评估评分设置示例

评估发生的可能性分级	得分	情况描述
可忽略不计	0	几乎一定不会出现病原体暴露的情况
极低	1	极不可能出现病原体暴露情况
非常低	2	病原体发生暴露的可能性非常小
低	3	病原体暴露不可能发生
中等	4	病原体暴露可能以均匀概率出现
高	5	病原体暴露发生的可能性非常大

半定量风险评估一般用于试图优化现有资源分配的情况，尽量在某一组织控制下降低一组风险的影响。通常采用两种方式：一是将风险列于一类图中，将最重要的风险与不太重要的风险分开；另一种是比较采用降低风险策略之前和之后所有风险的总分，从而确定次级策略是否有效或是否值得。半定量风险评估已经成功地应用于不同领域的风险评估中。

与定量风险评估相比，半定量风险评估由于通常没有必要获取完整的数学模型，因而具有评价更大风险问题的优势。某些情况下，完整的定量风险评估的结果可被纳入半定量风险评估中，尽管会缺失掉一些定量的精确度，如概率值和影响，但能够在一个分析中审查各种风险和可能的风险管理策略，使风险管理者对这一问题有更宏观的视角，也有助于制订更加全面的战略。

1.1.6 致病微生物风险评估所需要的资源

进行致病微生物风险评估需要一些基本能力。国际层面进行的风险评估可以通过提供模型或构建模块来帮助不同的国家开展评估工作，然而，具体的致病微生物风险评估通常需要国家或地区特定的数据，所需的基本能力包括以下内容。

（1）具备专业知识 虽然评估可能由一个人或一个小团队进行，但通常需要一系列其他专业的知识。根据评估任务的不同，可能包括训练有素的风险评估人员、建模人员、数学专家、统计人员、微生物学专家、食品技术人员、动植物卫生领域专家、农业领域技术人员、流行病学和兽医流行病学专家、公共卫生领域专家，以及为具体项目确定的其他领域的专家。

（2）了解风险评估的需要、使用和限制的风险管理人员和决策者在适当的风险管理框架下工作，无论是政府还是企业。这个框架必须易于进行数据收集、决策和实施。

（3）财务和人力资源 及时完成风险评估，并达到可接受的水平，为风险管理决策提供有用的支持。

（4）沟通渠道 技术专家、风险管理人员和风险评估人员之间需要进行良好的沟通，以促进数据和知识的有效交换。

（5）信息技术 需要计算设施、硬件和软件以及进入适当的信息网，以便收集、整理和处理数据，并以适合结果交流的形式提供输出，应包括利用国际网络和国际数据库。

（6）如果没有关于微生物危害的相关数据，就需要具备对微生物危害进行监测的能力，包括微生物学专家、流行病学专家、受过培训的现场工作人员和具备一定能力的实验室。

1.2 致病微生物风险评估的架构构成

风险评估是对于个体或群体的危害暴露（物质的或环境的，物理、化学或微生物因子）有关的潜在的有害健康的影响进行定性或定量的表征和估计。根据国际食品法典委员会（CAC）实施微生物风险评估指南的定义，风险评估包含危害识别、暴露评估、危害特征描述和风险特征描述四个部分。以鸡肉中弯曲杆菌风险评估为例，其总体架构模式如图1.1所示。

畜禽产品中致病微生物风险评估和进口动物疾病传播风险评估架构基本相同，但又稍有侧重，二者的差异比较见表1.3。总体来讲，畜禽产品的病原微生物污染风险评估步骤

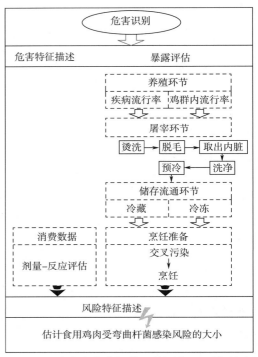

图1.1 鸡肉中弯曲杆菌风险评估过程模式图

与其他领域的风险评估步骤类似，需要在充分危害识别的基础上，进一步进行暴露评估、危害特征描述和风险特征描述，并与风险管理、风险交流共同组成环环相扣的风险分析三大环节（图1.2）。

表1.3 致病微生物风险评估和动物疫病进口风险评估比较

	食品/产品中致病微生物污染危害	进口动物疫病传入评估
资料来源	国际食品法典委员会（CAC）、世界卫生组织（WHO）	世界动物卫生组织（OIE）
应用领域	微生物/化学污染危害评估	各种可能携带的病原传播评估
风险分析步骤	1. 风险评估 　危害识别 　危害特征描述（剂量–反应） 　暴露评估 　风险特征描述 2. 风险管理 3. 风险交流	1. 危害识别 2. 风险评估 　释放和暴露评估 　后果评估 　风险分析 3. 风险管理 4. 风险交流

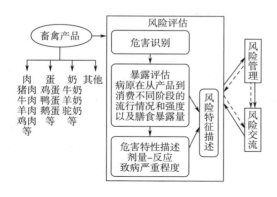

图 1.2　畜禽产品中食源性病原微生物
污染风险分析架构

1.2.1　危害识别

危害识别（Hazard Identification）是对能够引起不良健康影响的生物性、化学性和物理性风险因子的识别，属于发现、确认和描述风险的过程，通过对致病微生物现有的科学数据和信息进行深入审查，明确由其直接/间接引起的危害及其特性。食品法典委员会将食源性危害定义为"可能对健康造成不利影响的食品的、生物的、化学的或物理的因子或特性。"风险评估的危害识别可以确定并描述因食用某种畜禽产品，比如受致病菌或其毒素污染的鸡肉、牛奶，而引起的人群中某种致病微生物感染和毒素中毒的来源。这些致病微生物或其毒素可能来自动物产品生产中动物的感染、粪便污染和更广泛的农场或加工环境中的微生物。

进行危害识别时，应充分获取致病微生物及其风险因子的相关信息，如病原体的特征（包括致病性、来源与传播途径、稳定性、感染剂量、有效的预防措施等）、流行病学数

据、以往风险评估的结果、已发食品安全事故或突发事件的调查结果等。此外，还应结合畜禽养殖、屠宰加工、食品生产、消费等的操作环境梳理分析。图 1.3 列出了"从养殖到餐桌"致病微生物危害识别与优先分级决策过程。

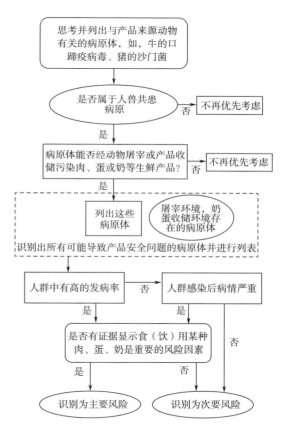

图 1.3　"从养殖到餐桌"病原危害识别与
优先分级决策过程

当危害识别过程中需要考虑大量的潜在危害时，使用自上而下的决策树方法进行危险识别是很有帮助的。决策树方法的主要优点是，当信息有限时能够对病原体进行分类，并且该方法可以清晰地交流。由于决策树的结构

特点，在分析时可能会不包括对最终结果有重大影响的某些因素。例如，初始浓度大小和储存过程中致病微生物的生长程度这些重要的风险因素不包括在这个决策树分析过程中。此外，需要对问题进行了多段分割，以便回答决策树中的问题。如果将上述问题分割应用于风险大小排名，可能会产生误导。此外，通过决策树问题回答可以定性地描述不确定性和可变性，但是在决策树方法的输出中反映其不确定性和可变性并不容易。由于这些限制，在进行风险识别时应该认识到，这里的目的不是试图对危害进行排序，而是要确定需要更加重点考虑的主要危害因素。

经过系统的危害识别，对畜禽产品中的致病微生物危害将有较为全面而又客观的认识。明确危害可能的来源，存在的可能环节，危害发生的表现形式以及具体的疾病表现等，这些信息以书面记录保存下来，可作为后续制订风险管理计划、资料查阅、食品安全追溯等工作的依据。

危害识别的关键在于参加人员的经验、知识水平和对畜禽养殖、产品生产过程的了解程度，以及风险因素的特性（如，是否为一个"全新"的病原体？）和获取的信息的全面性。危害识别时，首先要对拟进行评估领域的前人经验、危害事故和教训的收集、分析和整理，根据各自评估的目的和要求，"从养殖到餐桌"制订并不断完善致病微生物及其危害因子清单。表1.4列出了猪肉、牛肉、羊肉和鸡肉不同畜禽产品相对具有危害性的危害因子。

表1.4　部分畜禽产品危害识别优先关注的危害因子（供参考）

危害因子		产品			
中文名称	英文名称	鸡肉	猪肉	牛肉	羊肉
沙门菌	*Salmonella*	●	●	●	●
致病性大肠杆菌	Pathogenic *E. coli*	●	●	●	●
单增李斯特菌	*Listeria monocytogenes*	●	●	●	●
金黄色葡萄球菌	*Staphylococcus aureus*	●	●	●	●
链球菌	*Streptococcus*	○	●	●	○
志贺菌	*Shigella Castellani*	○	○	○	○
小肠结肠炎耶尔森菌	*Yersinia enterocolitica*	○	●	●	○
弯曲杆菌	*Campylobacter*	●	●	●	○
肉毒梭菌	*Clostridium botulinum*	●	●	●	●
产气荚膜梭菌	*Clostridium perfringens*	●	●	●	●

续表

危害因子		产　品			
中文名称	英文名称	鸡肉	猪肉	牛肉	羊肉
细螺旋体（钩端螺旋体）	*Leptospira*	○	●	○	○
囊虫（也称囊尾蚴）	*Cysticercosis cellulosae*	○	●	●	●
钩虫	*Ancylostome*	○	●	○	○
住肉孢子虫	*Sarcocystis*	○	●	●	○
包虫（也称棘球蚴）	*Echinococcus*	○	○	●	●
旋毛虫	*Trichinella spiralis*	○	●	●	○
弓形虫	*Toxoplasma Gondii*	○	●	●	●
孟氏裂头蚴（也称裂头蚴、孟氏双槽蚴）	*Spirometra mansoni*	○	●	●	○
血吸虫	*Schistosome*	○	●	○	○
绦虫	*Cestode*	○	●	●	○

注："●"代表该产品危害识别时应重点考虑的危害因子；"○"表示该产品一般不会受该病原体污染，危害识别时仅需要适当考虑。

1.2.2　暴露评估

暴露评估（Exposure Assessment）是对可能通过食物饮食或其他来源途径摄入的生物性、化学性和物理性风险因子的定性和/或定量评价。进行暴露评估时，可以采用定性和/或定量方法，评估畜禽产品中致病微生物是通过不同的暴露途径在不同人群中的摄入水平。暴露评估涉及两个重要的参数，分别为畜禽产品中致病微生物的含量和膳食摄入量。进行暴露评估时，应该提供对可能性的定性和/或定量评估以及病原体在产品中的含量水平，并对与暴露评估有关的变异性和不确定性进行说明。评估过程中需要考虑畜禽产品是否有利于致病微生物的生长；是否在后续加工过程中采取不恰当处理；生产加工环境

对微生物生长、消亡的影响；此外，还有环境的温湿度、所附着介质（肉、蛋、奶等）的pH、水分含量、水活度、营养等；消费模式以及与消费模式相关的文化背景、宗教信仰、季节性、年龄差异、地域差异、消费偏好等因素也应充分考虑进去。通过暴露评估还可以确定特定人群在特定时期内消费某种畜禽产品的频率和数量，并可以结合这些信息来估计微生物通过某种产品对人群的危害暴露情况。

暴露评估可以是风险评估的一部分，也可以是一个单独独立的评估过程。例如，当没有可用的信息进行剂量-反应评估时（即危害特征描述），或当风险管理问题只涉及量化或设法减少暴露时，可以单独进行暴露评估。暴露评估的过程可以是多次重复进行。风险管理者和风险评估人员之间的讨论可使最初的问题更加明朗，或针对风险评估需要解决的问题进

行陈述。通过与其他相关方的磋商可以更多地利用新的信息，反过来可以对假设进行修订或做进一步分析。暴露评估工作往往比较具体，可以细化到对一个国家或地区内产品的生产、加工和消费模式。

暴露评估是一个非常复杂的过程。因为致病微生物在不断地生长、死亡，进行风险评估时，很难准确地预测食品消费前致病微生物的数量，需要使用模型并做出预测以便定量估计个体摄入致病菌的数量。然后，结合有消费频率和消费量的消费数据以及产品与致病微生物关系的数据，就可以做出暴露估计。暴露评估不仅可以提供人群消费产品时摄入致病微生物数量的估计，还可以评估加工和制备产品过程中各种风险因素的影响，必要时，需要考虑易感人群和亚健康人群。致病微生物风险评估的暴露评估路径如图1.4所示。

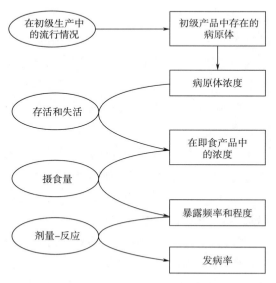

图1.4　致病微生物风险评估的暴露评估路径模式图

1.2.2.1　暴露评估的原则

就内容和时间框架而言，暴露评估的范围应适合于满足其目标和满足风险管理人员的需要。在开始进行评估之前，委托进行评估的人应明确本次评估的目的和范围。

对微生物危害的暴露评估应向风险管理人员提供尽可能不存在偏见的暴露"最佳估计"，并对评估中的不确定性和可变性进行讨论或分析。偏差描述了导致对真实值或平均值一致的过高或过低估计的误差形式。"最佳估计"的基础，无论是平均暴露（平均值），还是最有可能暴露（模式），还是95%的消费者所经历的暴露水平，或其他一些指标，都应该清楚地进行交流，包括说明为什么该指标是暴露的最佳度量。如果偏差无法消除，那么应该对偏差及其无法消除的原因做出清楚的说明。

暴露评估应尽可能地反映真实情况，并能反映可能结果的全部范围（即暴露的可能性和暴露水平），除非风险管理者需要表达关于特定结果的信息，如"最有可能"或"最坏情况"。但是，刻意保守的估计会降低估计对成本效益研究的价值，并降低我们描述风险估计不确定性的能力。但是，这种保守估计在某些情况下可能是有用的，例如为了更好地理解降低风险的影响。

详细描述不确定性和可变性对于正确理解和适当使用暴露估计是非常重要的。因此，重要的是在暴露评估中尽可能确定这些因素，并讨论这些因素对暴露评估的影响，并在最终的暴露评估中提供对不确定性和可变性的描述。

为了使暴露评估过程更加透明，需要对整个暴露评估过程做好详细记录，包括数据来源、评估结果、暴露评估所用的模型和所做的任何假设，包括这些假设对暴露评估结果的影响。

1.2.2.2 暴露评估的目的

暴露评估可以根据目的的不同，有针对地进行，例如：

（1）作为风险评估的一部分，结合危害特征描述进行评估，以便评估与病原-产品组合相关的风险。

（2）将产品中微生物危害的程度与消费者随后的潜在暴露联系起来。暴露评估方法可应用于在国际贸易中流通的食品，以评估卫生措施的等效性，并证明与出口产品相关的暴露水平是否符合进口国要求的保护水平。

（3）确定哪些干预措施或控制措施可能最有效地降低特定产品中微生物危害的暴露水平。

（4）在减少对特定微生物危害的暴露方面比较降低风险的措施效果，或比较不同加工工艺和食品造成的暴露水平。

（5）比较由不同途径造成的暴露水平（交叉污染与初次污染；不同的污染来源；不同的产品等）。

（6）确定信息需求并确定研究活动，以改进对危害的暴露或控制的估计，或两者兼而有之。

（7）确定饮食中可能使人体暴露于微生物危害有重要贡献的产品。

（8）评估当前保护措施的有效性。

（9）在危害分析与关键控制点（Hazard Analysis Critical Control Point，HACCP）系统控制过程中，识别和验证潜在的关键控制点（Critical Control Point，CCPs）。

开展评估时，应针对定义明确的风险管理问题或多个问题进行评估。如果这类问题还没有明确说明，就需要与风险管理人员进行进一步讨论，以确定需要哪些信息来支持风险管理人员必须做出的决定，以及需要进行何种类型的工作来提供这些信息。根据风险问题，可能包括提供监测数据或流行病学数据，可以通过定性风险评估或定量生产-消费模型。即使完全需要进行定量风险评估，也最好从定性评估方法开始，以便更好地确定工作的性质、可行性和满足风险管理人员要求所需的时间。

向暴露评估人员提出的问题，以及可用的时间、数据、信息和人力资源，决定了所用的方法（定性或定量、确定性或随机性等）和必要的或可达到的详细程度。暴露评估的目标可能是提供对特定人群中致病微生物暴露程度的估计，但也可能仅限于对一个或几个处理步骤的评估。

1.2.3 危害特征描述

危害特征描述（Hazard Characterization），也称剂量-反应评估，是对畜禽产品中可能存在的生物、化学和物理因素对人体健康和环境生态所产生的不良反应进行定性或/和定量评价。对微生物风险评估来说，危害特征描述关注的重点是致病微生物及其毒素。危害特征描述无论是作为微生物风险评估的一部分，还是作为一个独立的过程，都是描述了摄入致病微生物可能导致的人类健康的不良影响。通常情况下，应包括剂量-反应关系和不良后果概率方面的定量信息，也就是随机的一个人在暴露于特定数量的病原体后受到感染或患病的概率。可用于建立剂量-反应关系的数据类型包括人工饲喂动物和人类口服感染研究获得的数据，还有流行病学数据，例如来自暴发调查的数据，这些数据一般包含了对病原体摄入量的估计。

当一种新的病原体出现时，要对其进行危害描述，一般没有太多的现成信息可以利用，需要通过临床数据、流行病学以及实验动物研究等快速获取各种数据。具体研究过程中，可能需要生态学、生理学、生长特性、检测方法和鉴别微生物种属等方面的内容。

对畜禽产品中可能受到病原污染进行的危害特征描述时，应考虑（但不限于）以下因素。

1.2.3.1 病原、宿主和食物因素

（1）微生物的传染性、毒力和致病性可能引起感染的剂量取决于多种因素，包括毒株的毒力、摄入方式以及个体易感性。进行危害特征描述判定是否感染时，应将有表现症状和没有表现症状的情况均考虑进去。

（2）宿主特征　包括易感性、年龄、性别等因素。比如，摄入致病病原体时，老人、儿童和患有免疫系统缺陷疾病（如艾滋病和癌症的患者）的人更易患病。

（3）人口和社会经济因素　包括种族、地方环境因素、从业人员、季节以及区域发达程度。比如，在 WHO 开展的鸡肉中弯曲杆菌感染评估中，已观察到不同种族之间感染率的差异。与欧洲人和其他种族的人相比，太平洋地区的人对弯曲杆菌有更低的感染率。

（4）健康因素　不同的健康因素可能影响宿主的易感性，包括免疫、并发感染、药物和潜在疾病。

1.2.3.2 对健康不利的因素

对健康不利的因素包括急性胃肠道疾病、细菌耐药的影响以及病死率等。

本部分具体的介绍详见第 4 章。

1.2.4 风险特征描述

风险特征描述（Risk Characterization）是指致病微生物或其致病因子对特定人群产生不良作用的潜在可能性和严重性的定性或定量的估计。CAC 将其定义为"根据危害识别、危害特征和暴露评估，对某一特定人群已知或潜在有害健康影响的发生概率和严重性进行定性和/或定量估计，包括伴随的不确定性。"风险特征描述整合了危害识别、暴露评估和危害特征描述步骤中收集的信息，以估计由于食用畜禽产品（鸡肉、猪肉、牛奶等）可能发生的不良事件。由此产生的风险一般表述为个体风险或每份鸡肉、牛奶等产品的风险。风险评估的结果是在风险特征描述步骤中给出的，这些结果以风险评估和风险描述的形式提供，为风险管理人员向风险评估人员提出的问题提供了答案。这些答案反过来又为风险管理者提供了最佳的科学依据，以帮助他们管理产品或食品安全。

进行风险特征描述时，应具有以下几点。

（1）识别出风险特征的关键问题和特点。

（2）识别出风险特征描述的最优方法。

（3）避免一些常见的风险描述误区。

（4）识别并理解在选择特定风险特征描述措施时可能隐含的假设。

（5）根据风险管理者的需求，准备风险特征描述。

在开展风险特征描述时，应依据危害识别、暴露评估和危害特征描述过程中获取的资

料和结果，对比风险准则来确定风险和/或其大小是否可以被接受。危害识别、暴露评估和危害特征描述的目的就是要回答以下三个问题。

①消费食用后（如，鸡肉）会有什么食品安全问题发生？

②发生该食品安全问题（如，受到鸡肉中污染的弯曲杆菌感染）的概率有多大？

③如果发生了因为消费这个产品（如，鸡肉）而带来的食品安全问题，那么后果是什么？

风险特征描述是风险分析中风险评估部分的最后一步。风险分析包括三个要素，即风险评估、风险管理和风险交流（图1.2）。风险评估是由风险管理人员发起的，并由风险管理人员制定风险评估政策，通过建立特定的风险评估目标和提出特定的问题来对风险评估进行指导。风险管理者提出的问题通常在发现、识别和与风险评估人员协商的反复过程中得到修正和完善。一旦通过风险评估获得了答案，风险管理者就具备了支持决策过程所需的基于科学的信息，以便支持其科学决策过程。

风险特征描述是风险评估的四大要素之一。在风险特征描述过程中，风险管理者提出的大多数问题都得到了解决。"风险特征描述"虽然是一个过程，但过程的结果是"风险估计"。风险特征描述通常可以包括一个或多个风险估计、风险描述和风险管理选项的评估。这些评估选项除了因管理选择引起的风险变化的估计外，可能还包括经济影响的评估和其他内容的评估。

近年来，许多定量微生物风险评估均使用了CAC的风险评估框架（图1.5），这种架

构需要通过"风险特征描述"将来自风险评估的其他三个步骤（危害识别、暴露评估和危害特征描述）的相关知识整合起来，以获得风险的估计。

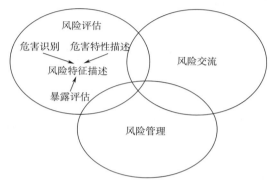

图1.5　根据食品法典委员会定义的风险分析组成部分的示意图

在很多情况下消费某种产品的风险可能存在甚至是不可避免的。风险特征描述需要回答的问题是：风险发生的概率有多大？风险的严重程度有多高？是否所有的风险是可忽略的或是可接受的？

从安全角度考虑，风险可分为"可接受""合理"和"不容许"三种情况。在有些情况下，当风险低至可以忽略时，是可以接受并且不需要主动采取风险处理措施的。有些风险，比如羊肉产品中受到布鲁菌的污染，如果不完全消除，是不容许的，但如果是类似大肠杆菌、沙门菌的污染，可能需要考虑技术上和经济上的可行性问题。技术可行性是指不计成本时降低风险的能力，而经济可行性是指在给定的经济前提下降低风险的能力。

风险特征描述的关键是确定风险准则，通常要基于国家或地方的法律、法规、标准及"惯例"、相关方的承受能力等确定风险准则。目的就是要做出决策，回答风险是否可接受、

如何处理等问题。如，鸡肉产品生产中目前面临的哪些病原微生物污染风险是可以接受的？达到什么样的污染限量是可以接受的？哪些是需要处理的问题？在需要处理的问题中，可以采取的优先方案是什么？

1.3 致病微生物风险评估相关研究技术

早期的致病微生物风险评估受到了信息和技术的限制，只能停留在定性的阶段。随着预测微生物学和剂量-反应关系等数学模型研究的进步，也为开展微生物定量风险评估提供了更先进的技术和更科学的方法。

1.3.1 预测微生物学

预测微生物学是一门结合微生物学、化学、数学、统计学和应用计算机技术的交叉性学科，通过建立模型来描述和预测微生物在特定环境条件下的生长和消亡规律的科学。预测微生物学是暴露评估的一个有用工具，通过建立数学模型来描述不同温度、湿度、酸碱度等条件下微生物的生长、存活或死亡，预测出微生物在整个暴露过程的各个阶段中的污染浓度和变化规律，从而对食品的质量安全做出快速评估。

研究预测微生物学时，要选用一定范围内能代表生产中或引发疾病的最常出现的目标微生物作为研究菌种，收集微生物在不同环境条件下的生长存活数据。影响微生物生长的主要因素有：pH、湿度、温度、空气和有机酸的存在与否。实际上，畜禽产品所面临的环境因素是经常变化的，而且通常是多种微生物混合生长的状况。因此，近年来，在畜禽产品中动态预测微生物学模型和多种菌混合的预测微生物学模型逐渐兴起。

预测微生物学模型表征的是一个动态连续的过程，而模型本身来源于非连续的实验数据，所以，目前预测存在着统计学和生物学局限性。统计学局限可以通过增加实验次数来降低误差，生物学局限是由于影响微生物生长的因素实际有很多，不仅是温度、湿度、pH等，还有介质的结构组分、微生物间的竞争、添加剂、运输过程的温度波动等，这些外在因素的变化都会使模型失去原有的准确度。

1.3.1.1 预测微生物模型分类

预测微生物模型按照 Whiting 和 Buchanan 的分类方法分为一级模型、二级模型和三级模型。一级模型主要表达一定生长条件下微生物生长、失活与时间之间的函数关系；二级模型主要表达通过一级模型得到的参数与环境因子变量之间的函数关系；三级模型主要是建立在一级和二级模型基础上的计算机软件程序，可以预测相同或不同环境条件下同一种微生物的生长或失活情况。近几年新发展的动态预测微生物学模型，是可直接将微生物暴露在动态变化的温度条件下，描述其生长或存活情况的一种方法，也称为三级模型。

（1）一级模型　一级模型可以用每毫升菌落形成单位或吸光率来计算微生物的数量。微生物的剂量可能会因为培养基成分的不同而改变（如代谢终产物、电导率或毒素产生）。早先的一级模型通过描述微生物的生长曲线和指数生长期来确定生长速率，后来发展的模型还包含迟滞期。

常用的一级模型有线性模型、Logistic 模型、Gompertz 模型、Huang 模型和 Baranyi 模型。线性模型更适合描述低温下微生物的生长或高温下微生物的灭活。Logistic 模型和 Gompertz 模型比较适合描述适温条件下微生物的生长。前期研究表明，Gompertz 模型对微生物生长预测的拟合效果要优于 Logistic 模型，但是 Gompertz 模型未考虑迟滞期的影响，预测的准确性依然存在一定问题。Huang 模型可以描述一定温度下微生物的生长，包括迟滞期、生长期和静止期，可通过非线性回归同时确定生长曲线的迟滞期和指数增长率，近年来比较受青睐。

随后开发了修正的 Gompertz 模型，大量的研究表明：修正的 Gompertz 模型能够很好地预测微生物生长数据，可以描绘出一个 S 形曲线，包括微生物生长的 4 个阶段：迟滞期、快速生长期、减速生长期和平稳期，被广泛应用于食品中微生物的预测。图 1.6 显示的是金黄色葡萄球菌在熟鸡肉中 22℃ 条件下利用修正的 Gompertz 模型模拟的生长曲线示例。

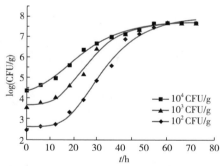

图 1.6　金黄色葡萄球菌（在熟鸡肉中，
22℃）生长曲线

图片来源：熟鸡肉中金黄色葡萄球菌生长预测模型的建立（微生物学通报，2016，43（9）：1999-2009）。

修正的 Gompertz 模型函数表达式如式（1.1）所示。

$$N_t = N_0 + (N_{max} - N_0) \times \exp\{-\exp[2.718\mu_{max} \times (\lambda - t)/(N_{max} - N_0) + 1]\} \quad (1.1)$$

式中　N_t——t 时微生物的常用对数值，logCFU

N_{max} 和 N_0——分别是微生物最大数量和初始值，logCFU

　　μ_{max}——微生物生长的最大比生长速率，h^{-1}

　　λ——微生物生长的迟滞期，h

Baranyi 和 Robert 在 1994 年提出了可以动态描述微生物随环境因素生长变化的 Baranyi 模型，此模型在经过多次修改和完善后，能很容易地分析微生物的生长数据，越来越广泛地被应用到食品预测微生物的领域，但该模型没有描述衰减期的功能。图 1.7 显示的是沙门菌在生鲜鸡肉中，25℃ 条件下利用 Baranyi 模型模拟的生长曲线示例。

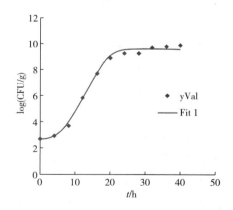

图 1.7　沙门菌（在生鲜鸡肉中，25℃）
生长曲线

Baranyi 模型函数表达式如式（1.2）、（1.3）、（1.4）所示。

$$N_t = N_0 + \mu_{max}A(t) -$$

$$\text{In } \left\{ 1 + \left[e^{\mu_{\max} A(t)} - 1 \right] / e^{(N_{\max} - N_0)} \right\} \quad (1.2)$$

$$A(t) = t + (1/\mu_{\max})$$

$$\text{In}\left[e^{-\mu_{\max} t} + q_0 \right) / (1 + q_0) \right] \quad (1.3)$$

$$\lambda = \text{In } (1 + 1/q_0) / \mu_{\max} \quad (1.4)$$

式中 N_t——t 时微生物的常用对数值，logCFU

$N_{\max}$ 和 N_0——分别是微生物最大数量和初始值，logCFU

t——任意时刻，h

$\mu_{\max}$——最大比生长率，h^{-1}

λ——迟滞期，h

q_0——细胞最初的生理状态

Baranyi 模型被广泛使用的原因不仅因为其对微生物生长预测准确，还因为该模型更加简单实用。理论上，预测的准确性是与参数的多少相关的，越多的参数越能准确地进行预测。Baranyi 模型则很好地协调了模型参数和准确性之间的关系——既能进行准确预测，又只使用较少参数。

（2）二级模型　二级模型也是环境因素模型，涉及微生物最大生长速率、迟滞期、最大生长数量等特征参数与环境因素（温度、湿度、酸碱度等）的关系，表述微生物各生长特征参数如何随环境因素的变化而变化。一般二级模型有三种：响应面方程、平方根方程和 Arrhenius 关系式。

响应面方程也就是多项式，其原理是对数据的回归分析，一般与初级模型的 Gompertz 方程联用，多以多元二次方程展示。在迟滞期和最大生长速率相互独立的前提下，离散二次方程和立体模型被用于迟滞期和最大生长速率的预测。当多种因素共同影响微生物生长时，响应面模型可描述所有的影响因素以及它们之间的相互作用。通常响应面方程比较复杂，但对多种因素影响微生物生长的描述更为有效。

平方根方程基于微生物生长速率，表述平方根与温度之间的线性关系，是由 Ratkowsky 等首次提出。平方根模型参数单一，使用简单，能够很好地预测单因素下微生物的生长情况，是描述单个环境因素影响微生物生长的主流模型，目前研究和应用均非常广泛。图 1.8 显示了沙门菌在生鲜鸡肉中预测生长二级平方根模型示例。

平方根模型的关系式见式（1.5）。

$$\sqrt{\mu_{\max}} = b (T - T_{\min}) \quad (1.5)$$

式中 $\mu_{\max}$——最大比生长率

T——培养温度，℃

$T_{\min}$——生长的最低温度，℃，即在此温度时最大比生长速率为零

b——方程的常数

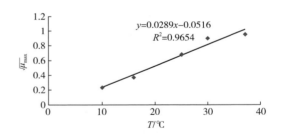

图 1.8　沙门菌在生鲜鸡肉中预测生长二级模型

平方根模型由于对微生物所处的环境进行了极值 $T_{\min}$ 的限定，所以对处于极值外环境的预测能力相对薄弱。

（3）三级模型　三级模型是将初级模型和二级模型转换为计算机共享软件，是一种功能强大、操作简便的微生物生长预测工具，可应用于食品工业和研究领域。三级模型又称为专家系统，它可使非专业人员同样获得来自预

测微生物学的专业指导。三级模型的主要功能有：根据环境因子的改变预测微生物生长的变化；比较不同环境因子对微生物生长的影响程度；相同环境因子下，比较不同微生物之间生长的差别等。三级模型要求使用者清楚系统的使用范围和条件，能对预测结果进行正确地解读。

预测模型软件的开发应用，为快速评估微生物生长对环境或食品的影响、监测微生物生长动态提供了便捷的平台。目前预测微生物生长的三级模型已经开发了很多种，其中比较著名的有美国农业部开发的病原菌模型程序（Pathogen Modelling Program，PMP），英国农粮渔部开发的食品微模型（Food Micromodel，FM），英国食品研究所在 FM 基础上开发的 Growth Predictor，法国农业和研究局开发的 Sym' Previus，丹麦开发的海产品腐败和安全预测器（Seafood Spoilage and Safety Predictor，SSSP），澳大利亚学者开发的 CB Premium，联邦风险评估研究所（BfR）开发的 PMM-Lab 以及加拿大开发的微生物动态专家系统（Microbial Kinetic Expert System，MKES），中国水产科学研究院开发了水产品中微生物生长预测软件。2003 年，英、美两国将 PMP、FM 和 Growth Predictor 整合成了一个数据库模型 ComBase。

①PMP：PMP 是以 Gompertz 模型作为一级模型的计算机程序，可用于预测各种环境条件下食源性细菌的生长和灭活，是预测微生物学发展过程中的一次飞跃。PMP 的在线网址是：https://pmp. errc. ars. usda. gov/PMPOnline. aspx。该程序目前收录了 15 种微生物的生长、冷却、热灭活、存活和转移模型，输入温度、

pH 或含盐量等环境因素的数值以及最初的菌数，就可以输出微生物的生长曲线、不同时间的菌数以及最大比生长率、迟滞期等重要参数。

②Growth Predictor：Growth Predictor 使用的是 Baranyi 模型作为一级模型，提供了不同生长条件下各种常见食源性病原菌在营养肉汤中的生长情况与时间之间的函数关系的计算机软件。该软件可以在网上免费下载，操作简单、使用方便，适合研究者进行数据分析和结果参比。同样可以通过设定不同的参数（温度、pH、初始菌量等），得到病原微生物在营养肉汤中的生长参数和生长曲线。

③MKES：MKES 是一款用于开发食品生产系统和评估产品安全性的微生物动力学专家系统。需要输入的特定信息有：生产系统流程图；影响食源性病原微生物存活和生长的因素；每个因素参数的变化范围。有了这些信息，当遇到许多不同的因素/参数情况时，MKES 工具可以模拟病原微生物的生长和存活，输出结果可同时评估各环节因子参数对微生物生长的重要性。

④PMM-Lab：PMM-Lab 是 Konstanz Information Miner（KNIME）的开源扩展，它由三个部分组成：KNIME 节点库（称为 PMM-Lab），"标准"工作流程库和 HSQL 数据库，用于储存实验数据和微生物模型。总的来说，这些组件旨在简化和标准化实验微生物数据的统计分析以及预测性微生物模型的开发。用户可以将 PMM-Lab 应用于专有或公共数据，并创建细菌生长/存活/失活模型，该框架可以轻松扩展到其他模型类型，例如增长/无增长边界模型。

⑤Combined Database（ComBase）：是英国、美国和后续加入的澳大利亚食品安全中心

联合构建开发的在线定量微生物预测工具，可以通过 https：//browser. combase. cc/ 网站在线注册并免费使用，其主要支撑内容包括 ComBase 预测工具和 ComBase 数据库，旨在研究和预测微生物在不同（主要是食物相关的）环境中是如何生存和生长的。

ComBase 预测工具不仅能预测同一种微生物在恒定环境条件下的生长情况，还能预测一种微生物在不同环境因素影响下的生长情况，通过建立的数学模型可以对不同情况下微生物的生长情况进行比较和分析，系统地预测环境因素对其生长存活的影响。ComBase 预测工具主要以温度、pH 和盐浓度为参数对微生物的生长和存活模型进行预测，有时还在预测模型中引入第四种参数，比如二氧化碳或有机酸浓度。ComBase 预测工具采用 Baranyi 模型作为一级模型，用标准二次多元多项式函数来描述微生物生长对数期的二级模型。最大比生长速率是 ComBase 主要的模型参数，其他参数还有"初始生理状态"。在使用数据库时，已有一个经验值作为默认被设定在模型中，但 ComBase 还是建议使用者自己选择不同的初始生理学状态值输入系统中，以观察其对生长曲线的影响。DMFit 是一个软件包（微软 Excel 加载项），是 ComBase 预测功能背后的主要工具，可用于使用 Baranyi 模型从实验数据中估算特定增长率。

ComBase 数据库目前已拥有了 49 种微生物在 20 种产品或介质中的不同条件下（温度、pH、湿度、防腐剂等）的 5 万多个生长和存活的数据档案，是世界上最大的预测微生物学信息数据库。

ComBase 对于食品公司研发新产品、寻找最安全的生产和储藏方式是一种很有用的工具，它可以帮助食品公司改进食品，为监管者提供定量风险评估，快捷而充分地为培训者和学生提供相关的信息。

（4）动态预测微生物学模型

动态分析建模是最近发展起来的一种新的预测微生物动力学的分析方法，该方法不是使用等温实验，而是直接将微生物暴露在动态变化的温度条件下，观察其生长或存活情况。随着温度的动态变化，微生物会对这种变化做出反应。因此，与微生物生长或存活相关的动力学参数也会动态变化。为了描述这个过程中微生物的生长或存活，可利用一步动力学分析方法直接构建涵盖温度、时间和生长情况三种参数的模型，将一级和二级模型结合了起来。这种动态分析方法避免了依赖于等温实验传统方法的费时费力，在数据收集和分析的每一步中都会积累和传播误差的风险。目前该方法在预测微生物学领域越来越受到关注和发展，有学者甚至利用动态分析方法构建了畜禽产品中混合微生物的动态预测微生物学模型，其展示图见图 1.9。

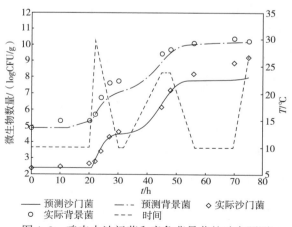

图 1.9　鸡肉中沙门菌和竞争背景菌的动态预测微生物学展示

1.3.1.2 预测微生物学的应用价值

预测微生物学可以在不进行微生物定量检测的情况下，运用数学模型对微生物的生长、消亡进行定量分析，为食品安全提供重要保障。预测微生物学目前在微生物风险评估、货架期预测和食品安全控制中发挥重要的作用。

（1）微生物风险评估　在进行微生物相关食品安全风险评估时，需要知道食品中微生物的含量，而微生物在食品中的数量是动态变化的，如果无法掌握微生物的动态变化，就无法系统地对其危害进行评估。预测微生物学在暴露评估阶段就可以提供微生物定量方面的帮助。欧美等国家已将数学建模描述食源性致病微生物生长动力学的方法列入食品安全风险评估中。在暴露评估中，预测微生物学方法可以获得生产、储存、销售和消费等不同环节畜禽产品中致病微生物的含量，然后将微生物的浓度水平带入剂量–反应模型，就可以得出该致病微生物在产品消费时所造成的致病风险，获得某产品安全性的一个评价。

运用预测微生物学进行风险评估需要掌握两方面的信息：一是致病微生物对外部环境条件如温度、湿度、消毒剂等的反应关系，二是致病微生物在不同条件下经历的时间，然后将不同环境状态、不同时间的致病微生物含量利用数学模型进行描述，就可以获得各种状态下不同时间点产品中微生物的定量数据。这些致病微生物定量数据结合剂量–反应模型，在风险描述部分就可以整合定性、定量信息对产品的风险进行综合评价。

首次将预测微生物学与风险评估结合起来的是澳大利亚学者在 1998 年对牛肉汉堡中大肠杆菌 O157：H7 在生产各阶段的卫生风险评估。随后在 2002 年，联合国粮农组织和世界卫生组织对鸡蛋和肉鸡中肠炎沙门菌的危害风险评估，采用了增殖和死亡的预测微生物方程式模拟了鸡蛋或鸡肉中沙门菌数量的变化情况，然后带入剂量–反应模型，获得鸡肉或鸡蛋的风险分布。

（2）货架期预测　微生物是导致食品腐败的主要因素，所以，食品中微生物的生长状况直接影响着货架期。预测微生物学模型可以描述食品中特定腐败微生物在生产、加工、储存、流通过程中的生长状况，这对不同环节食品卫生安全的监管提供了依据。利用微生物生长动力学模型预测货架期，就是根据食品在不同环节的环境中的特征信息，通过计算机软件或模型，描述食品中微生物的生长或消亡的动态变化，然后根据微生物限量标准或是对应的腐败物质水平，判断食品货架期。

如运用微生物学模型预测禽肉产品货架期，需要进行以下三方面研究：一是明确禽肉中腐败或致病微生物的种类、数量和消长规律；二是结合环境因素，主要是温度，构建微生物生长动力学模型；三是以微生物生长数据库为基础，参照卫生要求标准，开发便捷的货架期预测软件或小程序。

目前已有不少针对畜禽产品中特定腐败菌生长动力学模型预测产品货架期的报道。澳大利亚学者进行了食品中假单胞菌生长模型研究，并开发了食品腐败预测软件，预测不同温度、湿度和酸碱度下食品的货架期；丹麦学者开发了食品腐败和安全预测软件（Food Spoilage and Safety Predictor，FSSP），通过对肉制品和奶制品中单增李斯特菌和乳酸菌的预测微生物学模型来判定货架期；我国学者先后也开展了猪肉、鸡肉等产品中腐败菌或主要致病微生物的预测生长动力学及其货架期预测相关研究和产品开发。

（3）HACCP体系中关键控制点评估　预测微生物学模型可以在相关条件已知的情况下，预测环境、加工等因素对微生物消长的影响，定量地评估该产品的安全程度，有助于在HACCP体系中确认关键控制点，并确定关键限值。如产品加工、储运过程中温度和时间已知，就可以获得微生物数量与温度和时间之间的关系函数。若温度升高，微生物生长繁殖就会加速，通过微生物这个函数，不需要进行具体的检测，就可以预测出该温度下微生物污染的定量状况，从而确定温度因素是否为关键控制点，再根据安全标准确定温度的关键限值。当外部环境有更多因素出现时，也可通过预测模型来确定关键控制点，更好地贯彻HACCP体系，并且可以对HACCP体系进行更好地发展和维护。

1.3.1.3　食品微生物预测微生物学的推进方向

（1）混合预测微生物学模型　前期，预测微生物学多针对产品中一种微生物在不同环境条件下的动力学进行研究，然而这种假设过于理想化。实际上，致病微生物在产品或食物介质中基本不会单独存在，一般是多种微生物同时存在，并会有优势菌群，这样微生物的生长不仅受介质成分、存放条件的影响，还受到混杂菌群的竞争，因此，研究介质中致病微生物在优势菌群背景下的生长动力学应该更有实际意义。

（2）动态预测微生物学模型　产品在贮存流通过程中所经历的环境条件并不是一成不变的，整个过程实际上是动态变化的，那么，直接收集动态变化的环境参数和不同环境下微生物的生长数据，通过动态建模的方法构建动态预测微生物学就更直接实用。

（3）交叉污染模型　预测微生物在整个暴露过程中的变化过程，其实不仅应包括动力学过程（即微生物的增殖和衰亡），也应该考虑其中可能发生的微生物转移（传入和传出）。因为，在实际暴露过程中，产品不可能是完全独立并与外界环境隔离的状态，期间操作人员的接触，包装材料或运输工具的接触，以及案板、菜刀等处理工具的接触，都会造成一定程度微生物的交叉污染，所以应进一步加大产品中致病微生物与环境中污染微生物的交叉污染模型研究，这样才能更真实地反映产品中微生物的消长变化。

（4）分子预测微生物学　随着基因组测序技术的发展，将分子生物学技术与预测微生物学关联起来势在必行。宏基因组测序技术可以直接获得某个产品表面某种环境条件下的微生物种群组成及其相对丰度，并且可以获取某种微生物致病基因、耐药基因以及分型等，所提供的信息非常全面。如何将产品在不同环境条件下携带的微生物种群信息与预测模型关联起来是下一步研究的重点和难点。

1.3.2　剂量-反应关系

剂量-反应关系是微生物危害特征描述的重要部分，其目的是确定致病微生物暴露剂量和危害健康的严重性或发病频率之间的关系，是评价微生物毒性和确定安全暴露水平的基本依据。由于疾病反应的不同，所以要对反应最终点有非常清晰的描述。一般来说，有4种可能的反应剂量：摄入之后感染的概率；感染之后发病的概率；生病之后导致慢性后遗症的概率；死亡的概率。通常认为，食源性致病微生物的影响是剂量依赖型，而非化学危害的累积效应。

目前，特定致病微生物的剂量-反应关系，宿主不同免疫状态对微生物剂量-反应的影响，感染转变为疾病及疾病的不同后果等相关数据还比较缺乏，而且还存在大量可变因素，如微生物的生理特性、毒性和致病性，宿主的敏感性变化，食物介质。所以剂量-反应关系在应用时，应明确采用了哪些信息，来源在哪里。另外，数据的变化（食品消费量和人群敏感性）和不确定性（按数据不充分或缺乏致病菌-食物-宿主的研究）都应该在风险评估中进行描述。

联合国粮食及农业组织（Food and Agriculture Organization of the United Nations，FAO）和 WHO 于 2000 年提出影响剂量-反应关系的主要几个方面，分别如下所示。

（1）生物体类型和菌株。

（2）暴露途径。

（3）暴露水平（剂量）。

（4）有害影响（效应）。

（5）暴露人群特征。

（6）暴露持久性和多重性。

致病微生物是否存在致病剂量阈值或者协同效应，以及单个微生物在特定条件下是否有可能致病，这都是微生物危害效应的重要问题，甚至有的还在争论中。提倡利用数学模型进行开发剂量-反应关系研究，相应的剂量-反应关系模型研究也是比较活跃的一个领域。

1.3.2.1　剂量-反应关系的类型

微生物剂量-反应关系根据毒理学可以分为"定量个体剂量-反应关系"和"定性群体剂量-反应关系"两种类型。

定量个体剂量-反应关系是描述不同剂量致病微生物引发的宿主个体的某种生物效应（如发病）强度以及两者之间的依存关系。通常情况下，机体随着微生物剂量的增加，病理反应会随之加重。

定性群体剂量-反应关系是描述不同剂量致病微生物在一个群体（实验动物或调研人群）中引发某种生物效应（如发病）的发生率。通常是以动物的死亡率、人群疾病发生率等生物效应作为观察终点，然后根据诱发群体中每一个出现观察终点的剂量，确定剂量-反应关系。

确定剂量-反应关系，需要具备以下前提条件。

（1）确定观察到的毒性反应与暴露的致病微生物间存在比较肯定的因果关系。

（2）毒性反应的程度与暴露的剂量相关。

（3）具备定量测定微生物剂量和准确表示毒性大小的方法。

1.3.2.2　剂量-反应关系的模型

食品或产品通常受到比实验室实验（如动物模型）更少量的致病微生物污染，所以，可以用数学模型从高剂量-反应的数据推断低剂量反应的强度。目前主要的剂量-反应模型有指数模型和泊松分布模型两种。

剂量-反应模型的选择基于两种假设：一种是每种致病微生物都有自身的最小感染剂

量，即存在一个阈值，低于这个值没有任何可观察到的反应；另一种是一个致病微生物就可以感染机体并引发个体反应，如 Hass 等于 1983 年提出的非阈值模型。指数模型是假定单个病原菌导致的感染概率是独立于摄入剂量的，而 β-泊松分布模型是假定感染与剂量有关。可见，不同致病危害程度的微生物应该适应不同的剂量-反应模型。

（1）指数模型　一般来说，寄生虫类病原体可以通过指数模型来很好地描述剂量-反应关系，这个模型已经被用于小球隐孢子虫和旋毛虫的风险评估研究。

指数模型表达式见式（1.6）。

$$P_i = 1 - \exp^{(-r \times N)} \qquad (1.6)$$

式中　P_i——感染的概率

　　　　r——宿主与病原体相互作用的概率

　　　　N——病原体的摄入剂量

（2）β-泊松模型　一般来说，细菌感染可以用泊松分布来很好地描述其剂量-反应关系，特别适用于评估低水平剂量细菌引发的感染。目前此剂量-反应模型已被用于多种食源性致病微生物如沙门菌和弯曲杆菌的风险评估。

β-泊松模型表达式见式（1.7）。

$$P_i = [1 - (1 + N/\beta)]^{\alpha} \qquad (1.7)$$

式中　P_i——感染的概率

　　　　N——致病微生物的摄入量

　　α 和 β——影响曲线性状对应的微生物特异性参数

Marks 等在 1998 年比较了汉堡中大肠杆菌 O157：H7 风险评估的两种泊松模型，分别采用阈值模型和替代性非阈值模型比较风险，发现在特定温度下烹饪的产品致病风险的

95%概率区间跨越了五个数量级，可见，即使很小的阈值存在也会对估计的风险产生巨大的影响。因此，两参数的 β-泊松模型不足以描述复杂的剂量-反应关系，特别是对于烹饪食品。

（3）Weibull-gamma 模型　Weibull-gamma 模型是假设单个微生物导致的感染概率符合 gamma 分布，这种模型的性状决定于被选参数，所以其弹性很大，也比较广泛地应用于微生物的剂量-反应关系分析中，见式（1.8）。

$$P_i = 1 - [1 + (N)^b / \beta]^{-\alpha} \qquad (1.8)$$

式中　P_i——感染的概率

　　　　N——致病微生物的摄入量

　b，α 和 β——影响曲线性状对应的微生物特异性参数

（4）其他剂量-反应模型　除了以上三种，还有学者提出了二项模型，分别为以下几种：Gompertz 模型、指数 gamma 模型、Weibull 指数模型以及神经网络模型等微生物剂量-反应模型。每一种模型都有其优势和局限性，没有一个选用剂量-反应模型的普遍单一标准，需要研究者根据所评估的致病微生物及其致病特性来选择合适的模型。比如，有些微生物例如金黄色葡萄球菌和产气荚膜梭菌主要是毒素在起作用，而且还需要根据毒素是进入肠道才产生还是在食物中就产生，来选用不同的剂量-反应模型。

有关不同致病微生物剂量-反应模型具体示例描述详见第 4 章。

1.3.2.3　剂量-反应关系的信息来源

剂量-反应关系可通过实验动物或体外实验进行推断，也可以通过原始临床和流行病学

数据分析获得，目前主要有以下三种方式获得相关信息。

（1）志愿者研究　对于食源性致病微生物的剂量-反应关系的信息获得，最有效的方式是在控制条件下将致病微生物暴露于人体。已有一些和疫苗实验相关的人类志愿者摄入微生物的实验，通过对照组数据可以获得不同剂量致病微生物引发的感染概率。

但是，志愿者摄入微生物的应用存在很多限制条件，如，通常志愿者都是健康成年人，无法获得老人、婴幼儿和孕妇的数据，而这些免疫力低下的人群恰恰是食源性致病微生物危害的主体；另外这些实验中，基本都是致病微生物以非食物介质的形式暴露给志愿者，和现实中引发食源性疾病的微生物摄入方式有所不同。

（2）人群食源性疾病暴发的统计数据　人群食源性疾病暴发的统计数据和相应食源的微生物定量研究对剂量-反应模型的构建也非常重要。同时，也可以通过剂量-反应模型结合当年暴露量估计的致病风险是否与当年危害造成的疾病统计数据一起来进行剂量-反应模型效果的评价。当然，完全依赖于临床食源性疾病暴发的流行病学调查数据并不总是可靠的，预计的感染率或许会有出入，因为这些疾病确认是建立在临床症状的基础上，而不是实验室确证（可以检测到相应的致病微生物）的基础上。

（3）动物实验　通过选择合适的动物进行实验，获得致病微生物的摄入剂量和致病效应数据，然后通过转换因子转换为适用于人体的剂量-反应数据。动物实验的优势在于可以大量重复，剂量范围可以有较大变化，同时实验过程也更可控，但是动物实验的缺点也很明显，其年龄、体重和免疫状况基本相同，基因变异也较少，没有人群的多样性和差异化。

1.3.2.4 剂量-反应模型与数据的拟合及其验证

可采用似然法（Likelihood-based Methods）利用数据对模型进行拟合，拟合优度可根据似然上确界进行评估，使模型具有尽可能多的自由度数据（即剂量组）。可通过基于似然法（Likelihood-based Methods）、拔靴法（Bootstrapping）和马尔可夫链蒙特卡罗方法（Markov-chain Monte Carlo Methods，MCMC）等来确定参数的不确定度。

模型验证可以定义为证明模型对于特定用途的准确性；准确度是指不存在系统性和随机性误差，在计量学中通常分别被称为真实性和精确性。概念验证、算法验证、软件代码验证、功能验证是与模型验证相关的四个主要方面。

（1）概念验证涉及模型是否准确地表示了所研究系统的问题，模型步骤中潜在生物过程的简化是否现实，即模型假设是否可信？

（2）算法验证涉及将模型概念转换为数学公式，解决的问题包括：模型方程是否代表概念模型？在什么条件下简化假设是合理的？模型求解的数值方法的选择对结果有什么影响？用不同方法求解模型的结果是否一致？

（3）软件代码验证涉及用计算机语言实现数学公式，良好的编程实践（即模块化和完全文档化）是必不可少的先决条件。

（4）功能验证涉及根据独立获得的观察结果检查模型，理想情况下，它是通过获得相关的真实世界数据，并对模拟结果和观察结果进行统计比较来进行评估的，这需要比通常可用的信息更详细。

1.4 致病微生物风险评估常用工具

风险评估软件是开展微生物风险评估的重要工具，国内外开展食源性致病菌风险评估研究的常用软件包括：开展半定量风险评估的 Risk Ranger；用于快速微生物定量风险评估的 sQMRA；开展风险分级和比较不同干预措施的 iRISK；可根据特定的应用场景和需求进行自定义的 FSK-Lab；可对目标产品中微生物的定性定量数据及其引发的风险进行估计的 MicroHibro；开展定量微生物风险评估的 @ Risk 软件等。在开展微生物风险评估时，需根据研究目的、科学问题、可获取的数据类型选择应用软件，以便快速、结构化、定量或定性地开展风险评估。

1.4.1 Risk Ranger

Risk Ranger 是澳大利亚食品安全中心开发的一种简单的食品安全风险计算工具，旨在帮助确定来自不同产品、致病微生物和加工组合的相对风险，并在 Excel 电子表格软件中提供。

Risk Ranger 提供了一种简单快捷的方法来进行相对风险的初步估计。除了对风险进行排序外，Risk Ranger 还可以分析导致食源性疾病的各因素之间的相互作用。同时，该模型还可用于探索不同风险干预策略的效果，或实现所要求的风险降低所需的变更策略。

Risk Ranger 旨在使食品安全风险评估技术更容易为非专家用户和资源有限的用户使用，既可以作为决策辅助工具，又可以作为教育工具。

Risk Ranger 包含了影响特定食品中危害风险的所有因素，包括以下几点。

（1）所涉及人群的危害严重程度和易感性。

（2）餐中存在引起疾病的致病剂量的可能性。

（3）特定时间段内感兴趣的人群所消耗的餐数。

导致食源性疾病的严重程度受以下两种因素的影响：

（1）致病微生物/毒素的内在特征。

（2）消费者的敏感性。

Risk Ranger 将致病微生物的危害分为 6 个级别，将风险根据不良安全记录有无、危害关键控制点有无、污染可能性、不适当操作可能性、致病微生物再生长可能性以及是否安全烹饪 6 个方面进行评估，最终分为高、低和无风险三个级别。

Risk Ranger 的操作界面带有一系列列表框，使用人员可以利用计算机的鼠标在其中输入信息。总共需要回答 11 个问题，然后数学模型将每个答案转换为数值或"权重"。这些权重有的是任意的，有的是基于已知的数学关系。为了使评估尽可能客观，同时保持模型的透明度，软件提供了描述并指定了许多加权因子。程序是使用在微软 Excel 软件中开发的标准数学和逻辑功能模型。列表框用于自动进行从定性输入到数量转换的大量计算，对于从选项范围进行的每个选择，软件都会将该选择转换为数值，最终通过后台的模型运算，获得风险的级别。

这11个需要回答或输入的问题包括以下几点。

（1）危害严重程度。

（2）感兴趣人群的敏感性。

（3）消费频次。

（4）消费该产品的人口占比。

（5）消费人群总量。

（6）一份产品被污染的可能性。

（7）加工对危害的影响。

（8）加工后被污染的可能性。

（9）加工后危害控制的有效性。

（10）引发疾病需增加的水平。

（11）产品烹饪效果。

Risk Ranger 工具可以通过以下网址免费下载使用：http：//www.foodsafetycentre.com.au/riskranger.php。

1.4.2　sQMRA

sQMRA 工具是由荷兰国家公共卫生与环境研究所开发的可快速对食物中致病微生物的风险进行估计，并可应用于风险管理的一款软件。

sQMRA 工具是在微软 Excel 中实现，整个食物链都以零售环节产品中致病微生物的数量作为起始点，通过分析致病微生物的生长繁殖和交叉污染等相关因素，最终获得人类使用该污染产品所导致的食源性疾病病例的数量。该模型是确定性的，包括厨房中的交叉污染和准备（加热）以及剂量-反应关系。sQMRA 工具的常规设置包括首先完成对11个

参数中的每个参数的连续询问，然后是中间模型输出，分为直接污染、交叉污染和准备类别。在单独的工作表中，汇总了模型输入和输出，并将风险和案例归因于不同的类别。作为相对风险度量，始终将中间模型和最终模型的输出结果与鸡肉中弯曲杆菌完整的 QMRA 结果进行比较。sQMRA 工具可以通过将趋势分析结果或特定研究项目的结果转化为风险，来指导选择适用于全面 QMRA 的致病微生物-食物组合或进行风险管理。

sQMRA 工具的基础是微软 Excel 工作表，研究者只需在该表的相应位置输入参数值（如食物份数和每份食物中的菌落数等）即可获得计算结果。利用 sQMRA 进行微生物定量风险评估时，首先要有明确的定义，即"案例定义"，包括：① 致病微生物种类；② 食物类别；③ 人群样本量；④ 研究人群界定；⑤消费时间。此外，还要输入 sQMRA 工具分析所需要的11个参数，包括以下几点。

（1）在消费时间内，研究对象消耗的食物份数。

（2）每份食物的平均大小。

（3）零售环节产品中致病微生物的污染率。

（4）被污染产品中致病微生物的菌量。

（5）发生交叉污染的概率。

（6）交叉污染发生后传递给环境的菌量百分比。

（7）交叉污染发生后进入消化道的菌量百分比。

（8）食品被彻底加热、未彻底加热、未处理份数的构成比。

（9）食品烹饪后，一份食品上残存的菌

落数百分比。

（10）每份食品上的菌落平均数为多少时，暴露人群中有一半被感染。

（11）被感染人群中患病的比例。

sQMRA 工具由于没有考虑整个食物链 QMRA 模型的各个环节，简化的模型得到的绝对值往往不太可靠，但由于 sQMRA 对数据资料的需求量极少、模型简单、容易掌握、计算迅捷，因此在应急的微生物定量风险评估中具有很好的应用价值，可以帮助风险管理者尽快掌握致病微生物的风险，及时做出判断。

sQMRA 工具可以通过以下网址免费下载使用：http：//www. foodrisk. org/exclusives/sQMRA/。

1.4.3 iRISK

iRISK 是由美国食品与药物管理局（U. S. Food and Drug Administration，FDA）开发的基于 Web 的一款风险评估工具，目前可用版本 4.0，包含了许多新功能和增强功能。该食品安全建模评估工具可以使用户能够比较和评估多种致病微生物和化学危害带来的风险，并预测防控措施的有效性。风险管理者和其他利益相关者可以使用 iRISK 来告知食品安全政策和管理决策。

iRISK 具有许多内置功能，用户可以相对快速有效地进行风险评估，其影响表示为疾病例数和公共卫生指标。iRISK 是一个经过同行评审的风险评估工具，能够使用户比较和排列食品供应系统各个阶段由多种病原体危害构成的风险，如，从初级生产到制造和加工，再到零售分销，最终到消费者。iRISK 具

有可供用户使用的标准数据输入模板，内置数学函数和蒙特卡洛模拟技术，集成了来自七个组成部分的数据和假设：食物、危害、消费人群、食物从生产到消费的处理过程模型、消费模式、剂量反应曲线和对健康的影响。除了风险排序，用户还可利用 iRISK 估计和比较干预控制措施对公共健康风险的影响，例如，通过改变某些数据来探索食物链中各种操作的变化将如何影响公共卫生安全的结果。iRISK 以各种方式提供了对拟议的干预措施的影响估计，包括疾病的平均风险变化和疾病负担指标，例如残疾调整生命年的损失。已经利用 iRISK 开展了单增李斯特菌和沙门菌的案例研究，以证明其应用于评估微生物危害的风险和干预措施的影响等方面的有效性。

自 2012 年 iRISK 首次推出以来，FDA 一直在扩展这一创新工具。目前工具 4.0 版改进了数据导入和共享，操作性更容易，可使用户实现二阶蒙特卡洛模拟（将可变性的影响与不确定性的影响分开），合并入微生物预测模型（用于微生物生长和灭活）以及访问一系列其他增强功能（如更多的报告方式）。2012 年 10 月，iRISK 在 irisk. foodrisk. org 上向公众开放。

1.4.4 FSK-Lab

食品安全知识标记语言（FSK-ML）的一个特定功能就是允许用户以不同的脚本语言（例如 R，Perl，Python 或 MATLAB）提供模型脚本，具有模型的统一信息交换格式，可有效促进所有风险建模和预测步骤的透明度。为了使科学界更广泛地采用 FSK-ML，在易于使

用的软件解决方案方面提供支持非常重要。德国联邦风险评估研究所（BfR）推出的食品安全知识实验室（FSK-Lab），就代表了这样一种用户友好的软件工具，该工具可以创建、读取（导入）、生成（导出）、执行和组合FSK-ML兼容对象，注释模型所需的所有元数据也可以通过FSK-Lab输入和编辑。

FSK-Lab的模块化软件设计已集成到开源的Konstanz Information Miner（KNIME）数据分析平台（www.knime.org），该平台是一个图形编程框架，允许用户从不同节点创建数据分析工作流程。在FSK-Lab中，每个节点都有特定的任务，例如可以使用"FSK Creator"节点执行模型创建。作为KNIME扩展，FSK-Lab允许用户执行和集成来自多种编程语言（如Java，R，Python）的代码，是一种开放源代码的软件，支持交换风险评估模型。

1.4.5　MicroHibro

由西班牙学者于2019年推出的MicroHibro风险评估工具，能够定量评估食物链食物中潜在致病微生物的消长及其对公共健康的影响，对食品安全决策者来说非常有价值。该软件能够评估食品生产链中潜在致病微生物和腐败微生物的消长变化，从而估计与食品安全相关的暴露水平和风险。

MicroHibro应用程序建立在广泛的预测微生物模型数据库基础上，该数据库包括微生物的动力学过程，例如生长、失活、转移以及剂量反应模型。通过使用在线工具，结合描述，预测微生物模型的标准化方法，可以用新模型填充预测微生物模型数据库，这使Micro-

Hibro易于更新，增加了适用性和使用性。在MicroHibro中，可以通过微生物生长、灭活、转移和分配这四种不同的过程，描述任何食物链中微生物的变化，从而实现与食品相关的微生物风险的估算。在结果输出部分，估计了对目标食品中微生物的污染率和载量以及伴随的风险。除此之外，MicroHibro可以比较不同的预测模型，并通过引入实际数据来进行验证。用户还可以利用MicroHibro将一些其他微生物预测模型整合进来，然后用于开发针对此微生物的定量风险评估模型。MicroHibro程序中专家计算系统的使用是支持卫生当局和食品工业进行食品安全和质量活动的强大工具。

MicroHibro软件可通过www.microhibro.com网站免费使用。

1.4.6　@RISK

@RISK是Palisade公司开发的一款基于蒙特卡洛模拟的嵌入微软Excel中的风险分析软件，目前已广泛应用到各个领域，在食品微生物风险评估中已有很多成功的案例。

使用@RISK运行分析涉及以下三个简单步骤。

（1）建立自己的模型　首先，使用@RISK概率分布函数替换电子表格中的不确定值，概率分布函数包括Normal（正态）、Uniform（均匀）等65个函数。这些函数是真正的Excel函数，其行为方式与Excel的基本函数相同，为用户提供了全方位的建模灵活性。这些@RISK函数只代表在一个单元格中出现的不同可能值的范围，而不是将此单元格限制为只有一种情况。从图形化分布库中选择分布，或者使用特定输入项的历史数据定义分布，用户甚至可以将分布与 @RISK 的复合函数结合。接下来，选择输出项，用户可选定感兴趣的"结果"单元格进行数据输出。这些数据可以是致病微生物污染概率、载量概率、致病风险概率等任何值。

（2）运行模拟 单击"模拟"按钮并观察，@RISK 对电子表格模型进行数千次重新计算，在每次重新计算过程中，@RISK 从输入的 @RISK 函数中进行随机值抽样，然后将这些值放在模型中，并记录生成的结果。通过使用演示模式运行模拟模型和随模拟模型运行实时更新的图表和报表来说明此过程。

（3）理解风险 模拟的结果反映出可能结果的完整范围，包括它们出现的概率。使用直方图、散点图、累积曲线、箱线图等来绘制结果的图表；使用龙卷风图和灵敏度分析来确定关键因素。将结果粘贴至 Excel、Word 和 PowerPoint 中，或者放在 @RISK 库中供其他 @RISK 用户使用，甚至可以将结果和图表保存在 Excel 工作簿中。

结果呈现中的直方图和累积曲线显示不同结果出现的概率。使用叠加图表对比多个结果，并使用摘要图和箱线图查看随时间或随范围发生变化的风险和趋势。@RISK 提供了灵敏度分析和方案分析，以确定风险评估模型中的关键因素。使用易于理解的龙卷风图可清楚地查看分布函数对风险结果输出的影响，也可使用散点图揭示复杂的关系。灵敏度分析可以锁定风险评估模型中关键控制因素，对风险管理有重要意义。

在 2007 年前后，WHO 和 FAO 在多份风险评估报告中都应用了 @RISK 软件来构建风险评估模型。上海市食品药品监督所自 2007年以来，也利用 @RISK 软件对上海市的食品安全开展污染监测及风险分析和评估，尤其是关注于上海餐饮服务和食品流通环节中食品的各种污染监测和评估，得出了有效的风险管理建议，取得了良好的效果。同时，中国动物卫生与流行病学中心也利用 @RISK 软件对生猪和肉鸡屠宰环节致病微生物污染的关键控制点进行了评估，有效强化了屠宰环节中微生物风险控制技术措施和规范，为保障畜禽产品质量安全提供了技术支撑。

1.5 致病微生物风险评估常用方法学

风险评估是实施风险管理的基础，包括危害识别、分析和评价的基本过程。在风险分析过程中，也就是在暴露评估、风险特征描述过程中，需要对危害发生的后果和风险发生的可能性进行分析，并对风险等级高低做出客观估计。本章第一节将微生物风险评估的类型按其评估方法分为定性风险评估、半定量风险评估和定量风险评估三种类型，要求风险评估者根据不同的评估需求及其对数据资料的掌握程度，选择不同的风险评估类型和评估方法。一般来说，影响风险评估方法选择的因素有以下几种（不限于）：产品类型，例如，生鲜鸡肉、熟肉制品；生物因子的类别；问题和所需分析方法的复杂性；进行风险评估的不确定性的性质及程度；所需资源的程度，主要包括时间、专业知识水平、数据需求或成本等；所用方法是否可以提供定量结果等。

我国针对风险评估技术的研究起步比较晚。针对食品安全风险评估，尤其畜禽产品中致病微生物风险评估，在不同产品、不同病原、不同阶段或不同时机使用哪种评估技术，目前尚没有确切的指南。各种风险评估技术能否应用于致病微生物风险评估，如何应用到致病微生物风险评估过程的每一个阶段，尚需要结合评估对象、评估目的、结果使用等因素进行深入研究。国家标准 GB/T 27921—2011《风险管理　风险评估技术》的附录 B 对 32 种风险评估方法进行了介绍，读者可以结合自身评估需求进行风险评估方法学的应用探讨和尝试，以便丰富微生物风险评估的手段。此处仅摘录部分有可能应用于微生物的内容予以简单介绍。

1.5.1　头脑风暴法

（1）概述　头脑风暴法（Brainstorming Method）是指激励一群知识渊博的人员畅所欲言，以发现潜在的失效模式及相关危害、风险、决策准则及/或应对办法。"头脑风暴法"这个术语经常用来泛指任何形式的小组讨论，然而，真正的头脑风暴法包括一系列旨在确保人们的想象力因小组内其他成员的观点和言论而得到激发的专门技术。

在此类技术中，有效的引导非常重要，其中包括：在开始阶段创造自由讨论的氛围；会议期间对讨论进程进行有效地控制和调节，使讨论不断进入新的阶段；筛选和捕捉讨论中产生的新设想和新议题。

（2）用途　头脑风暴法可以与其他风险评估方法一起使用，也可以单独使用来激发风险管理过程中任何阶段的想象力。头脑风暴法可以用作旨在发现问题的高层次讨论，

也可以用作更细致的评审或是特殊问题的细节讨论。

（3）优缺点

优点：激发了想象力，有助于发现新的风险和全新的解决方案；让主要的利益相关者参与其中，有助于进行全面沟通；速度较快并易于开展。

缺点：参与者可能缺乏必要的技术及知识，无法提出有效的建议；由于头脑风暴法相对松散，因此较难保证过程及结果的全面性（如一切潜在风险是否都能被识别出来）；可能会出现特殊的小组状况，导致某些有重要观点的人保持沉默而其他人成为讨论的主角。

这个问题可以通过电脑头脑风暴法，以聊天论坛或名义群体技术的方式加以克服。电脑头脑风暴法可以是匿名的，这样就避免了有可能妨碍思路自由流动的个人或政治问题。在名义群体技术中，想法匿名提交给主持人，然后集体讨论。

1.5.2　结构化/半结构化访谈

（1）概述　在结构化访谈（Structured Interviews）中，访谈者会依据事先准备好的提纲向访谈对象提问一系列准备好的问题，从而获取访谈对象对某问题的看法。半结构化访谈（Semi-structured Interviews）与结构化访谈类似，但是可以进行更自由的对话，以探讨可能出现的问题。

（2）用途　如果人们很难聚在一起参加头脑风暴讨论会，或者小组内难以进行自由的讨论活动时，结构化和半结构化访谈就是一种有用的方法。该方法主要用于识别风险或是评

估现有风险控制措施的效果，是为利益相关方提供数据来进行风险评估的有效方式，并且适用于某个项目或过程的任何阶段。

（3）优缺点

优点：结构化访谈可以使人们有时间专门考虑某个问题；通过一对一的沟通可以使双方有更多的机会对某个问题进行深入思考；与只有小部分人员参与的头脑风暴法相比，结构化访谈可以让更多的利益相关者参与其中。

缺点：通过这种方式获得各种观点所花费的时间较多；访谈对象的观点可能会存有偏见，因其没有通过小组讨论加以消除；无法实现头脑风暴法的一大特征——激发想象力。

（4）应用结构化法评估技术的实例　提出致病微生物污染的风险问题，风险问题应明确描述风险评估任务。

①危害：应考虑哪种致病微生物、毒素或者其他的危害（如果是已知的）？

②场景：这种危害是从哪儿来的？传播途径或暴露途径有哪些？

③终结：应该评估哪些后果？

对风险问题可以采取结构化的方法处理，进而获得概念化的风险场景模型。将上述风险问题转化为概念化的场景模型，可以做如下描述。

①危险表征：可能感染了什么病原体？感染概率有多大？

②暴露评估：暴露的途径有哪些？暴露的可能性有多大？

③后果评估：对消费者来说，损失会有多大，疾病会有多严重等。

1.5.3　德尔菲法

（1）概述　德尔菲（Delphi）法是依据一套系统的程序在一组专家中取得可靠共识的技术。尽管该术语经常用来泛指任何形式的头脑风暴法，但是在形成之初，德尔菲法的根本特征是专家单独、匿名表达各自的观点。即在讨论过程中，团队成员之间不得互相讨论，只能与调查人员沟通，通过让团队成员填写问卷，集结意见，整理并共享，周而复始，最终获取共识。

（2）用途　无论是否需要专家的共识，德尔菲法可以用于风险管理过程或系统生命周期的任何阶段。

（3）优缺点

优点：由于观点是匿名的，因此成员更有可能表达出那些不受欢迎的看法；所有观点都获得相同的重视，以避免某一权威占主导地位或话语权的问题；便于展开，成员不必一次聚集在某个地方。

缺点：这是一项费力、耗时的工作；参与者需要进行清晰的书面表达。

（4）德尔菲法用于致病微生物风险评估的示例　本书5.1中针对畜禽产品中致病微生物定性风险特征描述时，采用德尔菲法对危害畜禽产品质量安全的致病微生物风险进行了评估。通过征求意见，并对意见赋分处理，确定了牛、羊、猪和肉鸡较常携带的沙门菌等14种人兽共患致病微生物并进行了风险大小排序，此处不再赘述。

在应用德尔菲法征询专家意见时，应对以下几点影响因素进行考虑。

①一位或多位专家根据个人经验、意见或假设针对某一个问题提供的信息。

②没有用于风险评估建模的数据时，专家意见非常重要。

③进行风险评估时，有时只能使用专家意见预测不可预知的事件。

④专家意见可能有偏差，这种偏差可以分为动机偏差、认知偏差、群组偏差。风险评估者需要采取一定的方法处理专家意见之间的偏差。

1.5.4　情景分析

（1）概述　情景分析（Scenario Analysis）是指通过假设、预测、模拟等手段，对未来可能发生的各种情景以及各种情景可能产生的影响进行分析的方法，换句话说，情景分析是类似"如果–怎样"的分析方法。未来不总是确定的，而情景分析使我们能够"预见"将来，对未来的不确定性有一个直观的认识。尽管情景分析法无法预测未来各类情景发生的可能性，但可以促使组织考虑哪些情景可能发生（诸如最佳情景、最差情景及期望情景），并且有助于组织提前对未来可能出现的情景进行准备。

（2）用途　情景分析可用来帮助决策并规划未来战略，也可以用来分析现有的活动，它在风险评估过程的三个步骤中都可以发挥作用。

情景分析可用来预计威胁和机遇可能发生的方式，并且适用于各类风险包括长期及短期风险的分析。在周期较短及数据充分的情况下，可以从现有情景中推断出可能出现的情景。对于周期较长或数据不充分的情况，情景分析的有效性更依赖于合乎情理的想象力。

如果积极后果和消极后果的分布存在比较大的差异，情景分析的应用效果会更为显著。

（3）优缺点

优点：尽管每个决策人员都希望情报人员能够预测出唯一准确的结果，但由于当前环境的复杂性，更需要情景分析法对几种可能发生的情况进行预测，并针对每种情景进行提前准备，这样更具有客观性。

缺点：在存在较大不确定性的情况下，有些情景可能不够现实。如果将情景分析作为一种决策工具，其危险在于所用情景可能缺乏充分的基础，数据可能具有随机性，同时可能无法发现那些将来可能出现，但目前看起来不切实际的结果。

情景分析考虑到各种可能的未来情况，而这种未来情况更适合于通过使用历史数据，运用基于"高级–中级–低级"的传统方法而进行预测。在运用情景分析时，主要的难点涉及数据的有效性以及分析师和决策者开发现实情景的能力，这些难点对结果的分析具有修正作用。

1.5.5　检查表法

（1）概述　检查表（Check-lists）是一个危险、风险或控制故障的清单，而这些清单通常是凭经验（根据以前的风险评估结果或过去的故障）进行编制的，按此表进行检查，以"是/否"进行回答。

（2）用途　检查表法可用来识别危险、风险或者评估控制效果，适用于产品、过程或系统的生命周期的任何阶段，可以作为其他风险评估技术的组成部分进行使用。

（3）优缺点

优点：简单明了，非专业人士也可以使用；如果编制精良，可将各种专业知识纳入便于使用的系统中；有助于确保常见问题不会被遗漏。

缺点：只可以进行定性分析；可能会限制风险识别过程中的想象力；鼓励"在方框内画勾"的习惯；往往基于已观察到的情况，不利于发现以往没有被观察到的问题。

检查表法论证了"已知的已知因素"，而不是"已知的未知因素"或是"未知的未知因素"。

1.5.6　预先危险分析

（1）概述　预先危险分析（Primary Hazard Analysis，PHA）是一种简单易行的归纳分析法，其目标是识别危险以及可能给特定活动、设备或系统带来损害的危险情况及事项。

（2）用途　这是一种在项目设计和开发初期最常用的方法，因为当时有关设计细节或操作程序的信息很少，所以这种方法经常成为进一步研究工作的前奏，同时也为系统设计规范提供必要的信息。在分析现有系统，从而将需要进一步分析的危险和风险进行排序时，或是现实环境使更全面的技术无法使用时，这种方法会发挥更大的作用。

对不良事项结果及其可能性可进行定性分析，以识别那些需要进一步评估的风险。若

需要，在设计、建造和验收阶段都应展开预先危险分析，以探测新的危险并予以更正，获得的结果可以使用诸如表格和树状图之类的不同形式进行表示。

（3）优缺点

优点：在信息有限时可以使用；可以在系统生命周期的初期考虑风险。

缺点：只能提供初步信息，其不够全面也无法提供有关风险及最佳风险预防措施方面的详细信息。

1.5.7　危害分析与关键控制点法

（1）概述　危害分析与关键控制点法（Hazard Analysis and Critical Control Points，HACCP）作为一种科学、系统的方法，应用在从初级生产至最终消费过程中，为识别过程中各相关部分的风险并采取必要的控制措施提供了一个分析框架，以避免可能出现的危险，维护产品的质量可靠性和安全性。HACCP其重点在于预防而不是依赖于对最终产品的测试。

（2）用途　20世纪60年代，美国宇航局最早开展了HACCP，其本意是为了保证太空计划的食品质量。目前，该方法已被广泛应用于食品产业中，在食品生产过程的各个环节识别并采取适当的控制措施防止来自物理、化学或生物污染物带来的风险。HACCP也被用于医药生产和医疗器械方面的危害识别、评价和控制方面。目前，HACCP正逐渐从一种管理手段和方法演变为一种管理模式或者管理体系。在识别可能影响产品质量的事项以确定过程内关键参数得到监控、危险得到控制的位点

时，使用的原则可以推广到其他技术系统中。

（3）优缺点

优点：结构化的过程提供了质量控制以及识别和降低风险的归档证据；重点关注流程中预防危险和控制风险的方法及位置的可行性；鼓励在整个过程中进行风险控制，而不是依靠最终的产品检验；有能力识别由于人为行为带来的危险以及如何在引入点或随后对这些危险进行控制。

缺点：HACCP要求识别危险、界定它们代表的风险并认识它们作为输入数据的意义，也需要确定相应的控制措施。完成这些工作是为了确定HACCP过程中具体的临界控制点及控制参数，同时，还需要其他工具才能实现这个目标。如果等到控制参数超过了规定的限值时才采取行动，可能已经错过最佳控制时机。

1.5.8　风险矩阵

（1）概述　风险矩阵（Risk Matrix）是用于识别风险和对其进行优先排序的有效工具。风险矩阵可以直观地显现组织风险的分布情况，有助于管理者确定风险管理的关键控制点和风险应对方案。一旦组织的风险被识别以后，就可以依据其对组织目标的影响程度和发生的可能性等维度来绘制风险矩阵。

（2）用途　风险矩阵通常作为一种筛查工具用来对风险进行排序，根据其在矩阵中所处的区域，确定哪些风险需要更细致的分析，或是应首先处理哪些风险。

风险矩阵也可以用于帮助在全组织内沟通对风险等级的共同理解。设定风险等级的

方法和赋予它们的决策规则应当与组织的风险偏好一致。

（3）优缺点

优点：方法简单，易于使用；显示直观，可将风险很快划分为不同的重要性水平。

缺点：必须设计出适合具体情况的矩阵，因此，很难有一个适用于组织各相关环境的通用系统；很难清晰地界定等级；该方法的主观色彩较强，不同决策者之间的等级划分结果会有明显的差别；无法对风险进行累计叠加（例如，人们无法将一定频率的低风险界定为中级风险）；组合或比较不同类型后果的风险等级是困难的。

1.5.9　压力测试法

（1）概述　压力测试是指在极端情景下（例如最不利的情形），评估系统运行的有效性，及时发现问题和制订改进措施，目的是防止出现重大损失事件。

针对某一风险管理模型或内控流程，假设可能会发生哪些极端情景。极端情景是指在非正常情况下，发生概率很小，而一旦发生，后果十分严重的事情。假设极端情景时，不仅要考虑本单位或同类单位出现过的历史教训，还要考虑以往不曾出现但将来可能会出现的情形。评估极端情景发生时该风险管理模型或内控流程是否有效，并分析对目标可能造成的损失。制订相应措施，进一步修改和完善风险管理模型或内控流程。实施压力测试，一般需要借助敏感性分析、情景分析、头脑风暴法等工具辅助进行。

（2）用途　压力测试广泛应用于各行业

的风险评估中，尤其常见于金融、软件等行业。

（3）优缺点　关注非正常情况下的风险情形，是普通风险评估方法的有益补充；考虑不同风险之间的相互关系；加强对极端情形与潜在危机的认识，预防重大风险的发生。压力测试不能取代一般的风险管理工具，频繁地进行压力测试并不能解决组织日常的风险管理问题。此外，压力测试的效果取决于使用者是否可以构造合理、清晰、全面的情景。

1.5.10　风险指数法

风险指数（Risk Indices）是对风险的半定量测评，是利用顺序尺度的计分法得出的估算值，尽管是风险评估的组成部分，但主要用于风险分析。尽管可以获得量化的结果，但风险指数本质上还是一种对风险进行分级和比较的定性方法。风险指数可作为一种范围划定工具用于各种类型的风险，以根据风险水平划分风险。

风险指数分析要求很好地了解风险的各种来源、可能的路径以及可能影响到的方面，像故障树分析、事件树分析以及通用决策分析这样的工具可以用来支持风险指数的开发，风险指数分析的输出结果是风险值，这一点可能会被误解和误用。

1.5.11　故障树分析

（1）概述　故障树分析（Fault Tree Analysis，FTA）是用来识别并分析造成特定不良事件（顶事件）的可能因素的技术。造成故障的原因可通过归纳法进行识别，也可以将特定事故与各层原因之间用逻辑门符号连接起来，并用树形图进行标示，树形图描述了原因因素及其与重大事件的逻辑关系。

故障树中识别的因素可以是与组件硬件故障、人为错误或其他引起不良事件的相关事项。

（2）用途　故障树可以用来对故障（顶事件）的潜在原因及途径进行定性分析，也可以在掌握原因事项概率的相关数据后，定量计算重大事件的发生概率。

故障树分析采取树形图的形式，把系统的故障与组成系统部件的故障有机地结合在一起。故障树首先以系统不希望发生的特定不良事件作为目标（顶事件），然后，按照演绎分析的原则，从顶事件逐级向下分析各自的直接原因事件，直至所要求的分析深度。执行故障树分析，首先需要故障树建模，就是寻找所研究的系统故障和导致系统故障的诸因素之间的逻辑关系，并且用故障树的逻辑符号（事件符号与逻辑门符号），抽象表示实际故障和传递的逻辑关系。

故障树可以在系统的设计阶段使用，以识别故障的潜在原因并在不同的设计方案中进行选择；也可以在运行阶段使用，以识别重大故障发生的方式和导致重大事件不同路径的相对重要性；故障树还可以用来分析已出现的故障，以便通过图形来显示不同事项如何共同作用造成故障。

（3）优缺点　故障树分析法具有很大的灵活性，不仅可对系统可靠性做一般分析，而且可以分析系统的各种故障状态；不仅可以分析某些中间故障对系统的影响，还可以对导致这些中间故障的子故障进行细分；故障树分析的过程是对系统深入认识的过程，它要求分析人员要把握系统的内在联系，弄清各种潜在因素对故障发生的影响途径和程度，以便在分析过程中发现并及时解决问题，从而提高系统可靠性。

概括地说，故障树分析法的优点是能够实现快速诊断与评估；知识库很容易动态修改，并能保持一致性；概率推理可在一定程度上被用于选择规则的搜寻通道，提高评估效率；诊断技术与领域无关，只要相应的故障树给定，就可以实现诊断。缺点是由于故障树是建立在元件联系和故障模式分析的基础上的，因此无法对不可预知的风险进行评估，评估结果依赖故障树信息的完全程度。

1.5.12　事件树分析

（1）概述　事件树分析（Event Tree Analysis，ETA）着眼于事故的起因，即初因事件。事件树从事件的起始状态出发，按照一定的顺序，分析起因事件可能导致的各种序列的结果，从而定性或定量地评价系统的特性。由于该方法中事件的序列是以树图的形式表示，故称事件树。ETA 具有散开的树形结构，考虑到其他系统、功能或障碍，ETA 能够反映出引起初始事件加剧或缓解的事件。

（2）用途　ETA 分析适用于多环节事件或多重保护系统的风险分析和评价，既可用于定性分析，也可用于定量分析。ETA 可以用于产品或过程生命周期的任何阶段，它可以进行定性使用，有利于群体对初因事件之

后可能出现的情景进行集思广益，同时就各种处理方法、障碍或旨在缓解不良结果的控制手段对结果的影响方式提出各种看法。定量分析有利于分析控制措施的可接受性，这种分析大都用于拥有多项安全措施的失效模式。

（3）优缺点

优点：ETA 用简单图示的方法给出初因事项之后的全部潜在情景；它能说明时机、依赖性，以及故障树模型中很繁琐的多米诺效应；它生动地体现事件的发展顺序，而使用故障树是不可能表现的。

缺点：为了将 ETA 作为综合评估的组成部分，一切潜在的初因事项都要进行识别。这可能需要使用其他分析方法，但总是有可能错过一些重要的初因事项；事件树只分析了某个系统的成功及故障状况，很难将延迟成功或恢复事项纳入其中；任何路径都取决于路径上以前分支点处发生的事项，因此要分析各可能路径上众多从属因素，然而人们可能会忽视某些从属因素，例如通用组件、共用系统以及操作人员等，如果不认真处理这些从属因素，就会导致风险评估过于乐观。

（4）应用事件树法进行蛋内沙门菌污染的评估路径实例　某鸡蛋产品中，检测到沙门菌污染，经溯源检测，该鸡蛋产品的鸡蛋原料被沙门菌污染。在进行风险评估时，可以针对鸡蛋原料中沙门菌污染的最终来源，利用事件树分析法进行评估分析，最终确定是哪个地区、哪个鸡场、哪栋舍的蛋鸡受到沙门菌病侵害，见图 1.10。

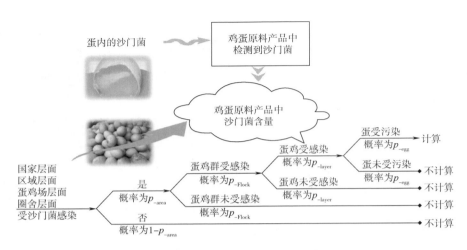

图 1.10　蛋内的沙门菌来源评估

1.5.13　因果分析

（1）概述　因果分析（Cause and Consequence Analysis，CCA）综合了故障树分析和事件树分析，它开始于关键事件，同时通过结合"是/否"逻辑来分析结果。可识别出所有相关的原因和潜在结果，包括故障可能发生的条件，或者旨在减轻初始事件后果的系统失效。因果分析可应用于产品或系统生命周期的任何阶段，可以定性使用，也可以定量分析。

最初，因果分析是作为关键安全系统的可靠性工具而开发出来的，可以让人们更全面地认识系统故障。类似于故障树分析，它用来表示造成关键事件的故障逻辑，但是通过对时序故障的分析，发现它比故障树的功能更强大。这种方法可以将时间滞延因素纳入结果分析中，而这在事件树分析中是办不到的。

（2）用途　因果分析方法可分析某个系统在关键事件之后可能的各种路径。如果进行量化，该方法可估算出某个关键事件过后各种不同结果发生的概率。由于因果图中的每个序列是子故障树的结合，因果分析可作为一种建立大故障树的工具。由于图形的制作和使用比较复杂，因此只有故障的潜在结果相当严重，有必要投入很大精力时，人们才会使用图形。

（3）特点

优点：相当于事件树及故障树的综合优点，而且由于其可以分析随时间发展变化的事项，克服了以上两种技术的局限，提供了系统的全面视角。

缺点：该方法的建构过程要比故障树和事件树更为复杂，同时在定量过程中必须处理依存关系。

1.5.14　决策树分析

考虑到不确定性结果，决策树以序列方式表示决策的选择和结果，并用树形图的形式进行表示。类似于事件树，决策树开始于初因事项或是最初决策，考虑随后可能发生的事项及可能做出的决策，它需要对不同路径和结果进行分析。决策树可用于项目风险管理和其他环境中，以便在不确定的情况下选择最佳的行动步骤，图形显示也有助于决策依据的快速沟通。

致病微生物风险评估时，可以应用决策树/树形图分析法进行定性风险评估，以便对消费者暴露评估提供科学合理的意见。结果展示时，可以显示采取不同选择的风险逻辑分析；显示每一个可能路径的预期值计算结果。

1.5.15 蝶形图分析

蝶形图分析（Bow Tie Analysis）是一种简单的图解形式，用来描述并分析某个风险从原因到结果的路径，该方法可被视为分析事项起因（由蝶形图的结代表）的故障树和分析事项结果的事件树这两种方法的统一体，但是，蝶形图的关注重点是在风险形成路径上存在哪些预防措施及其实际效果。在建构蝶形图时，首先要从故障树和事件树入手，但是这种图形大都在头脑风暴式的讨论会上直接绘制出来。

1.5.16 微生物风险评估可能用到的计算方法

（1）层次分析法 在进行社会、经济以及科学领域问题的系统分析中，常常面临由相互关联、相互制约的众多因素构成的复杂而往往缺少定量数据的系统。层次分析法为这类问题的决策和排序提供了一种新的、简洁而实用的建模方法，它特别适用于那些难以完全定量分析的问题。

（2）均值-方差模型 这是组合投资理论研究和实际应用的基础，常用于实际的证券投资和资产组合决策。资本资产定价模型是在投资组合理论和资本市场理论基础上形成发展起来的，主要研究证券市场中资产的预期收益率与风险资产之间的关系，以及均衡价格是如何形成的，目前也用于微生物定量评估中。

（3）FN 曲线 表示的是人群中有 N 个或更多的人受到影响的累积频率（F）。FN 曲线最初用于核电站的风险评价中，其采用死亡人数 N 与事故发生频率 F 的关系图形来表示，目前广泛用于社会风险接受准则的制定。在大多数情况下，它们指的是一定数量伤亡出现的频率。

（4）马尔可夫分析 通常用来分析那些存在时序关系的各类状况的发生概率，该方法可用于生产现场危险状态、市场变化情况的预测，但是不适宜于系统的中长期预测。通过运用更高层次的马尔可夫链，这种方法可拓展到更复杂的系统中。马尔可夫分析是一项定量技术，可以是不连续的（利用状态间变化的概率）或者连续的（利用各状态的变化率）。马尔可夫连同蒙特卡罗方法可以用来研究微生物的剂量-反应关系。

（5）蒙特卡罗模拟方法（Monte Carlo Simulation）又称随机模拟法，广泛应用于各种领域的风险，包括微生物风险，是预测和估算失事概率常用的方法之一。通常用来评估各种可能结果的分布及值的频率，例如成本、周期、吞吐量、暴露量、需求及类似的定量指标，其应用范围包括财务预测、投资效益、危害预测、项目成本及进度预测、业务过程中断、人员需求等领域的风险评估。蒙特卡罗模拟法可以用于两种不同用途：传统解析模型的不确定性分布；解析技术不能解决问题时进行概率计算。

（6）贝叶斯分析　贝叶斯统计学是由英国学者贝叶斯提出的一种系统的统计推断方法，其前提是任何已知信息（先验）可以与随后的测量数据（后验）相结合，在此基础上去推断事件发生的概率。贝叶斯网络对于解决复杂系统中不确定性和关联性引起的故障有较大优势，由此在多个领域中获得广泛应用，包括医学诊断、图像仿真、基因学、语音识别、经济学、外层空间探索，以及强大的网络搜索引擎，在微生物剂量-反应评估中也会用到贝叶斯分析方法。

参考文献

[1] Baranyi J, Roberts TA. A dynamic approach to predicting bacterial growth in food [J]. International Journal of Food Microbiology, 1994, 23 (3/4): 277-294.

[2] CAC. Principles and Guidelines for the Conduct of Microbiological Risk Assessment (CAC/GL 30-1999)[Z]. 1999.

[3] EFSA BIOHAZ Panel (EFSA Panel on Biological Hazards). Scientific opinion on the public health risks related to the consumption of raw drinking milk [J]. EFSA Journal, 2015, 13(1):3940.

[4] Farber JM, Ross WH, Harwig J. Health risk assessment of *Listeria monocytogenes* in Canada [J]. International Journal of Food Microbiology, 1996, 30(1-2):145-156.

[5] FAO/WHO. Risk assessment of *Campylobacter* spp. in broiler chickens: Technical Report. Microbiological Risk Assessment Series No 12[Z]. 2009.

[6] Forsythe SJ. The microbiological risk assessment of food [J]. Risk Analysis, 2010, 23(6):1351-1355.

[7] Forsythe SJ. The microbiological risk assessment of food [M]. Oxford: Wiley-Blackwell, 2002.

[8] Franssen F, Swart A, van der Giessen J, et al. Parasite to patient: A quantitative risk model for *Trichinella* spp. in pork and wild boar meat [J]. International Journal of Food Microbiology, 2017, 241: 262-275.

[9] Hass CN. Estimation of risk due to low doses of microorganisms: a comparison of alternative methodologies [J]. Am J Epidemiol, 1983, 118: 573-582.

[10] Huang L. Dynamic identification of growth and survival kinetic parameters of microorganisms in foods[J]. Current Opinion in Food Science, 2017, 14: 85-92.

[11] Jia Z, Peng Y, Yan X, et al. One-step kinetic analysis of competitive growth of *Salmonella* spp. and background flora in ground chicken[J]. Food Control, 2020, 117.

[12] Marks HM, Coleman ME, Lin CT, et al. Topics in microbial risk *assessment*: Dynamic flow tree process [J]. Risk Analysis, 1998, 18: 309-328.

[13] Medema GJ, Teunis PF, Havelaar AH, et al. Assessment of the dose-response relationship of *Campylobacter jejuni* [J]. Int J Food Microbiol, 1996, 30:101-111.

[14] Zwietering MH, Koos JT De, Hasenack BE, et al. Modeling of bacterial growth as a function of temperature [J]. Appl. Environ. Microbiol, 1990, 57(4), 1094-1101.

[15] Notermans S, Teunis P. Quantitative risk analysis and the production of microbiologically safe

food：an introduction［J］. International Journal of Food Microbiology，1996（30）：3-7.

［16］OIE. International Animal Health Code：Mammals，Birds and Bees［M］. 8th ed. Paris，1999.

［17］OIE. Manual of Diagnostic Tests and Vaccines for Terrestrial Animals（Terrestrial Manual）［M］. 8th Ed. Paris，2018.

［18］Ratkowsky DA，Olley J，McMeekin TA，et al. Relationship between temperature and growth rate of bacterial cultures［J］. J Bacteriol，1982，149（1）：1-5.

［19］Teunis P，Medema GJ，Kruidenier L，et al. Assessment of the risk of infection by *Cryptosporidium* or *Giardia* in drinking water from a surface water source［J］. Water Research，1997，31（6）：1333-1346.

［20］Voyer R，McKellar RC. MKES Tools：A microbial kinetics expert system for developing and assessing food production systems［J］. Journal of Industrial Microbiology，1993，12（3~5）：256-262.

［21］Whiting RC. Microbial modeling in foods［J］. Crit Rev Food Sci，1995，35（6）：467-494.

［22］World Health Organization. Risk Characterization of Microbiological Hazards in Food：GUIDELINES［Z］. 2009.

［23］World Health Organization，Food and Agriculture Organization of the United Nations. Risk assessments of *Salmonella* in eggs and broiler chickens［Z］. 2002.

［24］Whiting RC，Buchanan RL. A classification of models for predictive microbiology［J］. Food Microbiol，1993，10，175-177.

［25］WHO/FAO. Preliminary document：WHO/FAO guidelines on hazard characterization for pathogens in food and water［Z］. 2000.

［26］Charles N. Haas，Joan B. Rose，Charles P. Gerba. 滕婧杰 译. 微生物定量风险评估［M］. 北京：中国环境出版社，2017.

［27］NZ Ministry of Health. Provided in response to the FAO/WHO call for data［Z］. 2001.

［28］滕葳，李倩，柳亦博，等. 食品中微生物危害控制与风险评估［M］. 北京：化学工业出版社，2012.

［29］钱永忠，李耘. 农产品质量安全风险评估——原理、方法和应用［M］. 北京：中国标准出版社，2007.

［30］胡洁云，林露，王彤，等. 熟鸡肉中金黄色葡萄球菌生长预测模型的建立［J］. 微生物学通报，2016，43（9）：1999-2009.

［31］孙婷婷，赵格，宋雪，等. 零售鸡肉中沙门氏菌生长预测模型的建立［J］. 中国动物检疫，2017，34（11）：17-21.

［32］GB/T 27921—2011，《风险管理　风险评估技术》［S］.

［33］曹国庆，王君玮，翟培军，等. 生物安全实验室设施设备风险评估技术指南［M］. 北京：中国建筑工业出版社，2018.

［34］吕京. 生物安全实验室认可与管理基础知识——风险评估技术指南［M］. 北京：中国质检出版社/中国标准出版社，2012.

动物源食源性致病微生物的危害识别

危害识别（Hazard Identification）是指发现、确认和描述风险的过程，通过对致病微生物现有的科学数据和信息进行深入审查，明确由其直接/间接引起的危害及其特性。《微生物风险评估在食品安全风险管理中的应用指南》（GB/Z 23785—2009）将其定义为对某种食品中可能产生不良健康影响的生物、化学和物理因素的确定。对风险进行识别和评估是风险管理最为重要的前提，也是开展动物源性食品/产品安全风险评估的第一个步骤（图1.1至图1.3）。识别风险，通俗地讲就是找出风险，也就是说要判断畜禽产品生产中可能会在哪个或哪些环节，会出现哪种或哪几种致病微生物的污染。风险评估者在进行危害识别时，应对畜禽产品生产加工过程中可能涉及的风险源逐一识别，生成风险清单或风险列表。只有在正确识别出所面临的各个危害风险的基础上，才能够主动选择适当且有效的风险应对措施。本章具体阐述畜禽产品中对人的健康影响比较重要的常见食源菌致病性危害、耐药性传播危害，并以现有畜禽产品的主流生产加工模式为例进行危害识别过程介绍。

2.1 畜禽产品中致病菌的致病性危害

食源性疾病已成为食品安全问题的热点之一。据世界卫生组织（WHO）统计，全球每年约有15亿人受食源性疾病困扰，其中约70%是因食品在生产、加工过程中被微生物污染所致，致病微生物引起的食源性疾病也是我国食品安全面临的重大问题。据年度监测结果通报，食品中微生物污染或超标一直在2%～3%。根据我国部分学者对食源性致病微生物开展的初步调查，一些地区的鸡肉、猪肉、牛肉、羊肉中沙门菌污染率分别达到27%、15.5%、9.5%、10%；部分地区的单核增生李斯特菌平均检出率为9.3%，其中生肉中的检出率高达18.7%；多个省市的猪肉、牛肉、羊肉和冻鸡肉中均检出致病性大肠杆菌O157。食源性致病菌，如沙门菌、大肠杆菌O157、金黄色葡萄球菌、志贺菌等仍将是我国动物源性食品安全微生物污染危害的重要风险贡献来源。

2.1.1 沙门菌

沙门菌是一种常见的动物源食源性致病

菌，也是重要的人兽共患食源性疾病病原体之一，该菌最早于 1884 年由美国细菌学家 D. E. Salmon 首次分离出来，并被称为猪霍乱杆菌，后来称作猪霍乱沙门菌（*S. choleraesuis*），1900 年为纪念猪霍乱杆菌的发现者 D. E. Salmon，将这类菌定名为沙门菌属（*Salmonella*），但研究人员在千年前的人类尸体中分离到沙门菌基因组信息，推测该菌对人类的危害可能达千年之久。沙门菌病的主要发病原因是由于摄入了被沙门菌污染的食物。从牲畜饲料到农场生产现场、屠宰场以及食品的制造、加工和零售，直至餐饮、家庭食物烹饪准备，可以说，沙门菌可以在任何时候进入人类食物生产链。

2.1.1.1　病原特征

沙门菌属（*Salmonella*）可分为需氧及兼性厌氧菌，菌体大小为（0.6～0.9）μm×（1～3）μm，无芽孢，一般无荚膜，大多有周身鞭毛（鸡白痢沙门菌和鸡伤寒沙门菌除外），革兰染色阴性（图 2.1 和图 2.2）。沙门菌生长营养要求不高，能够在低营养环境下生存繁殖。沙门菌能够在 20～45℃下大量繁殖，最适生长温度为 35～43℃，但有在最低 5℃良好生长的报道，最适 pH 为 6.8～7.8，但在 pH4.5～9.0 均可生长，最低水活度（A_w）为 0.94。沙门菌不能够在水中繁殖，但是能在水中存活 2～3 周，能够在冰箱（4℃）中存活 2～3 个月。沙门菌对热抵抗力不强，60℃ 15min 即可杀死，70℃下 5min 就可被杀死，但沙门菌毒素仍有毒力，需要经过 75°灭活 1h 以上方可灭活毒素毒力。90℃下 2min 即可杀死沙门菌菌体，100℃瞬间可使其失去活力。沙门菌在 5%苯酚中，5min 即可死亡。

图 2.1　显色培养基上的沙门菌菌落

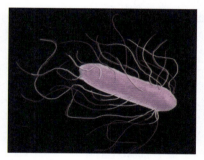

图 2.2　单个沙门菌形态

注：图 2.1 和图 2.2 摘自《食用畜禽产品中病原细菌的危害与预防》。

沙门菌在分类上属于肠杆菌科（Enterobacteriaceae）、沙门菌属（*Salmonella*）。沙门菌属包括肠道沙门菌（*Salmonella enterica*）和邦戈尔沙门菌（*Salmonella bongor*）两个种，其中肠道沙门菌又分为六个亚种，分别为：肠道亚种、萨拉姆亚种、亚利桑那亚种、双相亚利桑那亚种、尹迪卡沙门菌和浩敦亚种。沙门菌具有复杂的抗原结构，包括菌体抗原（O 抗原）、鞭毛抗原（H 抗原）、表面包膜抗原或荚膜抗原（V_i 抗原）及其菌毛抗原四种。沙门菌种类繁多，目前按照血清学分类已被分成 2659 个血清型，但是并不是所有的沙门菌都对人类致病。根据 O 抗原不同，可将沙门菌归类为 A、B、$C_1 \sim C_4$、$D_1 \sim D_3$、$E_1 \sim E_4$、$G_1 \sim G_2$、$H \sim Z$ 和 $O_{51} \sim O_{63}$ 以及 $O_{65} \sim O_{67}$，共计 51 个群。其中只有 $A \sim E$ 群可导致人类患病，沙门菌属有的只对人类致病。

2.1.1.2 致病性危害

全年均有病例发生，但以夏秋季（$6 \sim 10$ 月）为高峰，患病主要原因是由于摄入了含有大量（一般为 $10^5 \sim 10^6$ 个/g）沙门菌属的非寄主专一性菌株或血清型的食品所引起的，不同血清型的沙门菌可具有相同或不同的宿主（表 2.1），几乎所有血清型沙门菌都可致病，个别血清型菌株具有宿主特异性和宿主适应性特点，只引起个别或极少数种类的动物发病，如绵羊流产沙门菌、猪霍乱沙门菌、牛都柏林沙门菌。人一旦感染这类菌株，通常病情严重，甚至威胁生命。

依据宿主选择性的不同，可将沙门菌分为两类：宿主适应性血清型和非宿主适应性血清型，前者包含的血清型对宿主具有不同程度的选择性，如马流产沙门菌、羊流产沙门菌、伤寒沙门菌等；后者对宿主具有广泛的选择性，如肠炎沙门菌、鼠伤寒沙门菌等。根据发病表现不同，可将沙门菌引起的疾病分为两个类型：一类是伤寒和副伤寒；另一类是急性肠胃炎。沙门菌中毒主要以急性肠胃炎为主，患者会出现头晕发烧、恶心呕吐、腹痛腹泻、全身无力等症状，严重者还会出现抽搐和昏迷。一般在一周内可痊愈，有些病例潜伏期较长，发热后通常 72h 内会好转。但是老人、儿童和体弱者由于免疫能力较低，可能因沙门菌进入血液而出现严重且危及生命的菌血症，少数还会合并脑膜炎或骨髓炎，如不及时就医可能有生命危险。

沙门菌作为主要的食源性致病菌，对人类健康构成严重威胁。沙门菌感染引起的全球疾病负担是巨大的，据报道每年因沙门菌感染的致病人数达 1.15 亿，其中大多数人会在短期内自行恢复，但每年仍造成约 37 万人死亡，全世界由沙门菌引起的食物中毒屡居首位，约占 40%。我国估计每年有 900 多万人患有沙门菌病，死亡约 800 人（食品安全导刊，2015，3）。在中国细菌性食物中毒中，有 70% ~ 80% 是由沙门菌引起的，引起沙门菌中毒的食品中，约 90% 是畜禽产品。沙门菌感染的流行模式会随着食品工业化过程的不断变化而变化，同时，人们的饮食习惯、地域差异、生活方式、人口流动、经济全球化、病原菌选择压力等因素也会对其造成不小的影响。

表 2.1　我国沙门菌流行主要血清型

宿主	优势血清型			
禽	肠炎沙门菌 （*S. Enteritidis*）	印第安纳沙门菌 （*S. Indiana*）	德尔比沙门菌 （*S. Derby*）	鸡白痢沙门菌 （*S. Enterica*）
猪	德尔比沙门菌 （*S. Derby*）	鼠伤寒沙门菌 （*S. Typhimurium*）	肠炎沙门菌 （*S. Enteritidis*）	印第安纳沙门菌 （*S. Indiana*）
人	鼠伤寒沙门菌 （*S. Typhimurium*）	肠炎沙门菌 （*S. Enteritidis*）	*S.* 1, 4, [5], 12: i: -	伤寒沙门菌 （*S. Typhi*）

注：据发表文章统计。

2.1.1.3 传播模式

沙门菌主要通过食物传播，经口摄入是沙门菌感染人的重要传播途径，肉类及其制品为主要传播介质。据报道，肉及其制品的沙门菌检出率，美国为 2.7%~20.8%（鸡肉较猪肉检出率高），英国约为 9.9%，日本检查进口家禽的污染率约为 10.3%。我国国内肉类中的沙门菌检出率在 1.1%~39.5%，蛋类及其制品中沙门菌检出率为 3.9%~43.7%。

如果家禽、家畜屠宰条件差，患病动物被屠宰时肠腔内容物的沙门菌污染肉类和环境，可使屠宰肉品沾染沙门菌。肉类加工、储存、销售等过程中，也可能通过用具污染该菌。肉类产品受到沙门菌污染，加之后期制作加工过程不规范，如在烹饪过程中生熟制品没有严格分开、烹饪时间过短、局部受热温度低，细菌往往不能被杀死而造成污染散播，这些都是造成沙门菌病流行的原因。除了肉类外，蛋或蛋制品也可能含有沙门菌，可在蛋壳表面或外壳与壳膜之间检测分离到沙门菌。有的家禽可能会因卵巢受到感染，而在其所产的卵黄中分离到沙门菌。虽然单个禽蛋之间交叉污染率不高，但在制作鸡蛋粉或其他蛋制品时由于会用到很多鸡蛋的混合物，容易增加污染的危险性。除了肉类、禽蛋及其制品外，乳制品、鱼类、贝类以及植物类食物也可以作为传播沙门菌的媒介。

大多数人类沙门菌病病例都是食源性的，人可通过摄取污染的食物和水引起感染发病。水污染和食品污染还是沙门菌引起集体暴发沙门菌病的重要诱因。

还可通过动物与动物、动物与人、人与人直接或间接的传播方式导致沙门菌病（图 2.3）。比如，与家庭、兽医诊所、动物园、农场环境或其他环境中的动物直接或间接接触，往往是沙门菌病传播不可忽视的渠道。此外，沙门菌还可以通过生物媒介如蟑螂、鼠或苍蝇等传播。其他感染方式，包括与感染者接触、家庭食品的交叉污染和摄入受污染的蔬菜和水果。

图 2.3　人类感染沙门菌的可能途径

感染沙门菌的患者经粪便排菌的时间一般为几天到几周，少数病例有持续几个月者。胃肠炎型病人腹泻时，粪便中带菌，排菌期内有传染性，一般胃肠炎及无症状感染者都能自行停止排菌。通常认为，用抗生素治疗不能缩短排菌时间，还可能使细菌产生抗药性。另外由于排菌者散播沙门菌，病后长期间歇排菌的携带者（超过 6 个月）以及婴儿，特别易于引起家庭内传染。

饮食习惯、卫生条件以及免疫状况，甚至从事职业，都可以成为人的发病因素。食用生冷或不洁食品，老、幼及免疫力低下的人群易发病，在有些职业中，如肉、蛋、奶的生产加工行业，发病的风险也较高。无论年龄均可感染，婴幼儿、学龄前儿童、老年人和免疫功能低下者特别容易受到影响，动物疾病的发生常受饲养管理和外界条件的影响。

2.1.2 致病性大肠杆菌

大肠杆菌由 Escherich 于 1885 年首次发现，自首次发现后的 60 多年间，大肠杆菌一直被当作正常肠道菌群的组成部分，认为是非致病菌。20 世纪中叶，人们认识到一些特殊血清型的大肠杆菌对人和动物有致病性，尤其对婴儿和幼畜（禽），常引起严重的腹泻和败血症。1977 年，研究人员发现某些致泄大肠杆菌菌株可产生毒素，并导致 Vero 细胞病变，统称为 Vero 细胞毒性大肠杆菌（VTEC）。目前，有 100 多种不同血清型的大肠杆菌可以产生 Vero 细胞毒性，其中，*E. coli* O157：H7 是 VTEC 100 多个血清型中最主要、毒力最强的血清型菌株，已经成为影响公共卫生的全球性问题。

2.1.2.1 病原特征

大肠埃希菌（*Escherichia coli*，*E. coli*）通常称为大肠杆菌，为埃希菌属的代表菌种，大小为（0.4~0.7）μm×（1~3）μm，能发酵多种糖类产酸、产气，有鞭毛及动力，是无芽孢的革兰阴性短杆菌（图 2.4 和图 2.5），兼性厌氧，生长温度 7~50℃，最适生长温度为 37℃。在自然界水中可存活数周至数月，在动物肉中可存活更长时间。大肠杆菌抵抗力较强，55℃经 60min 仍有部分存活；60℃条件下，30min 可将其杀死；75℃条件下 1~2min 即可灭活。大肠杆菌生长最适 pH 为 7.2~7.4，但有些肠出血型菌株可在 pH4.4 的酸性食物中生长。大肠杆菌生长的最低水活度（A_w）为 0.95，对氯敏感。

大肠杆菌菌株的分类一般根据细胞外膜

图 2.4 麦康凯培养基上的大肠杆菌菌落

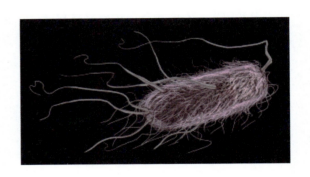

图 2.5 单个大肠杆菌形态

注：图 2.4 和图 2.5 摘自《食用畜禽产品中病原细菌的危害与预防》。

脂多糖中的 O 抗原、鞭毛 H 抗原和荚膜 K 抗原情况进行。由于只有很少的实验室具有对大肠杆菌 K 抗原进行分型的能力，目前使用 O 和 H 抗原特异性抗体进行血清学分型已经成为大肠杆菌分型的金标准。截至目前，已经鉴定出 185 个 O-基团，53 个 H-基团，O 抗原和 H 抗原的结合决定了大肠杆菌的血清型。

2.1.2.2 致病性危害

大肠杆菌为人和动物肠道中存在的共栖菌之一，大多数对人和动物没有致病性危害。但一些血清型菌株由于获得了一定数量的毒力基因，往往会导致人和动物的大肠杆菌病发生。比如，K88、K99、987P 可引起初生仔猪黄痢、断奶仔猪腹泻；O139、O138 可引起仔猪水肿病，给养殖业带来持续性经济损失。有些大肠杆菌菌株还可引起人类的疾病，导致患者发生肠胃炎、泌尿系统感染和脑膜炎等疾患。

大肠杆菌的致病性与其能够产生和携带的肠毒素（LT、ST 和 SLT）、定居因子（CFA-Ⅰ和 CFA-Ⅱ）、K 抗原或类似物质，以及带有性菌毛、能够分泌内毒素等特性有关。根据致病机制不同，可以将致病性大肠杆菌分为肠道外致病性大肠杆菌（Extra-intestinal Pathogenic E. coli，ExPEC）和致腹泻性大肠杆菌（Diarrheagenic E. coli）两大类，见图 2.6。肠道外致病性大肠杆菌（对人致病的）

包括尿道致病性大肠杆菌（Uropathogenic E. coli，UPEC）和脑膜炎/脓毒症相关大肠杆菌（Meningitis/Sepsis-associated E. coli，MNEC）两类致病型。致腹泻性大肠杆菌，根据血清型、毒力和所致症状不同又可分为 5 类：肠致病性大肠杆菌（Enteropathogenic E. coli，EPEC）、肠侵袭型大肠杆菌（Enteroinvasive E. coli，EIEC）、肠凝聚型大肠杆菌（Enteroaggregative E. coli，EAEC）、产肠毒素型大肠杆菌（Enterotoxigenic E. coli，ETEC）和肠出血型大肠杆菌（Enterohemorrhagic E. coli，EHEC）。此外，还有黏附侵袭性大肠杆菌（AIEC）、弥散黏附性大肠杆菌（DAEC）等。

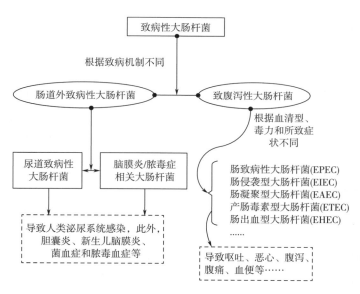

图 2.6 致病性大肠杆菌分类模式图

致病性大肠杆菌的致病性危害分述如下。

（1）产肠毒型大肠杆菌（ETEC）ETEC 是一类能侵染小肠上皮细胞的病原菌，能够在细胞上定植和增殖，并产生肠毒素。临床上 ETEC 感染的症状通常为急性水样腹泻，

有从温和到严重多种程度。感染者也曾出现头痛、发烧、恶心、呕吐等症状。

（2）肠侵袭型大肠杆菌（EIEC）EIEC 是一类具有强致病毒力的病原菌，能够感染年龄较大的儿童及成年人。常见的临床症状主要是水样腹泻，少数人出现痢疾症状，通常是以食物或水源为媒介进行感染的，也可经过亲密接触传播产生散发病例。

（3）肠致病性大肠杆菌（EPEC）EPEC 是在小肠上段寄居繁殖的一类致病微生物，可引起婴幼儿腹泻、呕吐和低烧；腹泻可能是持续性的，并具有潜在的致命性。

（4）肠出血型大肠杆菌（EHEC）EHEC 菌株血清型中，代表性菌株是 O157：H7，也称 Vero 毒素型大肠杆菌（Verotoxigenic *E. coli*，VTEC）或产志贺毒素大肠杆菌（Shiga toxin-producing *E. coli*，STEC），是全球内引起人类大肠杆菌病暴发的重要致病菌。O157：H7 可产生两种由溶原性噬菌体编码的 Vero 毒素（VT-1 和 VT-2），能抑制蛋白质的合成并致 Vero 细胞产生病变，引起临床症状。通常认为牛是 O157：H7 污染的重要来源，病原携带率 0.1% ~ 16%，并在感染动物粪便中间歇性排菌，此外，在绵羊、马、犬、山羊和鹿等动物体内也可以分离到该菌株。该菌多为水源性或食源性感染，由加热不充分的牛肉或蔬菜，或饮用被污染的鲜奶而引起，经口摄入或粪-口途径传播。一般感染后 2 ~ 10d 出现腹泻、腹痛、呕吐、出血性结肠炎、出血性尿道综合征，伴随着肾衰竭等症状，并发现非 O157 血清型也引起该病。STEC 血清型的 O157：H7 菌株和某些非 O157 STEC 血清群是引起腹泻、出血性结肠炎（HC）和溶血性尿毒综合征（HUS）的主要食源性病原体，疾病严重时可能导致死亡。

（5）肠凝聚型大肠杆菌（EAEC）EAEC 是 Nataro 等于 1987 年首次从智利腹泻儿童的粪便中分离出的一种大肠杆菌。临床表现为急性、持续性腹泻，含黏液的水样分泌性腹泻是其典型表现，可伴有黏液或血液，腹泻持续时间可能较长，部分病人伴有发热、呕吐、腹痛。

（6）弥散黏附性大肠杆菌（DAEC）DAEC 的感染病例较为少见，该菌曾引起墨西哥儿童腹泻从而被分离发现。在与腹泻相关的 DAEC 菌株中已发现一种分泌型自身转运蛋白毒素，主要引起婴幼儿的腹泻。

（7）黏附侵袭型大肠杆菌（AIEC）AIEC 与克罗恩病（CD）和溃疡性结肠炎等炎症性肠炎有关。然而，炎症性肠炎的单一致病因子尚未确定，这种疾病可能是由人类遗传、肠道微生物区系、环境因素和肠道病原体（包括副结核分枝杆菌、弯曲杆菌和 AIEC）共同引起的。

（8）肠外致病型大肠杆菌（ExPEC）ExPEC 是在肠道内发现的，但它们不会引起腹泻，而是会在肠道外引起疾病，包括尿道致病性和脑膜炎/脓毒症相关病型。由于 ExPEC 对抗生素的耐药性增加，导致 ExPEC 感染的病死率在全球范围内不断上升，给公共卫生系统带来了巨大的负担。据美国 CDC 统计，ExPEC 在美国每年导致超过 4 万人死于与尿路感染相关的脓毒症，超过了与沙门菌、弯曲杆菌和大肠杆菌 O157：H7 相关疾病的死亡总数。

2.1.2.3　传播模式

对众多致病性大肠杆菌引发的食物中毒事件的分析可知，大肠杆菌的感染途径主要有 3 种方式：食物传播、水传播、亲密接触传播，其中食物传播为最主要的感染途径。牛奶及其制品、生蔬菜、饮料、熟食、受粪便污染的水等均属于常见的大肠杆菌传播模式（图 2.7），也是通过饮食传播的常见原因。

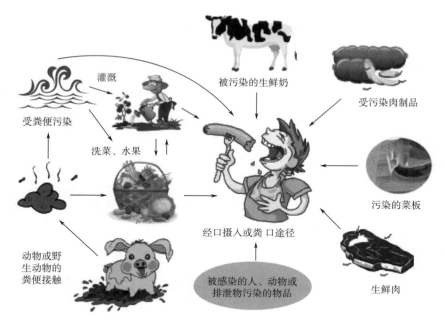

图 2.7　致病性大肠杆菌传播机制模式图

注：摘自《食用畜禽产品中病原细菌的危害与预防》。

肠致病性大肠杆菌（EPEC）感染通过粪－口途径发生，主要发生在 2 岁以下的儿童中。典型 EPEC 的宿主是人类，而非典型 EPEC 的宿主既有动物，也有人，然而，动物中存在的血清型通常不是那些导致人类疾病的血清型，被受感染的食品处理者污染的生肉或蔬菜等食物与 EPEC 腹泻有关。

肠凝聚型大肠杆菌（EAEC）菌株引起水样腹泻，可伴有黏液或血液，腹泻持续时间可能较长。生活在工业化国家和第三世界国家的儿童和免疫功能低下的人容易感染 EAEC 腹泻。EAEC 菌株是旅行者腹泻的重要原因，受感染的食品加工人员可能是病原体的来源。

产志贺毒素大肠杆菌（STEC）通过粪－口途径传播。STEC 最重要的宿主是牛的肠道，因此，与牛的接触、牛的环境和来自牛的食品是 STEC 感染人类的主要危险因素，很可能所有反刍动物都可以作为 STEC 的"蓄水池"。非反刍动物，包括猫、狗、猪、马、兔和鸡，也可以携带 STEC。感染者可以在人与人之间传播 STEC，含有 STEC 的食物可能是交叉污染或接触受感染的食品制备者造成的，包括肉类、蔬菜、乳制品、水果、果汁和坚果在内的大量食品都与 STEC 感染有关。

肠侵袭型大肠杆菌（EIEC）感染很可能是由受感染的食品加工人员污染的食品造成的，感染也可能通过人与人之间的传播发生。据报道，有几个国家暴发了与 EIEC 有关的疫情，以水、进口奶酪、蔬菜和土豆沙拉为传播介质。人类是唯一已知的 EIEC 宿主，因此，大多数食源性感染是由感染了病原体的个人准备的食物造成的。

2.1.3　空肠弯曲杆菌

空肠弯曲杆菌（*Campylobacter jejuni*，*C. jejuni*）是近年来影响动物源性食品安全的重要人兽共患病原菌之一，与沙门菌、志贺菌并列为人类三大腹泻致病菌，主要通过污染肉品、牛奶或水源而经口传播，该菌于1973年由 Dekeyser 和 Butzler 从急性肠炎患者的粪便中首次分离到并确定了其致病性。近年来，空肠弯曲杆菌感染的疾病不论在发达国家还是发展中国家均日益受到公共卫生的关注，并已经成为21世纪人类面临的一项严重的经济和公共卫生负担。

由于该菌除能引起人的急性胃肠炎外，还与人类格林-巴利综合征（Guillain-Barre Syndrome，GBS）、米勒-费希尔综合征（Miller-Fisher Syndrome，MFS）的发生有密切关系，因而受到社会的广泛关注，并一直是欧盟、美国、新西兰等发达国家或地区动物源性致病菌监测的主要目标。我国卫生系统自2003年开始对弯曲杆菌监测，但截至2021年时尚未纳入农业农村部致病菌的控制规划。

2.1.3.1　病原特征

空肠弯曲杆菌是弯曲杆菌属的一个种，弯曲杆菌属共分六个种及若干亚种。弯曲杆菌属（*Campylobacter*）包括胎儿弯曲杆菌（*Campylobacter fetus*，*C. fetus*）、空肠弯曲杆菌（*C. jejuni*）、结肠弯曲杆菌（*Campylobacter coli*，*C. coli*）、幽门弯曲杆菌（*Campylobacter pybridis*，*C. pybridis*）、唾液弯曲杆菌（*Campylobacter sputorum*，*C. sputorum*）及海鸥弯曲杆菌（*Campylobacter laridis*，*C. laridis*），其中，

对人类致病的菌种绝大部分是空肠弯曲杆菌及胎儿弯曲杆菌，其次为结肠弯曲杆菌。

空肠弯曲杆菌属于革兰阴性菌（图2.8和图2.9），一端或两端有极鞭毛，能借助鞭毛在生活环境中做快速的直线或螺旋状运动，菌体被多糖包膜包围，通常是螺旋形或弯曲的杆状体，呈弧形、S形或螺旋形，长0.5~5.0μm，宽0.2~0.8μm，培养时间长的菌体变成球状。一般3~5个菌体呈串或单个排列，无荚膜，不形成芽孢，微需氧，在含2.5%~5% O_2 或10% CO_2 的环境中生长最佳。最适生长温度为37~42℃，生化反应时氧化酶和过氧化氢酶为阳性。菌落多为半透明、有光泽、扩散、无色素的外观表现。

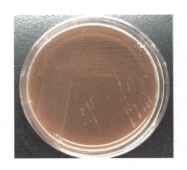

图2.8　空肠弯曲杆菌在哥伦比亚培养基上的菌落形态

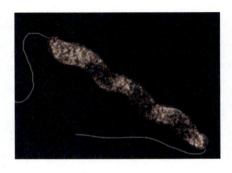

图2.9　单个空肠弯曲杆菌的形态

注：摘自《食用畜禽产品中病原细菌的危害与预防》。

空肠弯曲杆菌是多种动物如猪、牛、羊及禽类的正常寄居菌，该菌抵抗力不强，易被干燥、直射日光及弱消毒剂所杀灭。在潮湿、少量氧的情况下，*C. jejuni* 可以在 4℃ 存活 3~4 周；在水、牛奶以及粪便中可存活较久，在鸡粪中可以保持活力达 96h，人的粪便中可保持活力达 7d 以上。*C. jejuni* 耐寒但不耐室温，−20℃ 可存活 2~5 个月，而在室温下仅可存活数天。空肠弯曲杆菌对热敏感，60℃、20min 即可杀死，但耐酸碱，所以容易在胃肠道的酸碱性环境中生存。

2.1.3.2 致病性危害

空肠弯曲杆菌的致病性主要表现在空肠弯曲杆菌肠炎、格林–巴利综合征和对动物的致病性三个方面。

典型的空肠弯曲杆菌肠炎常在感染病原菌 24~72h 开始发病，临床表现为急性水样或血样腹泻、发热及腹部绞痛，可同时伴有恶心呕吐、轻度脱水等，症状平均持续 6d。腹痛可与急性阑尾炎类似，应避免因误诊造成的不必要手术，发热可为低热也可高达 40℃ 以上。本病为自限性疾病，多数患者无需抗生素治疗也能自行缓解。

格林–巴利综合征（GBS）是细菌或病毒感染介导的一种自身免疫性疾病。患者起病前数日至数周常有感染史，多数急性起病，表现为两个或两个以上肢体进行性、对称性无力，近端重于远端，可伴有感觉异常及自主神经功能异常。空肠弯曲杆菌是 GBS 最常见的致病菌，研究发现 GBS 患者血清中空肠弯曲杆菌 IgM 抗体阳性率达 53%，对动物的致病性表现在可引起动物的腹泻、坏死性肝炎及反刍动物的流产。

除了上述典型的疾病表现外，空肠弯曲杆菌感染引起的并发症还有胆囊炎、胰腺炎、腹膜炎等。免疫功能低下者、幼儿、老年人还可出现菌血症，有些病例会进一步发展并导致心内膜炎、关节炎、骨髓炎、脑炎、败血症等全身性疾病。孕妇感染后还可引起流产、早产等生殖障碍，而且可使新生儿受感染。

2.1.3.3 传播模式

空肠弯曲杆菌作为共生菌大量存在于各种野生或家养动物的肠道内。与人的感染较为密切的主要为家禽和家畜，猪、牛、鸡和犬是最为常见的传染源。传播途径主要有摄入食物、饮水、接触等途径。食用未充分煮熟的肉或交叉污染的禽肉，被认为是最常见的空肠弯曲杆菌的传染途径。此外，水源性传播也很常见，废水、农场动物和野生鸟类是环境水域中人类感染弯曲杆菌的主要来源。水源或自来水消毒不彻底，也可引起水型肠炎。

除了人与人之间的密切接触可以发生水平传播外，该病还可以由患病的母亲将携带的空肠弯曲杆菌垂直传给胎儿或婴儿。在产期，可经产道、子宫、血液以及哺乳等方式引起新生儿的弯曲杆菌性肠炎。研究者曾从产妇血、胎儿脾脏、胎盘及新生儿的粪便和血液中分离出该菌。

大量实验研究表明，弯曲杆菌在家禽体内呈现出相互依存的共生关系。带菌家禽常无明显症状，但其粪便排泄物能污染环境。该病原菌主要为接触性传播，带菌的家禽被屠宰以后，在人们进行烹饪前处理家禽肉制品时，可能会造成该病原接触性传播至蔬菜、水果等食物上面，通过食品的交叉污染、不卫生地食用或不良的饮食习惯就可能获得感染，并会出现腹痛、腹泻或发烧、呕吐等症状。

2.1.4　金黄色葡萄球菌

金黄色葡萄球菌（*Staphylococcus aureus*，*S. aureus*），也称"金葡菌"，属于葡萄球菌属，是目前影响动物源性产品安全的重要动物源性致病菌之一。该菌可经食入污染的奶和奶制品、肉制品（包括腌肉制品）传播，并具有可在人类和动物间交叉感染的能力。*S. aureus* 致病性强、感染率高、传播速度快、耐药性强，已经成为近年来社区和医院感染的重要危险致病菌之一。该菌于 1880 年由苏格兰外科医生首次在一个病人的膝关节脓肿中发现。1884 年，F. J. Rosenbach 通过纯化培养对本菌进行了详细研究，并通过系统命名法将其命名为 *Staphylococcus aureus*。

由于抗生素大量、广泛地使用，*S. aureus* 感染已呈现逐年增多的趋势，耐药率也逐年升高，并出现了多重耐药菌株（详见第 2 章 2.3），其中耐药性强、毒力高的耐药型 *S. aureus*——耐甲氧西林金黄色葡萄球菌，已普遍分布在医院、社区环境中，给细菌性感染的临床治疗带来了极大的困难，也引起了临床医生和科技工作者的高度关注。

2.1.4.1　病原特征

金黄色葡萄球菌属于微球菌科的葡萄球菌属。葡萄球菌种类繁多，主要有金黄色葡萄球菌、表皮葡萄球菌和腐生葡萄球菌等，属革兰阳性球菌（G⁺），呈葡萄状排列，无芽孢、荚膜及鞭毛，需氧或兼性厌氧，生长后期菌落为黄色，故而得名（图 2.10 和图 2.11）。

金黄色葡萄球菌营养要求不高，对不良环境抵抗力较强。*S. aureus* 对高温有一定的耐受能力，在 80℃ 以上的高温环境下 30min

才可以将其彻底杀死，另外金黄色葡萄球菌可以存活于高盐环境，可在盐浓度接近 10% 的环境中生长，最高可以耐受 15% 浓度的 NaCl 溶液。*S. aureus* 可在较宽 pH 范围中（4~10）生长，但最适 pH 为 6~7，具有较宽的温度适应范围（10~45℃），但最适生长温度为 35~37℃。

金黄色葡萄球菌及其肠毒素非常适宜引发食源性疾病。这种细菌除了能定植于人和动物外，还具有能在食物中生长的生理特性。肠毒素表现出耐热和抗蛋白酶活性，这意味着毒素在加热食物中仍具有活性。此外，肠毒素的耐酸性和抗蛋白酶活性有助于毒素摄入后通过胃进入肠道后仍具有活性及致呕吐作用。

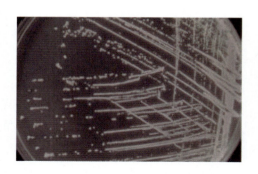

图 2.10　显色培养基上生长的金黄色葡萄球菌菌落

注：摘自《食用畜禽产品中病原细菌的危害与预防》。

图 2.11　金黄色葡萄球菌的微观形态

注：摘自《食用畜禽产品中病原细菌的危害与预防》。

金黄色葡萄球菌细胞壁含90%的肽聚糖和10%的磷壁酸，其肽聚糖的网状结构比革兰阴性菌致密，染色时结晶紫附着后不被酒精脱色故而呈现紫色。可分解葡萄糖、麦芽糖、乳糖、蔗糖，产酸不产气，具有较强的抵抗力，对磺胺类药物敏感性较低，但对青霉素、红霉素等高度敏感。

金黄色葡萄球菌常寄生于人和动物的皮肤、鼻腔、咽喉、肠胃、痈、化脓疮口中，空气、污水等环境中也无处不在。金黄色葡萄球菌在适宜的条件下，可产生多种毒素和酶，如肠毒素、溶血毒素、杀白血球毒素、凝固酶、耐热核酸酶、溶纤维蛋白酶、透明质酸酶等，因此，具有较强的致病性。

2.1.4.2 致病性危害

金黄色葡萄球菌引发的食物中毒事件屡见报道。据统计，由金黄色葡萄球菌引起的食物中毒占食源性微生物食物中毒事件的25%左右。金黄色葡萄球菌是人类化脓感染中最常见的病原菌，可引起局部化脓感染、肺炎、毒性休克综合征（TSS）、伪膜性肠炎、心包炎等，甚至败血症、脓毒症等全身感染。

金黄色葡萄球菌的感染症状可分为以下两种情况。

（1）化脓性感染 包括局部组织化脓、内脏器官化脓或者全身性化脓感染。局部组织化脓表现为疖、痈、甲沟炎、麦粒肿、蜂窝织炎、伤口化脓等，特点是脓液呈金黄色，并且比较黏稠，界限分明；组织化脓感染，如肺炎、脓胸、中耳炎、脑膜炎、心包炎、心内膜炎等；全身化脓感染，如败血症、脓毒血症等。

（2）毒素性疾病

①食物中毒：金黄色葡萄球菌为侵袭性细菌，能够产生毒素，对肠道的破坏性大，所以金黄色葡萄球菌引起的肠胃炎疾病，中毒症状严重。人摄入肠毒素后，迅速出现症状，通常为1~6h，主要症状为头晕、恶心、呕吐、腹部痉挛和腹泻等急性胃肠炎症状。大多数情况下，在几小时至两天能自行恢复。死亡率很低，占确诊病例的0.03%，但婴儿和老年患者面临的风险更大。

②烫伤样皮肤综合征：由金黄色葡萄球菌产生的表皮剥脱毒素引起，常见于新生儿，皮肤出现弥漫性红疹、起皱，形成水疱，导致表皮脱落，如果继发细菌感染，可引起死亡。

③毒性休克综合征：病人表现为突然高热、呕吐、腹泻、弥漫性红疹，继而有脱皮（尤以掌及足底明显）、低血压、黏膜病变（口咽、阴道等），严重的病人还出现心、肾衰竭，甚至可发生休克。

2.1.4.3 传播模式

金黄色葡萄球菌是人类常见的定植菌，30%~80%的人群为该病原菌的携带者。作为定植或皮肤感染的结果，污染手或通过打喷嚏（或流鼻涕）传播是金黄色葡萄球菌污染食物的常见传播途径。大多数出现葡萄球菌食物中毒的病例是由携带金黄色葡萄球菌的食品加工人员通过食品加工设备或储存容器，直接或间接地污染食品，进而产生肠毒素而导致的。产肠毒素的金黄色葡萄球菌菌株可引起牛的乳腺炎，并可能成为与牛奶或其他乳制品相关的葡萄球菌食物中毒的来源。

金黄色葡萄球菌污染的食品主要为乳制品、蛋及蛋制品、各类熟肉制品，其次是含有乳类的冷冻食品等，可通过食品肉类进行传播。据美国 CDC 统计，美国由金黄色葡萄球菌肠毒素引起的食物中毒占整个细菌性食物中毒的 33%，美国火鸡肉、猪肉、鸡肉和牛肉中金黄色葡萄球菌污染率分别为 77%、42%、41% 和 37%。家畜和家禽是主要污染源，而部分来自人的污染。巴西、美国、法国、韩国、日本和巴勒斯坦等国，肉、乳、乳制品和蛋类产品中产肠毒素金黄色葡萄球菌的检出率在 4.7%~77.4%。在即食食品的金黄色葡萄球菌污染的监测中，韩国寿司、紫菜饭卷和加州卷样品中的总检出率为 5.98%，没有季节性差异。尼日利亚肉、鱼和蔬菜类快餐即食食品中金黄色葡萄球菌的总污染率为 62%，特别是最受欢迎的食用豆制品，由于陈列于室温，并反复暴露于销售者和顾客之手，其金黄色葡萄球菌污染率高达 86%。在我国，2008 年全国食源性疾病监测网的生奶样品中金黄色葡萄球菌阳性率为 21.94%。近年来，我国不同省份报道的各类食品的食源性致病菌监测报告中金黄色葡萄球菌的检出率一般维持在 2.15%~17.9%，生鲜肉中的金黄色葡萄球菌污染率达到 32.9%。

金黄色葡萄球菌引起的中毒事件，一般多见于春夏季。中毒食品种类多，涉及奶、肉、蛋、鱼及其制品等。此外，剩饭、油煎蛋、糯米糕及凉粉等引起的中毒事件也多见报道。不同地区、不同动物源性食品之间的 *S. aureus* 流行率不同，例如水产品、生肉、冷冻动物产品，家禽、猪肉、牛肉和牛奶各有差异。这些生鲜产品或食物都可以作为 *S. aureus* 的储藏库。

2.1.5 单核细胞增生李斯特菌

单核细胞增生李斯特菌（*Listeria monocytogenes*），简称单增李斯特菌，取名自英国外科医生约瑟夫·李斯特（Joseph Lister），是典型的人畜共患胞内寄生菌，机体主要靠细胞免疫清除本菌。1982 年以前，单增李斯特菌被认为是引起多种动物（特别是牛和羊）流产和脑炎的病因之一，且与受污染的动物饲料或青贮饲料有关。虽然该菌可以引起人类李斯特菌病，但直到 1981 年才被广泛认为与食物相关。由于该菌可感染人，尤其对孕妇、新生儿、老年人和免疫缺陷者感染发病风险较高，世界卫生组织（WHO）于 20 世纪 90 年代将单增李斯特菌列为四大食源性致病菌之一。

2.1.5.1 病原特征

李斯特菌为革兰阳性菌、呈短小 [（0.4~0.5）μm×（1~2）μm] 钝端杆状，无芽孢，通常成双排列，一般不形成荚膜，在含血清的葡萄糖蛋白胨水中能形成黏多糖荚膜（图2.12 和图 2.13）。

李斯特菌为兼性厌氧菌，对营养要求不高，普通培养基上能生长，菌落初始很小，直径 0.2~0.4mm，半透明，边缘整齐，呈露水滴状，随着菌落的增大，变得不透明。在 0~45℃ 均可生长，最适生长温度为 30~37℃，但也可以在 -1℃ 下生长，在 pH4.6~9.2 条件下可以保持生长，对 NaCl 具有相对抗性，在10% 浓度条件下可以生长，20%~30% 浓度下可存活。在血琼脂上于 35℃ 经 18~24h 培养能长出狭窄的 β-溶血环。在半固体培养基内，可呈倒伞形生长。在含酵母浸膏胰酪大豆琼脂和改良 McBride 琼脂上，用 45°角入射光照射菌落，通过解剖镜垂直观察，菌落呈蓝色、灰色或蓝灰色。在科玛嘉单增李斯特菌选择培养基上，菌落呈蓝色并带有白色光环（晕轮）。生化反应比较活泼，过氧化氢酶实验阳性；37℃培养 24h 能发酵葡萄糖、海藻糖、七叶苷、水杨素、果糖；产酸不产气，不发酵木糖；胆汁溶解实验阴性；M-R 和 V-P 实验阳性。二氧化碳不能显著抑制其生长，细菌可耐受多种加工技术，如冷冻和干燥等。

图 2.12　单增李斯特菌显色培养基上生长的菌落形态
注：摘自《食用畜禽产品中病原细菌的危害与预防》。

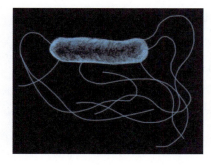

图 2.13　单个单增李斯特菌的形态
注：摘自《食用畜禽产品中病原细菌的危害与预防》。

单增李斯特菌的血清型是基于磷壁酸和鞭毛抗原的变异而分型的，即菌体（O）抗原和鞭毛（H）抗原。单增李斯特菌可分成 13 个血清型，分别是 1/2a、1/2b、1/2c、3a、3b、3c、4a、4b、4ab、4c、4d、4e 和 7。致病菌株的血清型一般为 1/2b、1/2c、3a、3b、3c、4a、1/2a 和 4b，后两种血清型尤多。用不同方法进行的分子分析已经在单增李斯特菌中鉴定出四个不同的谱系（Ⅰ、Ⅱ、Ⅲ和Ⅳ）。血清型和谱系分组之间有一定的对应关系，其中血清型 1/2b、3b、4b、4d 和 4e 归入谱系Ⅰ，血清型 1/2a、1/2c、3a 和 3c 归入谱系Ⅱ。然而，血清型 4a、4c 和一些非典型血清型 4b 菌株被分成谱系Ⅲ和Ⅳ，这两个组基于 5 个基因（CheA、FLAR）的序列类型分析而被区分。95% 的人类分离株属于血清型 1/2a、1/2b 或 4b 型。事实上，血清型 4b 型菌株导致了全世界 33%～50% 的人类李斯特菌病病例，并与许多食源性疾病的大规模暴发有关。

2.1.5.2　致病性危害

单增李斯特菌广泛分布于水、土壤、人和动物粪便中，常伴随人类疱疹病毒引起传染性单核细胞增多症，也可引起脑膜炎、菌血症等，致死率可达 20% 以上，在发达国家常污染奶制品而引起食物中毒。致病物质主要是溶血素和菌体表面成分，机体主要靠细胞免疫功能清除此菌，单增李斯特菌能引起鱼类、鸟类和哺乳动物疾病。

单增李斯特菌在 0～4℃仍可良好地生长，因此有许多机会进入食品生产或加工链过程。同时，对冰箱内动物源性产品、食品冷藏有重要意义。人类摄取被单增李斯特菌污染的食品，即可受到感染。单增李斯特菌是李斯特菌属中致病力最强的细菌，也是引起动物和人类疾病的主要食源性致病菌，其导致的死亡率甚至超过了沙门菌和肉毒梭菌。

单增李斯特菌进入人体后是否患病与菌量、宿主的年龄及免疫状态有关。T细胞介导的免疫抑制的人更容易患李斯特菌病，包括孕妇、新生儿和老年人，以及患有其他潜在疾病的人。至少有一次暴发报告称，摄入高浓度的李斯特菌可导致健康人感染，出现流感样症状，伴有呕吐和腹泻，这些人群的病死率为13%~34%。另据报道，获得性免疫缺陷综合征患者比普通民众对李斯特菌病的易感性高出280倍。在免疫功能低下的老年人中，这种疾病通常涉及脑部周围组织的感染（脑膜炎）和血液的感染（败血症）。

李斯特菌感染后，患者开始常有胃肠炎症状，最明显的表现是败血症、脑膜炎、脑脊膜炎，有时为心膜炎，孕妇可出现流产、死胎等表现，幸存婴儿则因患脑膜炎而导致智力缺陷。腹泻型患者的潜伏期一般为8~24h，主要症状为恶心、腹痛、腹泻、发热等肠胃道症状。单增李斯特菌是少数几种穿过胎盘并直接接触胎儿的细菌之一，新生儿也可能在出生后从母亲或其他受感染的婴儿那里感染。

2.1.5.3 传播模式

自然条件下，单增李斯特菌主要经食用受该菌污染的动物产品通过粪-口途径传播，也可通过与患畜接触传播。经胎盘和产道感染新生儿也是人和动物感染本病的重要途径之一。

单增李斯特菌广泛分布于环境中，多种零售食品中均可分离出来。该菌可随着多种动植物来源的食材进入食物生产链。在低温和低营养条件下仍具有生长能力的特性，使其可以在食品生产设施和设备上定植，从而导致食品工厂环境内食品的交叉污染。人感染单增李斯特菌的主要来源是食用了被其污染的食品。该菌主要通过粪-口途径传播，自然感染的传播途径包括消化道、呼吸道、眼结膜以及损伤的皮肤等。

单增李斯特菌在一般加热处理中仍能存活。因此，在食品加工中，食品的中心温度必须达到70℃且持续2min以上。由于单增李斯特菌在自然界广泛存在，所以即使产品已经经过加热处理，充分灭活了该菌，仍有可能造成二次污染。因此，经过加热处理的食品防止二次污染是极为重要的。

食品污染物的调查结果显示，单增李斯特菌在生肉及即食食品中污染率较高。动物源性的生鲜奶、奶制品（软奶酪），畜禽的肉及肉制品（香肠）都是人类感染李斯特菌的重要原因。该菌可诱发食物中毒，导致李斯特菌病，主要引起人类脑膜炎、菌血症等。发病率虽低，病死率却高达30%~70%。据报道，美国密歇根州曾有14人因食用被该菌污染的热狗和熟肉死亡。该菌可通过眼及破损皮肤、黏膜进入体内而造成感染，性接触也是本病传播的可能途径，且有上升趋势。

单增李斯特菌食物中毒春季即可发生，发病率在夏秋季呈季节性增高。导致食物中毒的食物主要为乳及乳制品、肉类制品、水产品、蔬菜及水果，尤其在冰箱中保存过长的乳制品、肉制品导致的食物中毒最为多见。牛乳中的单增李斯特菌主要来自人和动物粪便，人类粪便带菌率为0.6%~6%，即便是消毒牛乳，污染率有的也达到21%。畜禽在屠宰过程中易受到污染，食品从业人员的手也可以被污染，正因如此，曾有报道生肉和直接入口的肉制品中单增李斯特菌的污染率高达30%。

美国CDC对一般人群推荐降低单增李斯特菌病风险的5条措施，分别如下所示。

（1）生的动物性食品如牛肉、猪肉和家禽肉，食用前要彻底加热。

（2）生食蔬菜食用前要彻底清洗。

（3）未加工的肉类与蔬菜，已加工的食品和即食食品要分开。

（4）不吃生奶（未经巴氏消毒的）或用生奶加工的食品。

（5）加工生食后的手、刀具和砧板要洗净。

2.1.6 小肠结肠炎耶尔森菌

小肠结肠炎耶尔森菌（*Yersinia enterocolitica*）是耶尔森菌属（*Yersinia*）中继鼠疫耶尔森菌（*Y. pestis*）后的又一重要人畜共患致病菌，可寄居在猪、家畜、兔和鼠等多种动物体内，人可通过污染的牛奶、猪肉、饮水等经粪-口途径或因接触染疫动物而感染，猪是该菌的重要储存宿主。自20世纪80年代以来，该菌已经成为引起国际上广泛关注的一种人畜共患食源性病原菌。

2.1.6.1 病原特征

小肠结肠炎耶尔森菌属于耶尔森菌属，耶尔森菌属于1980年被正式归入肠杆菌科，包括鼠疫耶尔森菌、小肠结肠炎耶尔森菌与假结核耶尔森菌等11个菌种，该属菌DNA含量为46%~47%。小肠结肠炎耶尔森菌具有近

60种O抗原，6种K抗原，19种H抗原，可分为6个生物型（1A、1B、2、3、4、5型）。目前研究认为，生物1A型菌株均属于非致病型，而生物1B、2~5型中的大多数菌株为致病性菌株。

小肠结肠炎耶尔森菌属于革兰染色阴性菌，菌体呈多形性，固体培养菌常为卵圆形或短杆状，散在或群集；肉汤培养菌可见有短链状或丝状（图2.14和图2.15），菌体大小为（0.5~0.8）μm×（1~3）μm，具2~15根周鞭毛，新分离菌株须经传代后才能运动。该菌在-2℃能生长，20~30℃生长良好并有丰富的菌毛形成，33℃培养时有少量菌毛形成，35℃培养时则无菌毛形成，最佳生长温度为28~29℃。能在pH为4.0~10.0的条件下生长，最适生长pH为7.2~7.4。可用0.25%~0.5%KOH处理标本，以提高该菌的检出率。

该菌为兼性厌氧菌，菌落比其他肠道杆菌细小，能在普通培养基上生长，可用血琼脂平板或以牛肉消化液或脑心浸液为基础的琼脂平板直接划线分离。该菌特征性生化反应是：发酵葡萄糖；产酸不产气，产生尿素酶；30℃以下形成动力，35℃则无动力；缺乏苯丙氨酸脱氨酶和赖氨酸脱羧酶。

图2.14 小肠结肠炎耶尔森菌菌落

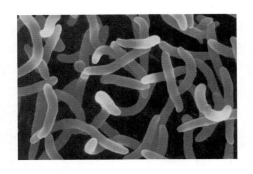

图2.15 小肠结肠炎耶尔森菌微观形态

注：图片来自百度百科：https：//baike. baidu.
com/item/耶尔森菌属/8565888? fr=aladdin。

2.1.6.2 致病性危害

小肠结肠炎耶尔森菌最显著的特点是具有抵抗巨噬细胞杀伤作用的能力，可在巨噬细胞内存活和繁殖，但不在多形核白细胞内生长。该菌可耐低温，同时大量表达侵袭素，通常先引起啮齿动物、家畜和鸟类等动物感染，人类通过接触已感染的动物、食入被污染的食物或节肢动物叮咬等途径而被感染。目前已知可引起人类发病的主要为鼠疫耶尔森菌、小肠结肠炎耶尔森菌与假结核耶尔森菌3种，感染后的典型症状为：胃肠炎、发热、呕吐、腹泻，也可引起阑尾炎，有的引起反应性关节炎、败血症等。潜伏期在摄食后3~7d，病程一般为1~3d，但有些病例持续5~14d或更长。

小肠结肠炎耶尔森菌所致的疾病呈世界性分布，其流行季节在全球各地有所不同，以秋冬季和冬春季节发病率明显升高，如比利时和瑞典发病高峰期为10月，罗马尼亚和匈牙利在11月至翌年3月，美国的多次暴发多出现于秋冬季节。该菌在各年龄组均有发病，从不足1岁的婴儿至85岁以上的老人都可感染，但以1~4岁儿童发病率最高，特别是腹泻型病例占15.5%，男女间发病率大体相同。

一般将小肠结肠炎耶尔森菌感染发病划分为三个临床期。

（1）急性期 主要疾病有胃肠炎、末端回肠炎、肺炎、败血症、无名热等。急性肠炎是该菌感染最普通的类型，酷似痢疾，占各种腹泻的3%~5%。典型表现为腹泻和发热，发热为骤起发热（38~40℃），常在发病后4~5d降至正常；腹泻为黄水样便、黏液便，重者可出现血便，日腹泻次数不等，少则5~6次，多者达10余次，某些病人常伴有腹痛和呕吐。末端回肠炎临床上表现常常是突然出现发热、右下腹痛或压痛，可伴有腹泻或无腹泻，常被诊断为阑尾炎，但通过阑尾手术发现阑尾多正常，而且常观察到末端回肠、阑尾、肠系膜淋巴结肿大。

（2）并发症期 主要表现有结节性红斑、关节炎、紫斑、荨麻疹、关节神经痛、腱鞘炎、风湿性多发肌痛、骨髓炎、肝炎、脑膜炎、心肌炎、心内膜炎、咽炎和颈部淋巴结病、葡萄膜炎、血管球性肾炎、甲状腺病、血栓、扁桃体炎、脓瘘、虹膜炎、肾小球肾炎等。关节炎是该菌感染常见的肠外型疾病，以成人为主，女性居多，局部症状主要表现为关节疼痛、肿胀和关节囊液渗出，大多都先有胃肠症状，后合并出现关节炎。

（3）再发期 在血清阳性的胶质病中有70%的病例，其血中小肠结肠炎耶尔森菌抗体滴度较高，这一观察结果支持存在再发期。

2.1.6.3 传播模式

人、动物、食品、水源受到小肠结肠炎耶尔森菌污染，均可成为人和动物耶尔森菌病的传染源，动物中的猪、牛、狗、啮齿类动物和苍蝇在疾病传播过程中起着重要作用。食品和水源污染往往是胃肠型耶尔森菌病的重要原因，其传播途径可概括为人与人、人与动物、食物、水的传播，流行病学资料证明大多数病例是通过消化道感染的，被感染的人群和动物的咽喉、舌、痰和气管分泌物等都可携带小肠结肠炎耶尔森菌，通过呼吸道在人群和动物中相互传播。

据报道，从冷库存放的冻肉和鲜肉中可检出小肠结肠炎耶尔森菌，以猪肉和猪舌的染菌率最高。海产品、蛋类、鲜/生奶及市售糕点、饮料、速（冷）冻食品中也均曾检出小肠结肠炎耶尔森菌。此外，芹菜等蔬菜和水等的外环境标本中也有检出小肠结肠炎耶尔森菌的报道，尤以蔬菜染菌率为高。

家用冰箱、餐馆冰箱和医院冰箱拭子可以检出小肠结肠炎耶尔森菌，往往成为从业人员感染小肠结肠炎耶尔森菌的因素之一。

小肠结肠炎耶尔森菌污染传播较快，定植范围广泛。20 世纪 50 年代以前，仅有 6 个国家发现该菌。自 20 世纪 50 年代以后，发现该菌的国家数量不断增多，目前已经遍及世界各地。该病大规模暴发事件，最早的报道是发生在 1972 年 3 月的日本静冈县一所中学，1972—1998 年在日本有记录的暴发流行有 13 起。美国的小肠结肠炎耶尔森菌的食源性暴发流行开始于 20 世纪 70 年代，最早在纽约发现，至 1997 年已经发生多达 13 起。日本是世界上报告暴发流行最多的国家，其次是美国，此外，加拿大、芬兰、苏联、捷克斯洛伐克等国也相继报告过不同类型、规模的暴发流行，这些暴发流行多发生在学校和家庭等场所。

我国在 20 世纪 80 年代曾有过两次大的流行，一次发生于 1986 年的兰州市，另一次发生于沈阳市的局部地区，造成 500 余人感染。

2.1.7 产气荚膜梭菌

产气荚膜梭菌（*Clostridium perfringens*）是临床上引起气性坏疽病的病原菌中最多见的一种梭状芽孢杆菌，因能在体内形成荚膜而得名。土壤、多种温血动物及人类的肠道是该菌的重要栖息地，产气荚膜梭菌是人的气性坏疽的主要致病菌。气性坏疽常继发于开放性骨折，大块肌肉撕裂以及组织的严重坏死等。由于大面积创伤，局部供血不足，组织缺氧坏死，产气荚膜梭菌的芽孢发芽繁殖，产生毒素和侵袭性酶，引起感染导致气性坏疽。某些毒素可引起食物中毒和坏死性肠炎，引发食物中毒的病例多发生在餐馆、医院等场所。

2.1.7.1 病原特征

产气荚膜梭菌，全称为产气荚膜梭状芽孢杆菌，是食源性疾病的重要致病菌之一。革兰染色阳性（陈旧培养物革兰染色往往呈阴性），菌体两端钝圆，大小为（1.0 ~ 1.5）μm×（3.0 ~ 5.0）μm，有明显荚膜（图 2.16 和图 2.17）。在无糖培养基中易形成芽孢，芽孢椭圆形，位于菌体中央或次极端，无鞭毛，不能运动，产气荚膜梭菌为非严格厌氧菌，在有少量氧的环境中生长迅速，在血平板上培养 24h，菌落直径 2 ~ 4mm，圆形、凸起、光滑、半透明、边缘整齐。多数菌落周围呈现 α、β双溶血环。在牛奶培养基中能分解乳糖产酸，使酪蛋白凝固，同时产生大量气体（氢气和二氧化碳），将凝固的酪蛋白冲散成蜂窝状，发生暴烈发酵反应，称为"汹涌发酵"（Stormy Fermentation），是该菌的显著特征。该菌可在 6 ~ 50℃ 生长，但最适生长温度为 43 ~ 47℃。生长要求最低水活度（A_w）为 0.93，氯化钠浓度小于 5% ~ 8%（取决于菌株），pH 为 5.0~9.0，但最适 pH 是 6.0~7.2。

该菌的生化反应特征：发酵葡萄糖、麦芽糖、乳糖和蔗糖，产酸产气，卵磷脂酶为阳性；不发酵甘露醇或水杨苷；液化明胶，产生硫化氢；不能消化已经凝固的蛋白质和血清；吲哚反应为阴性。

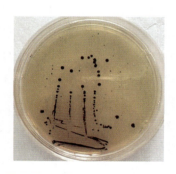

图 2.16　产气荚膜梭菌在 TSC 培养基上的菌落形态

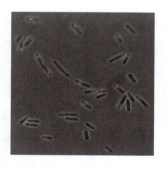

图 2.17　相差显微镜下的产气荚膜梭菌显示成熟的具有折射能力的孢子

注：图片来源：https://www.fda.gov/Food/FoodScienceResearch/LaboratoryMethods/ucm070878.html。

产气荚膜梭菌可产生多种外毒素和侵袭酶，外毒素有 α、β、γ、δ、ε、η、θ、ι、κ、λ、μ 和 ν 12 种，其中，最重要的是 α 毒素（卵磷脂毒素），能分解人和动物细胞膜上磷脂和蛋白质的复合物，破坏细胞膜，引起溶血、组织坏死和血管内皮损伤，使血管通透性增高；α 毒素还能促使血小板凝集，导致血栓形成，局部组织缺血，此外，还有 β 毒素，可以引起人的坏死性肠炎。根据产气荚膜梭菌产生外毒素的种类不同，可以将其分成 A、B、C、D 和 E 5 个毒素型，其中，对人有致病性的主要为 A 型和 C 型。A 型最常见，可以引起气性坏疽和胃肠炎型食物中毒，C 型可以引起坏死性肠炎。5 种毒素型含有的几种主要毒素分布如表 2.2 所示。

表 2.2　产气荚膜梭菌不同型中的主要毒素分布比较

毒素型	α	β	γ	δ
A	+	−	−	−
B	+	+	+	−
C	+	+	−	−
D	+	−	+	−
E	+	−	−	+

注：引自 *Foodborne Diseases*（第三版），Christine E. R. Dodd 等编著。

虽然产气荚膜梭菌的芽孢是食品污染的主要来源，但营养细胞在非热处理食品或热处理食品中的再污染中偶尔也会引发疾病。在餐馆和食品生产行业的关键设施设备表面进行适当的消毒，可以有效地降低产气荚膜梭菌食物中毒的消费风险。只有在 pH 低于 8.5 时使用次氯酸盐消毒或照射，才能杀死产气荚膜梭菌的芽孢。当该菌营养细胞存在于食物中时，将在 15~50℃ 的温度下生长，当温度为 43~46℃，发芽时间可缩短至 7~8min。

2.1.7.2　致病性危害

产气荚膜梭菌相关的食源性疾病几乎总是因温度不当引发的，许多情况下，如果烹饪食物时冷却过慢或重新加热不足，会使食物中幸存的芽孢发芽而导致营养细胞增殖。在食入和作用 7~30h 后，可出现典型症状如痉挛和腹痛，也可能出现恶心和呕吐，症状可持续 24~48h。

产气荚膜梭菌与人类的肌肉坏死、梭状芽孢杆菌感染、腹内败血症、坏疽性胆囊炎、流产后感染、血管内溶血、菌血症、肺炎、胸腔积脓、脑脓肿的单纯伤口感染有关。由于它在环境中无处不在，因此，该菌的芽孢和菌体经常与许多物体表面的灰尘污染有关，包括肉和贝类等食物。

（1）A 型食物中毒　A 型食物中毒是由肠毒素引发的，肠毒素是至少 10^7 个产气荚膜梭菌进入小肠后产生的。进食污染的食物后 8~12h，出现急性腹痛、恶心、腹泻等症状。该病多为自限性疾病，可持续约 24h，但脱水可导致死亡，主要见于老年和年轻的患者。

（2）C 型食物中毒　C 型产气荚膜梭菌食物中毒，在当前的发达国家很少见到，过去的十年里，欧洲还没有发病的记录。潜伏期至少为 5~6h，症状开始时为剧烈腹痛和腹泻（常带血），有时伴有呕吐，随后是小肠坏死性炎症。如果不治疗，这种疾病通常是致命的，即使治疗，死亡率也高达 15%~25%。

2.1.7.3　传播模式

产气荚膜梭菌引起食源性疾病的主要途径是经口食入传播。根据调查分析，产气荚膜梭菌感染的传播媒介主要为熟制的畜禽肉。食物长时间未冷藏储存或在不够高的温度下加工处理食物，都是产气荚膜梭菌污染繁殖的诱因。食物在缓慢蒸煮过程中，孢子逐渐恢复活力，大量调查监测结果表明，25%~50% 的牛肉、猪肉和羊肉受到产气荚膜梭菌的污染，污染量在每克肉中含有 1~100 CFU。

根据美国 CDC 估计，在美国，产气荚膜梭菌已经成为食源性疾病的第二大常见细菌性致病菌，每年导致约 100 万人患病。另外，通过对 144 起产气荚膜梭菌感染归因分析过程，发现单一食品的疫情暴发中，牛肉最常见（66 起，46%），其次是禽肉（43 起，30%）和猪肉（23 起，16%）。如果在农场或屠宰场防止生肉污染，或在污染后得到了适当的处理和烹制，可以有效地预防产气荚膜梭菌感染的发生。

2.1.8　蜡样芽孢杆菌

蜡样芽孢杆菌是一种革兰阳性、兼性需氧、形成芽孢的杆状菌，广泛分布于环境中，与其他几种芽孢杆菌，特别是炭疽杆菌有密切的表型和遗传关系，该菌最初于 1887 年由 Frankland 在牛棚的空气中分离出来。由于该菌无处不在，且对包括热、冷冻、干燥和辐射在内的极端环境条件具有耐受性，所以食品材料受到该菌污染的事件屡见不鲜。在食品工业中，蜡状芽孢杆菌的芽孢是特别麻烦的，因为巴氏消毒和 γ 射线很难处理芽孢，而且它们的疏水性使它们能够附着在物体表面。

2.1.8.1　病原特征

蜡样芽孢杆菌属于革兰阳性兼性厌氧菌，

可形成内生孢子。蜡样芽孢杆菌的孢子呈椭圆形，位于中心位置至近末端，不会膨胀成为孢子囊。蜡样芽孢杆菌属与其他芽孢杆菌属的区别是：①蛋黄卵磷脂酶反应为阳性；②不能利用甘露醇产酸；③能厌氧生长；④普里斯考尔（Voges-Proskauer）反应实验为阳性；⑤对 0.001% 溶菌酶有耐受性。蜡样芽孢杆菌的菌体一般较大，长 3~5μm，宽 1.0~1.2μm，常成链状出现。蜡样芽孢杆菌富有周生鞭毛，可运动，这也是与不可运动的炭疽芽孢杆菌相区别的显著特点之一。蜡样芽孢杆菌通常是生长在 10~50℃ 的嗜常温物种。

当在 37℃、5% 羊血琼脂上有氧条件下生长时，蜡样芽孢杆菌菌落呈暗灰色、不透明、表面粗糙。菌落周边不规则，呈现出从最初接种的地方开始群集的形态，这可能是由于蜡样芽孢杆菌的成群运动造成的。某些情况下，光滑型菌落可以单独生长，也可以长在粗糙型菌落中间。当菌落生长离开初始接种物时，光滑的菌落被均匀的 β-溶血区包围，形成位于中心位置的菌落，蜡样芽孢杆菌在 45℃ 时呈厌氧生长。在肉汤培养基等液体的革兰染色涂片中，蜡样芽孢杆菌表现为截断样单个或短链的直或稍弯的细长杆菌，短链之间可清楚地显示其连接部位明显截开。从琼脂上生长或病灶样本直接进行革兰染色涂片可显示更均匀的杆状形态与卵圆形菌株状态，中心位置含有芽孢，杆菌形态并不扭曲，长、细的杆状结构可能占主导地位。在体液或肉汤培养的液体培养基中，该菌表现活跃，可表现出缓慢的游动，但观察不到迅速移动的状况。

蜡样芽孢杆菌属于蜡样芽孢杆菌群，该群包含在 16S rDNA 水平上高度相关的 8 个种：蜡样芽孢杆菌（B. cereus）、蕈状芽孢杆菌（Bacillus mycoides）、假蕈状芽孢杆菌（Bacillus pseudomycoides）、苏云金芽孢杆菌（Bacillus thuringiensis）、韦氏芽孢杆菌（Bacillus weihenstephanensis）、细胞毒性芽孢杆菌（Bacillus cytotoxicus）、托尼斯芽孢杆菌（Bacillus toyonensis）、炭疽芽孢杆菌（Bacillus anthracis）。

蜡样芽孢杆菌在自然界中以芽孢形成细胞和营养细胞两种形式存在，在人体内定植时，为营养细胞。通过透射电镜观察营养细胞，可见其外层有细胞膜包围着细胞的内容物。此外，一些菌株在其最外层含有结晶表面蛋白（S 层），芽孢的核心被内膜、皮层和内外被膜包围。通过交叉凝集的血清学检测，蜡样芽孢杆菌孢子的表面抗原与炭疽杆菌的孢子具有共同的表位。

2.1.8.2　致病性危害

（1）胃肠道感染（腹泻综合征）　蜡样芽孢杆菌可引起腹泻综合征，症状表现与产气荚膜梭状芽孢杆菌很难区分。目前，已经证明有三种肠毒素与这种腹泻综合征有关，包括溶血素 BL（Hbl）——一种三组分的肠毒素复合物，由 L1、L2 和 B 蛋白组成；非溶血性肠毒素（Nhe）——由 NheA、NheB 和 NheC 蛋白组成的三蛋白复合物，并由具有 nhea、nheb 和 nhec 基因的位于染色体的操纵子编码，其中 Nhe 也具有细胞毒性，可引起跨膜穿孔；细胞毒素 K（CytK），也称为 EntK——由位于染色体的 cytK 基因编码的一种单一蛋白质，属于另一种成孔毒素。

肠毒素可在 10~43℃ 产生，最适温度为 32℃。通过模拟小肠环境发现，在降低含氧量的情况下会产生更多的毒素。腹泻综合征是由于摄入细菌而不是预先形成的毒素引起的，这一结论也得到了以下事实的支持：毒素对热不稳定，在 pH 为 3 时迅速降解，并被消化道内的蛋白水解酶水解。然而，仍有一点值得关注的是，在胃酸含量低的幼儿中，当毒素存在于食物基质中时，这些毒素可以得到保护而避免变性现象发生。

（2）非胃肠道感染　蜡样芽孢杆菌除了能引起胃肠道疾病外，还是眼部致病菌，可引起结膜炎、全眼炎、角膜炎、虹膜睫状体炎和眼眶脓肿，此外，该菌能引起许多其他的机会性感染，包括呼吸道感染和伤口感染。在免疫功能正常和低下的个体中，蜡样芽孢杆菌会引起全身性和局部感染。最常见的感染人群包括新生儿、静脉吸毒者、外伤或手术创伤患者和留置导尿管患者。感染的范围包括暴发性菌血症、中枢神经系统感染（脑膜炎和脑脓肿）、眼内炎、肺炎和气性坏疽样皮肤感染等。

对于上呼吸道，蜡样芽孢杆菌可以入侵免疫抑制患者的口腔并定植。细菌或吸入营养细胞或芽孢，或经口食入蜡样芽孢杆菌污染的食品从而使细菌在口腔定植。通过将细菌局限于口腔内的褶皱中，细菌可以在口腔内产生局部的、复杂的毒素。这些毒素可以扩散到邻近的组织，或者可以扩散到身体的其他部位。蜡样芽孢杆菌在口腔的定植可能是免疫缺陷患者肺部和全身感染发病机制中一个被低估的第一阶段。

2.1.8.3　传播模式

蜡样芽孢杆菌的自然环境宿主包括腐烂的有机质、淡水、海水、蔬菜和污染物，以及无脊椎动物的肠道，土壤和食品可能会受其污染，导致人类肠道的短暂定植。芽孢在接触有机物、昆虫或动物宿主时萌发，排便或死亡的宿主细胞和芽孢可释放到土壤，生长营养细胞会形成芽孢生存，直到它们感染另一个宿主。此外，当蜡样芽孢杆菌在土壤中生长时，它经历了从单细胞到多细胞表型的转变，这使得它能够在土壤中进行迁移，这种形态形成阶段类似于在琼脂培养基上群聚的蜡样芽孢杆菌。蜡样芽孢杆菌可能是许多类型的土壤、沉积物、灰尘和植物中最常见的需氧芽孢载体。蜡样芽孢杆菌也经常出现在食品生产环境中，这是由于它的内生孢子具有黏性。

由于在食品中普遍存在蜡样芽孢杆菌，这种细菌被少量摄入，成为人类短暂肠道菌群的一部分。然而，尚不明确粪便标本中蜡样芽孢杆菌的恢复是否是芽孢萌发或营养细胞生长的功能。蜡样芽孢杆菌已从多种食品中分离出来，包括牛奶和乳制品、肉类和肉制品、巴氏消毒的液态鸡蛋、大米、即食蔬菜和香料。干奶酪产品，包括婴儿配方奶粉，经常受到蜡样芽孢杆菌孢子的污染。如果将干奶酪产品在室温下重新分装和储存，芽孢发芽和营养细胞增殖均可导致预合成毒素的产生。由于蜡样芽孢杆菌孢子无处不在，几乎不可能获得不含蜡样芽孢杆菌孢子的原材料。然而，食源性疾病的发生总是需要细菌在食物中大量繁殖，这通常与所拥有的食物能否使其中的微生物具有一定的生长活性条件有关，这种条件包括冷藏不良，缓慢或不充分的冷却，或保持食物温度低于 60℃。尽管在欧洲食品安全局关于食物中蜡样芽孢杆菌的总结报告中描述导致食物中毒暴发的最低数量是 $10^3 \sim 10^4$ CFU/g，但通常情况下，如果要导致食源性疾病的发生，每克食物中至少需要含有 10^5 CFU/g。

2.1.9 真菌及真菌毒素

真菌（Fungus）是一种真核细胞型微生物，细胞结构比较完整，有典型的细胞核和完善的细胞壁。真菌毒素（Mycotoxins）是真菌在食品或饲料里生长所产生的代谢产物，对人类和动物都有害，是农产品的主要污染物之一。人畜进食被真菌毒素污染的粮油食品可导致急、慢性真菌毒素中毒。农作物污染真菌引起的变质影响动物和人类的健康，并造成严重的经济损失。人体可能会通过接触、食入或吸入而感染真菌毒素，实际上，真菌毒素在食物链的任何阶段都可能污染到人类的食物，真菌毒素造成中毒的最早记载是 11 世纪欧洲的麦角中毒。目前，已发现 500 多种真菌毒素，其中，很少一部分得到常规控制或检测，而新的真菌毒素经常被发现。在农业上最具威胁性的真菌毒素有：黄曲霉毒素、伏马菌素、毛霉菌素、赭曲霉毒素、杂色曲霉毒素和玉米赤霉烯酮等。

2.1.9.1 病原特征

真菌是微生物中的高等生物，是一类有细胞壁、不含叶绿素、无根叶茎、以腐生或寄生方式生存并能进行有性或无性繁殖的微生物（图 2.18）。少数为单细胞真菌，多数为多细胞真菌，由丝状体和孢子组成（图 2.19）。大部分真菌在 20~28℃ 都能生长，在 10℃ 以下或 30℃ 以上，真菌生长显著减弱，在 0℃ 几乎不能生长。一般控制温度可以减少真菌毒素的产生，温度 25~33℃、相对湿度 85%~

95% 的环境最适合真菌的生长和繁殖，也最容易形成真菌毒素。自然界中的真菌分布十分广泛，并可作为食品中正常菌相的一部分用来加工食品，但在特定情况下又可造成食品的腐败变质。有些真菌本身不仅作为病原体引发人类疾病，其代谢产物真菌毒素也对人及动物造成危害。

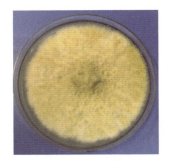

图 2.18　黄曲霉在沙保罗培养基上的形态

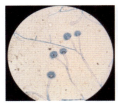

(1) 棉蓝染色（200×）　(2) 荧光白染色（100×）

图 2.19　黄曲霉显微镜下形态

不同真菌的生物学特征有所不同，产毒素的条件也不同。杂色曲霉在水活度低于 0.8 的条件下可生长，但最适水活度为 0.95，该菌在 4~40℃ 可生长，最适生长温度为 30℃。杂色曲霉菌产杂色曲霉素的最佳条件是温度为 23~29℃，水活度大于 0.76，湿度大于 15%，赭曲霉菌产赭曲霉毒素的最适温度为 31℃，最适 pH 为 3~10，最低水活度为 0.8。疣孢青霉产赭曲霉毒素的最适温度为 20℃，最适

pH 为 6~7，最低水活度为 0.86，当铜、锌和铁存在时，毒素的产量最大。伏马菌素形成最适温度是 20~30℃，最适水活度是 0.95~0.99，在温度低于 10℃ 和水活度小于 0.93 时真菌毒素不能合成。水活度对串珠镰刀菌在玉米上的生长过程中产生伏马菌素具有重要作用，当水活度为 0.85~0.86 时，串珠镰刀菌几乎检测不到代谢活性，也不产生伏马菌素，水活度的微小变化对伏马菌素的产生的影响很大。

　　真菌毒素通常在农产品中共存，某些真菌可能产生不止一种真菌毒素。例如，镰刀菌可产生毛霉菌烯、伏马菌素和玉米赤霉烯酮。生物效应研究通常着眼于单一毒素，但常常发生的暴露是多种真菌毒素同时存在且可能存在毒素间的相互作用。例如，赭曲霉毒素 A 可能与青霉酸、伏马菌素 B_1、橘霉素或黄曲霉毒素 B_1 表现出协同或相加作用，但对同时暴露的研究比单独的暴露研究少得多。

2.1.9.2　致病性危害

　　真菌毒素病是指摄食真菌产生的有毒代谢产物所致的疾病。真菌毒素是真菌在收获前、收获中或收获后污染农产品后产生的对人和动物具有毒性作用的次级代谢产物。真菌食物中毒是指产毒霉菌寄生在粮油食品或饲料上，在适宜条件下产生有毒代谢物，人畜摄食后导致的中毒。农作物污染真菌后将影响动物和人类的健康，并造成严重的经济损失。人体可通过接触、食入或吸入而受到暴露，实际上霉菌毒素在食物链的任何阶段都可能产生污染。

　　真菌毒素病有以下特点。

（1）无传染性。

（2）抗生素治疗无效。

（3）暴发常由某种食物引起。

（4）常有季节性。

（5）检查可疑食物，可发现真菌毒素。

　　造成较大社会影响的真菌毒素中毒事件有 1913 年俄罗斯东西伯利亚的食物中毒造成的白细胞缺乏病；1952 年美国佐治亚州发生的动物急性致死性肝炎和 1960 年英国发生的火鸡 X 病；我国 20 世纪 50 年代发生过马和牛的霉玉米中毒和甘薯黑斑病中毒、长江流域的赤霉病中毒、华南的霉甘蔗中毒等。真菌及其毒素与癌症的发生有密切的关系，癌症的高发地区与食物中污染真菌和存在真菌毒素有关。例如，伏马菌素引起马的脑白质软化、啮齿动物的肾毒性和肝毒性、猪的肝毒性及左心室功能不全和严重的肺水肿，还能引起人的食道癌。

　　每种真菌毒素都会产生多种疾病和症状。

　　黄曲霉毒素：人类接触黄曲霉毒素后有几种形式的黄曲霉毒素中毒症状。急性黄曲霉毒素中毒是由一次或几次暴露引起，可能导致死亡，而慢性黄曲霉毒素中毒会引起生长迟缓、免疫抑制和肝癌。1974 年，印度西部约 200 个村庄暴发了高致死性的疾病，患病者出现黄疸，快速发展的腹水（腹膜腔积液）和门静脉高压（门静脉系统血压升高）。

　　镰刀菌毒素：镰刀菌毒素引起的与人类有关的两大类疾病：一为流行于中国长江流域一带的赤霉病麦中毒；另一为俄罗斯远东地区的食物中毒性白细胞缺乏症。赤霉病为小麦、大麦、元麦以及玉米、稻谷等在有性期受禾谷镰刀菌侵染而致，食用此种病粮后，人畜皆可发生中毒，除禾谷镰刀菌外，尚有几种镰刀菌也可引起赤霉病。人摄入赤霉病麦后，轻者仅有头昏、腹胀，重者有恶心、眩晕、呕吐、无力，有的还有腹泻、流涎、头痛等；严重者还可有呼吸、心跳、体温、血压等改变，未发现死亡者。

伏马菌素：与啮齿动物的肝癌、肾癌，猪的肺动脉肥大和肺水肿、马的脑白质软化症和猴的动脉粥样硬化有关。马脑白质软化症是一种高死亡率的神经毒性综合征，其特点是无目的的盘旋、共济失调、轻瘫、失明等神经系统症状，并伴有肝脏改变。

单端孢霉菌毒素：人的食物中毒性白细胞缺乏症，与单端孢霉菌毒素感染有关，最早于 1913 年出现在西伯利亚东部，然后于 1932 年在西伯利亚西部的几个地区再次出现，它表现为腹部疼痛、呕吐、腹泻、鼻子、口腔和牙龈出血，坏死性心绞痛、粒细胞缺乏症和发烧，死亡率很高。

2.1.9.3 传播模式

真菌毒素引起动物和人发病、死亡，主要是通过摄入、吸入和皮肤接触。粮食饲料在收获时未被充分干燥或贮运过程中温度或湿度过高，就会使染在粮食饲料上的真菌迅速生长。几乎所有在粮食仓库中生长的真菌（仓储真菌）都侵染种胚造成谷物萌发率下降，同时产生毒素。谷物的含水量是真菌生长和产毒的重要因素，一般把粮食贮存在相对湿度低于 70% 的条件下，谷物的含水量在 15% 以下就可控制霉菌的生长。

据估计，全世界约有 25% 的农作物受到霉菌或真菌的影响。某些非洲国家，人类感染在很大程度上与大量依赖单一类型作物（如玉米）有关，即使是少量的污染，也可能导致感染率超过可接受的摄入量。与成人相比，儿童对神经毒性、内分泌和免疫作用的高敏感性、个人体重的暴露量更高以及生理学方面的差异，使其对真菌毒素的毒性作用特别易感且更加敏感。

某些食物中毒、慢性病及癌症的发生与摄入含有真菌毒素的食品有关。1985—1992 年，我国河南、广西、河北、安徽和江苏等省的部分地区共发生由赤霉病麦或霉玉米导致的人畜脱氧雪腐镰刀菌烯醇中毒 15 起。特别是在 1991 年春夏之交，我国部分省市遭受特大洪涝灾害，受灾严重的安徽、江苏、河南等省正值小麦收获季节，暴雨使小麦的收割、脱粒等操作无法进行，导致大量小麦发霉，仅安徽一省就有 13 万多人因食用霉变小麦而发生急性中毒，严重危害了人民的身体健康。

防止真菌毒素污染的措施：真菌毒素通常在农产品中共存，某些真菌可能产生不止一种真菌毒素。例如，镰刀菌可产生毛霉菌烯、伏马菌素和玉米赤霉烯酮。生物效应研究通常着眼于单一毒素，但常常发生的暴露是多种真菌毒素同时存在且可能存在毒素间的相互作用。

2.2 动物源食源性病毒的致病性危害

病毒是食源性疾病暴发的重要病因之一。早在分离出脊髓灰质炎病毒（Poliomyelitis Viruses，PoV）之前，就有脊髓灰质炎暴发与饮用生牛奶有关的记录。由于脊髓灰质炎病毒仅感染人类和其他灵长类动物，且一般从粪便中排出，通过粪便污染牛奶进而导致消费者感染发病，使其成为食源性病毒传播疾病的典型案例。相似的案例还有甲型肝炎暴发与食用生牡蛎有关：甲型肝炎病毒（Hepatitis A Virus，HAV）可从粪便排出，在污染水源或牡蛎、番茄、冷冻浆果等其他食品后均可能导致甲型肝炎的暴发。此外，人畜共患的戊型肝炎也越来越被认为是潜在的威胁人类健康的食源性疾病，通过生鲜乳传染人类的蜱传脑炎病毒以及越来越多的引起腹泻的其他食源性病毒（如，轮状病毒、星状病毒、肠道腺病毒、细小病毒等）的重要性也在陆续得到评估。据统计分析，迄今为止，全球范围内最重要的食源性病毒疾病的负担是由诺如病毒（NoV）引起的，由于食源性病毒疾病的潜在严重性、危害性，包括 HAV、PoV 等的病毒感染都应得到重视。

需要指出的是，应将自 2020 年新型冠状病毒肺炎疫情（COVID-19）暴发报道的病毒感染携带者通过污染产品或产品包装，进而感染相关从业人员，与本节介绍的食源性病毒疾病区分开来。此外，自 2018 年 8 月初非洲猪瘟（African Swine Fever，ASF）在我国暴发以来，多次报道在冷冻水饺、火腿肠等食品中检测到非洲猪瘟病毒核酸。非洲猪瘟病毒虽然对人的健康没有危害，但是应重视经人类消费受非洲猪瘟病毒污染的猪肉而导致的猪的疫情散播风险。上述 COVID-19 和 ASF 病毒均不在本节讨论范围，感兴趣的读者可以查阅本书作者撰写的相关著作和科普文献。本节重点对代表性食源性病毒疾病病原体——诺如病毒和甲型肝炎病毒的危害特性进行阐述。

2.2.1 诺如病毒

诺如病毒（Norovirus，NoV），又称诺瓦克病毒（Norwalk Viruses，NV），是一组形态相似、抗原性略有不同的病毒颗粒。1968 年该病毒首次从美国诺瓦克市一名急性腹泻患者的粪便中分离出来。此后，世界各地陆续在胃肠炎患者粪便中分离出多种形态与之相似但抗原性略异的病毒样颗粒，均以发现地点命名。1990 年，诺瓦克病毒的全基因组序列被解析，根据基因组结构和系统发生特征，将诺瓦克病毒归属于杯状病毒科（Caliciviridae Family）。2002 年 8 月，第八届国际病毒命名委员会统一将诺瓦克样病毒改称为诺如病毒，并成为杯状病毒科（Human Calicivirus，HuCV）的一个独立属——诺如病毒属。

诺如病毒感染性腹泻在全世界范围内均有流行，全年均可发生感染。感染对象主要是成人和学龄儿童，寒冷季节呈现高发。美国每年在所有的非细菌性腹泻暴发中，60%~90%是由诺如病毒引起的，荷兰、英国、日本、澳大利亚等发达国家也都有类似结果。在中国，5 岁以下腹泻儿童中，诺如病毒检出率为 15%左右。血清抗体水平调查表明，中国人群中诺如病毒的感染也十分普遍，诺如病毒感染性腹泻属于自限性疾病，没有疫苗和特效药物。搞好个人卫生、食品卫生和饮水卫生是预防本病的关键。要养成勤洗手、不喝生水、生熟食物分开、避免交叉污染等健康生活习惯。

2.2.1.1 病原特征

（1）病毒结构　诺如病毒粒子直径为 27~40nm，病毒核酸为无包膜单股正链 RNA，病毒基因组全长为 7.5~7.7kb, 分为三个开放阅读框 (Open Reading Frames, ORFs), 两端是 5′和 3′非翻译区 (Untranslated Region, UTR), 3′末端有多聚腺苷酸尾 (PolyA)。ORF1 编码一个聚蛋白, 翻译后被裂解为与复制相关的 7 个非结构蛋白 (Non-structural Polyprotein), 其中包括 RNA 依赖的 RNA 聚合酶 (RNA Dependent RNA Polymerase, RdRp), ORF2 和 ORF3 分别编码主要结构蛋白 (VP1) 和次要结构蛋白 (VP2)。病毒衣壳由 180 个 VP1 和几个 VP2 分子构成, 180 个衣壳蛋白首先构成 90 个二聚体, 然后形成对称的二十面体病毒粒子, 见图 2.20。

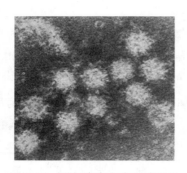

图 2.20 诺如病毒免疫电镜照片

注: 检查发现病毒颗粒大小约为 27nm, 样品来自于非细菌性急性胃肠炎患者两次过滤后的粪便。可见病毒颗粒与 1:10 稀释的抗血清所形成的凝集物, 这些颗粒被厚厚的抗体包裹。

图片引用自 Elizabeth Robilotti, Stan Deresinski, Benjamin A Pinsky. Norovirus [J]. Clin Microbiol Rev, 2015, 28 (1): 134-164. doi: 10.1128/CMR.00075-14.

（2）基因分型 根据基因特征, 诺如病毒被分为 6 个基因群 (Genogroup, GⅠ-GⅥ)。GⅠ 和 GⅡ 是引起人类急性胃肠炎的两个主要基因群, GⅣ 也可感染人, 但很少被检出。GⅢ、GⅤ 和 GⅥ 分别感染牛、鼠和犬。

根据衣壳蛋白区系统进化分析, GⅠ 和 GⅡ 进一步分为 9 个和 22 个基因型。除 GⅡ.11、GⅡ.18 和 GⅡ.19 基因型外, 其他基因型均可感染人。GⅣ 分为两个基因型: GⅣ.1 感染人, GⅣ.2 感染猫和犬。诺如病毒目前还不能体外培养, 无法进行血清型分型鉴定。

（3）病毒变异 诺如病毒的变异速度快, 每隔 2~3 年即可出现引起全球流行的新变异株。1995 年至今, 已有 6 个 GⅡ.4 基因型变异株与全球急性胃肠炎流行相关, 包括 95/96 US 株 (1996 年)、Farmington Hills 株 (2002 年)、Hunter 株 (2004 年)、Den Haag 株 (2006 年)、New Orleans 株 (2009 年) 以及 Sydney 2012 株 (2012 年)。我国自 2014 年冬季以来, GⅡ.17 变异株所致的疫情频度大幅增加。

（4）理化特性 诺如病毒在氯化铯 (CsCl) 密度梯度中的浮力密度为 1.36~1.41g/cm^3, 0~60℃可存活; 在 pH2.7 的室温环境下 3h、20%乙醚 4℃处理 18h 或 60℃孵育 30min 后, 该病毒仍有感染性。诺如病毒能耐受普通饮用水中 3.75~6.25mg/L 的氯离子浓度 (游离氯 0.5~1.0mg/L), 使用 10mg/L 的高浓度氯离子 (处理污水采用的氯离子浓度) 可灭活诺如病毒。

（5）免疫保护与宿主易感性 一项志愿者人体试验研究表明, 诺如病毒的免疫保护力可持续 6~24 个月。即使先前感染过诺如病毒, 同一个体仍可重复感染同一毒株或不同毒株的诺如病毒。部分人群即使暴露于大剂量诺如病毒时仍不会感染, 这可能与先天宿主因素和后天获得性免疫有关。组织血型抗原 (HB-GAs), 包括 H 型、ABO 血型和 Lewis 抗原,可能是诺如病毒的受体。1，2-岩藻糖转移酶基因突变导致组织血型抗原缺乏表达者（非分泌型），可能不容易感染诺如病毒。

2.2.1.2 致病性危害

诺如病毒感染具有明显的季节性，人们常把它称为"冬季呕吐病"。根据2013年发表的系统综述，全球52.7%的病例和41.2%的暴发发生在冬季（北半球是12月至次年2月，南半球是6~8月）。78.9%的病例和71.0%的暴发出现在凉爽的季节（北半球是10月至次年3月，南半球是4~9月）。

诺如病毒的潜伏期相对较短，通常为12~48h。诺如病毒感染发病以轻症为主，最常见症状是腹泻和呕吐，其次为恶心、腹痛、头痛、发热、畏寒和肌肉酸痛等。有两项研究对不同年龄组病例的腹泻和呕吐症状进行比较：其中一项研究发现成人中腹泻更常见，儿童则比成人更容易出现呕吐；而另一项研究显示，<1岁婴幼儿（95%）和≥12岁组（91%）出现腹泻的比例高于1~4岁（84%）和5~11岁组（74%），而5~11岁组出现呕吐的比例最高（95%），其次分别是≥12岁组（82%）、1~4岁（75%）和<1岁婴幼儿（59%）。

诺如病毒感染病例的病程通常较短，症状持续时间平均为2~3d，但高龄人群和伴有基础性疾病的患者恢复较慢。研究结果显示，40%的85岁以上老年人在发病4d后仍有症状，免疫抑制病患者的平均病程为7d。然而，荷兰一项基于社区的研究，发现病程的中位数为5d，且年龄越小病程越长，该研究的病程比其他研究结果明显更长，可能与诺如病毒毒株和研究设计的不同有关，该研究还发现多数病例仅在病程第一天出现恶心、呕吐和发热，但腹泻持续时间较长。

尽管诺如病毒感染主要表现为自限性疾病，但少数病例仍会发展成重症，甚至死亡。一篇系统综述对843起诺如病毒暴发数据进行分析，住院和死亡病例的比例分别为0.54%和0.06%，该综述利用Poisson回归模型分析住院、死亡与暴发环境（医疗机构或社区）、毒株和传播途径的相关性，发现GⅡ.4基因型诺如病毒引起的暴发中的住院和死亡比例更高，而医疗机构暴发中出现死亡的风险更高。

重症或死亡病例通常发生于高龄老人和低龄儿童。1999—2007年，诺如病毒感染暴发与荷兰85岁以上老年人超正常死亡显著相关，期间恰好出现了诺如病毒新变异株。此年龄组老年人中诺如病毒相关死亡占所有死亡原因的0.5%。2001—2006年，在英格兰和威尔士≥65岁的人群中，诺如病毒感染占感染性肠道疾病所致死亡的20%（95% CI：13.3%~26.8%）。2008—2009年，北欧地区82例社区获得性诺如病毒感染发病者（年龄中位数77岁）在一个月内死亡的比例高达7%，而新生儿感染诺如病毒后，除出现与其他年龄组儿童同样的症状和体征外，还可能发生坏死性小肠结肠炎等严重并发症。如1998年1月费城一家医院的新生儿ICU中8名早产儿（平均胎龄28周）于出生后第5至38天出现坏死性小肠结肠炎，其中6例患者粪便标本呈诺如病毒阳性，2例死亡。

健康人感染诺如病毒后，偶尔也会发展为重症。2002年5月13~19日，驻阿富汗英国军人中暴发诺如病毒感染，29人患病，最先发病的 3 名患者不仅出现胃肠道症状及发热，同时还伴有头痛、颈强直、畏光以及反应迟钝，其中一名患者出现弥漫性血管内凝血，另两名患者需要呼吸机辅助支持。

根据已有文献报道，隐性感染的研究设计包括志愿者人体试验、横断面调查和随访研究。50 名志愿者人体试验中，41 人（82%）感染了诺如病毒，其中 32% 表现为无症状感染。对 5 岁以下儿童的隐性感染比例进行研究，研究对象主要来源于社区中的健康儿童，少数来自于无胃肠炎表现的患病儿童。研究结果显示，隐性感染的比例差异较大。英国一项大型研究（2205 人）和布基纳法索研究发现隐性感染的比例超过 24%，尼加拉瓜、法国等研究中的比例为 8%~11.7%，而我国和越南的研究仅为 2.7%~2.8%，但健康儿童和非急性胃肠炎患病儿童的隐性感染比例没有明显差异，研究结果差异较大，可能与研究时间的不同等因素有关。有研究显示，诺如病毒流行季节的隐性感染比例明显高于非流行季节。巴西于 2009 年 10 月至 2011 年 10 月，对一所幼托机构进行了两年随访，期间诺如病毒隐性感染的比例为 37.5%，而墨西哥的一项研究对 6~22 月龄的儿童随访三个月，其儿童隐性感染的比例为 49.2%。

2.2.1.3 传播模式

诺如病毒传播途径包括人传人、经食物和水传播（图 2.21）。人传人可通过粪-口途径，包括吸入粪便或呕吐物产生的气溶胶，或间接接触被排泄物污染的环境而传播，食源性传播是通过食用被诺如病毒污染的食物进行传播。污染环节可出现在感染诺如病毒的餐饮从业人员在备餐和供餐中污染食物，也可出现于食物在生产、运输和分发过程中被含有诺如病毒的人类排泄物或其他物质（如水等）所污染。经水传播可由桶装水、市政供水、井水等其他饮用水源被污染所致。

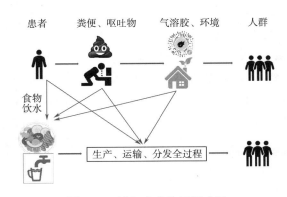

图 2.21　诺如病毒传播模式图

诺如病毒通常在疾病初期大量排出，最大滴度可达每克粪便 10^8 个病毒颗粒，虽然有一些迹象表明 NoV 也可通过空气传播，但仍不清楚该传播途径的重要性。病毒不仅可在患病期间传播，也可在潜伏期和康复后传播，30% 的病例在感染后持续排出病毒可达 3 周。

因为可以高效浓缩污染水中的病毒，滤食性贝类（通过过滤采食水中的微小生物）是常见的食源性病毒感染源。净化是一种可以减少贝类受细菌污染的方法，但对减少病毒载量效果有限。除了贝类，其他一些手工处理但没有足够加热的食物，如甜点、水果、蔬菜、沙拉等，都可能是感染源。

2.2.2　甲型肝炎病毒

甲型肝炎病毒（Hepatitis A Virus，HAV）是 1973 年 Feinstone 采用免疫电镜技术首先在急性期肝炎患者的粪便中发现的，并由实验感染的黑猩猩证实是人类甲型肝炎的病原体。HAV 是引起肝炎的主要病毒之一，与戊型肝炎病毒（Hepatitis E Virus，HEV）相同，都是可经肠道传播的食源性或水源性肝炎病毒。

2.2.2.1 病原特征

甲型肝炎病毒（Hepatitis A Virus，HAV）属于小 RNA 病毒科嗜肝病毒属成员，为一种小型、无囊膜的球状病毒，直径 28 ~ 30nm。它们包含一个长度约为 7.5kb 的单链（正义）RNA 基因组，可以编码一个大的多聚蛋白。基因组的结构与杯状病毒科不同，编码非结构蛋白的基因位于基因组的 3′ 端，编码结构蛋白的基因位于 5′ 端。3C 区域及其周围的蛋白酶基因编码的 4 个结构蛋白和 7 个非结构蛋白，经加工形成多聚蛋白，复制效率似乎受到 2B 和 2C 区域氨基酸突变的影响。尽管 HAV 的核苷酸多样性与其他小核糖核酸病毒相似，但衣壳结构限制了其氨基酸的变异性，因此 HAV 以单一血清型存在，分为 3 种基因型（Ⅰ、Ⅱ和Ⅲ）和 7 种基因亚型（ⅠA、ⅠB、ⅠC、ⅡA、ⅡB、ⅢA 和Ⅲ B）。现有的甲型肝炎病毒灭活疫苗对所有基因型都非常有效，可提供至少 15 年的持久免疫力，主要诱导高滴度的特异性抗体和中和抗体。

甲型肝炎病毒是专性引起人类甲型肝炎的病毒，在自然环境和其他生物体中不生长繁殖。HAV 高度稳定，耐高温、耐极低 pH 或者干燥等极端条件，环境中可以较长时间存活，比如，粪便中可以存活 30d，贝壳类水生动物体内可以存活 60d 左右，并且有较强的感染性，但 HAV 对紫外线等影响基因组靶点的敏感性远高于对高温和低 pH 的敏感性。

2.2.2.2 致病性危害

甲型肝炎是急性肝炎的常见形式，世界各地均有发生，在发展中国家呈地方流行性，在发达国家发病率要低得多。由于甲型肝炎感染可诱导终身免疫，因此在严重流行地区成年人中严重感染的情况很少见，这类地区大多数儿童在生命早期就被感染，通常没有临床症状。相反，在低流行地区，该病大多发生在成人，并常发展为一种严重的急性症状性疾病。

甲型肝炎感染的潜伏期为 15 ~ 50d，10% ~ 15% 的患者会出现持续可达 6 个月的慢性或复发性疾病，但通常临床疾病持续不会超过 2 个月。甲型肝炎病毒感染引起的疾病以非特异性症状为特征，包括发烧、头痛、疲劳、恶心和腹部不适，1~2 周后出现肝炎症状。出现甲肝病毒感染症状的可能性与受感染者的年龄有关，在 6 岁以下的儿童中，大多数感染是无症状的，有症状的儿童也很少发展为黄疸，在年龄较大的儿童和成年人中，感染通常是有症状的，且大多数患者会出现黄疸。

这种疾病通常是自限性的，可持续几个月，但很少会造成暴发性疾病。在一项基于医院和医生的持续 4 年监测中，所有患有甲型肝炎的患者在急性期后 20 个月内，均恢复了正常的肝功能。然而，美国 CDC 报告的 50 岁以上甲型肝炎患者的病死率为 1.8%，慢性肝病病人，患暴发性的甲型肝炎的风险增加。没有证据表明甲肝病毒可引起持续性感染，也未发现与慢性肝病有关。

2.2.2.3 传播模式

甲型肝炎可通过粪–口途径传播，食用受污染的食物和水也会导致感染，但最常见的是人传人。世界大多数地区都曾报告甲型肝炎病毒引起的食源性疾病暴发。1987 年 12 月底至 1988 年 1 月初，上海因食用受甲型肝炎病毒污染的毛蚶引起甲型肝炎暴发流行，涉及 25 万个病例，仅列入卫生防疫部门统计的人数就达到 1.8 万人，这次疫情传播的主要模式见图 2.22。

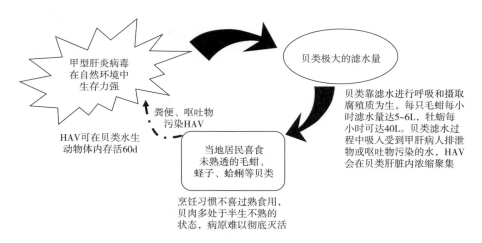

图 2.22　食用受甲型肝炎病毒污染的贝类引发甲型肝炎暴发流行因素模式图

1996 年和 1997 年，在意大利南部的普利亚地区发生了一场甲型肝炎大流行，报告人数为 1.1 万，其中年轻人居多，该疫情暴发的主要危险因素是食用贻贝，传播模式为经口传播。

2013 年，美国 9 个州（亚利桑那州、加利福尼亚州、科罗拉多州、夏威夷州、新罕布什尔州、新墨西哥州、内华达州、犹他州和威斯康星州）发生甲型肝炎疫情，共有 154 人感染。该疫情的传播是由于患者食用了来自土耳其的受甲型肝炎病毒污染的石榴籽引发的。美国暴发的另一次疫情中，有 213 人在食用了学校分发的受污染的冷冻草莓后患上了甲型肝炎。

2.2.3　食源性病毒的检测、监控与灭活

食源性病毒是人类食源性疾病的重要风险因素之一。因此，对食品中病毒的识别需要有比较灵敏、有效的检测方法，但是，由于被污染的畜禽产品或食品中病毒含量水平可能很低（但仍可能对消费者的健康构成潜在威胁），并在这些产品、食品中呈异质分布，不能像细菌类病原体那样从样品中富集。此外，最重要的食源性病毒（如，甲型肝炎病毒和诺如病毒），也不容易通过细胞培养来证明其传染性，所以，大多数食源性病毒病的暴发都是通过诊断人类感染来进行识别的。

食源性病毒不像其他病原体可以在食物中繁殖，在食物被消费者食用前，病毒只能处于存活或灭活状态。食物表面或水中的病毒可以通过使用强氧化剂（如氯）或紫外线进行化学处理灭活。甲型肝炎病毒可以很好地抵御干燥，但其他病毒多数会通过干燥过程而被灭活。食物中的病毒通常只能通过加热来将其杀死，虽然电离辐射也可以很好地穿透食物，但由于病毒太小，需要相对较大的辐照剂量。此外，病毒在冷冻和冷藏条件下相对稳定，在高

于冰点的温度下都会逐渐失去传染性，但在大多数食品的保质期内，需要更高温度才能灭活病毒。

病毒是全球食源性疾病的常见风险因素。大多数食源性病毒均是从人的粪便中排放到外部环境，并经口获得感染。这些食源性病毒中，绝大多数属于 RNA 病毒，含有单链 RNA，病毒粒子很小，它们通过肠壁感染，其中一些可以在致病前被转移到肝脏，偶尔还会转移到其他器官。食源性病毒不能在食物中繁殖，但是受这些病毒污染的食物可导致数千甚至数万病例的暴发。从目前已知的食源性病毒暴发病例看，绝大多数是由于未洗手而导致粪便污染了少量食物，而后被少数人食用后引发疫情。因此，洗手和将食物烹饪熟透可能是预防食源性病毒感染最为有效的措施。

2.3 畜禽产品中致病微生物的耐药性危害

抗生素的出现如同奇迹一样帮助人类解决了无数的问题，使人类在与众多疾病的战斗中能够占主导地位。但近几年，抗生素的错误及过度使用甚至滥用，让以前对抗生素无法抵抗的病菌获得耐药性，其耐药性可通过食物链、人–畜接触或环境散播而在动物之间、动物与人之间、人与人之间进行传递，也可通过多种途径进入环境中，给动物疫病防控、食品性动物的生产、沙门菌病患者的临床治疗及公共卫生安全造成了极大的危害。同时，对全球人类健康也是一个巨大的潜在威胁。

抗生素的耐药性问题，已越来越成为困扰世界各国的难题。世界卫生组织曾发布一份报告称，到 2050 年，由于细菌对抗生素产生耐药性，每年会导致 1000 万人丧生，相当于每 3 秒钟就有 1 人失去生命，危害将超过癌症，如果任由细菌耐药性发展，未来可累计造成 100 万亿美元的经济损失。更令人担心的是，这种危害性正逐年攀升，比如，治疗大肠杆菌感染一般使用普通抗生素即可见效，但近几年多个国家报告，部分患者即使使用最强效的抗生素也无济于事。

中国是世界上最大的抗生素生产国和消费国之一。抗生素广泛用于人类和牲畜的疾病治疗，以及后者的预防和生长促进剂。最近的一项研究显示，2013 年中国消费了 92700t 抗生素（包括 36 种抗生素）：其中 48% 为人类食用，其余为动物食用，最终大约 46% 的抗生素通过污水排放进入河流，剩余的通过粪肥和污泥进入土地，这些使用量估计比英国和北欧大部分国家（按定义日剂量标准化）高出 6 倍。阿莫西林、氟苯尼考、林可霉素、青霉素和恩诺沙星是中国主要的兽用抗生素，每年以 40000t 的速度消耗。

食源性细菌耐药性更是世界范围内普遍关注的公共卫生问题，它是指源于人类食物链的耐药细菌或具有耐药性的遗传物质（如耐药基因）。细菌可以通过不同的机制产生对抗菌药物的耐药性，包括产生药物灭活或修饰酶、药物作用靶位改变、获得耐药基因以及外排泵的表达等。细菌一旦获得耐药性，这些耐药表型可以通过水平转移机制传播到其他物种（即通过转化、转导和接合机制）。食源性细菌耐药性可以经食物链、人畜直接接触或环境散播等多种途径实现耐药基因的水平转移。

比如，饮用经巴氏消毒灭菌但灭菌不彻底的牛奶，或者直接饮用未经巴氏消毒灭菌的牛奶；食用经细菌污染的牛肉、禽肉和猪肉产品，或者直接经食品由动物传染给从业人员等。

食源性致病菌既是耐药基因的接受者，也是耐药基因的天然携带者或散播者。其中，肠道或环境中的微生物菌群成为多重耐药菌产生、形成的重要"温床"，尤其是随着抗生素等投入品在动物养殖领域的广泛滥用，导致细菌耐药性问题日益严重。早在 20 世纪 60 年代，英国有报告指出兽用抗生素对人类与动物均具有一定的健康危害风险，尤其是源于动物肠道的耐药细菌。据报道，多种常见于医院或社区的严重感染的耐药性细菌菌株均已从食物源中发现，被媒体称作"超级细菌"的耐甲氧西林金黄色葡萄球菌（Methicillin Resistant *Staphylococcus aureus*，MRSA）也已从多种食品性动物、食品以及宠物体内分离出来，例如，已在人的体内分离到源于猪的 MRSA 菌株 CC398。沙门菌、大肠杆菌等与食源性疾病相关的细菌，可通过食物链传播至人，或者作为动物肠道正常菌群将其携带的耐药基因传播给感染人的致病菌，从而危及人类的健康。

美国 CDC 最新的跟踪数据表明，每年因病原细菌中的抗生素耐药性而导致的感染病例约为 280 万例，死亡 3.5 万例。这些食源性耐药菌株的产生和散播都在很大程度上增大了同类食源菌对人类健康危害的风险。本节主要针对畜禽产品中常见的大肠杆菌、沙门菌和金黄色葡萄球菌，从其耐药机制、流行病学、耐药危害等方面进行简要阐述，以期为相关人员进一步了解食源性致病微生物的耐药

性危害对人类健康的风险提供参考。

2.3.1 大肠杆菌的耐药性危害

大肠杆菌是人和动物的共生细菌，可经过人、动物的活动大量散布于周围环境中。由于人类对抗生素投入品的不恰当使用，使得大肠杆菌耐药菌株大量产生，特别是近年来因为抗生素的滥用，导致细菌多重耐药性增加，且耐药性进一步经过水平传播和垂直传播，在环境中不断地蔓延、扩散。多重、交叉耐药菌的出现，使得大肠杆菌病的治疗变得更加困难。此外，细菌还可以通过自身染色体变异产生耐药性，或者获得其他细菌耐药性的质粒、整合子等产生耐药性，一旦产生超级耐药菌株，并进一步传播开来，将会严重影响人们的生产和生活。因此，了解和认识耐药细菌分布及传播机制，合理使用抗生素，对控制耐药菌株的产生和传播具有极其重要的意义。

细菌耐药性，分为获得耐药和固有耐药两种类型：获得耐药，即细菌接触抗菌药后，改变了自身生理结构或者生化功能，使自身不被杀灭；固有耐药，也称天然耐药，是由细菌的染色体决定的。一般来说，细菌耐药有四种机制，分别为：改变抗生素药物作用靶位、改变细菌外膜通透性、酶对抗菌药的灭活及修饰和细菌主动外排系统。

（1）改变抗生素的药物作用靶位 指通过改变与抗生素结合的靶位，使抗生素不能与细菌结合而产生耐药性的一种方式。这种方式可经自身基因突变发生，也可获得外源基因来改变自身与抗生素结合的位点来完成。

（2）改变细菌外膜通透性 意味着细菌

能通过改变通道蛋白的数量和性质以降低生物膜的通透性而获得耐药性。青霉素类、喹诺酮类、氯霉素类抗生素，需通过外膜蛋白进入大肠杆菌菌体，菌体改变了孔蛋白的数量、大小以减少抗生素的摄入，从而增加了耐药性。

（3）酶对抗菌药的灭活及修饰　是指通过产生一种酶降解抗菌药的效果或者产生一种酶对抗生素进行修饰，使抗生素在对菌体发生效果之前而被破坏并失去作用，这种耐药机制一般由质粒或染色体介导。

（4）细菌主动外排系统　是指位于染色体上的耐药基因或者位于可移动基因元件上的耐药基因，通过细菌主动外排系统在细菌之间传递，这种机制可通过泵将细菌吸收的药物很快地排出体外。主动外排系统有非专一性，直接导致了细菌产生多重耐药性。

在抗生素使用早期，就有报道表明细菌对抗生素有耐药性，然而并未引起人们的注意。随着人类对抗生素的频繁使用和使用范围日渐广泛，使得各种细菌耐药性增强，特别是多重耐药菌株数量暴增。目前，细菌耐药水平越来越严重，细菌耐药性问题已成为全世界关注的焦点，严重危害人类和动物的生命健康。由于抗生素的滥用导致的大肠杆菌的耐药性问题，已经引起国际科研和医药界的普遍关注。大肠杆菌可以依靠外界获取耐药基因，加之前期研究证明其可以通过水平基因转移获得外界耐药基因变成多重耐药菌株。国内外的研究也均证实大肠杆菌极易产生耐药性，并且耐药性变异速度快，且随着时间的变化大肠杆菌的耐药率也迅速上升，多重耐药菌株迅速增加，耐药谱进一步扩大，对常用抗生素产生广谱耐药性，这无疑增加了大肠杆菌对人类健康的危害。

致病性大肠杆菌是临床感染最常见的病原菌之一，由大肠杆菌引起的疾病在细菌引起的疾病中居世界首位。大肠杆菌耐药性的出现，不仅增大了临床治疗的难度，而且增加了对人体健康的危害。医院作为病原体最为集中的场所，对致病性细菌的耐药性检测具有重大意义。尽管卫生健康主管部门已经出台了《抗菌药物临床应用指导原则》，对抗菌药物在临床上的使用进行了明确的指导，但实际通过对临床样品的监测可以看出，目前大肠杆菌的耐药率在临床上仍呈现逐年上升的趋势。同时，多重耐药大肠杆菌检出率也较高，这不仅给临床治疗带来了极大的困难，也给抗菌药物的研制和应用带来了极大的挑战和考验。

2.3.1.1　产超广谱 β-内酰胺酶（ESBLs）菌株的耐药性及其危害

全球细菌耐药性问题日益突出，尤其对 β-内酰胺类抗生素耐药性的问题，更引起全球高度关注。β-内酰胺类抗生素是治疗人类感染性疾病的一线用药，人们对该类药物耐药性的关注，由于利奈唑胺、达托霉素、替加环素的问世，已从革兰阳性菌转向革兰阴性菌。大量研究表明，革兰阴性菌可隐蔽性地获得可移动基因元件，从而对多种抗生素耐药。

大肠杆菌是人类和动物最常见的肠道细菌，在耐药性传播过程中，充当重要的抗生素耐药基因储库。由于兽医临床上也常常使用亚治疗剂量的 β-内酰胺类抗生素以预防家畜感染性疾病，因此食品性动物可作为重要的 β-内酰胺类耐药基因储库，可通过食物链传播给人类。目前，食品性动物源大肠杆菌对 β-内酰胺类抗生素的耐药性尤其令人担忧和关注。

革兰阴性菌对大多数 β-内酰胺类抗生素的耐药机制，主要是产生能够水解该类抗生素的酶。细菌对抗生素高水平的耐药性，往往是由于捕获了多种耐药基因的大质粒介导的，其中就包括携带多种 β-内酰胺酶基因的大质粒。目前，动物源细菌中检出最多的 β-内酰胺酶是超广谱 β-内酰胺酶（Extended Spectrum Beta-Lactamases，ESBLs）和 AmpC 型 β-内酰胺酶。ESBLs 是指由细菌质粒介导的能水解氧亚氨基 β-内酰胺类抗生素，包括第 3 代头孢菌素和单环 β-内酰胺类抗生素，并可被 β-内酰胺酶抑制剂所抑制的一类酶，它的产生是导致革兰阴性菌对广谱 β-内酰胺类抗生素耐药最重要的机制。首次报道能水解青霉素的酶是大肠杆菌 AmpC β-内酰胺酶，为细菌染色体结构酶，而自从 1989 年以来，质粒源 AmpC 酶逐渐被人们认识，目前，其在世界范围内医院和非医院内的分离株中被发现，尤其很容易在并不产 AmpC β-内酰胺酶的肠道菌中检出。现在发现的质粒源 AmpC 酶中 CMY 型有 43 种，而 CMY-2 是世界广泛报道的最常见的质粒源 AmpC 酶。

1983 年，德国首次分离了 1 株产超广谱 β-内酰胺酶（ESBLs）的臭鼻肺炎克雷伯菌，这种酶对三代头孢菌素均有水解作用。由于其水解底物较广谱 β-内酰胺酶更为宽广，所以被命名为超广谱 β-内酰胺酶。ESBLs 的编码基因位于质粒上，可随质粒在世界范围内广泛传播，成为细菌产酶耐药最常见的机制之一。CTX-M 型 ESBLs 是 20 世纪 80 年代末，分别由日本和德国学者在实验动物和患病病人体内分离到的 1 株大肠埃希菌，表现对头孢噻肟（Cefotaxime）耐药，因此这种 ESBLs 被命名为 CTX-M。在短短的 20 年内，ESBLs 先后在南美、欧洲、东南亚、美国和加拿大等几乎遍及全世界的范围流行和传播。CTX-M 型 ESBLs 已经成为继 TEM、SHV 型酶之后世界范围内流行最广的类型，成为世界范围内棘手的耐药问题。

CTX-M 型呈现多样化，不同国家和地区常有不同的流行基因型，即便是同一国家不同地区亦存在不同的流行基因型。我国 CTX-M 型酶的特点是，在一个地区可以有多种亚型并存，如浙江某医院调查结果显示以 CTX-M-14、CTX-M-3 和 CTX-M-24 占流行地位。2010 年 Thomas 等报道从美国 1 头接受头孢噻呋治疗的患病奶牛粪便中分离的一株耐头孢噻呋和头孢吡肟的大肠杆菌中检测到同时携带 blaCTX-M-79 和 blaTEM-1。

食品性动物是耐药大肠杆菌的重要宿主。耐药大肠杆菌的 ESBLs 酶编码基因常常存在于质粒、转座子或整合子等可移动元件上，可通过食物链传递给人，对人类健康构成威胁。患病动物分离的大肠杆菌中 ESBLs 存在复杂性和多样性，而且新型 β-内酰胺酶检出日益增多，提示兽医临床应慎用 β-内酰胺类抗生素。

ESBLs 阳性大肠杆菌败血症的发生，往往与病人的基础疾病及一些直接诱发因素密切相关。分析其原因，可能有以下几点。

①与宿主免疫功能减退有关：如慢性肝病、糖尿病患者易并发院内感染败血症。

②与广谱、高效抗生素的大剂量、广泛应用有关：病人在培养出 ESBLs 阳性大肠杆菌前，曾长期使用第 3 代头孢菌素。

③其他诱发因素：如应用免疫抑制剂或激

素、手术、放疗和化疗，各种侵袭性操作如静脉导管插管，以及介入性诊治手段的应用。有报道称，无静脉输液、采用周围静脉补液和中心静脉补液的病人败血症发生率依次为0.05%、0.37%、4.48%。

④ESBLs阳性大肠杆菌基因型的改变。

大肠杆菌是泌尿系统感染最常见的病原菌，普遍认为大肠杆菌从消化道移行到膀胱而导致泌尿系统感染。有研究表明，产ESBLs的菌株流行的增加主要是含ESBLs的潜伏株在患者间传播，同时也可通过医务人员的手、医院环境、医疗器械和药品等方式传播。有研究者通过对医务人员的手和环境分离的多重耐药菌进行同源性分析，认为手与物体表面环境应该作为医院感染控制的主要环节。有研究显示，住院时间较长、先期使用第三代头孢菌素、留置尿管引流是产ESBLs大肠杆菌尿路感染的独立危险因素。以上危险因素中易引起交叉感染且与护理密切相关，护理可以进行有效干预的因素为"留置尿管引流"。泌尿外科患者常因前列腺疾病、膀胱炎、手术等多种疾病原因导致无法正常排尿，需进行留置尿管引流，而留置尿管又成为多重耐药菌的储存场所，易造成细菌的生长繁殖。

2.3.1.2 产NDM菌株的耐药性及其危害

NDM是2009年发现的一种新型金属β-内酰胺酶，该酶从发现之初就备受关注。携带有该酶的菌株对包括碳青霉烯类在内的多类抗菌药物同时表现为高度耐药，并且耐药菌可以呈洲际传播，所以称为"超级细菌"，令全世界为之恐慌。NDM基因的主要宿主菌为大肠杆菌和肺炎克雷伯菌，包括NDM-1到NDM-12几个亚型。

*blaNDM-1*于2009年被首次报道，先后从同一例患者尿液样本中分离的肺炎克雷伯菌和粪便样本中分离的大肠埃希菌中检出。研究结果显示，*blaNDM-1*位于大小不同的可转移质粒上，编码NDM-1酶的*blaNDM-1*基因包含813bp的开放读码框，GC含量为57%，低于周围相邻基因片段GC含量（62%~65%），所以推测*blaNDM-1*基因片段属于外源转移获得的新DNA片段，该基因进入细菌基因组并发生了重组。NDM-1与这些可转移金属β-内酰胺酶B_1类相似性较少，与其相关性最好的是VIM1/VIM2，而同源性仅有32.4%。通过对NDM-1结构进行分析，推算出NDM-1由269个氨基酸组成，分子质量约为27.5ku，其活性状态为单体，成熟多肽等电点为6.9。酶动力学结果显示：与IMP-1和VIM-2比较，NDM-1与青霉素、头孢呋辛及头孢咪酯具有紧密的结合力，但与碳青霉烯类抗菌药物亚胺培南和美罗培南的结合力不如IMP-1和VIM-2。*K. pneumoniae* OS-560重组菌上的*blaNDM-1*位于一个180kb的质粒上，该质粒同时携带有*ara-2*、*ereC*、*aadAl*、*cmlA7*和*blaCM*等45个耐药基因，分别介导对利福平、红霉素、庆大霉素、氯霉素及头孢菌素的耐药。转移结合实验证实了该质粒转移至受体菌*E. coli* J53，这种方式给耐药基因的传播提供了基础，从而增加了耐药基因传播的概率，也促进了耐药菌株的变异。在此基因片段的上游还检测到其他多种耐药基因，如抗利福平、氯霉素、链霉素、磺胺类等，使得携带此类质粒的细菌对除多黏菌素和替加环素外的几乎所有抗菌药物耐药。目前，国内也有产NDM-1细菌感染的报道，但不同地区有所差异，首次报道是在

2010 年，宁夏和福建分别发现了 2 株携带该耐药基因的屎肠球菌和 1 株鲍曼不动杆菌，继而海南、福建、浙江、云南、江西、河北等地均有耐药菌株出现。在 2011 年对我国 18 个省 57 家医院的 11298 株肠杆菌 blaNDM-1 抗性基因的流行情况进行调查，结果显示我国具有不同的抗性菌株和携带质粒的流行现象。相关的研究中携带 blaNDM-1 基因进行传播的质粒有 IncL/M、Inc A/C、Inc N2、Inc FII、Inc H、Inc HI1、p NDM-BJ01 以及 Inc X 等，这些不相同的质粒拥有相似的 NDM-1 核心区域，并且此基因上下游序列比较稳定。大肠杆菌耐药基因的出现是在不同环境中变异增殖的产物。在此基础上，长时间受不合理抗生素药物的刺激，使敏感大肠杆菌被抑制，大肠杆菌耐药菌得以被筛选，从而使耐药菌的比例增加。抗生素药物管理部门应规范临床医生对抗生素药物的使用，加强临床实验室与医生间的协作，减少抗生素药物的滥用；加强监管，及时发现耐药大肠杆菌，并采取有效措施控制耐药菌株传播，从而最大程度地减少耐药大肠杆菌菌株的增加。

NDM-5 基因是在动物源细菌，尤其是鸡源大肠杆菌中主要流行的碳青霉烯类耐药基因，携带该基因的菌株呈现多重耐药性，传播能力强，称为"超级细菌"，动物源（如鸡源和奶牛源）大肠杆菌上 NDM-5 基因的流行率呈递增趋势。

目前，临床上针对 NDM 阳性细菌的感染，主要采取的治疗措施仍是抗生素疗法，即选择对该菌敏感的 β-内酰胺类药物进行治疗，但是，抗生素长期使用也可能激发或诱导病原菌的进一步超乎人类想象的变异，产生更为可怕的多重耐药或泛耐药细菌。因此，寻找一种有效的抗生素替代疗法成为摆在全球科技工作者面前的重要科学问题。产碳青霉烯酶肠杆菌科细菌通常表达多重耐药性，严重影响临床抗感染治疗，尤其对 β-内酰胺类抗生素均高度耐药。已有大量研究表明，大肠杆菌是 blaNDM 基因的主要宿主菌之一，其中 ST131 和 ST167 型是国内产 NDM 大肠杆菌的主要克隆群，其构成比分别达 34% 和 17.7%，并分布于北京、上海、广东及山东等地区。随着 NDM-1 超级细菌的蔓延，感染人数越来越多，而目前只有替加环素和黏菌素等抗生素对其有抑制作用。一旦感染了超级细菌，则会对患者健康造成极大的威胁，研究对抗 NDM-1 超级细菌的新型抗生素更是迫在眉睫。

目前，对抗 NDM-1 超级细菌的抗生素难以研制的原因主要有以下几个方面。

①随着人类的迁移、动物迁徙以及其他因素，耐药基因不断传播，并且随着抗生素的广泛使用，含有耐药基因的超级细菌不断进化，生命力不断增强，清除难度越来越大，并且形成了恶性循环。抗生素在一定程度上遏制了细菌的蔓延，但从另一个方面看，抗生素的使用更是促进了超级细菌的进化。

②超级细菌种类繁多，抗生素研制难度极大：抗生素的研制总是在细菌出现之后，研制速度远小于超级细菌的变异和进化速度，并且目前的抗生素主要依赖于吞噬细菌的 NDM-1 酶。在这种情况下，使得抗生素的研制更是困难重重。细菌产生的吞噬抗生素蛋白的 β-内酰胺酶则是不断增强超级细菌抗药性的关键点。尽管目前存在着替加环素、多黏菌素能够防止被 β-内酰胺酶的分解，但很明显，不能

仅依赖于这几种抗生素的使用来抑制细菌的蔓延，其中最重要的原因则是为了防止这几种抗生素滥用导致的超级细菌进一步进化和变异。另外，由于缺乏这几种抗生素对 NDM-1 酶的细菌医治结果以及病患对抗生素敏感度的测试，这使得出现超级细菌引发的疾病后，其副作用和导致的结果难以预知。因此，在病患医治时，必须依照医嘱合理使用抗生素，以免降低人体抵抗力。对医学研究者而言，对于临床患有超级细菌感染的疾病症状和医治效果应该及时记录，对抗生素的敏感性在检测后应该及时记录，以便后期对超级细菌的研究。目前，临床对 NDM-1 酶的检测主要方法为纸片扩散法，实验室对 NDM-1 酶的检测方法包括表格筛查和变形确认以及基因确认等步骤。根据检测结果，采用不同敏感性的药物清除细菌。

尽管抗菌药物研制困难重重，对感染超级细菌的患者治疗也十分困难，但随着对超级细菌研究的不断深入，定会突破困难，抑制和清除超级细菌。目前，对于超级细菌的研究设想就是通过药物定靶作用，从超级细菌的耐药机制为突破口，降解 NDM-1 超级细菌中酶的活性，阻止 NDM-1 超级细菌对 β-内酰胺环的降解，进而降低了超级细菌的抗药性，同时，也避免了抗生素促进超级细菌的进化。然而 NDM-1 超级细菌基因突变是难以避免的，对于突变的超级细菌基因，则需要通过克隆技术或者诱变基因的药剂实现抑制。

虽然目前对 NDM-1 超级细菌的抗生素研制还未有突破性的成果，但通过对超级细菌的进化和变异原因和机理的分析，结合对以往的病患和对抗生素敏感性的测试记录分析，

必然会从根本上遏制细菌的蔓延和进化，进而为彻底解决因超级细菌感染致使的疾病提供可借鉴的思路。

2.3.2 沙门菌的耐药性危害

随着沙门菌耐药强度不断增加、多重和交叉耐药不断严重，多重耐药沙门菌突变体在畜禽产品中不断被检出。

2.3.2.1 沙门菌的耐药性及其危害

耐药性可通过食物链、人畜接触或环境散播而在动物与动物、动物与人、人与人之间进行传播。抗生素作用靶位编码基因、操纵基因发生突变，抗生素水解或钝化酶编码基因的表达，以及携带耐药基因的可移动基因元件的转移，是导致沙门菌耐药性产生和传播的主要因素。耐药谱为氨苄西林-氯霉素-链霉素-四环素-磺胺甲噁唑的多重耐药鼠伤寒沙门菌（DT104）最早于 20 世纪 80 年代在英国的鸟中被发现。除了 20 世纪 80 年代中期在苏格兰暴发之外，直到 1989 年也没有在人群中分离到 DT104，虽然当时 DT104 已经在牛中流行，而且在接下来的五年中，它还在家禽和家畜，特别是在火鸡、猪和羊中流行，直到 1996 年，美国的牛和人感染 DT104 的案例被确证，在接下来的四年中，多重耐药的 DT104 又在欧洲很多国家及以色列和加拿大造成人员及动物感染。与此同时，其耐药谱也在不断扩大。2015 年，中国在对畜禽进行多黏菌素耐药监测时，首次发现了多黏菌素的耐药基因 *mcr-1*，该基因定位于转移性质粒上，可在细菌间进行传播，目前，该基因已经在世界 5 大洲的不同宿主体内被广泛发现，已经报道的宿主对

象包括人、动物（农场动物和野生动物）、食物（肉和蔬菜）及水生环境。可见，沙门菌耐药性的传播给动物疫病防控、食品性动物的生产、沙门菌病患者的临床治疗都带来了很大的影响和威胁。

另外，抗生素还可通过多种途径，包括人类处置废弃物的废水、食用动物生产和养殖的粪便污水、制药生产的工业废水等进入环境，进而污染水体、土壤和微生物。有文献表明，污水中的四环素类（tet）和磺胺类（sul）药物的耐药基因经常能通过 PCR 或实时定量 PCR 被检测到，因为这两种抗生素使用很广泛，并且能在环境中长久存在。家畜粪便是耐药细菌的一个重要储库。许多研究报告表明，长期施用畜肥的土壤中耐药基因的多样性和丰度显著增加。磺胺和四环素抗性基因经常在粪便或堆肥后的土壤中被检测到，给公共卫生安全造成了极大的危害。

致病菌对抗菌药物的耐药，已经成为全世界一个日益严峻的问题，更让人类忧虑的是，致病性沙门菌产生耐药性越来越普遍，耐药程度越来越严重，治疗耐药菌感染越来越困难，但目前针对抗生素产生耐药性而进行的新药研发很难跟上耐药性产生的速度。世界卫生组织 2017 年 9 月发布的一份报告指出，目前新抗生素的研发严重不足，难以应对日益增长的抗生素耐药性威胁。抗生素耐药性的问题已严重危害现代医学的进展，目前急需加大对抗生素耐药性感染研究与开发的投资，否则世界将被迫回到小手术因常见感染而导致人死亡的年代。为此，WHO 已经发出严重警告："新生的、能抵抗所有药物的超级细菌，将把人类带回到感染性疾病肆意横行的年代"。

2.3.2.2 畜禽产品中的沙门菌耐药性流行调查

许多国家已经对从畜禽产品中分离的沙门菌菌株的抗菌素耐药性进行了检测，为了便于比较，本部分汇总了文献调查的几种较为常用的抗菌素化合物，如氨苄西林、四环素、庆大霉素、链霉素、萘啶酸、环丙沙星、复方新诺明、氯霉素等。

食源性沙门菌对氨苄西林耐药已经较为常见。根据文献报道，在加拿大的猪肉和中国的牛肉、羊肉的分离株中未发现对氨苄西林的耐药性，四环素也有类似的结果。沙门菌对四环素的耐药率通常≥50.0%，从英国各种肉类中分离出的沙门菌的耐药率为 50.0% ~ 76.0%，来自巴西的猪肉香肠中沙门菌的耐药率为 71.6%，来自土耳其生鲜鸡肉中沙门菌的耐药率为 67.6%，来自伊朗鸡肉和牛肉中沙门菌的耐药率为 69.0%，来自越南的猪肉和鸡肉中沙门菌的耐药率为 58.5%。值得注意的是，从非洲国家食品中分离出的沙门菌菌株对四环素的耐药率较低，塞内加尔的沙门菌仅为 0.4%，摩洛哥的沙门菌稍高一点，为 21.0%。

在比较沙门菌对氨基糖苷类药物的耐药性时，发现了庆大霉素和链霉素耐药水平的差异。从中国的猪肉、牛肉和印度的鸡蛋中分离出的菌株对链霉素完全敏感，从巴西的生鲜鸡肉（78.0%）、英国的牛肉（64.7%）和土耳其的生鲜鸡肉（61.7%）中分离出的沙门菌对链霉素的耐药率比较高。中国猪肉、牛肉中沙门菌对庆大霉素的耐药率较低，不高于 31.6%。从英国牛肉、加拿大猪肉和鸡肉、伊朗鸡肉和牛肉中分离出的沙门菌对庆大霉素均完全敏感。

在调查喹诺酮类药物耐药情况时发现，以上大多数国家的食源性沙门菌对环丙沙星没有耐药性，只有从中国采集的鸡肉样品中分离到的沙门菌对环丙沙星表现出相对频繁的耐药性（42.1%），而这些菌株对萘啶酸的耐药率为73.7%。西班牙鸡肉中的沙门菌对萘啶酸的耐药率最高（100.0%），沙门菌对磺胺类药物的耐药率在1.2%（突尼斯生肉）~89.5%（中国鸡肉）。从亚洲国家食品中分离出的沙门菌耐药菌株的比例尤其高：马来西亚为69.7%，越南为58.1%，中国为73.3%~89.5%。从中国鸡肉样本中分离出的沙门菌对氯霉素的耐药率比较高（42.1%），欧洲国家的氯霉素耐药率在5.3%（西班牙鸡肉）~37.5%（英国羊肉），但是非洲国家的耐药率不高于4.8%（阿尔及利亚各种肉制品），埃塞俄比亚和突尼斯畜禽产品中的沙门菌未检出氯霉素耐药性。另外，沙门菌的耐药性与血清型有一定的相关性，不同沙门菌血清型的耐药和多重耐药的情况不同，据报道，分离到的鼠伤寒沙门菌（*S. typhimurium*）多为多重耐药，如从马来西亚肉制品中分离出的鼠伤寒沙门菌至少对一种抗菌药物有耐药性，78.9%的菌株有多重耐药性。

哈达尔沙门菌（*S. Hadar*）是从肉制品中分离出来的另一种通常表现出多重抗性的血清型，据报道，多重耐药率为28.6%~100%，婴儿沙门菌（*S. Infantis*）的耐药谱与上述血清型相似。在很多国家，肠炎沙门菌（*S. Enteritidis*）的分离率也很高：根据波兰的耐药数据，2004—2007年 *Enteritidis* 菌株的总耐药率为13.6%（7%多重耐药），然而，

2008—2012年分离株的耐药率增加到54%（5%多重耐药）。Alvarez-Fernandez 等报道了从零售家禽中分离的所有 *Enteritidis* 菌株都具有多重耐药性。许多国家（如韩国、土耳其）的研究成果表明，家禽是多重耐药沙门菌的主要宿主，这表明很难对由家禽来源的菌株引起的沙门菌病实现成功的抗菌治疗。在美国和加拿大，海德堡沙门菌（*S. Heidelberg*）是从畜禽肉类中分离出的主要血清型之一，该血清型67%的分离株对至少一种抗菌药物具有耐药性，16.4%对至少五种抗菌药物具有耐药性（占耐药分离株的四分之一）。Aslam 等报道，从加拿大零售肉类中分离出的 *Heidelberg* 菌株中，80.6%具有耐药性，45%表现出多重耐药性。

在调查我国畜禽产品中沙门菌的耐药数据时发现，我国的耐药问题也已十分严峻。有学者对我国1962—2007年的沙门菌的耐药变化进行了调查，发现其对四环素、链霉素、磺胺类药物、氨苄西林的耐药率较高；1962—1999年的沙门菌对萘啶酸的耐药率为0%，到2007年已高至84.5%；对四环素、链霉素和氨苄西林的耐药率一直逐年增加并保持在较高水平；20世纪60年代的沙门菌多重耐药率为0%，到2000年已经高达70%左右。观察近期的耐药数据，四川省肉鸡产品中的沙门菌对萘啶酸（100%）和氨苄西林（85.9%）的耐药率最高，其次是甲氧苄啶/磺胺甲噁唑（44.2%）、庆大霉素（39.1%）、四环素（35.3%），多重耐药为53.8%；山东省生猪屠宰环节中的沙门菌对多西环素（98.0%）、四环素（80.2%）的耐药率较高，庆大霉素、磺胺异噁唑、复方新诺明、氨苄西林的耐药程度均在

50% 左右，多重耐药率为 81.9%；山东肉鸡屠宰生产链中分离到的沙门菌对庆大霉素的耐药率最高（100%），其次是多西环素（84.9%）、氨苄西林（75.7%）、四环素（56.0%）、氟苯尼考（52.0%）、磺胺甲噁唑（50%），多重耐药率为 37.8%；广西畜禽产品中沙门菌的耐药率为 100%，10 重以上多重耐药占 78.8%；上海食源性沙门菌分离株中，磺胺异噁唑耐药率最高（93.9%），其次为复方新诺明（61.2%）、萘啶酸（49.7%）、链霉素（46.3%）、氨苄西林（42.9%）、四环素（25.8%）、环丙沙星（25.2%）、氯霉素（21.8%），多重耐药率为 59.9%。由此可见，来自不同地区和不同来源的动物性食品源沙门菌的耐药情况存在较大差异。

综合以上国内外沙门菌的耐药数据可以得知：沙门菌对氨苄西林、四环素类、磺胺类抗生素具有较高的耐药性，多重耐药性较为严重。这可能是由于氨苄西林、磺胺类、四环素药物常常用于治疗沙门菌感染，沙门菌在抗生素的选择压力下，对该类抗生素产生较强的抗性。沙门菌的抗菌素耐药性是一个日益严重的食品安全问题，正如本篇所强调的，在世界不同地区的许多国家的畜禽产品中，耐药沙门菌正变得越来越常见，而且，耐药基因在细菌之间迅速传播的潜力使得监测食品源沙门菌的抗菌素敏感性和耐药机制尤为重要。

中国政府在 2016 年发布了《遏制细菌耐药国家行动计划 2016—2020 年》，与 14 个部门联手进行遏制抗微生物药物耐药性的工作，卫生健康主管部门和农业农村部主管部门也在 2017 年相继发布了针对人源和动物源性的细菌耐药性国家行动计划，旨在积极应对细菌耐药带来的挑战，提高抗菌药物科学管理水平，遏制细菌耐药发展与蔓延，维护人民群众身体健康，促进经济社会协调发展。

2.3.3 金黄色葡萄球菌的耐药性危害

金黄色葡萄球菌（*Staphylococcus aureus*, SA）除对 β-内酰胺类抗菌药物耐药外，还可以通过改变抗菌药物作用靶位，改变细胞膜的通透性，对其他抗菌药如大环内酯类、四环素类、氨基糖苷类、喹诺酮类和糖肽类等药物产生不同程度的耐药性。

2.3.3.1 金黄色葡萄球菌的耐药性及其危害

金黄色葡萄球菌可引起一系列不同严重程度的临床表现，是皮肤和软组织感染、感染性关节炎、肺炎、血管内感染、骨髓炎、异物相关感染、败血症和中毒性休克综合征中最常见的病原体，它能侵袭所有年龄的人，但在幼儿、老年人、免疫弱者中最严重。SA 常出现在春夏季节，是生猪肉、生鸡肉、生牛肉等生鲜肉中常被感染的致病菌之一，给人们的生活和食品安全带来了极大的危害。在低收入国家，SA 的发病率在新生儿和一岁以下儿童中最高，死亡率估计高达 50%；在美国，SA 感染每年造成大约 30 万人住院，是感染猪肉类的食源性疾病的主要致病菌，危害人类健康，给公共卫生安全和食品安全造成威胁。

目前，SA 是药物适应性强的典范，对于 SA 预防和治疗还主要依赖于各种抗生素，但随着抗菌药物的不规范使用和滥用，导致耐药性等问题日益突出，耐药性增强，耐药基因种类多且机制复杂，耐药谱越来越广，多重耐药现象也日趋严重。对抗菌素高度耐药的 SA 菌株的出现已成为一个重大公共卫生问题，尤其是被称为"超级细菌"的 MRSA 发展到了几乎对所有抗生素都产生了耐药性，其呈现高致病性和多重耐药性，在全世界范围内流行，引起的疾病和死亡例数急剧增加，给临床抗感染治疗带来困难。因此，耐甲氧西林和多重耐药问题成为近年来细菌耐药性监测研究的重点。

MRSA 对异唑西林类药物（如甲氧西林、苯唑西林）有耐药性，MRSA 具有高度的耐药性，在大多数的抗生素存在下，大部分的 MRSA 在抗生素的作用下不但不被杀死，反而能继续生长，数小时后能大量增殖。人体感染 MRSA 后，由于其具有多重耐药性，相对于一般的 SA 来说更难治疗，这就使得医护人员和普通公民不得不重视 MRSA 的危害，在日常饮食和生活中更应该注意食品安全。据报道显示，养殖场动物源耐药菌能够通过直接接触、肉食品加工链以及环境污染等途径将其耐药性和耐药基因传播给人类，对人类的健康造成巨大的威胁。随着临床治疗过程中万古霉素的应用，SA 对万古霉素敏感性越来越低，并且 MRSA 的逐渐流行及耐万古霉素的 SA 出现，使 SA 的耐药性变得越来越难以控制。随着畜牧业的不断发展和各种疾病的交叉感染，MRSA 在 SA 中的地位已经上升到不可忽视的地位。

万古霉素于 1958 年开始用于临床治疗革兰阳性菌感染，使用的前 20 年没有耐药菌产生的报道。但近年来，由于 MRSA 的出现和广泛播散，万古霉素使用量大幅度增加，耐药菌也随之出现。万古霉素敏感性降低的金黄色葡萄球菌（SA-RVS）分为：万古霉素中度耐药金黄色葡萄球菌（VRSA）、万古霉素中度耐药金黄色葡萄球菌（VISA）和异质性万古霉素耐药金黄色葡萄球菌（h-VRSA）三类。VRSA 感染非常罕见，报道显示，美国、伊朗和印度均有发现 VRSA 感染事件，而 h-VRSA 和 VISA 感染相比较来说事件较多。因此细菌耐药性的出现已严重威胁人类生活与健康，严重影响公共卫生安全。

过去十多年中，人类感染的疾病中有75% 来源于动物或动物性产品，这些疾病通过各种方式进行传播，并发展成全球性疾病，人们通过食用带菌的鸡蛋、畜禽肉和奶等而感染食源性疾病。在各种食源性疾病中，致病微生物引起的食源性疾病占据重要位置，SA 是食源性致病菌之一，在食品中出现的概率极高，因动物性食品中含有多种营养成分，非常适宜细菌如 SA 的生长繁殖，人们一旦摄入了含有大量 SA 的动物性产品，就会引起感染，进而在毒素的作用下发生食物中毒。

食源性细菌耐药性来源是食用性动物类食品，其中肉类为主要来源，此外动物源性食品（包括奶类、蛋类、鱼类等与动物养殖相关的食品），以及食品加工链各环节中所涉及的生产、加工、销售人员，甚至是餐厅服务人员，都是可引起细菌传播、耐药因子伴随传递的重要来源。

国际贸易的增多增加了食源性疾病跨国传播的危险性。食品是一种主要的贸易商品，也是食源性疾病传播的重要媒介。食源性致病菌的耐药性对食品安全及人类健康的影响已经引起很多国家的警惕，多重耐药菌株的出现，不仅对人畜的健康带来巨大伤害，还给畜牧业和临床上带来巨大经济损失。由 SA 污染的食品造成的经济损失最大，20 世纪 50 年代在欧美国家首先发生了 MRSA 的感染事例，有数十万人被感染。另外，研究学者们已广泛关注了 MRSA 在食品中的检出率，并评估其对人类以及家畜的健康产生的危害。从目前研究进展来看，MRSA 尚无彻底根治的方法，因此加强人群的保护措施，增强食品安全意识以及防止 MRSA 在食物链中的传播显得尤为重要。

MRSA 作为一种人畜共患病的病原菌，在我国市面销售的猪肉、鸡肉和原料乳等食品中均已分离出 MRSA。食品中耐药细菌已引起重视，研究发现，MRSA 已进入食物链，产肠毒素和具有抗药性的 SA 在食品中已广泛存在。食物链是细菌产生耐药性的重要环节，MRSA 可以通过食物链传播给人体，危害人类健康并且还会使人类间接获得对某些药物的耐药性。

近年来，欧洲、北美等国家报道，在养殖环境及动物、工人、兽医身体中检测到新型的多重耐药 MRSA，且这种新型的 MRSA 可以通过养殖环节传播到人类。人们已经发现细菌的耐药基因不仅可以在同种细菌之间传播，还可以在不同细菌之间转移。细菌耐药性的产生是环境、食物链及临床用药共同作用的结果。

因此，对我国市售食品和动物源食品中的 MRSA 的耐药性检测显得尤为重要。同时，也应进一步规范抗生素的使用，特别是养殖业上，以控制细菌耐药性的增强，减少对人体和动物健康的危害；将实验室细菌的耐药结果与临床用药结合起来，加强药物使用的合理性，避免交叉使用；个人也应严格约束自己，规范合理使用抗生素，减少对药物的依赖性。

2.3.3.2　金黄色葡萄球菌的耐药流行调查

细菌产生耐药性是抗菌药物使用中不可避免的一种现象，通常一种新的药物一旦进入临床使用，耐药菌株便会迅速产生，抗生素使用次数和规范性与细菌产生耐药性有一定的关系。SA 可分为耐甲氧西林金黄色葡萄球菌（Methicillin - resistant *Staphylococcus aureus*，MRSA）和对甲氧西林敏感的金黄色葡萄球菌（Methicillin - susceptible *Staphylococcus aureus*，MSSA）。MRSA 是医院内和社区获得性感染的主要病原菌，与乙型肝炎、艾滋病一起被称为当今世界三大感染"杀手"。

1961 年，Jevons 在英国首次发现了 MRSA 的存在，并蔓延至世界各地，已迅速成为医院和社区获得性感染的重要致病菌；1970 年多家医院暴发 MRSA 菌株的多重耐药性，使 MRSA 的耐药性和其他特性成为临床上研究热点；1972 年，MRSA 首次从动物体内分离得到；欧洲在 20 世纪末，门诊和住院中 MRSA 的流行率分布波动很大；1975 年，MRSA 的临床分离率仅为 2.4%，但在 1991 年 MRSA 的临床分离率便达到了 29%。2005 年，美国因 MRSA 严重感染死亡约 1.875 万人；2008 年，我国也从动物源样本中分离得到 MRSA，近些年，越来越多的食品中分离出 MRSA 菌株。

1840 年早期，青霉素的出现，有效地控制了 SA 的危害，但 SA 可通过不断适应对青霉素产生一定程度的耐药性；1950 年末期，几乎 50% 的 SA 对青霉素耐药，目前超过 95% 的 SA 对青霉素产生耐药性；到了 20 世纪 60~

70 年代，头孢菌素类和氨基糖苷类药物被广泛开发和利用，使 SA 的耐药性及多重耐药性得到进一步的发展；20 世纪 80 年代之后，MRSA 造成的感染蔓延至全世界，至此喹诺酮类药物成为各国研究的主要对象，其治疗 MRSA 引起的细菌性疾病具有良好效果，也使其耐药性快速发展；20 世纪 90 年代后，MRSA 几乎对所有的 β-内酰胺类、氨基糖苷类、四环素类、大环内酯类等药物产生多重耐药性及交叉耐药性，不仅增加医疗费用，而且增加了治疗的难度，随之糖肽类药物成为人们治疗 MRSA 的首选药物。

糖肽类药物中的万古霉素是治疗 MRSA 的有效药物。从 1996 年开始，对万古霉素耐药的 MRSA 菌在世界各地开始出现，随着日本首次发现对万古霉素敏感度降低的 SA（Vancomycin - intermediate *Staphylococcus aureus*，VISA）和美国、韩国、法国相继发现 VISA，使细菌耐药性变为现实。2002 年，美国首次发现了耐万古霉素菌株，随后在宾夕法尼亚州也发现了耐万古霉素菌株感染事件，引起社会各界的重视。虽然 VISA 检出率低，如果不能找出能替代万古霉素的抗生素，那么未来距离"超级细菌"无药可救的现象也将不远。

MSSA 的耐药性发展情况没有 MRSA 严重，MRSA 在甲氧西林使用的时间里就广泛流行，但 MSSA 没有被 MRSA 完全取代。MSSA 虽然对其他药物的耐药性较低，但对青霉素的耐药性还是比较高，同时也出现多重耐药现象。

从历史上看，有耐药性的 SA 尤其是 MRSA 分离株一直与医院感染有关，而且国内外对于 SA 的研究主要是临床和动物源，而对食源性 SA 的耐药性研究比较少。从文献报道来看，1989 年，Maple 等对来自 21 个国家的 106 株 MRSA 的耐药性进行研究调查，发现 MRSA 菌株存在很严重的多重耐药性，大部分菌株对所用抗生素都存在耐药性，90% 以上的菌株对庆大霉素、红霉素、妥布霉素以及链霉素耐药。我国临床中 SA 分离菌株对 β-内酰胺类药物和氟喹诺酮类药物的耐药性呈现上升趋势，对青霉素和氨苄西林的耐药率在 90% 以上，对头孢类药物的耐药率在 40% 以下，对氨基糖苷类、大环内酯类和四环素类药物表现中等程度的耐药，对糖肽类药物敏感，MRSA 在临床上分离率在 50% 左右。

国外对于食源性 SA 的研究早于中国，尤其是食源性 MRSA 报道较多。报道显示，1995 年发生了第一起食源 MRSA 引起的疾病，到 2002 年因食用含 MRSA 的烤肉而引起了社区感染性疾病。研究人员在牛肉、新鲜鸡肉、羊肉和零售动物源肉品中均检测出 MRSA 菌株，分离率在 10% 左右，推测人类感染疾病可能与被污染的动物性食品有关。研究还发现，SA 分离菌株对青霉素、氨苄西林和苯唑西林等 β-内酰胺类药物和克林霉素、四环素耐药，并对其他药物产生不同程度的耐药性，对万古霉素等糖肽类药物敏感，同时动物性食品等的生产链是耐药菌传播的重要途径。研究显示，在猪肉生产链中的 SA 菌株检出了红霉素、青霉素和四环素的耐药基因。生鲜乳及乳制品中 MRSA 分离株对青霉素、四环素和阿莫西林耐药。

近几年，国内关于动物性食品中 SA 耐药性的报道增多，国内报道的在生肉、熟食、水产品中的 SA 分离菌株对青霉素高度耐药并存在多重耐药现象；陕西省原料乳、鸡肉、即食食品和速冻水饺的 22 株 MRSA 均对万古霉素完全敏感，对甲氧苄啶/磺胺甲噁唑完全耐药，对其他抗生素均产生不同程度耐药，且多为多重耐药菌株。研究发现，SA 在乳制品等食品和生鲜乳中广泛流行，吉林、内蒙古、上海、江苏、陕西、安徽、河北和四川等地区的 SA 分离菌株对青霉素和氨苄西林等 β-内酰胺类抗生素耐药，对万古霉素敏感。

据报道所述，动物性食品生肉和生鲜乳中 SA 的污染比较严重，食源性 MRSA 已经进入食物链，与临床分离的 SA 耐药性存在一定差异，但都表现出多重耐药现象。国内外动物性食品中 SA 分离菌株对青霉素表现出较高的耐药率；对四环素、红霉素、氨苄西林和克林霉素等表现出一定的耐药性；对万古霉素等糖肽类药物敏感。

2.4 畜禽初级产品生产过程中的危害识别

畜禽初级产品包括畜禽屠宰生产的肉及其副产品、禽蛋、奶等。在对畜禽产品质量安全进行风险评估时，危害识别是决定风险评估结果的关键步骤之一，也是开展肉蛋奶等畜禽初级产品生产过程中风险评估工作的基础。实施危害识别，应在明晰评估对象（何种产品，如，猪肉、鸡蛋等）基础上，对风险源（风险因素，如沙门菌、"瘦肉精"等）进行逐一识别，也就是产品可能受到的化学物质污染、微生物污染等风险要素进行一一确定，形成风险列表。影响畜禽产品质量安全的风险因素一般可以分为生物性、化学性和物理性等三大类。

生物性风险因素包括细菌、病毒、寄生虫和生物毒素等。不同的评估对象涉及的生物性风险因子也不尽相同，比如，在评估牛肉、猪肉和羊肉胴体对公众健康潜在风险的影响时，沙门菌、致病性大肠杆菌、单增李斯特菌和小肠结肠炎耶尔森菌通常是最受关注的致病微生物。此外，生物性风险因素识别时还可能包含布鲁菌、金黄色葡萄球菌、肉毒梭菌等致病菌；非洲猪瘟病毒、诺如病毒、流感病毒、甲型肝炎病毒等对动物或人有危害的病毒；囊虫（也称囊尾蚴）、住肉孢子虫、棘球蚴（也称包虫病）、旋毛虫等寄生虫；以及细菌毒素、霉菌毒素、呕吐毒素等生物毒素。

化学性风险因素包括使用违禁药物、化学品残留以及环境污染物等。在养殖和屠宰环节违禁添加、灌注或使用的化学类风险物质除了瘦肉精及同类物、激素类、镇静剂类（如，氯丙嗪、安眠酮等）外，还有抗病毒药（包括金刚烷胺、利巴韦林）、硝基呋喃类（如，硝基呋喃、呋喃唑酮等）以及酰胺醇类（氯霉素等）药物。杀虫剂、消毒剂、清洁剂等养殖场、屠宰场常用的化学品残留也是化学性风险因素识别需要考虑的重要风险因素。此外，还有环境污染物，如地高辛、重金属和放射性污染物等。

物理性风险多数为明显可见的固体类物质，如玻璃碎片、塑料碎片、金属碎片等。根据屠宰或收储规模的不同，这类风险因素差异比较大，随着畜禽产品生产的规模化、现代化程度不断提升，物理性风险会越来越低，甚至可忽略。

本节在前述常见致病微生物病原特征、致

病性危害和传播模式等病原特性基础上，重点就畜禽屠宰加工、牛奶和禽蛋收储过程中可能存在的致病微生物（包括寄生虫）危害风险进行识别分析阐述。鉴于动物源性食源菌的控制尚未完全纳入畜禽屠宰环节卫生监控的范围，对生猪、牛羊等屠宰动物危害识别时，尽可能列出环节中所有相关的风险，以便读者开展风险评估时参考。

2.4.1 生猪屠宰加工过程中的病原危害识别

生猪屠宰加工在经过宰前验收、静养环节后，进入屠宰环节，包括电击或二氧化碳致昏、刺杀放血、剥皮、浸烫脱毛以及分割、包装等过程，见图 2.23。屠宰过程中，需要通过宰前检疫、宰后检疫、内脏检疫、胴体检疫和肌肉检查进行疾病危害识别，进一步需要对肉品开展品质检验，识别细菌污染、化学污染等产品质量指标的风险。

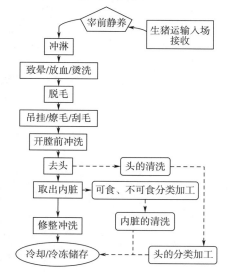

图 2.23　生猪屠宰流程模式图
（根据 GB/T 20551—2006 制作）

2.4.1.1　宰前危害识别

宰前危害识别时，首先应向送猪人员索取动物产地防疫监督机构开具的检疫合格证明，逐头观察活猪的健康状况。经临床检查无异常后的生猪，进入静养环节等候屠宰。病猪、伤残猪、无检疫合格证明的生猪均不得作为健康猪只进入生猪屠宰流程。

宰前检疫关注的疫病主要是猪瘟、非洲猪瘟、口蹄疫、水疱病、布氏杆菌病、弓形虫病、链球菌病等。危害识别时，应考虑的致病病原涉及猪瘟病毒、非洲猪瘟病毒、口蹄疫病毒、水疱病病毒、布鲁菌、弓形虫、猪链球菌2型等，其中，布鲁菌、弓形虫和链球菌2型对人有直接危害。

2.4.1.2　宰后危害识别

对猪只进行宰后危害识别时，应重点检查引起口蹄疫、水疱病、炭疽、结核、萎缩性鼻炎、囊尾蚴病等疫病引起的典型病变。危害病原包括：口蹄疫病毒、水疱病病毒、炭疽芽孢杆菌、结核分枝杆菌、巴氏杆菌/波氏杆菌以及囊尾蚴等，其中，炭疽芽孢杆菌、结核分枝杆菌、囊尾蚴均对人体健康有潜在危害。

2.4.1.3　内脏危害识别

屠宰生猪内脏检查的重点有肠系膜淋巴结、脾脏、肾脏、肺脏、肝脏、心脏、胃肠等组织脏器。指示的疾病包括猪瘟、非洲猪瘟、猪丹毒、猪副伤寒、口蹄疫、炭疽、结核、气喘病、传染性胸膜肺炎、链球菌病、猪李斯特菌病、姜片吸虫、包虫、细颈囊尾蚴、弓形虫等多种猪只或人兽共患的疾病。引起这些疾病的病原中，猪瘟病毒、非洲猪瘟病毒、口蹄疫病毒、水疱病病毒以及猪丹毒杆菌、沙门菌、炭疽芽孢杆菌、结核分枝杆菌、支原体、传染性胸膜肺炎放线杆菌、猪链球菌 2 型、单增李斯特菌，都是内脏危害识别需要关注的危害病原。此外，还有姜片吸虫、包虫、囊尾蚴和弓形虫等寄生虫病原。其中，猪丹毒杆菌、沙门菌、炭疽芽孢杆菌、结核分枝杆菌、猪链球菌 2 型、单增李斯特菌、包虫、囊尾蚴和弓形虫等均可能对人造成潜在的危害。

2.4.1.4　胴体检查中的危害识别

根据皮肤、皮下脂肪、肌肉、胸腹腔膜以及淋巴结的视检，可以识别的病原包括：猪瘟、非洲猪瘟病毒、猪肺疫、猪丹毒杆菌、炭疽芽孢杆菌、猪链球菌 2 型、传染性胸膜肺炎放线杆菌、结核分枝杆菌、旋毛虫、囊尾蚴、住肉孢子虫以及钩端螺旋体等。其中，对人体具有潜在危害的病原有猪丹毒杆菌、炭疽芽孢杆菌、猪链球菌 2 型、结核分枝杆菌、旋毛虫、囊尾蚴、住肉孢子虫等，应注意识别。

2.4.1.5　肌肉检查中的危害识别

检查对象包括两侧深腰肌、股内侧肌、肩甲外侧肌、膈肌等部位的肌肉组织。重点关注的危害因子包括旋毛虫、住肉孢子虫和囊尾蚴等，这些病原都对人体具有潜在的致病危害风险。

对生猪屠宰肉品的检查，目前我国重点关注可以引起猪只发病、人畜共患传染病的检疫检测和识别。对大肠杆菌、弯曲杆菌、金黄色葡萄球菌等动物源性食源菌尚未开展系统的检疫检测，暂时没有国家或行业标准执行。欧盟、美国等发达国家和组织分别自 2005 年开始就已经开展对肉品菌量携带的检测，部分做法值得我国借鉴。对屠宰肉品常见食源菌的暴露状况将在第 3 章结合暴露评估进行详细叙述。

2.4.2　肉鸡屠宰加工过程中的危害识别

肉鸡入厂后经查验并收缴动物检疫合格证明，核对种类和数量，了解运输途中病、死情况，群体检疫无异常后开始断食休息，候宰，见图 2.24。屠宰过程中，应根据检疫规定要求，进行宰前、宰后危害识别。

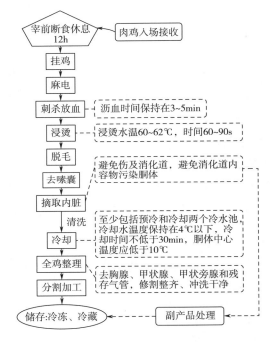

图 2.24　肉鸡屠宰流程模式图
（根据 GB/T 19478—2018，NY/T 1174—2006 制作）

2.4.2.1　宰前危害识别

宰前检疫重点关注的疾病包括高致病性禽流感、鸡新城疫、禽霍乱、禽伤寒、鸡白痢。危害识别的病原有高致病性禽流感病毒、鸡新城疫病毒、禽多杀巴氏杆菌、沙门菌等。

2.4.2.2 宰后危害识别

肉鸡屠宰后应立即进行内脏摘除，并对内脏和胴体实行同步检疫，必要时进行实验室检验。检查过程中，应注意视检皮肤色泽，观察皮肤有无病变、关节有无水肿，检查头部和各天然孔有无异常。腺胃、肌胃有无异常，必要时切开检查腺胃乳头，观察有无出血、溃疡，必要时撕去肌胃角质膜，视检有无出血和溃疡；视检肝脏表面，色泽、大小有无异常，胆囊有无变化；脾脏是否充血肿大，有无结节；肠系膜有无变化，必要时切开肠管，观察肠黏膜有无出血点、溃疡等病变，特别注意盲肠有无坏死灶、出血和溃疡；肾脏有无病变。

宰后危害识别：重点关注的危害因子包括高致病性禽流感病毒、鸡新城疫病毒、球虫等。检测食源性致病菌时，应对鸡肉可能受到的来自鸡体本身及其生产环境的致病菌进行检测，包括致病性大肠杆菌、沙门菌、弯曲杆菌、李斯特菌、金黄色葡萄球菌等。

2.4.3 牛羊屠宰加工过程中的危害识别

牛羊在屠宰前应查验动物检疫合格证明，核对是否具有符合要求的畜禽标识。经检查合格的牛、羊送待宰圈，经停食静养后进入屠宰程序，见图2.25。

2.4.3.1 宰前危害识别

牛羊在宰前应通过看、听、摸、检等方法进行详细检查，识别是否有疫病风险。

2.4.3.2 宰后危害识别

宰后危害识别时，应依次对头部、内脏、胴体进行检查。头部检查时，检视颌下淋巴结

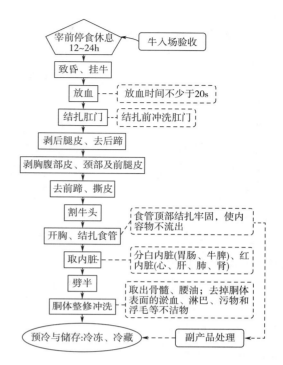

图 2.25　牛屠宰流程模式图
（根据 GB/T 19477—2018 制作）

和咽后内外侧淋巴结、腮淋巴结，查看口腔及咽喉黏膜有无出血、溃疡和色泽变化；胴体检查时，查看胴体表面、脂肪、肌肉以及淋巴结，剖检深腰肌、膈肌以及腹斜肌；内脏检查应查验肺脏、心脏、肝脏、脾脏、胃肠道、肾脏等组织器官，观察是否有肿胀、出血、坏死灶等病理变化。危害识别重点关注的病原包括：炭疽芽孢杆菌、布氏杆菌、结核分枝杆菌、副结核分枝杆菌等细菌，口蹄疫病毒、绵羊痘/山羊痘病毒以及棘球蚴、包虫等寄生虫病原。此外，还应注意致病性大肠杆菌、沙门菌、单增李斯特菌、金黄色葡萄球菌等动物源性食源菌。

2.4.4　禽蛋收储过程中的危害识别

禽蛋收储消费过程中的危害因素主要为致病微生物污染，这些微生物污染来源包括产前病原携带和产后污染。产前病原携带一般是由于蛋禽在开产前已患有某种传染病，致病微生物经血液进入卵巢，成为蛋的成分之一。比如，产蛋鸡在患有副伤寒等沙门菌病时，在鸡蛋形成过程中受到沙门菌的污染，产出的鸡蛋中常会含有沙门菌。此外，产蛋禽在产蛋时，禽蛋经泄殖腔产出，而禽的泄殖腔带菌率很高。产蛋时，这些细菌可能附着在蛋壳上污染禽蛋，进一步进入蛋清甚至蛋黄中。

禽蛋产出后的污染主要见于生产、收购、运输和储藏等环节。禽蛋蛋壳表面所携带的粪便、饲料粉尘、灰尘、血迹如果混有致病微生物，或者在禽蛋收购、转运、储藏过程中因人的手、盛装禽蛋的容器具上附着的病原微生物污染了蛋壳表面，蛋壳表面的致病微生物可以通过蛋壳上无数的气孔进入蛋内，进一步侵袭污染蛋清、蛋黄。

对禽蛋进行危害识别时，需要关注的病原主要有：禽流感病毒、新城疫病毒、沙门菌、弯曲杆菌、金黄色葡萄球菌等。此外，还有变形杆菌、假单胞菌属、芽孢杆菌属，以及曲霉菌属、青霉菌属、毛霉菌属，有的地方禽蛋还需要考虑寄生虫虫卵等。

2.4.5　生鲜乳生产过程中的危害识别

乳用动物，包括奶牛、绵羊和山羊、马、骆驼和驴等，在生鲜乳的生产过程中可能携带有多种微生物菌群，其中可能包含对人健康有害的致病微生物。乳生产过程中，由于挤乳前后的污染、非冷链输送系统、挤乳后不能及时冷却、盛乳器具洗涤灭菌不完全等原因，均有可能使鲜乳被微生物污染，致使鲜乳中的细菌数大幅度增加。为了控制鲜乳的质量，《食品安全国家标准　生乳》（GB 19301—2010）对乳品中的微生物限量、真菌毒素限量都提出了规定要求，包括菌落总数不大于 2×10^6 CFU/g（mL）、黄曲霉毒素 M_1 限量为 0.5μg/kg 等。但由于奶牛、绵羊、山羊等乳用动物养殖过程中，可能受到一些疾病甚至传染病病原的感染，乳房炎等疾病更是困扰乳用动物的常见疾病。近年来的多项研究也证实饮用生鲜奶和人群感染疾病之间存在或多或少的联系，因此，生鲜乳生产过程中除了黄曲霉毒素、普通菌落总数外，还需要关注金黄色葡萄球菌、沙门菌等其他对人体健康有危害的风险因子。

在对生鲜乳生产过程中进行危害识别时，主要考虑的危害因子包括弯曲杆菌、沙门菌、致病性大肠杆菌（包括产志贺毒素大肠杆菌等）、金黄色葡萄球菌、链球菌以及布氏杆菌和牛结核分枝杆菌等重要人兽共患病病原体，此外，还有蜱传脑炎病毒、口蹄疫病毒等。在考虑微生物对乳的质量影响时，还应注意造成酸败乳的乳酸菌、丙酸菌、小球菌等；造成黏质乳的嗜冷菌、明串珠菌属等；造成异常着色的嗜冷菌、球菌类、红色酵母菌；以及导致异常凝固分解的蛋白质分解菌、脂肪分解菌、芽孢杆菌等。

参考文献

[1] Albert Bosch, Rosa M Pintó, Susana Guix.

Foodborne viruses〔J〕. Curr Opin Food Sci, 2016, 8: 110-119.

〔2〕Aslam M, Checkley S, Avery B, et al. Phenotypic and genetic characterization of antimicrobial resistance in *Salmonella* serovars isolated from retail meats in Alberta, Canada〔J〕. Food Microbiol, 2012, 32: 110-117.

〔3〕Benkerroum Noreddine. Staphylococcal enterotoxins and enterotoxin-like toxins with special reference to dairy products: an overview〔J〕. Critical Reviews in Food Science & Nutrition, 2018,58(12):1943-1970.

〔4〕Boer ED, Zwartkruis-Nahuis JTM, Wit B, et al. Prevalence of methicillin-resistant *Staphylococcus aureus* in meat〔J〕. International Journal of Food Microbiology, 2009, 134(1-2):52-56.

〔5〕Christine E. R. Dodd, Tim Aldsworth, Richard A, et al. Foodborne Diseases (Third edition)〔M〕. London,San Diego,Cambridge,Oxford: Academic Press, 2017:235-242.

〔6〕Edward J, Bottone. *Bacillus cereus*, a volatile human pathogen〔J〕. Clin Microbiol Rev, 2010, 23(2):382-398.

〔7〕Grass JE, Gould LH, Mahon BE. Epidemiology of foodborne disease outbreaks caused by *Clostridium perfringens*, United States, 1998—2010〔J〕. Foodborne Pathog Dis, 2013,10:131-136.

〔8〕Guo Q, Su J, Mcelheny C L,et al. Inc X2 and Inc X1-X2 hybrid plasmids coexisting in a Fos A6-producing *Escherichia coli* strain〔J〕. Antimicrob Agents Chemother, 2017, 61(7):e00536-00517.

〔9〕He T, W Eir, Zhang L. Characterization of NDM-5-positive extensively resistant *Escherichia coli* isolates from dairy cows〔J〕. Veterinary Microbiology, 2017,207:153-158.

〔10〕Huang Y, Yu X, Xie M, et al. Widesoread dissemination of carbaprndem-resistant *Escherichia coli* sequence type 167 strains Harboring bla_{NDM-5} in clinical settings in China〔J〕. Antimicrob Agents Chemother, 2016,60(7):4364-4368.

〔11〕J. Glenn Songer. *Clostridia* as agents of zoonotic disease〔J〕. Veterinary Microbiology, 2010(140):399-404.

〔12〕James R, Johnson. Foodborne illness acquired in the United States〔J〕. Emerging Infectious Diseases, 2011,17(7):1338-1339.

〔13〕Jamali H, Paydar M, Radmehr B, et al. Prevalence and antimicrobial resistance of *Staphylococcus aureus* isolated from raw milk and dairy products〔J〕. Food Control, 2015, 54:383-388.

〔14〕Jones TF, Kellum ME, Porter SS, et al. An outbreak of community-acquired foodborne illness caused by methicillin-resistant *Staphylococcus aureus*〔J〕. Emerging Infectious Diseases, 2002, 8: 82-84.

〔15〕Kim NH, Yuna R, Rhee MS. Prevalence and classification of toxigenic *Staphylococcus aureus* isolated from refrigerated ready-toeat foods (sushi,kimbab and California rolls) in Korea〔J〕. Journal of Applied Microbiology, 2011,111(6): 1456-1464.

〔16〕Kluytmans J, van Leeuwen W, Goessens W, et al. Food-initiated outbreak of methicillin-resistant *Staphylococcus aureus* analyzed by pheno- and genotyping〔J〕. Journal of Clinical Microbiology, 1995, 33: 1121-1128.

〔17〕Kummei J, Stessl B, Gonano M, et al. *Staphylococcus aureus* entrance into the dairy chain tracking *S. aureus* from dairy cow to cheese〔J〕. Frontiers in Microbiology, 2016, 7:1603.

〔18〕Lim SK, Nam HM, Jang GC, et al. Transmission and persistence of methicillin resistant *Staphylo-*

coccus aureus in milk, environment, and workers in dairy cattle farms [J]. Foodborne Pathogens Disease, 2013, 10(8):731-736.

[19] Mariela E Srednik, Valentine Usongo, Sarah Lepine, et al. Characterisation of *Staphylococcus aureus* strains isolated from mastitis bovine milk in Argentina [J]. Journal of Dairy Research, 2018, 85: 57-63.

[20] Nabil-Fareed A, Zhemin Z, Sergeant M J, et al. A genomic overview of the population structure of *Salmonella* [J]. Plos Genetics, 2018, 14 (4): e1007261.

[21] Nadeem O, Kaakoush, Natalia, et al. Global epidemiology of campylobacter infection [J]. Clinical Microbiology Reviews, 2015, 28(3):687-720.

[22] Newell DG, Elvers KT, Dopfer D, et al. Biosecurity-based interventions and strategies to reduce *Campylobacter* spp. on poultry farms [J]. Applied and Environmental Microbiology, 2011, 77 (24): 8605-8614.

[23] Overesch G, Büttner S, Rossano A, et al. The increase of methicillin-resistant *Staphylococcus aureus*, (MRSA) and the presence of an unusual sequence type ST49 in slaughter pigs in Switzerland [J]. BMC Veterinary Research, 2011, 7(1): 1-9.

[24] Pitkänen T. Review of *Campylobacter* spp. in drinking and environmental waters [J]. J Microbiol Methods, 2013, 95(1):39-47.

[25] Poirel L, Madec JY, Lupo A, et al. Antimicrobial resistance in *Escherichia coli* [J]. Microbiology Spectrum, 2018, 6(4):26-29.

[26] Patrice Nordmann, Laurent Poirel, Linda Mueller, et al. Rapid detection of fosfomycin resistance in *Escherichia coli* [J]. Journal of Clinical Microbilolgy, 2019, 57(1):e01531-01518.

[27] Stanley ML, Jördis JO, Pierre VD, et al. Type A viral hepatitis: a summary and update on the molecular virology, epidemiology, pathogenesis and prevention [J]. J Hepatol, 2018, 68(1):167-184.

[28] Sharon JP, Gavin KP. Mechanisms of methicillin resistance in *Staphylococcus aureus* [J]. Annual Review Biochemistry, 2015, 84: 577-601.

[29] Thai TH, Hirai T, Lan NT, Yamaguchi R. Antibiotic resistance profiles of *Salmonella* serovars isolated from retail pork and chicken meat in North Vietnam [J]. Int J Food Microbiol, 2012b, 156:147-151.

[30] Thong KL, Modarressi S. Antimicrobial resistant genes associated with *Salmonella* from retail meats and street foods [J]. Food Res Int, 2011, 44:2641-2646.

[31] Waters AE, Contente-Cuomo T, Buchhagen J, et al. Multidrug resistant *Staphylococcus aureus* in US meat and poultry [J]. Clin Infect Dis, 2011, 52(10): 1227-1230.

[32] Yin Y, Yao H, Doijad S, et al. A hybrid sub-lineage of *Listeria monocytogenes* comprising hypervirulent isolates [J]. Nature Communications, 2019, 10(1):4283.

[33] Yildirim Y, Gonulalan Z, Pamuk S, et al. Incidence and antibiotic resistance of *Salmonella* spp. on raw chicken carcasses [J]. Food Res Int, 2011, 44:725-728.

[34] Zhang Y, Wang Q, Yin Y, et al. Epidemiology of carbapenem-resistance Enterobacteriaceae infections: Report from the China CRE network [J]. Antimicrob Agents Chemother, 2018, 62(2), pii: e01882-01817.

[35] Zhang R, Liu L, Zhou H, et al. Nationwide surveillance of Clinical Carbapenem-resistant Enter-

obacterianceae（CRE）strains in China［J］．EBio Med-icine，2017，19：98-106.

［36］向红，周藜，廖春，等．金黄色葡萄球菌及其引起的食物中毒的研究进展［J］．中国食品卫生杂志，2015，27（2）：196-199.

［37］尹德凤，张莉，张大文，等．食品中沙门氏菌污染研究现状［J］．江西农业学报，2015，27（11）：55-60，72.

［38］朱蓓．肠出血性大肠杆菌感染的流行病学及临床医学资料概述［J］．解放军预防医学杂志，2011，29（4）：309-311.

［39］卫昱君，王紫婷，徐瑗聪，等．致病性大肠杆菌现状分析及检测技术研究进展［J］．生物技术通报，2016，32（11）：80-92.

［40］翟海华，王娟，王君玮，等．空肠弯曲杆菌的致病性及致病机制研究进展［J］．动物医学进展，2013，34（12）：164-169.

［41］李自然，施春雷，宋明辉，等.上海市食源性金黄色葡萄球菌分布状况［J］．食品科学，2013，34（1）：268-271.

［42］吕素玲，诸葛石养，韦程媛，等.广西食品中金黄色葡萄球菌污染状况及耐药情况分析［J］.应用预防医学，2012，18（2）：111-112.

［43］叶玲清，陈伟伟，杨毓环，等.福建省2010年食品中金黄色葡萄球菌的污染状况及耐药性分析［J］.海峡预防医学杂志，2012，18（2）：53-54.

［44］王晓店，郑军，田秀英，等.围产期产单核细胞增生性李斯特杆菌感染防治的研究进展［J］.中国新生儿科杂志，2012，27（2）：135-137.

［45］张嵘，江晓，叶艳华，等.一支半固体盲样中食源性致病菌分离鉴定［J］.中国医学创新，2013，10（5）：145-146.

［46］赵薇，刘桂华，王秋艳，等.食品中单核细胞增生李斯特菌污染及耐药状况调查［J］.中国卫生检验杂志，2012，22（6）：1394-1395.

［47］刘义，王艳玲．小肠结肠炎耶尔森菌的致病及检测研究进展［J］．环境与健康杂志，2008，25（8）：749-751.

［48］潘航，李肖梁，方维焕．美国近20年主要食源性致病菌的分布及耐药性分析——对我国细菌耐药性监控工作的启示［J］．浙江大学学报（农业与生命科学版），2018，44（2）：237-246.

［49］张盼，沈振华，张燕华，等．8株产NDM-1肠杆菌科细菌的耐药特点和流行性分析［J］．检验医学，2018，33（7）：616-620.

［50］曹丽军，李慧卿，耿凤珍，等．两株携带NDM-1型金属β-内酰胺酶阴沟肠杆菌的临床特征研究［J］．中华医院感染学杂志，2015，25（23）：5305-5307.

［51］朱冬梅，彭珍，刘书亮，等．肉鸡屠宰加工过程中沙门氏菌的污染情况及其耐药性分析［J］．食品科学，2014，35（17）：214-219.

［52］王娟，刘鲜鲜，张倩，等．山东生猪屠宰环节沙门氏菌血清型及耐药性测试［J］．中国人兽共患病学报，2017，33（6）：517-521.

［53］孙璐，王娟，黄秀梅，等．肉鸡屠宰生产链中的沙门氏菌耐药基因检测及耐药相关性分析［J］．中国动物检疫，2017，34（1）：35-39.

［54］钟舒红，冯世文，李军，等．广西畜禽产品中沙门氏菌血清型、耐药性及耐药基因调查［J］．中国畜牧兽医，2018，45（3）：770-780.

［55］李波，刘秀斌，曾建国．真菌毒素与隐蔽型真菌毒素研究进展［J］．饲料研究，2020，43（4）：94-98.

［56］李冬娟，王玲玲，丁盼，等．浅析食品中常见的真菌毒素［J］．中国食品，2020（9）：108-109.

［57］凡琴，刘书亮，吴聪明．牛乳源金黄色葡萄球菌耐药性变迁及β-内酰胺类药物耐药基因分析

［J］. 食品科学, 2015, 36(3): 147-151.

　　［58］徐本锦, 张伟松, 王新, 等. 陕西省市售鸡肉中金黄色葡萄球菌的毒力基因及药敏检测［J］. 中国兽医学报, 2012, 28(11): 72-76.

　　［59］高雅琴. 畜产品质量安全知识问答［M］. 北京:中国农业科学技术出版社, 2017.

　　［60］王君玮. 食用畜禽产品中病原细菌的危害与预防［M］. 哈尔滨:哈尔滨工业大学出版社, 2016.

畜禽产品中致病微生物的暴露评估及暴露状况

畜禽产品中致病微生物暴露评估的目标是确定所涉及人群中危害暴露的途径、频率、持续时间和程度（量）。致病微生物的暴露可能有多个来源，可能通过多种暴露途径传播，这些暴露途径也可能是相互关联的。除了暴露源和暴露途径，微生物数量的增长和/或下降以及人群相关膳食量的变化等因素也会影响致病微生物的暴露。鉴于很少有全链条完整的数据和信息可用于畜禽产品中致病微生物的暴露评估，实际的暴露评估数据可以简化并假设，当然，这样会导致对暴露估计的不确定性。

致病微生物含量在畜禽产品中不是均匀分布的，且微生物随着时间推移会生长或死亡，控制措施（如清洗、预冷、烹饪等）也可以改变微生物的最终暴露量。在食品安全领域，追踪从农场到餐桌致病微生物经过生产加工、存贮流通到烹饪消费的全过程污染链，对相关致病微生物的暴露状况进行评估是风险评估中决定性的一步。一般情况下，必须先掌握产品中致病微生物的污染率或量、微生物预测生长或失活情况，以及相应产品的膳食摄入量，再依据暴露情景建立支持多种暴露途径的数据模型。

美国和欧盟先后发布的多种畜禽产品致病微生物风险评估报告中对其中的暴露评估都进行了详细研究。我国目前对畜禽产品从农场到餐桌全链条过程中致病微生物的暴露评估研究较少，多集中在不同环节暴露源和暴露途径直接的致病微生物检测或监测数据调研。

本章3.1提供了致病微生物暴露评估的概述，3.2至3.6分别提供了国内外猪肉、禽肉、牛羊肉以及鸡蛋和牛奶中常见致病微生物的暴露源、暴露途径等暴露状况。

3.1 致病微生物暴露评估概述

暴露评估是估计或测量接触微生物危害的程度、频率和持续时间，以及接触的个人或人群的数量和特征的过程。暴露评估可以是定性的，也可以是定量的，但是，如果具备数据并且需要定量风险评估，则定量的暴露评估就是必要的。理想情况下，暴露评估应描述暴露的来源、途径、传播方式以及不确定性。

3.1.1 暴露评估的一般概念

3.1.1.1 暴露来源和暴露途径

畜禽产品致病微生物的暴露来源可能是被感染的畜禽动物，屠宰加工和存贮流通过程，以及过程中周边环境（水、空气、器具等）或被病原体感染的人。暴露途径（或摄入途径）是微生物与宿主接触的点，常见的暴露途径有经口摄入、经鼻腔吸入和皮肤接触，对畜禽产品来说，暴露的途径主要是经口摄入方式。另外，在整个暴露途径中，不同产品中致病微生物的数量会随着环境条件的变化而随时间增加或减少。

3.1.1.2 暴露来源需考虑的要素

畜禽产品中致病微生物的来源可以是畜禽自身的携带（多为隐性携带，即不发病状态），也可能是屠宰过程中污染的畜禽胴体。从农场到餐桌全链条过程应考虑的暴露来源要素包括（但不限于）以下几点。

（1）在初始源头有多少致病微生物（例如受感染的鸡或受污染的胴体）？

（2）源头感染的流行率是多少和/或从源头释放出致病微生物的量是多少？

（3）致病微生物是不间断还是特定条件释放/传递？

（4）致病微生物的释放/传递形式是怎样的？

（5）致病微生物的释放速率或传递率是多少？

同时，致病微生物的动态特性是区分微生物暴露评估与化学品暴露评估的一个特征。预测沿暴露途径的微生物数量变化通常是准确估算暴露剂量所必需的，以下是可能影响畜禽产品中存在的微生物数量的增长和下降的环境因素。

（1）水活度。

（2）温度。

（3）酸碱度。

（4）产品组织成分，如脂肪、蛋白含量等。

（5）环境本底或竞争微生物种群和密度。

（6）是否使用消毒剂或抗菌剂等。

3.1.1.3 暴露情景

根据微生物的特性，有些微生物可以存在于整个暴露途径中，例如，通过未煮熟的碎牛肉从受感染的牛到消费者的大肠杆菌 O157：H7。然而，微生物和流行病学证据表明某些致病微生物可能是通过交叉污染途径传播的，例如，通过受污染的加工环境或受感染的从业人员交叉污染到畜禽产品。因此，一般情况下，对某种产品中致病微生物做暴露评估前要先对其暴露情景进行分析。

暴露情景是关于畜禽产品中致病微生物的来源、暴露途径、微生物的数量以及暴露个体或群体特性的一组条件或假设。情景分析还包括一系列控制、干预措施或政策改变的"假设"选项，这些分析可以评估各种预防或减轻暴露的措施对公共卫生的益处。

3.1.1.4 暴露的定性和定量评估

定性暴露评估基于专家调研的数据和信息，用描述性术语（如高、中、低）来表征暴露。如果没有足够的数字数据来进行定量暴露评估，或者没有可接受的方法将人类行为或活动转化为定量术语，则必须进行定性暴露评估。定量暴露评估是依据致病微生物在各环节的暴露数据，利用数学分析的方法进行的评估，定量暴露评估提供了对不同致病微生物数量的可能性的数值估计，以及相应的置信区间，以便根据数值大小对暴露的来源、媒介和/或途径进行排名，这种方法的一个例子是 FDA/USDA/CDC 于 2003 年联合发布的即食食品中单核细胞增生李斯特菌（以下简称"单增李斯特菌"）的风险评估（在第 5 章会有较为详细的描述）。

3.1.1.5 暴露评估的分析方法

（1）确定性暴露评估　使用"最可能"

或"保守估计"这种单点估计值对暴露情景中包含的变量和不确定参数进行定量暴露评估，称为确定性暴露评估，但是，除非没有可用数据，否则使用单点估计值并不是决策的首选方法。单点估计值不考虑致病微生物在暴露源头的变化，也不考虑暴露情景中的微生物数量的生长或下降的变化，不同群体或个人摄入微生物量的变化，此外，确定性暴露评估也无法明确表征暴露的不确定性。如果没有明确表征变化和不确定性，则点估计可能会大大高估或低估暴露量。

（2）随机性暴露评估　随机性暴露评估是在暴露评估中使用每个参数的概率分布。概率分布函数包括微生物暴露数值出现的范围和每个数值出现的可能性，使用概率分布可以表示整个暴露系统固有的变异性和不确定性。随机性评估可以通过准确描述各参数已知的变异性和不确定性对风险估计的影响，从而提供更现实的结果。

随机性暴露评估模型通常使用计算机模拟数学上多个概率分布的组合，即针对暴露情景分析中各环节微生物的暴露数据均进行概率分布分析并进行数学组合运算，蒙特卡洛分析是评估这些组合最广泛使用的概率方法。如果有关键变量和参数的数据可用，且在时间允许的情况下，则应考虑对暴露评估进行随机建模。

（3）蒙特卡洛分析　蒙特卡洛分析是用于暴露评估的常用定量技术，它涉及对模型中每个概率分布的随机抽样，以估计模型结果的可能性。模型的每次重新计算都是一个迭代，一组迭代构成一个模拟，这种分析技术的基本原则是，每次迭代本质上都应该是可能的。

蒙特卡洛方法通常有以下三个固有的常见问题：首先，变量之间的相关性和依赖性可能是未知的。如果在蒙特卡洛分析中错误地假设因变量是独立的，则可能无法通过模拟而正确估计现实中常见暴露的可能性。其次，估计输入分布所需的数据可能不完全，数据稀疏时，可以使用均匀或三角形分布。最后，暴露评估模型的数学结构可能令人质疑。风险分析者通常会认识到这些问题引起的局限性，并采用敏感性分析来评估参数或变量对暴露评估的影响。因此，如果可以，则应使用实际数据或交叉验证的方法对模型和结果进行验证。

3.1.1.6　暴露评估的建模方法

大多数暴露评估使用归因和/或过程建模方法。过程建模从暴露评估中生成传统结果（即微生物暴露的可能性和剂量），相比之下，归因建模并未明确估计微生物剂量的可能性，而是隐含地将暴露输出与危害特性进行综合，以在模型输入与人类疾病数量之间建立联系。归因建模是基于经验的，当有充足的监测数据和资料可用时，评估人员可以使用归因建模。

3.1.2　暴露评估如何开展

暴露评估开始于评估计划和范围的界定，这是成功实施暴露评估的基础。基于问题导向，根据暴露评估方法（例如归因建模或过程建模、随机性分析或确定性分析等）和评估模型结构最终做出决策。考虑到暴露评估的复杂性，该过程一般需要跨学科的协同工作。如，暴露情景可以由熟悉暴露细节的人描述其中的行为或活动，而模型构建可以由数学统计方面的专业人员进行。总体来说，暴露评估的结构如下：首先描述具备所有必要场景的概念模型，然后对概念模型进行全面的数学开发，最后通过收集和分析必要的数据来进行数学模型的输入。

3.1.2.1 暴露评估的目的

和大多数风险评估一样，暴露评估的目的也可分为两大类：回顾性和前瞻性。回顾性评估的目的适用于偶发或流行的微生物危害。前瞻性评估的目的适用于尚未确定对人体健康造成不利影响的潜在微生物危害。开展暴露评估时，正是根据这种目的分类方案考虑一系列不同的问题（表3.1），这些问题并不详尽，但是将指导制订适合于特定风险管理决策的暴露评估方案。

表3.1 开展暴露评估时所关注的问题

前瞻性	回顾性
疾病是否只是潜在发作，是否有时间提供答案？	疾病是否即将发生或已经发生，因此需要立即解决？
是否应采用不太保守的假设将暴露评估结构化为深入分析？	是否应使用默认和/或更保守的假设，将暴露评估结构化为筛查分析？
评估是否同时关注长期和短期风险？	评估是否只关注短期风险？
分析是否应同时关注低水平和高水平的风险？	分析是否应该只关注高风险？
是否应该尝试体内暴露量的测量或建模？	是否应该在关注的介质中进行浓度测量或建模？
评估是否应考虑该特定致病微生物所有潜在的暴露途径？	评估是否应该只关注那些迫在眉睫的暴露途径？

续表

前瞻性	回顾性
分析是否应尝试考虑多种微生物的累积和/或累积暴露？	分析是否仅关注对健康造成不利影响的微生物暴露？

3.1.2.2 暴露情景的描述和分析

暴露情景的描述是暴露建模的概念性和创造性部分，它将暴露目的和范围的考虑与既定或假定的因果路径融合在一起。可以在评估初期开发暴露情景的显式图（概念模型），该图包括对暴露评估中不同组成部分的输入、相关参数、流程和关系的详细描述。暴露评估往往是一个协同合作的过程，涉及不同领域的专业人员；对暴露情景的清晰描述有助于不同分工人员的理解和相互沟通讨论以及概念模型的改进。

从概念上讲，暴露评估首先要考虑目标微生物暴露来源的起点，人们可以通过描述暴露时微生物的剂量分布来开始暴露评估，但是，这样的开始将不包括考虑产生暴露的来源和传递过程。通常，暴露评估是从人群暴露之前的某个环节微生物的暴露开始的，一旦确定了暴露评估的起点，就可以使用风险传递或预测微生物学来确定剂量到达暴露的人群之前微生物暴露量的变化。过程是指影响暴露评估开始和结束之间微生物发生的事件或现象，多数涉及畜禽产品的微生物暴露评估包括三个通用的连续阶段：加工、流通和消费。暴露评估通常需要包括这几个阶段来检测各因素对暴露点微生物水平的影响。要完成暴露情景的描述，还需要明确每个暴露的群体如何与所关注的致病微生物接触。

暴露情景分析主要是定义微生物在整个暴露流程中各环节之间的数学关系，是相加还是相乘？不同的输入之间有相关性吗？还有哪些其他因素影响各输入之间的关系？通常采用统计方法来量化这些关系。暴露评估通常侧重于预测剂量的可能性，在这种情况下，使用灵敏度分析模型中各输入变量对微生物最终暴露概率分布的相对影响，确定微生物剂量的概率分布是大多数暴露评估的基本目标。因此，有效暴露评估的关键是解释暴露的随机变量之间的数学关系。

以碎牛肉中大肠杆菌 O157∶H7 的例子介绍暴露情景的开发：为了评估碎牛肉中大肠杆菌 O157∶H7 对人类疾病的风险，暴露评估包括农场养殖、屠宰、加工和储存阶段的微生物的影响因素。这项复杂的从农场到餐桌的暴露评估评估了季节、动物患病率、运输、剥皮、胴体去污、胴体冷却、胴体切块、绞碎、储藏/处理、烹饪和食用量对每份碎牛肉的预期暴露量的影响。对于此示例，暴露情景主要反映了不同来源（如按不同季节宰杀牛的患病率）与消毒程序的有效性以及储存和烹饪时间/温度的组合，碎牛肉中大肠杆菌 O157∶H7 是根据这些暴露情景的组合来分析的。

3.1.2.3 暴露群体的识别与选择

识别受关注的个体或群体对于确定暴露评估所需的数据至关重要，以下因素与暴露情景有内在联系。

（1）暴露持续时间和频率 在给定的环境中，某些个人/人群的暴露持续时间或频率可能相对较大。

（2）暴露途径 了解暴露人群的特征有助于开发适当的暴露途径，以在暴露评估中考虑。如职业人群往往是直接接触传播，消费者通常是食入传播。

（3）暴露的个体/群体 某些个体/群体可能更容易感染，或者更可能发展为严重的感染表现。例如，虽然健康的人可以从大肠杆菌感染中恢复过来，但对幼儿、老人和免疫系统受损的人来说可能是致命的，应根据风险评估的目的选择目标人群。

3.1.2.4 暴露过程的预测微生物学

预测微生物学对于微生物暴露评估非常重要，它提供了有关微生物在不同环境条件下的动态变化和数据。在暴露评估中，一般将环境条件如温度、湿度、酸碱度等因素视为暴露情景中的变量，各种环境因素会影响微生物的生长和/或衰减行为。不同基质（产品或食物）由于组织成分不同也会影响微生物的生长或衰减变化。增长或衰减函数可以是确定性的（即一组参数预测一个变化量）或随机的（即一组参数预测变化量的概率分布）。在整个暴露过程中，微生物的动态变化有着较大的可变性，例如，贮存流通过程的低温、加工环节盐度、酸碱度等处理、烹饪环节的高温等都会造成微生物的衰减甚至灭活，而整个过程的温度一旦是适宜微生物生长的，则微生物会持续增殖。当然，微生物的动态变化除了上述因素，每种环境条件下持续的时间也是重要决定因素。

目前较为常用的预测微生物学模型有修正的 Gompertz 和 Baranyi & Roberts 模型。预测微生物学模型两个比较重要的参数是微生物停滞时间和最大生长密度。停滞时间是微生物指数生长开始之前经过的时间，它是许多微生物生长曲线的特征，微生物生长繁殖可以达到的最大密度是预测微生物学的另一个特征。预测微生物学模型多是在实验室模拟条件下得到的不同温度等环境条件下，微生物的生长灭活模型。当在暴露评估具体应用时，需要从实验研究转化为自然条件，并从自然条件推断出来，将结果从受控的实验设置调整到高度可变（不确定）的自然条件可能很困难，因此将预测微生物学应用于暴露评估时应谨慎。将预测微生物学直接应用于暴露评估的常见困难是考虑到跨时间的温度变化以及考虑其他微生物对目标微生物的生长特性的竞争作用。另外，暴露过程中不同微生物转移和交叉污染的影响也没有得到很好的研究，对于这些潜在的重要过程，还需要进一步开发建模方法。

不同食物基质包括生鲜畜禽产品中常见致病微生物的预测微生物学模型在 Combase 数据库中有所收录，但收录的多为一级模型。在实际暴露过程中，一般温度和时间都同时在变化着，因此，针对温度和微生物生长速率的二级模型可能更实用。因此，农业农村部畜禽产品质量安全风险评估实验室（青岛）根据 Combase 数据库中收录的常见畜禽产品致病微生物在不同温度下一级模型的生长速率，分别整理构建了二级平方根模型。表 3.2 包含了最大生长率（$\mu_{\max}$）和迟滞时间（λ）两种表述方式，供读者在做暴露评估时参考。

表 3.2 常见畜禽产品致病微生物二级预测生长模型

产品	微生物	最大生长率二级模型	b_u	$T_{\min}$	迟滞时间二级模型	b_λ	$T_{\min}$
猪肉	产气荚膜梭菌	$\sqrt{\mu_{\max}} = b_u (T - T_{\min})$	0.0308	8.058	$\sqrt{(1/\lambda)} = b_\lambda (T - T_{\min})$	0.0983	0.4812
	大肠杆菌	$\sqrt{\mu_{\max}} = b_u (T - T_{\min})$	0.0326	3.9663	$\sqrt{(1/\lambda)} = b_\lambda (T - T_{\min})$	0.0276	4.0192
	单增李斯特菌	$\sqrt{\mu_{\max}} = b_u (T - T_{\min})$	0.0202	2.6139	$\sqrt{(1/\lambda)} = b_\lambda (T - T_{\min})$	0.014	4.15
	沙门菌	$\sqrt{\mu_{\max}} = b_u (T - T_{\min})$	0.0316	3.9019	$\sqrt{(1/\lambda)} = b_\lambda (T - T_{\min})$	0.0223	1.3318
	金黄色葡萄球菌	$\sqrt{\mu_{\max}} = b_u (T - T_{\min})$	0.0228	4.9123	$\sqrt{(1/\lambda)} = b_\lambda (T - T_{\min})$	0.0228	4.903
禽肉	产气荚膜梭菌	$\sqrt{\mu_{\max}} = b_u (T - T_{\min})$	0.0311	9.3312	$\sqrt{(1/\lambda)} = b_\lambda (T - T_{\min})$	0.0177	9.3672
	大肠杆菌	$\sqrt{\mu_{\max}} = b_u (T - T_{\min})$	0.0292	2.8425	$\sqrt{(1/\lambda)} = b_\lambda (T - T_{\min})$	0.0248	2.8347
	单增李斯特菌	$\sqrt{\mu_{\max}} = b_u (T - T_{\min})$	0.0179	4.0335	$\sqrt{(1/\lambda)} = b_\lambda (T - T_{\min})$	0.0137	4.0511
	沙门菌	$\sqrt{\mu_{\max}} = b_u (T - T_{\min})$	0.0295	2.9763	$\sqrt{(1/\lambda)} = b_\lambda (T - T_{\min})$	0.0247	2.9676
	金黄色葡萄球菌	$\sqrt{\mu_{\max}} = b_u (T - T_{\min})$	0.0292	5	$\sqrt{(1/\lambda)} = b_\lambda (T - T_{\min})$	0.0211	5.005
鸡蛋	大肠杆菌	$\sqrt{\mu_{\max}} = b_u (T - T_{\min})$	0.0268	2.403	$\sqrt{(1/\lambda)} = b_\lambda (T - T_{\min})$	0.0258	4.1938
	单增李斯特菌	$\sqrt{\mu_{\max}} = b_u (T - T_{\min})$	0.0203	2.7241	$\sqrt{(1/\lambda)} = b_\lambda (T - T_{\min})$	0.0156	2.7179
	沙门菌	$\sqrt{\mu_{\max}} = b_u (T - T_{\min})$	0.0114	4.149	$\sqrt{(1/\lambda)} = b_\lambda (T - T_{\min})$	0.0036	4.1667
	金黄色葡萄球菌	$\sqrt{\mu_{\max}} = b_u (T - T_{\min})$	0.0292	4.839	$\sqrt{(1/\lambda)} = b_\lambda (T - T_{\min})$	0.0211	4.9147

续表

产品	微生物	最大生长率二级模型	b_u	T_{min}	迟滞时间二级模型	b_λ	T_{min}
	大肠杆菌	$\sqrt{\mu_{max}} = b_u\,(T-T_{min})$	0.0327	3.9633	$\sqrt{(1/\lambda)} = b_\lambda\,(T-T_{min})$	0.0277	3.9603
牛奶	单增李斯特菌	$\sqrt{\mu_{max}} = b_u\,(T-T_{min})$	0.0202	2.6683	$\sqrt{(1/\lambda)} = b_\lambda\,(T-T_{min})$	0.0155	2.671
	沙门菌	$\sqrt{\mu_{max}} = b_u\,(T-T_{min})$	0.0317	3.6909	$\sqrt{(1/\lambda)} = b_\lambda\,(T-T_{min})$	0.0264	3.6856
	金黄色葡萄球菌	$\sqrt{\mu_{max}} = b_u\,(T-T_{min})$	0.0306	4.817	$\sqrt{(1/\lambda)} = b_\lambda\,(T-T_{min})$	0.0221	4.819

3.1.2.5　暴露数据的收集

暴露评估所需的数据一般包括微生物、暴露过程以及暴露人群的特征和行为三个大类，下面分别描述讨论这三大类数据。

（1）微生物数据　目标介质如畜禽产品中微生物的携带率和携带量数据对于暴露过程建模很重要。携带率或污染率是定性数据，是表面微生物在产品中存在与否的数据，这类数据仅报告微生物携带率的观察性研究，很少直接适用于暴露评估，因为微生物数量的多少对于其风险更有影响力，采样研究中的微生物计数对于暴露评估是理想的。通常微生物的定量数据提供了目标样本中微生物数量的分布。

（2）暴露过程　暴露过程涉及微生物在特定环境条件下的生长或衰减，同时还涉及微生物风险的引入（如环境的交叉污染）和消除（如产品的预冷工艺）。前者需要结合预测微生物学模型来进行计算，后者需要明确风险因素引入微生物的传递率和风险因素原始载菌量，或处理消除风险的消除率。对于后者所需要的数据，可以来自行业或政府支持的监测系统，但有时很难获得全面的支撑数据或信息，此时，专家经验或将是唯一可用的信息。

（3）人群特征和行为数据　有关暴露人群的人口统计和行为数据（如膳食量和烹饪习惯等）都是在暴露评估中需要考虑的。用于描述人口特征的许多数据如性别、年龄、地点等可能是来自政府的例行调查的人口统计数据，流行病学研究可能代表易感人群的估计比例，非代表性数据的推断可能需要进行大量建模和专家判断才能完成。暴露评估中人群行为数据，例如储存或烹饪的时间和温度，在人群中有很大的变异性，而且实际上也很难获得某类人群特定的习惯数据，因此，这部分数据多来自于广泛调研后的推断或假设。另外，有关个人或群体的消费膳食量变化的数据也多来自于政府调查统计数据。

3.1.2.6　暴露数据的利用

暴露过程各类数据提供了有关暴露评估输入的证据，但数据也影响其结果不确定性的大小，数据不足或缺失通常会带来较大的不确定性。对于暴露评估中随机变量的参数，需要选择合适的概率分布来进行估计。通常，将数据拟合为分布的过程很复杂，目前应用的经典统计和贝叶斯估计方法各有利弊，但两种方法的结果非常相似。暴露评估中常用的描述产品中微生物浓度的分布有多种，泊松分布是暴露评估过程中最广泛应用的分布，另外，负二项分布、对数正态分布、γ 分布等也有较多的应用，在这里就不详细说明了。对所收集的所有暴露数据都可以拟合成分布，需要根据实际数据特征选择合适的分布函数进行拟合。

3.1.3 暴露评估的分析

暴露评估的目的是将暴露模型中输入的各变量转化为最终特定人群暴露的微生物剂量的可能性。定量评估可估计数值，而定性评估可使用排序（如高、中和低）来表示暴露程度。定量暴露评估模型通常包含随机变量，会导致暴露变化。因此，暴露评估的最终输出是所关注人群微生物暴露的可能剂量的概率分布。暴露分布的分析包括确定用于预测该分布所输入的随机变量变化的敏感性，敏感性分析是确定模型中哪些输入变量对最终的微生物暴露剂量影响较大或贡献较大。另外，不确定性也可能会涉及暴露模型的各个方面，不确定性分析主要是确定各种不确定性污染源、环境条件和数据等模型参数对暴露评估预测的影响。

3.1.3.1 暴露评估的结果报告

暴露评估的自然输出是暴露分布，这种分布提供了构成暴露的可能剂量范围的可能性或频率值。同时，报告需明确指出暴露分布适用的时间段和适用的暴露人群，暴露评估报告的最常见格式是表格或图表。暴露分布可以反映个体或特定人群在某个时间段微生物可能暴露的剂量，所以，可以表现为不同人群的暴露变异性，也可以表现为不同时间的变异性。

3.1.3.2 暴露评估的敏感性分析

通常利用敏感性分析来检查暴露模型中各输出变量对结果输出的相对影响和重要性。

敏感性分析可以作为暴露评估的一部分来完成，也可以作为风险特征描述的一部分来完成。典型的敏感度分析会针对输入的某些变化来检查暴露量变化的幅度，敏感性分析所用的相关系数或图示（如龙卷风图）通常在使用蒙特卡洛模拟的商业软件如@ RISK 中可用，要进行敏感性分析，分析人员必须清楚分析的目标。对于具有特定目的和范围的有针对性的暴露评估，针对特定组成部分的重要性和影响进行有针对性的分析可能对风险管理者更为有用。敏感性分析的主要挑战在于，在大多数暴露评估模型中很难将敏感性与不确定性区分开。

3.1.3.3 暴露评估的变异性和不确定性

（1）暴露评估的变异性分析　暴露的差异是由于暴露情景中微生物或暴露个体或各种环境因素在特定时间的不同表现而引起的，在暴露评估中一般需要在以下方面描述分析变异性。

①最初存在于产品或食物介质中的微生物数量。

②微生物所处的环境条件。

③情景中微生物迁移的过程。

④每餐摄入膳食量的微生物剂量。

⑤摄入膳食量（暴露个体之间的差异）。

⑥跨时间的暴露（时间变异性）。

⑦跨地域的暴露（空间变异性）。

（2）暴露评估的不确定性分析　不确定性反映了对微生物危害、暴露情景/过程或所考虑的人群的知识不完善性。

不确定性来源分为两大类：

①关于暴露评估中一个或多个参数的不确定性（参数不确定性）。

②由于信息或科学理论不完整所导致的不确定性，无法完全确定暴露的因果基础（结构模型不确定性）。

暴露数据和信息的可用性和质量可以减少暴露估计的不确定性，解释不确定性对暴露评估结果的影响的过程称为不确定性分析，不确定性分析建议未来的数据收集工作和/或科学研究重点放在哪里。用于不确定性分析的技术与用于灵敏度分析的技术相似，尽管不确定性分析的目的与灵敏度分析不同，但是不确定性分析的结果通常并不独立于灵敏度分析的结果。统计技术可用于量化参数不确定性，但是很难量化关于模型结构的不确定性，而结构不确定性会大大改变模型的暴露预测，因此，需要持续研究和改进暴露评估的分析方法。

3.2　猪肉中常见致病微生物的暴露

猪肉含有丰富的蛋白质、脂肪、维生素和矿物质，是人体重要的食物源和营养源，是居民菜篮子中的当家品种和餐饮业的主要原料。我国的肉类消费结构中，猪肉始终是占比最大部分。从全球猪肉生产数据来看，目前每年猪肉产量约 1.2 亿 t，其中，我国的猪肉生产 5400 多万 t，占近 50%。2018 年我国猪、牛、羊、禽肉产量 8517 万 t，其中猪肉产量 5404 万 t，占肉类产量的 63.45%。全年国内猪肉消费量大概在 5500 万 t，这其中还包括了部分进口猪肉。猪肉作为最重要的肉类食物，其质量安全关乎家家户户的餐桌安全和人民的身体健康。

致病微生物污染是导致我国猪肉质量安全问题的主要风险因素。根据国家卫生健康委

员会统计，污染沙门菌的猪肉是导致我国食源性疾病发病人数最多的第三位致病因子——食物组合，而且猪肉中沙门菌污染是导致食源性疾病发病和感染人数最多的风险因素。在从农场到餐桌全链条过程中，猪肉引入致病微生物污染的途径有很多种。本节主要从生猪养殖、生猪屠宰加工、猪肉储存流通和烹饪食用等环节叙述猪肉中致病微生物的暴露情景和暴露状况。

3.2.1　生猪养殖环节中微生物的暴露

生猪养殖环节是养殖场的生猪经过 6 个月左右的喂养达到屠宰标准的生产环节。生猪在养殖环节感染或携带的致病微生物理论上均可以引入下游屠宰环节猪体污染微生物的风险。养殖环节微生物暴露的来源比较复杂，这些暴露来源可以来自感染母猪的垂直传播，也可能来自污染有致病微生物的饲料或饮水，养殖场所的环境，如地面、空气等，还可能来自已被感染的其他猪只或饲喂人员的交叉感染（图 3.1）。有研究表明，1077 份饲料样品中沙门菌污染阳性率达 3%，而饲料中沙门菌的污染可能直接导致猪体的暴露。此外，生猪养殖环节微生物暴露来源（如动物粪便、饲料、水）中，微生物的浓度也会随着季节、区域等条件的改变而变化。

图 3.1　生猪养殖环节中微生物暴露情景模式图

生猪养殖环节中暴露的主要微生物风险因子有沙门菌、链球菌、弯曲杆菌等。根据文献分析结果显示，我国健康生猪的沙门菌带菌率多集中在 2% ~ 15%，有些地区生猪沙门菌带菌率高达 70% 以上。欧盟 2018 年发布的监测报告显示生猪中沙门菌的携带率为 12.7%，而美国相关研究表明猪粪便中沙门菌的分离率为 20.1%。猪链球菌在猪的体表、呼吸道和消化道都可分离到，在应用 PCR 检测法对我国某地区健康生猪咽拭子样品进行的链球菌风险因子检测中，链球菌检出阳性率高达 93.8%，优势血清型为链球菌 2 型，占比达 61.8%。有研究表明我国华东地区部分生猪养殖场采集的猪肛拭子样品中弯曲杆菌分离率为 18.5%，有的研究报道猪盲肠中空肠弯曲杆菌的带菌率达到 59.9%。还有学者研究表明，猪舍空气中的气溶胶菌群与养殖人员的鼻拭子菌群存在相互关系，指出暴露在养殖环境中的职业人群存在被环境中致病性微生物感染的可能。

现阶段我国生猪养殖模式多样，既有养殖集团式的大型规模化养殖，也存在中小规模的养殖场，部分地区还有农户散养。规模化养殖一般会明确规定卫生控制措施，但是农户散养由于农户的观念、意识以及专业知识的限制，整体对于养殖环境的卫生管理和控制并不十分理想。这也决定了养殖环境和工人的卫生状况不一，导致了养殖猪群感染或携带的微生物种类和数量有所不同。2018 年 8 月份以来，由于我国非洲猪瘟疫情暴发的影响，生猪养殖几乎经历了一场大洗牌，养殖观念也发生了巨大变化。大型规模化养殖场的卫生管理控制更加严格规范，中小养殖场、农

户散养的模式也更加注意养殖场的生物安全和环境卫生管理。从笔者所在的实验室监测数据情况看，养殖场（户）携带致病微生物的整体状况发生了很大改善。

3.2.2　生猪屠宰加工环节微生物的暴露

生猪出栏后，在进入屠宰场之前还有一个从养殖场到屠宰场的运输过程，此过程相对简单，主要的风险因素就是运输工具和运输过程中生猪排泄的粪便污染引发的交叉感染，这个过程中微生物的暴露数据基本未有相关研究。本部分仅就后续屠宰加工过程中的微生物暴露状况进行剖析。

3.2.2.1　生猪屠宰加工工艺描述

以某生猪屠宰场为例，对当前我国生猪屠宰场一般采用的屠宰加工工艺进行如下描述。

（1）活猪验收　生猪进厂后首先采集尿样，用胶体金试纸条法进行"瘦肉精"（盐酸克仑特罗、莱克多巴胺、沙丁胺醇）检测，经初步检测合格后方可入场。生猪进厂后，查验《动物检疫合格证明》，无《动物检疫合格证明》者拒收，证件齐全且证物相符者方准许卸车。卸车后由宰前兽医进行检查，经检疫合格的生猪赶入待宰圈内，经过 12 ~ 24h 的静养休息，并给予充分的饮水至宰前 3h。由宰前兽医出具《准宰通知单》，按时送宰。

（2）待宰　经过初步视检，将视检合格的生猪赶入待宰圈，按场按批次分圈管理。检验人员进入圈舍，在不惊动猪只使其保持自然安静的情况下，观察猪的精神状况，睡卧姿势、呼吸状态，有无咳嗽、气喘、战栗、呻吟、流涎、嗜睡和离群等现象。经过静养观察

后，可将猪哄起，观察其活动姿势，注意观察有无跛行、后腿麻痹、步态摇晃、屈背弓腰和离群等现象，经检查，没有异常的猪方可准予屠宰。

（3）体表淋浴　将生猪由赶猪道赶入淋浴间，经过 2 次淋浴冲洗，首先将猪体表面淋湿淋透，达到稀释化解其体表附着污物的效果，然后经高压温水冲淋，彻底冲洗干净体表污物，两次淋浴时间为 10~15min。

（4）麻电　三点击晕根据设定要求：电压为头部 90V，心脏 125V，电流为 0.6~1.5A，击晕部位正确无误。击晕后屠畜处于昏迷状态，自动击晕时间不能超过 2s。

（5）放血　击晕后，猪下滑平躺在平板输送机上，猪头部位摆至集血槽处，用短把长刃尖刀（刀长 20~25cm，宽 3.5cm）沿颈中部咽喉处刺入，在胸腔出口处第一肋骨附近，切断颈动脉、静脉，刺入深度 15cm，不得刺破心脏。放血刀口长约 5cm，沥血时间不少于 5min，放血充分，放血刀用 82℃ 热水消毒后轮换使用。

（6）蒸汽烫毛　经蒸汽通道，利用蒸汽将屠体烫透，烫匀。

（7）脱毛　浸烫好的屠体利用打毛机进行打毛，机内应配备 30℃ 温水喷淋设施且应正常工作，避免打毛过程中胴体之间的交叉污染，打毛的时间应以品种及效果而定。

（8）挂钩提升　将刮毛后的屠体在两后肢跟腱与腿骨间的凹陷处穿 5~10cm 长的刀口，后将叉档两端插入两后肢的穿口内，并将叉档挂入双轨滑轮的吊钩中，再将其推至提升机的合适位置。

（9）用燎毛机将胴体上残留的毛茬燎焦。

（10）刮黑清洗　燎毛后逆行运刀复刮，把毛刮净，屠体经运转的链条带入洗猪机内全面冲洗。

（11）头部检验　检验由两人操作：助手拿检验钩钩住放血口的一边；检验者持钩钩住放血口的另一边。用刀剖检左右颌下淋巴结，检验有无炭疽、结核等病变。

（12）去甲状腺　在颌下淋巴结检验时摘除：用手找出从放血刀口伸至喉头后方第二和第三气管环节部位，在气管的两侧摘除整个甲状腺。

（13）封肛　开启封肛机，匀速插入猪体肛门至圆刀根部，均匀带出，插入 82℃ 热水消毒池消毒，每头猪消毒一次。

（14）体表四肢检验　观察全身外表皮肤的完整性及颜色的变化，注意耳根、四肢的内外侧、胸腹部、背部及臀部等处，有无点状、斑状、弥散性发红和出血的变化，有无疹块、痘疮、黄染等现象。注意耳端、蹄冠、蹄踵和蹄指间等部位，是否发生水疱或因水疱破溃后形成的烂斑等。

（15）去白脏　将屠体腹面正对操作者，（取下雄性生殖器）沿腹白线正中自上而下切开腹腔，胃肠自动滑出体外，左手握住直肠头拉出腹腔，右手持刀切断贲门处食道，白脏放入同步输送机。不得割破红、白脏器，注意食管不要太短，以免胃容物溢出。

（16）肠系膜检验　检验员用左手抓住回盲部盲肠及肠系膜，向左侧牵引拉开，整个肠系膜淋巴结即可显露，右手持检验刀从肠系膜淋巴结左端剖检至右端，观察有无局灶性炭疽、有无水肿、充血、化脓及出血点。脾脏：检查形态、大小、色泽、有无出血点。

（17）寄生虫采样　在取出白内脏后，在肺脏两侧横膈膜左右肌脚各取一块样品（约15g），与所取之胴体编同一号码后，放入检验盘内送至旋毛虫检验室检验。

（18）寄生虫检验　撕去肌膜观察肌肉表面有无寄生虫白色小点病变，再在肌肉样品上顺着肌纤维方向，剪取24粒米粒大小的肉粒（每块膈肌正反两面各剪6块肉粒），用两块载玻片压扁压平，置低倍显微镜下观察。检出旋毛虫的样品，根据号码编号查找胴体、猪头和内脏，一起进行后续处理。

（19）去红脏　一手托住肝的膈面做好固定，一手持刀划割，其刀割的技法是刀贴横膈基部划割，但第一刀必须自里向外划割至喉头处；第二刀自开胸骨口开始向里划割。在割至两横膈膜肌角时，要按规定将其部分预留在胴体内以备旋毛虫检验取样，其余部分以及主动脉管等均与心、肝、肺一同被剥离至体外，取出后的红脏编上与胴体相同的编号后挂于同步线上待检。

（20）劈半　从扁担钩凸处插入，从脊柱正中劈开，要求用力均匀，人随猪体平移，锯始终从猪体中央落下，与猪耳齐平，不得锯破脊椎两侧的背脊肉，劈半后的肉片应及时清除血污、浮毛、肉屑。

（21）去肾上腺　在开膛摘脏后，用检验钩提肾上腺，用检验刀割下每侧的肾上腺。

（22）胴体初检

①首先视其放血程度，仔细检查皮肤有无充血、出血、创伤、溃疡、坏疽、脓肿及瘟疹等病变，全身脂肪有无发黄、发红、变硬结节等现象，肌肉有无弹性、色泽是否正常。

②全面检查胴体外表，视检皮下脂肪、肌肉、胸腹腔浆膜，察看有无炎症、出血或寄生虫。

③剖检胴体淋巴结：剖检腹股沟浅淋巴结（母猪称为乳房淋巴结，公猪称为阴囊淋巴结）、腹股沟深淋巴结、髂下淋巴结、腘窝淋巴结和肩前淋巴结，以观察有无充血、出血、水肿、坏死及化脓性病灶等。

④腰肌囊虫检验：左手持检验钩向外侧勾拉腰肌中部，右手持刀紧贴荐椎和腰椎直下方插入，从上而下划开，在其剖面纵向切3～4个切面，观察有无囊虫，在剖检腰肌的同时，须注意耻骨肌、肋骨肌、腹肌有无囊虫，必要时还应剖开臀部肌肉和肩胛肌。

⑤肾脏检验：左手用检验钩插入肾门固定肾脏，右手用刀在肾脏中部包膜纵切一小口，用刀尖从切口向外挑剥肾包膜，同时左手用钩向外挑，把肾脏挑出。视检两侧肾脏有无淤血、出血、肿大、变性、坏死、炎症、化脓、肾萎缩、肾囊肿等病变。

（23）心肝肺检验　心：检查心脏表面是否正常光滑，是否有结节充血等存在，是否存在心包炎、心肌炎、心脏肥大、肿瘤等，必要时剖开检验，检查血凝块、心肌瓣膜、心肌囊尾蚴等。肝：检验色泽，有无肿大、脓肿、结节等，弹性是否正常，对肿大的肝门淋巴结，胆管粗大部分要切检，检肝道蛔虫、血吸虫。肺：先剖检左右支气管淋巴结，再检查充血、脓肿、大小、色泽等是否正常，有无弹性。

（24）胃肠脾检验　胃肠检验：主要检验有无肠炭疽、肺结核、猪瘟病变。对脾脏应注意观察被膜的形状、大小、颜色、硬度及有无楔形梗死，必要时剖检脾脏和胃肠。

（25）去头　齐耳根自第一颈椎骨与头骨

连接处环形切割将头割下，标准为平头。

（26）去肾脏　首先将肾上腺摘除，摘除要干净、彻底，不得割断或撕裂，然后用刀沿肾脏筋膜划开，取出肾脏，要求无残脂赘肉。

（27）脂肪测定　自第 6~7 根肋骨间的地方测量脂肪的厚度，分好级别。

（28）白条称重：胴体经轨道秤时，人工记录和自动记录相结合，统计员要仔细察看胴体编号是否连续，对错号、断号要准确标出，每小时一次校秤，不得出现计量错误现象。

（29）胴体复检　通常采用感官检验，包括兽医卫生质量检验和加工质量检验进行复验，复检合格的猪胴体进入下道工序。检验中检出问题的胴体推入病猪岔道做进一步检验，确诊为妨碍肉食卫生的病猪，要密闭推至化制间进行无害化处理。

①兽医卫生质量检验：主要是对片猪的体表、脂肪、肌肉、胸腹腔、脊椎骨和应检淋巴结等进行全面复查，看其有无漏检的异常现象，必要时还要嗅检其气味。

②加工质量检验：主要是看其有无烫老或带血、毛、粪、胆汁等污染以及有无断脊、内、外伤，放血是否良好，肉的色泽有无异常以及过度肌瘦等加工不良情况。

（30）咬肌检验　用检验钩勾住头部一定部位，从左右下颌骨外侧平行切开两侧咬肌。检验咬肌后再继续视检鼻盘、唇及齿龈的状态，注意有无口蹄疫，传染性水疱病病变，视检咽喉黏膜及软骨扁桃体等有无局限炭疽病变。

（31）胴体修整　将残留的皮毛修掉。

（32）去蹄、去尾　对准猪蹄腕骨下端关节内侧，高出关节 2cm 处环切，割断连接组织，将蹄割下；刀贴着猪尾根部横切，标准是无尾巴残留。

（33）摘除板油　用刀沿板油与膈肌衔接处，轻轻划开，双手将板油取下，放入容器，要求板油尽量完整。

（34）冲洗　劈半后的片猪用冲淋设施彻底将血污、骨渣冲洗干净。

（35）预冷排酸　将合格的片猪肉快速及时地转至排酸间内实施（22.5±1）h 预冷排酸，要求预冷后胴体中心温度达到 0~4℃，期间由专职质检员负责监控排酸间温度和胴体中心温度，排酸间温度每 6h 记录一次，出库时记录胴体中心温度，确保出库胴体中心温度达到 0~4℃。

（36）分割剔骨　分割间温度保持在 12℃以下，排酸后的片猪在分割车间实施分段、去骨修整等环节加工，分割加工速度要快，杜绝压货。

（36'）冷却白条鲜销　经预冷排酸后的片猪肉称重包装后，按客户要求，不经过速冻，直接进行销售。

（37）内包装物验收　内包装物由专人进行查验是否有厂检单、合格证等，并抽检，合格后方可卸入物料库内使用。

（38）包装　将修整好的产品根据生产要求进行称重包装，袋外要清晰地标注生产日期、包装重量等。

（38'）冷却分割肉销售　经分割包装好的产品按照客户的要求，不经过速冻，直接做冷却肉销售。

（39）速冻　将包装后的产品送入速冻库速冻，使肉温迅速下降，速冻库温度为 -30℃

以下，产品中心温度降至–18℃以下方可出库，后转入–18℃以下的冷藏库冷藏，速冻库每周一次除霜。

（40）外包装物验收　外包装物由专人进行查验是否有厂检单、合格证等，并抽检，合格后方可卸入物料库内使用。

（41）换装　将产品由原来的铁盘换到纸箱中并做好标识，不能混装，内外包装的标识要一致。

（42）金属探测　对于换装后的猪产品全部通过金属探测器检查。

（43）冷藏　换装金属探测检测合格后的产品在–18℃以下的冷藏库中贮藏。

（44）出厂检查　产品出厂前对产品包装、中心温度进行检查。

（45）运输　按发货通知，利用厢式冷藏车辆或其他方式进行运输。

3.2.2.2　生猪屠宰加工过程中的微生物暴露情景分析

屠宰加工过程是猪肉交叉污染致病微生物的重要途径之一。不管是烫腿毛还是剥皮的屠宰工艺，均是从此步骤开始，猪胴体完全暴露于外围环境中，那么，环境如地面、空气、机器、刀具、工人以及冲淋水中等所污染携带的致病微生物都有机会传播到猪胴体上，当然，还包括猪体自身消化系统携带的微生物。屠宰生产的猪肉直接面对消费者，污染猪肉的致病微生物有直接感染消费者的风险。

生猪屠宰加工过程中涉及微生物暴露的过程一般可简化分为浸烫煺毛（有时是直接扒皮）、去内脏、去头蹄劈半、冲淋预冷，以及后续分割剔骨工序。猪只自身携带的微生物在浸烫煺毛过程中会污染浸烫水和煺毛设

备，造成猪只之间的交叉污染。去内脏过程繁杂，且内脏中消化系统携带的微生物会由于破裂或溢出增加污染猪胴体的机会，此时工人手和刀具也成为微生物传播载体，去头蹄劈半过程中操作人员的手和工具也是造成猪胴体交叉污染的主要因素。冲淋预冷理论上会降低猪胴体携带的微生物数量，降低病原微生物污染猪肉产品的危险，但是后续的分割环节传送带、案板、刀具、工人手部等都是猪肉交叉污染微生物的介质。图3.2描述了生猪屠宰加工过程中微生物暴露的情景模式。

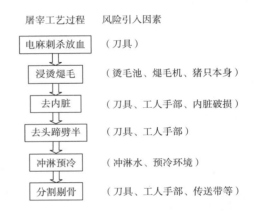

图3.2　生猪屠宰加工过程中微生物的暴露情景模式图

3.2.2.3　生猪屠宰加工过程中卫生控制规范

虽然我国食品安全国家标准《畜禽屠宰加工卫生规范》和农业行业标准《畜禽屠宰卫生检疫规范》等法规中都明确规定了生猪宰前检疫和宰后检验的一系列要求和标准，但是多针对动物疫病和兽药残留等的检验检疫，针对屠宰过程中微生物的检测尚未出台相应的标准或技术规范。美国和欧盟相继出台了《联邦肉类检验法》和《肉与肉制品加工过程卫生标准》，其中都明确规定了不同畜禽肉品中常见致病微生物管控措施和控制标准，为产

品安全保驾护航。

生猪屠宰场的设计分为非清洁区域和清洁区域。非清洁区域指的是待宰、麻电、放血、蒸汽烫毛、脱毛、剥皮等处理的区域，此区域微生物污染较为普遍，但是现场环境要求保持干净可控，屠宰产生的垃圾应及时无害化处理。清洁区域指的是胴体加工、修整、冷却、分割、暂存、包装等处理的区域，此区域的微生物污染是猪肉中致病微生物暴露的主要来源。

《肉制品生产 HACCP 应用规范》中梳理了微生物风险引入的一系列关键控制点，提出应当采取的措施有：屠宰与分割车间地面不应积水，车间内排水流向应从清洁区流向非清洁区；从事肉类生产加工、检疫检验和管理的人员应保持个人清洁；进入车间时应洗手、消毒并穿着工作服、帽、鞋，离开车间时应将其换下；定期对车间环境、工人工作服、工人手、工作台面、仪器设备接触面等关键区域进行有关微生物的检测监控等，但是实地调查发现，对于环境中微生物的检测监控并非所有屠宰企业都开展。另外，目前我国不同屠宰规模的屠宰场并存，大到日屠宰量 5000 头以上，小到日屠宰量 50 头以下，不同类型屠宰场卫生管理的意识和能力以及具体实施都有所不同，特别是中小型屠宰场并未涉及微生物方面的检测监控。可见，目前我国生猪屠宰场屠宰卫生状况良莠不齐，这也直接导致了生产猪肉的质量卫生安全参差不齐。

3.2.2.4　生猪屠宰加工环节的微生物暴露状况

我国目前尚未建立生猪屠宰环节微生物例行监测计划。因此，尚未有系统的官方数据发布，只有并不系统的流行调查监测数据或零散的研究性数据。中国动物卫生与流行病

学中心依托农业农村部畜禽产品质量安全风险评估项目对山东地区生猪屠宰环节样品开展了持续多年的监测，汇总分析其他研究者在山东地区开展的监测结果，发现该地区生猪屠宰环节猪胴体表面沙门菌的携带率在 12.6%~16.7%（图 3.3）。全国不同地域因局部温湿度差异和屠宰模式的差异（比如，南方偏向于消费热鲜肉，即不经过预冷处理的肉），导致屠宰后猪体表面污染的优势致病微生物种类有所不同。例如，2017 年度的监测和数据调研发现，重庆地区宰后猪肉中致病微生物的暴露以沙门菌为优势菌，阳性检出率可达57.1%，其次是江苏地区，为 36.7%。山东地区宰后猪肉的致病微生物暴露是以单增李斯特菌为优势暴露微生物，检出阳性率为32.9%，上海地区则以金黄色葡萄球菌为优势暴露微生物，阳性检出率高达 70%。

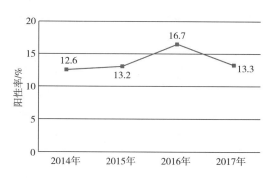

图 3.3　山东省生猪屠宰环节猪胴体
表面沙门菌暴露状况

另外，通过文献调研发现，2016 年贵州省 10 个定点生猪屠宰场中 14% 的猪肉样品检测出携带沙门菌，25% 的猪肉样品检测出携带单增李斯特菌，5% 的猪肉样品检测出大肠杆菌 O157：H7。同时，对污染携带的致病菌进行定量分析发现，冷却猪肉中大肠菌群数量为

（3.79±0.23）log（CFU/g），单增李斯特菌数量为（1.01±1.39）log（CFU/g）。有学者对华东地区生猪屠宰过程进行了弯曲杆菌的检测，发现猪体中弯曲杆菌平均污染率为19.3%。屠宰前采集的弯曲杆菌分离率为42.5%［（4.87±1.23）log（CFU/g）］，烫毛后分离率为28%［（2.40±0.49）log（CFU/500cm²）］，去内脏后为29.4%［（2.50±0.54）log（CFU/500cm²）］，同时，研究者还检测了屠宰环境中弯曲杆菌的污染情况，阳性检出率为27.9%。可见，猪体本身携带的弯曲杆菌是造成猪肉污染携带的主要暴露风险来源。

欧盟2008年发布的监测报告显示，屠宰后猪肉中沙门菌污染率为8.3%，而2017年的监测结果为6.8%。美国2010—2011年对生猪屠宰环节的监测结果显示，净膛前猪体沙门菌分离率高达69.7%，而预冷后沙门菌污染率降低至2.7%。可见，预冷是一个很好的微生物风险控制措施。

我国学者也对生猪屠宰过程不同区域和环境中微生物的暴露进行检测，发现非清洁区环境表面菌落数显著高于洁净区和冷却间环境，且整个屠宰场空气中的菌落总数随着加工时间的延长而增加。对屠宰生产线工人的手表面的菌落总数监测分析发现，在刺杀放血、净膛去内脏和分割环节，工人的手受致病微生物污染最严重。加工过程中，器具与肉表面接触面积越大，受微生物污染的程度越高，而且随着时间的延长污染程度越来越严重，很容易造成猪肉间的交叉污染。中国动物卫生与流行病学中心研究人员对生猪屠宰环节沙门菌污染的消长变化研究发现，净膛后猪胴体表面沙门菌污染增加，而预冷前冲淋显著降低猪肉中沙门菌的污染率，同时通过定量暴露评估探明了刀具和猪体本身携带的沙门菌是宰后猪肉沙门菌暴露来源的关键风险点。国外的研究发现，屠宰过程中猪胴体用59~62℃水烫毛5~8.5min能减少猪体本身携带的大肠菌群、肠杆菌和需氧型微生物的数量1.7~3.8个数量级，我国屠宰场一般是设置60℃左右，时间为3~5min，另外，工人手部和使用的刀具在屠宰过程中也需要及时地消毒清洗处理，以避免引发交叉污染。

3.2.3 猪肉贮存流通环节微生物的暴露

生猪屠宰后即进入猪肉贮存流通环节。贮存这里是指进入冷库里的储存，流通是指运输工具的运输或销售场所的售卖。这个过程中，猪肉暴露于致病微生物的主要来源就是宰后猪肉本身的致病微生物携带以及猪肉直接接触的周边环境污染和从业人员携带的致病微生物。猪肉接触的环境相对复杂，包括存储间环境、运输工具、销售场所环境（刀具、案板、托盘等）等。当然，这个过程还有一个很重要的因素需要考虑，那就是预测微生物学，如果温度合适，经过一定的时间，微生物会增殖，特别是如单增李斯特菌这种低温可生长的微生物，即使冷藏储存运输，致病菌依然会有所增殖。猪肉中不同致病菌的预测微生物学模型已经在本章3.1介绍，此处不再赘述。

我国学者通过文献调研，汇总分析了我国零售生鲜猪肉4697个样品，检出沙门菌阳性数为728个，利用@RISK软件进行了暴露评估，得出我国生鲜猪肉中沙门菌的初始污染率平均值为15.5%，90%置信区间为14.6%~

16.4%（图3.4），生鲜猪肉沙门菌平均污染量为 - 2.3log（CFU/g），90%置信区间为（-5.63~0.19）log（CFU/g）。

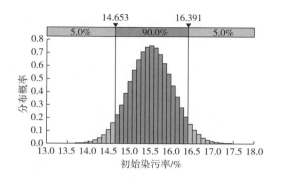

图3.4　我国市售猪肉中沙门菌污染的暴露评估

图片来自：猪肉引发厨房沙门菌交叉污染定量风险
评估［J］．食品科学，2018，39（11）：177-184.

我国对于猪肉贮存流通环节致病微生物的暴露评估研究较少，总体还是多以零散的污染状况检测研究为主。表3.3汇总了一些国内文献资料中不同地区销售环节中猪肉常见的致病微生物暴露状况。研究还发现，冷却肉中单增李斯特菌经过运输、储存后在销售中的菌数有增长的趋势。另有研究分析表明，超市货架猪肉样品的菌落总数（4.32~5.81）log（CFU/g）显著高于屠宰场待出库猪肉样品的菌落总数（2.72~5.28）log（CFU/g），说明流通过程增加了猪肉中微生物污染的风险。

**表3.3　我国部分地区销售环节中
猪肉致病菌暴露状况**

地区	致病菌	阳性率/%
山东	沙门菌	6~33.1
福建	沙门菌	33.6
陕西	沙门菌	8.33~33.3

续表

地区	致病菌	阳性率/%
吉林	沙门菌	16.8
江苏	沙门菌	25.3
辽宁沈阳	金黄色葡萄球菌	66.7
贵州	A型产气荚膜梭菌	48
贵州	金黄色葡萄球菌	27.7
四川	单增李斯特菌	5.56
其他（外国进口）	单增李斯特菌	8.2

研究表明，贮存阶段和屠宰后期胴体表面细菌相似性较高，推断贮存环节的猪肉中微生物是屠宰分割过程中造成的。还有学者对沈阳市运输和销售环节中猪肉及其接触环境中沙门菌的污染率进行了研究排序，从高到低依次为：运输车、包装物、摊床和胴体，污染率分别是32.6%、26.3%、18.6%和12.9%。可见，运输销售过程中猪肉接触的环境可以引入致病微生物的污染风险。

美国FSIS监测数据显示2019年美国猪肉中沙门菌检出率为9.89%；完整分割猪肉的检出率为8.12%；绞碎猪肉中检出率为23.84%；产志贺毒素非O157：H7的检出率为0.58%。这些监测数据说明在不同储存流通环节中都存在一定的致病微生物暴露风险。

3.2.4　猪肉消费烹饪过程中微生物的暴露

猪肉产品一直是我国居民饮食中最常见的畜禽产品之一。根据膳食调查结果显示，2018年我国居民家庭人均猪肉消费量为22.8kg，城镇居民家庭人均猪肉消费量是22.7kg，农村居民家庭人均猪肉消费量是

23.0kg。我国不同地区居民的人均消费量有很大差异，四川、重庆、广东居民人均消费量超过41.0kg。猪肉消费频繁且数量大，其携带的致病微生物引发的疾病风险也一直排在我国食源性疾病病因的前几位。

排除猪肉自身的携带，在消费烹饪过程中猪肉的微生物暴露来源主要来自厨房的交叉污染和肉品的处理人员，当然，烹饪过程实际上是致病微生物暴露衰减的过程。国内外研究证实，居民家庭厨房内普遍存在致病微生物交叉污染。新西兰的一项家庭食物处理方式调查估计厨房内交叉污染有41%是由切菜刀具导致的，28%为厨房内的其他物品导致的。还有研究提示，空肠弯曲杆菌病例中74%是烹饪过程中的交叉污染导致的，3%的病例是由于加热不彻底的原因导致的，23%的病例因洗手方式、厨房环境等多种因素导致的。

猪肉在厨房内加工处理时，可能面临案板、刀具、未清洁的手或者其他食物中微生物的交叉污染。另外，如果猪肉本身携带着一定数量的致病菌，在厨房处理的这段室温条件下，致病菌也会随着时间而增殖。烹饪过程中如果加热彻底将会杀灭猪肉中携带的致病微生物，但是加热不彻底将不能完全杀灭其中的致病微生物而导致直接暴露于人们的饮食中。研究表明，猪肉块的内部温度至少为145°F（62.6℃），肉馅内部温度为160°F（70℃）持续至少3min后，可以消灭猪肉中残存的致病微生物。

3.3 禽肉中常见致病微生物的暴露

近年来，禽肉产销量在我国居民肉类消费中高居第二位，肉禽养殖在畜牧业中也占据着重要地位。据国家有关部门统计，2018年我国猪肉、牛羊肉和禽肉产量约8517万t，其中禽肉产量1994万t。禽肉占我国肉类产量的比重从1985年的8.3%增长至2018年的23.41%。禽肉生产总量和肉类占比的大幅提高说明禽肉养殖生产产业发展迅速，鸡肉和鸭肉是禽肉的主要组成部分，我国鸡肉产量每年维持在约1100万t以上。2017年我国禽肉产量2344.82万t，鸡肉占到63%，2019年我国鸡肉生产量达1380万t，鸡肉已经成为我国居民膳食中动物蛋白质的主要来源之一。

禽肉能给人们提供丰富的营养，但同时也是沙门菌、弯曲杆菌等食源性致病微生物孳生的温床。由禽肉中沙门菌引发的发病人数和住院人数在我国食源性疾病中排第二位，而禽肉中弯曲杆菌引发的食源性疾病近几年在欧盟国家已跃居首位，占70%。在美国，弯曲杆菌引发的食源性疾病占比也达到40%以上。禽肉中食源性致病微生物的暴露途径主要是消费者直接经口摄入未烹饪完全熟透的禽肉和食物准备过程中交叉污染的即食食品。

在从农场到餐桌全链条过程中，禽肉引入致病微生物污染的途径有很多种。本节主要从肉禽（主要是肉鸡）养殖、屠宰加工、存储流通和烹饪食用等环节分析禽肉（主要是鸡肉）中致病微生物的暴露情景和暴露状况。

3.3.1 肉禽养殖环节中微生物的暴露

肉禽中致病微生物的暴露情景与生猪类似，禽肉中致病微生物（如沙门菌）的暴露来源除了来自种鸡场的垂直感染，还有污染的养殖环境（包括垫料、空气等）、污染的饲料或饮用水以及感染的饲喂人员等，这些因素都可引入致病微生物风险。事实上，饲料、垫料、水等环境中致病微生物相关的污染数据非常少，甚至没有数据。由于这种数据信息缺乏的限制，对肉禽（这里主要指肉鸡）养殖环节微生物的暴露研究更多的是针对鸡群流行率和群内流行率。

鸡群流行率是指一只或多只致病微生物感染的阳性鸡所在的鸡群占鸡群总数的比例。鸡群流行率可能因地区、季节、生产方式甚至年份而有所不同，群内流行率是某一鸡群内感染某种致病微生物的个体所占的比例。影响鸡群内流行率的因素有致病微生物的毒力、鸡舍的卫生状况、肉鸡品种等。可通过采样检测的数据来统计群内流行率的分布，也可以通过相关政府部门发布的报告得到鸡群流行率。

通过对国内的文献调研发现，鸡、鸭、鹅中沙门菌携带率较高，其中鸡沙门菌阳性分离率为 12%~14%，弯曲杆菌的阳性分离率为 15%~85%。编者所在实验室在 2018 年对广东肉鸡养殖场采样发现，养殖场环境样品中沙门菌分离率为 4.4%，活鸡泄殖腔拭子样品的沙门菌阳性率为 12%，弯曲杆菌阳性率为 31.3%。有研究者在 2006 年南京市某养殖场的肉鸡泄殖腔拭子样品中检测空肠弯曲杆菌的阳性率为 26.8%。弯曲杆菌暴露源一般不来自种鸡的垂直感染，多是来自养殖场被感染的鸡只特别是其粪便污染的环境。一旦鸡群中发现有弯曲杆菌感染，鸡场中几乎所有鸡只都会发生弯曲杆菌感染，同时鸡只粪便中弯曲杆菌数量巨大（大于 10^6 CFU/g）。

欧盟国家 2005—2006 年，鸡群沙门菌流行率在 0~68.2%，平均为 23.7%，近十年来，弯曲杆菌鸡群流行率在 13.2%~27.3%。2014 年欧盟国家抽检的肉鸡群中主要血清型为肠炎沙门菌和鼠伤寒沙门菌，其流行率为 0.2%，肉鸡样品中弯曲杆菌检出率是 30.7%。2017 年抽检肉鸡群，上述两种主要血清型沙门菌流行率为 0.19%，肉鸡中弯曲杆菌检出率为 12.3%，均有所降低。

3.3.2 肉鸡屠宰加工环节中微生物的暴露

同样的，肉鸡在进入屠宰之前也有一个从养殖场到屠宰场的运输过程。运输时，待屠宰的肉鸡通常装在笼具内，并依次往高处堆积。运输过程中上层鸡只排出的粪便掉落在笼具上和笼具下层的鸡只身上，鸡的羽毛、爪等很容易沾染鸡粪而被致病微生物污染。另外，如果运输的笼具没有彻底清洗消毒，还容易造成不同批次鸡只之间的污染，但是运输过程中微生物的相关暴露数据几乎没有，所以本部分也是直接进行后续屠宰加工的微生物暴露剖析，以便读者参考。

3.3.2.1 肉鸡屠宰加工的工艺流程

肉鸡屠宰加工场大体可以分为前处理区、中拔区、预冷区和分割包装区。每个区域的工艺流程和主要参数如下。

（1）前处理区　前处理区是指肉鸡从运鸡车上卸下至鸡毛被打净的处理区域，其工艺流程为：挂鸡 → 致晕 → 宰杀 → 沥血 → 浸烫 → 脱毛 → 切爪（下挂）。

鸡被挂到挂钩上以后，应在黑暗的通道中运行 30~40s，使活鸡得到镇静后再宰杀，以便减少挣扎。一般采用电麻的方法致晕，电麻后应立即宰杀，宰杀后的沥血时间为 3 ~ 5min。沥血时间过短，血沥不净，影响鸡肉的品质；时间过长，对脱羽不利，且引起失重，降低出肉率。沥血后鸡体被输送进浸烫机。

浸烫机和脱毛机同为前处理区的关键设备，浸烫效果的好坏直接影响到鸡肉的品质。对浸烫机的要求主要是保证浸烫时间、浸烫温度及浸烫池内水温的均匀性。浸烫温度要求在 58 ~ 62℃，时间为 1 ~ 2min，浸烫温度和时间的把控非常重要，能够保证脱毛效果良好且胸肉没有烫白的现象。脱羽机的位置应紧挨浸烫机，鸡体浸烫后应立即进入脱羽机，脱羽机的上方应喷适量的热水，以便润滑皮脂及鸡体，水温在 35 ~ 40℃ 为佳。为了打净鸡体上的小毛和黄皮，保证足够的脱羽时间尤为重要，通常应保证 30s 以上，脱毛后鸡体被切爪机自动切爪，切爪后的鸡体流入中拔区。

（2）中拔区　中拔区是指已去完毛的鸡被去除内脏、头、脖皮并清洗干净这一过程所在的区域，其工艺流程如下：上挂 → 割头 → 去嗉囊 → 切肛 → 开膛 → 掏内脏 → 内外清洗 → 下挂。

对于中拔区应注意的是应经常对鸡体进行冲洗，以保持鸡体卫生和湿润，可以在若干个工序之间安排外喷淋器。本区域开膛掏内脏等操作有机械操作，也有人工操作。不管是机械还是人工操作，都要尽可能避免内脏破损，因为肠道微生物可以通过器具或工人手而交叉污染其他鸡体。鸡体被去除内脏，去除头及脖皮并清洗干净后由自动卸鸡器使鸡体自动掉下流入预冷区。

（3）预冷区　预冷区是指来自中拔区的鸡体被消毒和冷却这一过程所在的区域，通常有 2 种预冷方式，即预冷池式和预冷机式。

早期的电宰厂大都采用池式预冷，即在一个长方形水池中布置一些制冷排管，鸡体通过悬链系统进入池子，并在池子中运行约 40min，其特点是预冷效果好，运行成本较低，但不利于卫生清洗。近几年新建的屠宰场，大多采用螺旋预冷机，虽然运行成本略高于池式预冷，但便于卫生清洁，有利于保证鸡肉的品质，预冷时间也应保证在 35 ~ 40min。不管采用何种预冷方式，都分成 2 个阶段：第 1 阶段水温可控制在 4℃，有时也可稍加次氯酸钠消毒液，第 2 阶段水温应保持在 0 ~ 1℃，鸡胴体在水槽中应逆水流冲洗，并保证充足的冷却水供应，这样才能使预冷后的鸡体温度不高于 4℃。预冷处理理论上是一个消除鸡胴体中微生物的过程，但如果预冷不彻底，这也恰好是一个微生物"大染缸"。

（4）分割包装区　分割包装区的温度在 16℃ 以下，其工艺流程如下：挂鸡 → 割鸡尾 → 割两侧 → 割后背 → 割胸翅 → 刮小肉 → 拉里肌 → 割软肌骨 → 割腿 → 割长皮 → 割脖 → 摘脖。

鸡腿及胸翅割下后放到输送机上进行人工粗分割，再经选别送到工作台上进行细分割及包装。本过程需要工人数量最多，也涉及最多的器（刀）具。同时，鸡肉还直接接触传送带、案板、运输盒等设备设施，这些环境以及工人手部的微生物污染均是鸡肉中微生物的暴露来源。

3.3.2.2　肉鸡屠宰加工过程微生物的暴露情景分析

屠宰加工过程也是鸡肉交叉污染致病微

生物的一个重要过程。同样是脱毛后鸡胴体就完全暴露于外围环境中，不管是环境中污染的，还是鸡本身携带的微生物，都可以通过直接或间接的方式交叉污染宰后的鸡肉。屠宰生产的鸡肉直接售卖给消费者，所携带的致病微生物就有潜在的致病风险。

肉鸡屠宰加工涉及微生物暴露的过程可简化为浸烫脱毛、开膛去内脏、清洗预冷和分割包装环节，其中一些工艺可减少肉鸡或其胴体携带的微生物，如浸烫环节可以去除鸡屠体表面微生物，所以浸烫温度的控制非常重要，但是仍有一些致病微生物如沙门菌在浸烫机中可以长时间存活；清洗预冷可以减少鸡胴体表面微生物，如果这个过程温度控制不当或者预冷时间不能保证，反而会增加微生物交叉污染。另一些环节如脱毛（微生物通过气溶胶扩散）和净膛去内脏（内脏破损）则被认为是引入微生物交叉污染风险的主要环节。同时，整个屠宰加工过程，特别是分割环节，如果温度控制不当，鸡肉携带的微生物还会进一步生长繁殖，图3.5描述了肉鸡屠宰加工过程中微生物暴露的情景模式。

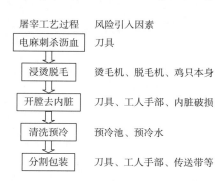

屠宰工艺过程	风险引入因素
电麻刺杀沥血	刀具
浸烫脱毛	烫毛机、脱毛机、鸡只本身
开膛去内脏	刀具、工人手部、内脏破损
清洗预冷	预冷池、预冷水
分割包装	刀具、工人手部、传送带等

图3.5　肉鸡屠宰加工过程中微生物的
暴露情景模式图

3.3.2.3　肉鸡屠宰加工过程中卫生控制规范

我国先前发布的食品安全国家标准《畜禽屠宰加工卫生规范》和农业行业标准《畜禽屠宰卫生检疫规范》等法规中也明确规定了肉鸡宰前检疫和宰后检验的一系列要求和标准，但也是多针对动物疫病和兽药残留等的检验检疫。2008年发布的国家标准《家禽及禽肉兽医卫生监控技术规范》中提及了针对家禽屠宰加工企业微生物的抽检和控制标准，只是简单地规定了卫生指标菌大肠菌群和菌落总数的限量标准，对于致病微生物是规定一律不得检出。实际上，畜禽产品中微生物限量标准的提出应该建立在风险评估的基础上，以实际评估的数据为依据更为科学可行，例如美国在1996年就发布了《减少致病菌、危害分析和关键控制点体系最终法规》。法规规定了猪肉、牛肉、鸡肉等常见畜禽产品屠宰阶段大肠杆菌和沙门菌的限量标准，并规定1998年1月26日前达到致病菌检验的执行标准，没有达到则应通过适当的控制逐步达到。2015年，美国食品安全检验局（Food Safety and Inspection Service，FSIS）修订时加入了禽肉中弯曲杆菌的控制标准，对于鸡肉中沙门菌和弯曲杆菌两种致病微生物，美国规定了可允许的最大阳性检出率，这对于这两种不可能是零风险的致病微生物来说，风险管控似乎更可行。

肉鸡屠宰加工整个过程都有微生物暴露风险，特别是前处理区和中拔区，本身就是非清洁区，地面和空气或者设施设备表面都会残存或弥漫着微生物，需要尽可能保持卫生可控，而后面清洗预冷和分割环节属于清洁区，温度和环境卫生以及操作人员卫生都有相应要求，但由于涉及人员多、操作繁琐且处理时间相对较长，此区域产生的微生物交叉污染仍不能小觑。我国 2006 年发布的《肉制品生产 HACCP 应用规范》中同样涉及禽肉生产的 HACCP，鼓励企业建立并实施卫生标准操作规范和危害分析-关键控制点体系。一些大型肉鸡屠宰企业已经自发建立并实施相应卫生控制规范，定期对环境和空气采样进行微生物检验，以确保有效地进行卫生管控，但是，目前我国仍有不少中小型家禽屠宰企业缺乏微生物相关的卫生控制观念，也没有相应的控制措施。我国目前这种大小型屠宰并存的现状，直接导致了所生产禽肉的质量卫生安全参差不齐。

3.3.2.4 肉鸡屠宰加工环节微生物暴露状况

通过文献调研，发现屠宰环节中鸡肉沙门菌的污染率 5%～50%，弯曲杆菌的污染率在 20%～40%。这两种致病菌最本质的暴露来源应该是鸡只本身的携带，在屠宰环节直接污染或借助接触的环境间接地交叉污染到鸡胴体中。笔者所在实验室对山东地区肉鸡屠宰环节宰后鸡肉中沙门菌做了持续监测，结果发现，2014—2017 年，鸡肉中沙门菌的阳性率在 18.3%～30.1%（图 3.6）。2018 年对不同省份监测数据还表明（数据未发表），鸡肉中致病性大肠杆菌的阳性检出率为 0.8%～11.9%，金黄色葡萄球菌的阳性检出率为 2.3%～59.3%，单增李斯特菌的阳性检出率为 3.3%～21.3%，不同地区屠宰鸡肉致病微生物污染差异显著，且与季节也有一定相关性。在欧盟 2018 年发布的监测数据显示，屠宰环节鸡肉中弯曲杆菌的污染率为 37.4%，沙门菌的污染率为 4.85%。

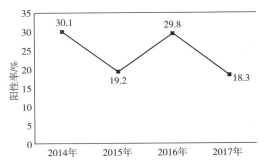

图 3.6 山东地区屠宰场不同年份鸡肉中沙门菌的阳性检出率

有研究发现，鸡胴体经过预冷后细菌总数由 6300CFU/g 减少到 360 CFU/g，屠宰分割的鸡肉产品菌落总数在（2.12～3.95）log（CFU/g）。对山东某大型肉鸡屠宰场鸡肉中沙门菌进行暴露评估发现，宰后 100g 鸡肉污染量均值为 2.93MPN，90% 概率在 0～7.95MPN（图 3.7）。

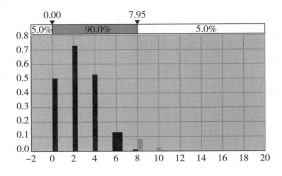

图 3.7 某肉鸡屠宰场分割后 100g 鸡肉沙门菌污染量分布

除了对屠宰环节鸡肉中致病微生物进行调研，笔者对屠宰过程中不同环节鸡胴体中致病微生物的暴露情况也进行了比较分析，结果发现浸烫脱毛后鸡肉沙门菌携带率为 13.5%（54/401），开膛去内脏后为 18.9%（46/244），清洗预冷后为 15%（35/234），分割后为 14.9%（36/241），四个环节环境样品中沙门菌的阳性率分别为16.9%（40/237）、15.1%（43/285）、17.4%（27/155）和13.9%（22/158）。金黄色葡萄球菌在肉鸡屠宰过程的暴露状况相对更高，浸烫脱毛环节鸡肉中金黄色葡萄球菌携带率为44.1%、开膛去内脏环节为30.3%、清洗预冷环节为23.5%、分割环节为17.8%，四个环节环境样品中金黄色葡萄球菌的阳性率分别为29.5%、24.9%、13.5%和24.1%。对屠宰过程中单增李斯特菌的暴露状况的调研发现，浸烫脱毛环节鸡肉中单增李斯特菌携带率为1.5%、开膛去内脏环节为2.5%、清洗预冷环节11.5%、分割环节12.4%。四个环节中，环境样品单增李斯特菌的阳性率分别为11%、10.9%、14.2%和14.6%。综上分析可见，沙门菌和金黄色葡萄球菌在中拔区及其上游区域肉鸡和环境中暴露较严重，而单增李斯特菌在预冷和分割低温控制的区域暴露相对较高，恰恰说明李斯特菌是低温可增殖的细菌。不同肉鸡屠宰场整个屠宰加工过程中微生物暴露评估的关键控制点有所不同，当然，更多的是集中在脱毛环节和分割环节。

3.3.3 禽肉贮存流通环节微生物的暴露

与猪肉类似，禽肉贮存流通环节的接触环境卫生以及所处的温度和经历的时间都会影响鸡肉中致病微生物的暴露。非独立包装的鸡肉产品会发生交叉污染，增加同批次内产品致病微生物的污染率。致病微生物会随着温度、水活度等环境条件繁殖或失活，市场上销售的鸡肉中致病微生物的污染率和数量受到销售环境和储存方式的影响巨大。

2014年，国家食品安全风险评估中心曾开展了鸡肉中非伤寒沙门菌的风险评估，其中销售环节的暴露评估发现，我国零售阶段整鸡样品的非伤寒沙门菌污染阳性率为41.6%（95%CI：39.2%～44.0%），且不同时间差异显著，以气温最高的夏季污染率最高，冷藏相对冷冻和现宰杀有更高的污染率，不包装的整鸡比包装的污染率也更高一些。目前，我国贮存流通环节鸡肉产品中致病微生物暴露状况的研究较多，笔者通过文献调研了不同地区零售鸡肉中致病微生物的污染状况，结果汇总于表3.4。有学者在2013年4月至2014年1月对北京大型超市采集的冰鲜鸡肉检测结果显示：38%的样品菌落总数超标，37%的大肠菌群超标，且发现春秋季菌落总数不合格比例较夏冬季节高，而大肠菌群数是春冬季较低，夏季次之，秋季最高。农贸市场动物产品大肠菌群数在$4.4 \times 10^3 \sim 1.7 \times 10^4$ CFU/cm^2，菌落总数在$2 \times 10^3 \sim 2.2 \times 10^5$ CFU/cm^2；超市大肠菌群数为$1.2 \times 10 \sim 2.5 \times 10^4$ CFU/cm^2，菌落总数为$3.6 \times 10^3 \sim 4.3 \times 10^4$ CFU/cm^2，可见，超市的环境卫生整体优于农贸市场，这也直接决定了超市鸡肉的质量卫生较好。英国发布数据显示，2016年8月至2017年7月污染高浓度弯曲杆菌（1000CFU/g）的鸡肉，大型零售商的检出率为5.6%，小型零售商的检出率为17.1%。

表3.4 我国部分地区和美国销售环节鸡肉致病微生物暴露状况

地区/国家	样品	致病菌	阳性率/%
北京	鸡肉	沙门菌	30
		金黄色葡萄球菌	32

续表

地区/国家	样品	致病菌	阳性率/%
广州	鸡肉	沙门菌	28~44
	鸭肉		41.4
	鸡肉	单增李斯特菌	36
贵州	鸡肉	沙门菌	22
		弯曲杆菌	24
江苏	鸡肉	弯曲杆菌	36~51
		沙门菌	14.1~36.3
		单增李斯特菌	19.3~53.3
河南	鸡肉	沙门菌	7.4~25
上海	鸡肉	单增李斯特菌	9.3~16.4
四川	鸡肉	弯曲杆菌	13.7
美国	鸡肉	沙门菌	3.57~11.76
		弯曲杆菌	17.70~38.55

2018年6月，美国农业部食品安全检验局（FSIS）发出了美国东北部和大西洋中部沙门菌污染的鸡肉引起人沙门菌病的公共卫生警报。2019年FSIS报告美国整鸡胴体中沙门菌检出率为3.57%（3.06%~4.17%），弯曲杆菌检出率为19.94%（17.86%~22.21%）；半只鸡胴体沙门菌的检出率为11.76%（6.32%~20.86%），弯曲杆菌检出率为38.55%（28.05%~50.25%）；分割鸡肉中鸡腿、鸡胸和鸡翅的沙门菌检出率为7.86%（6.66%~9.26%），弯曲杆菌检出率为17.70%（15.41%~20.24%）。

3.3.4 禽肉消费烹饪过程中微生物的暴露

我国居民人均禽肉消费量为9.0kg，城镇居民家庭人均消费量为9.8kg，农村居民人均消费量为8.0kg；不同地区禽肉消费量差异显著，华南地区的广东、广西和海南的禽肉人均消费量都在18kg以上，而西藏、山西、陕西和青海的人均消费量不足3.0kg。禽肉是我国目前第二大类消费的动物性产品，但是禽肉中致病微生物引发的食品安全问题却在畜禽产品中排在第一位。

消费和烹饪过程对致病微生物在禽肉中最终的存活以及食品摄入安全来说是一个至关重要的过程。禽肉产品在厨房处理准备过程中容易产生交叉污染，不仅会被其他携带微生物的食材或接触环境如案板刀具等污染，同样也会污染一些即食食品，间接地导致食品安全问题。有学者构建了鸡肉沙门菌厨房内交叉污染模型，其中矩阵模型推算交叉污染后沙门菌的平均转移率是0.35%（95% CI：0.32~0.38），生熟案板分开、洗手和洗案板可以降低沙门菌交叉污染风险。

禽肉处理烹饪过程所处的温度和时间也影响微生物在其中的生长，特别是烹饪后又直接暴露在周围环境中，若温度合适，经过一定时间，同样会有微生物污染繁殖。有文献报道，河南郑州市销售的烧鸡沙门菌检出率为3.7%~16.67%，平均8.33%，污染水平为（1.865±0.6513）logMPN/g，因此，建议烹饪后应及时食用。另外，冷冻的鸡肉在烹饪前需要解冻，而在室温下解冻一般需要几个小时，如果鸡肉产品已受到污染，在此过程中，致病微生物随着时间和温度的升高而繁殖数量增长。

禽肉不同烹饪方式对致病微生物最终在禽肉中残留率和存活量有直接的影响。美国FSIS建议在烹饪鸡肉时，需加热到内部温度达 73.9℃或以上，才能有效杀死肉中的致病微生物，保证安全。

3.4 牛羊肉中常见致病微生物的暴露

牛羊肉是我国居民生活消费仅次于猪肉、鸡肉的畜禽产品，长期以来，受收入水平、生产能力影响，我国牛羊肉消费水平较低。牛羊肉是人们膳食结构的重要组成部分，对于提高人们身体素质和营养水平具有积极作用。近年来，随着人们生活水平的提高，人均牛羊肉消费水平及占肉类消费的比重不断增加，2016 年我国牛肉年消费量已达到 800 万 t，据我国统计局数据显示，2019 年我国牛肉产量 667 万 t，增长 3.6%；羊肉产量 488 万 t，增长 2.6%。据预测，2022 年我国牛羊肉消费量将分别达到 862 万 t 和 550 万 t。

随着肉类产量和消费量的不断加大，消费者更加关注牛羊肉的品质和安全问题，对其质量提出了更高的要求。加上畜产品自身特点，在从"养殖场到餐桌"一系列的食物链中的致病菌污染越来越受到人们的关注。通常情况下，冷却牛肉始终处于 0～4℃的低温环境下，大多数微生物的生长繁殖受到抑制，只有少部分嗜冷菌能够生长繁殖，但是由于在运输、贮藏、销售和装卸过程中若出现温度控制不当，肉中残留的微生物就会迅速增长，从而加速冷却牛肉的腐败变质，严重时还会对公共健康构成威胁。肉的腐败变质使得食品安全隐患增加，尤其夏秋季节温度高、细菌繁殖快，是引起人类食物中毒的主要原因。

牛羊肉在从农场到餐桌全链条过程中，同猪肉类似，经历了养殖环节、屠宰加工环节、流通贮存环节以及烹饪消费环节，每个环节都存在引入微生物暴露的风险，下面就牛羊肉在各环节中致病微生物的暴露情况进行汇总分析。

3.4.1 牛羊养殖环节中微生物的暴露

我国畜禽的养殖模式较为复杂，规模化养殖与农户散养并存。规模化也有圈养和散养之分，所以养殖卫生状况不尽相同，使得养殖环节畜禽所携带的微生物状况也有差异，尤其是牛羊，存在更多的农户散养模式，每个养殖户的养殖环境卫生状况、饲喂饲料和饮水的卫生状况，以及养殖户个人微生物感染状况，都决定了养殖的牛羊的健康状况和微生物的感染携带状况。

由于散养模式较为普遍，所以牛羊养殖环节微生物暴露状况的研究非常少，相关数据也很少，但是我们必须清楚的是，牛羊是致病性大肠杆菌的天然宿主，成年牛羊消化道内可以隐性携带致病性大肠杆菌，在后续屠宰加工过程很容易通过交叉污染到牛羊肉中，影响牛羊肉的质量安全。美国等发达国家对牛羊肉卫生状况制定了微生物限量标准：美国在 2017 年明确提出，所有进口的牛肉必须进行产志贺毒素大肠杆菌的检测。而相对于发达国家，我国目前对牛羊肉的质量卫生管理尚未建立致病微生物特别是致病性大肠杆菌的检测限量标准，对致病微生物的限量控制尚缺乏标准依据。

国内牛羊养殖环节致病微生物的存在状况数据较少，有学者对上海地区养殖环节牛粪中大肠杆菌 O157：H7 存在状况进行了监测，发现有 3.54% 的阳性率。另有学者对新疆地区牛养殖场的牛粪样品进行了产志贺毒素大肠杆菌 STEC 的检测，结果发现有 5.86% 的阳性率。牛肛拭子样品的阳性率更高，为18.81%，饲料样品中为 1.06%，饮水样品中为 5.32%，可见牛自身携带的致病性大肠杆菌是牛肉产品一个主要的暴露风险来源。

在更倾向于消费牛肉的欧盟，已经持续监测了养殖环节中肉牛的微生物。2017 年的检测结果显示，牛只中产志贺毒素大肠杆菌的阳性率为 8.3%，其中大肠杆菌 O157 血清型的阳性率为 4.0%，羊只中产志贺毒素大肠杆菌的阳性率为 2.9%，牛羊中沙门菌的阳性率为 0.2%。可见，致病性大肠杆菌确实在牛羊中有比较高的携带率。

美国 2001 年发布的牛肉中大肠杆菌 O157：H7 的暴露评估发现，养殖场中 O157：H7 的阳性率为 24%~100%，养殖场内样品 O157：H7 的阳性率为 0.7%~8.0%。美国科学家还分析了产自美国、墨西哥和巴哈马的小型反刍动物粪便中沙门菌、大肠杆菌和弯曲杆菌以及动物表皮上沙门菌和大肠杆菌的存在情况，结果表明：在小型反刍动物粪便样品中检出的微生物为 13.9% 的沙门菌、15.3% 的大肠杆菌和 80.7% 的弯曲杆菌，而在表皮上检出的微生物为 17.7% 的沙门菌和 1.5% 的大肠杆菌，表皮样本中大肠杆菌的检出率明显小于粪便样品。

3.4.2 牛羊屠宰加工环节微生物的暴露

同猪肉和禽肉一样，屠宰加工是牛羊肉被微生物污染的关键环节，肉类在该环节受到的微生物污染会持续到接下来的各个环节中。目前，我国的牛羊屠宰尚不像生猪屠宰实

施定点屠宰，屠宰条件和屠宰环境相对参差不齐，不规范的牛羊屠宰加工管理模式可能导致牛羊肉在其屠宰加工过程中被致病微生物污染的机率大大增加。

3.4.2.1 牛羊屠宰加工工艺流程

以牛屠宰为例，规范的牛屠宰加工工艺流程如下：活牛在待宰棚内停食饮水静养 24h → 淋浴 → 致晕 → 提升 → 刺杀 → 沥血 → 切前肢和牛角/头部预剥 → 封肛门 → 切后肢 → 预剥 → 机械扯皮 → 切牛头/清洗（检验检疫）→ 扎食管 → 开膛 → 取白内脏（检疫检验，合格的白内脏进一步处理加工）→ 取红内脏（检验检疫，合格的红内脏清洗后入库）→ 劈半 → 二分体修割 → 冲淋 → 二分体排酸（排酸间温控：0~4℃）→ 改四分体 → 剔骨 → 分割 → 整理包装 → 冻结 → 装箱 → 冷藏待销售。

待宰的牛送宰前应停食静养 24h，以便消除运输途中的疲劳，恢复正常的生理状态，在静养期间检疫人员定时观察，发现可疑病牛送隔离圈观察，确定有病的牛送急宰间处理，身体健康合格的牛在宰前 3h 停止饮水。在宰之前，要进行淋浴，洗掉牛体上的污垢和微生物，淋浴时要控制水压，不要过急以免造成牛过度紧张。屠宰过程要对头部和红白内脏进行检验检疫，不合格的需要分拣出来，屠宰时扎食管的过程非常关键，可以防止胃内容物溢出，污染牛肉。宰后的二分体要经过排酸处

理，排酸的过程即是牛肉嫩化成熟的过程，这是肉牛屠宰加工过程中的一个重要环节。排酸间的温控在 0～4℃，排酸时间一般在 60～72h，根据牛的品种和年龄，有的肉牛排酸时间将更长。检测排酸是否成熟，主要是检测牛肉的 pH，pH 应在 5.8～6.0，牛肉排酸成熟。从排酸环节开始，进入低温区，剔骨分割间温控在 10～15℃，包装间温控在 10℃ 以下，这些温度控制措施都可以有效减少微生物的生长繁殖。

与猪和鸡的屠宰相比，中小型屠宰场的牛羊屠宰占据较大的比例，这些中小型牛羊屠宰场的屠宰过程质量控制程度不一，甚至有些屠宰过程呈现不同程度的不规范现象，有的宰后牛羊肉不经过排酸处理，直接以热鲜肉形式进入市场。

3.4.2.2　牛羊屠宰加工过程中微生物暴露情景分析

牛羊屠宰加工过程一般可简化分为刺杀放血、去头蹄剥皮、开膛去内脏、劈半修整、冲淋排酸，以及后续剔骨分割等工序。牛羊自身携带的微生物在去头蹄剥皮过程中会通过污染器械、刀具而进一步交叉污染胴体；开膛去内脏过程同样存在消化道携带的微生物会由于消化道破裂或溢出而污染牛羊胴体的风险，这个过程操作者手部和刀具也成为微生物交叉污染的载体；劈半修整过程中操作人员的手和工具是造成牛羊胴体污染微生物的主要因素；冲淋排酸一般会降低胴体表面携带的微生物，但是后续的剔骨分割环节传送带、案板、刀具、工人手部等也都是牛羊肉交叉污染微生物的介质。图 3.8 描述了牛羊屠宰加工过程中微生物暴露的情景模式图。

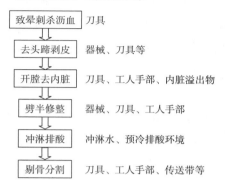

图 3.8　牛羊屠宰加工过程中微生物的暴露情景模式图

3.4.2.3　牛羊屠宰环节微生物的暴露状况

我国对牛羊胴体或肉中微生物污染暴露状况尚未开展系统的监测，目前，一般只能通过文献调研一些零散的研究性数据。

（1）沙门菌　沙门菌广泛存在于动物肠道内，可通过粪便污染动物的皮、毛、蹄等体表各部位。目前，我国绝大多数牛羊屠宰场在屠宰前没有给动物淋浴的设施和能力，研究分析证明屠宰环节胴体和肉品污染的沙门菌来自屠宰动物肠道，由于牛羊的屠宰还处于机械加人工的方式，在屠宰加工过程中通过机械和工具以及工人手等途径传播沙门菌的现象很普遍。笔者实验室曾于 2017 年对新疆、内蒙古、重庆和西藏地区屠宰环节牛羊肉表面拭子进行了沙门菌监测，总体阳性率为 0.83%，不同地区差异显著，其中以新疆地区最高，为 2.37%，其他地区在 0.29%～0.43%。另有学者通过对我国不同地级市的牛羊定点屠宰场不同环节进行采样检测，共采集牛羊胴体拭子 320 份，分离鉴定出 16 株沙门菌，分离率为 5.00%；采集牛羊肉样 139 份，分离鉴定出 14 株沙门菌，分离率为 10.07%，该菌对牛胴体和牛肉的污染率明显高于羊胴体和羊肉（图3.9）。美国和欧盟对宰后牛羊胴体样品中沙门菌进行检测，发现也有一定的阳性率。为更好地保证产品的质量安全，欧美国家分别针对宰后牛胴体规定了沙门菌的检测限量标准，美国标准是 $n=58$，$c=2$，$p=2.7\%$（n—抽样量；c—阳性数量；p—阳性检出率）；欧盟标准是 $n=50$，$c=2$，$p=0$。

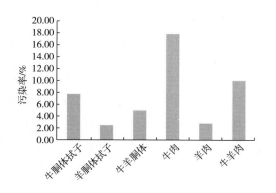

图3.9 牛羊肉屠宰环节沙门菌污染情况

（2）致病性大肠杆菌（STEC） 牛、羊等经济型动物是致病性大肠杆菌的天然宿主，国际相关研究发现牛和羊中 STEC 携带率可高达71%甚至以上。美国农业部和欧盟食品安全局也证实养殖场中存在高风险污染的 STEC，并且可以通过环境、粪便、野生动物、土壤等在一定范围内循环存在，最终造成肉制品等污染。笔者实验室对四个牛羊肉主产区屠宰环节胴体表面采样检测发现，致病性大肠杆菌的总体阳性率为2.30%，其中也是新疆地区较高，阳性率为4.41%，其次为内蒙古地区，为3.44%，重庆和西藏的阳性率在0.5%左右。有研究人员为了解 STEC 在伊犁地区肉牛养殖环境和加工环节中的污染状况及其遗传多样性，对屠宰环节采集样品进行产志贺

毒素大肠杆菌的污染调查，结果发现：STEC 的阳性检出率是7.1%。另有学者对整个新疆地区牛胴体中 STEC 进行检测，阳性率8.3%。

（3）单增李斯特菌 单增李斯特菌多来源于环境，若屠宰场环境卫生控制不力，则宰后产品中李斯特菌的污染风险就会较高。大多数宰后牛羊肉要经过低温储存和运输，这个过程单增李斯特菌可持续繁殖并产生交叉污染。有研究者对肉牛屠宰过程中单增李斯特菌的污染状况进行了研究，结果显示3个肉牛屠宰厂的439份样品中288份样品检出李斯特菌，检出率为65.6%，其中116份样品中检出单增李斯特菌，检出率为26.4%。研究人员通过对不同肉牛屠宰场各环节单增李斯特菌的污染程度进行检测发现，该菌对冲淋后的胴体和分割肉的污染率可分别达到80%和81.25%。可见，某些屠宰场由于屠宰卫生控制不乐观，导致屠宰过程中李斯特菌对胴体和肉品的污染程度严重。

3.4.3 牛羊肉贮存流通环节中微生物的暴露

贮存流通也是直接影响牛羊肉质量安全的关键环节，在储存流通过程中，要接触包装材料、储存容器、操作人员、运输设备、贮藏环境、销售环境等，还有贮存运输以及销售时间的长短、温度保持等条件，这些过程和条件都可能对牛羊肉等肉品造成微生物污染。

3.4.3.1 贮存环节

研究人员对贮存在冷库中的羊肉进行采样检测发现，在冷库或在冰柜中冷冻贮存一段时间的牛肉中沙门菌的检出率为18.28%，致病性大肠杆菌的检出率为6.45%，单增李斯

特菌的检出率为 22.58%，金黄色葡萄球菌的检出率为 23.66%；羊肉中沙门菌的检出率可达 31.13%，致病性大肠杆菌的检出率为 3.13%，单增李斯特菌的检出率为 20.83%，金黄色葡萄球菌的检出率为 10.42%，见图 3.10。

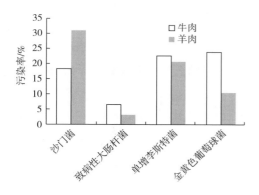

图 3.10　文献报道的贮存环节中牛羊肉致病微生物的暴露状况

3.4.3.2　销售环节

销售环节是链接产品与消费者的直接链条，该环节中产品的污染直接影响消费者的消费安全。在该环节中致病菌可通过多种途径污染到肉品，如工作人员的不良卫生习惯、案板的卫生、冷链的健全程度、环境卫生状况等，这些客观的因素直接关系到消费者手中肉类产品的安全程度。

（1）沙门菌暴露状况　市场上销售的肉品由于生产、加工、运输环节以及销售环境等原因，极容易污染携带沙门菌，资料显示，销售环节中羊肉沙门菌污染率明显高于牛肉。2013—2014 年对乌鲁木齐不同地区的各农贸市场中牛羊肉进行沙门菌抽样检测，其总体检出率为 5.6%，各区样品中污染率不同，其中最高的可达 11.4%；另有学者通过对辽宁某市场牛肉抽样检测发现，市售牛肉中沙门

菌的污染率为 3.15%；对甘肃某市销售环节羊肉的抽样检测发现，市售生鲜羊肉沙门菌的检出率为 0.71%，而冷冻羊肉沙门菌的检出率为 31.13%；对陕西关中地区抽样检测发现，羊肉和牛肉中沙门菌的检出率分别为 55.3% 和 30.1%。可见，不同地区沙门菌的污染差异显著。欧盟发布的监测结果显示，2017 年生鲜牛肉中沙门菌的阳性检出率为 0.17%，美国 2019 年监测结果显示，生牛肉中沙门菌污染率为 6.57%。我国牛羊肉中沙门菌的控制相比发达国家还是有较大差距。

（2）致病性大肠杆菌（STEC）暴露状况　我国学者针对致病性大肠杆菌的污染状况分别在青海、上海、福建等地区进行了采样检测。结果发现，青海省部分地区市售牛羊肉肠出血性大肠杆菌 O157：H7 的检出率为 0.3%，上海市销售环节中牛肉样品大肠杆菌 O157：H7 污染率为 1.25%，福建地区牛肉样品中大肠杆菌 O157：H7 的污染率为 4.0%。欧盟 2017 年的监测结果显示，销售环节牛肉中 STEC 的污染率为 2.4%，美国 2019 年的监测结果显示大肠杆菌 O157：H7 在牛肉样品中的污染率为 0.08%。

（3）单增李斯特菌暴露状况　单增李斯特菌污染调查数据相对报道较少，有学者对四川自贡农贸市场食品中单增李斯特菌污染状况调查时发现，从农贸市场 626 份各类食品中检出单增李斯特菌 48 株（阳性率 7.67%），牛羊肉样品的菌株分离率（37.50%）最高；对内蒙古鄂尔多斯市 2010—2012 年随机采集的 228 份市售食品进行食源性致病菌污染调查，发现单增李斯特菌的检出率为 22.81%，其中牛羊肉的检出率为 10.17%；对宁夏地区 2006—2012 年 4492 份食品中单增李斯特菌污染的监测

发现，共分离到40株单增李斯特菌，其中牛羊肉等生鲜肉品的检出率最高，为3.42%。

（4）金黄色葡萄球菌暴露状况 金黄色葡萄球菌除了细菌本身可引起消费者发病外，其产生的毒素可侵入人体致使消费者中毒，甚至产生严重的症状和病理变化。而受金黄色葡萄球菌污染的食物在20~37℃下经4~8h即可产生毒素，含蛋白质丰富、水分较多的牛羊肉极易污染金黄色葡萄球菌并提供增殖的温床，使其迅速增殖并产生毒素。对销售环节中牛羊肉金黄色葡萄球菌的污染暴露状况进行了文献调研，总结分析发现，牛肉中金黄色葡萄球菌的阳性检出率总体高于羊肉，超市中牛肉金黄色葡萄球菌的污染率明显高于农贸市场的牛肉（图3.11）。

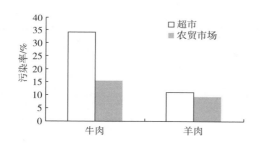

图3.11　超市和农贸市场销售牛羊肉中
金黄色葡萄球菌污染状况

3.4.4　牛羊肉烹饪环节中微生物的暴露与控制

食源性致病菌可掺杂在牛羊肉中通过经口摄入的暴露途径直接感染人。牛羊肉在烹饪过程中可产生交叉污染，如生熟食刀具、菜板不分，烹饪人员带菌等造成烹饪过程污染。另外，还有一个更重要的原因，是由于烹饪不够充分，温度不够或者烹饪时间不足而未将肉中携带的致病菌完全灭活。为防止由于烹饪

处理不当而造成致病菌的污染或灭活不彻底，从而引发食品安全事件，经大量研究和实践证明了以下各种致病菌不同的烹饪和处理条件。

3.4.4.1　沙门菌

沙门菌不耐高温，杀死沙门菌的最佳方法是在高温下加热，温度越高、效果越好。有研究表明，当达到100℃时，沙门菌会立即死亡。一般而言，当烹饪温度达到80℃，煮15min沙门菌也可完全灭活。美国FSIS建议：烹饪牛肉、小牛肉、羔羊肉时，需内部最低温度达145℉（62.7℃）（在切片或吃之前让肉在这个温度烹饪3min）；烹饪碎牛肉、碎小牛肉和碎羔羊肉时内部最低温度需达160℉（71.1℃）。应该注意的是，当烹饪大块肉时，如果食物内部没有达到沙门菌的致死温度，沙门菌仍然可以存活，这可能导致食物中毒。

3.4.4.2　大肠杆菌

有研究人员利用减数实验评价家庭常用烹饪方式对肉制品中大肠杆菌致死率的影响。通过试验发现蒸煮、微波处理1.5min后，切碎混匀肉样中大肠杆菌的致死率为100%。当牛羊肉的内部温度达到75℃，持续2~3min，即可完全破坏大肠杆菌的活性，从而达到杀菌的目的。牛羊肉的低温冷藏或冷冻处理，也可将大肠杆菌杀死，这需要保证一定的处理时间。

3.4.4.3　其他致病菌

单增李斯特菌是嗜冷菌，有耐低温的能力，在冷藏条件下依然有很强的增殖能力。研究证明，在日常烹饪中，可采用100℃对肉类食品进行加工处理，大约10min就可有效杀灭单增李斯特菌。金黄色葡萄球菌可产生非常耐热的肠毒素，100℃下加热30min都不能使其破坏，所以烹饪处理过程要特别注意金黄葡

萄球菌的污染。总之，只有厨房烹饪时做到生熟分开，加热彻底，才能有效保证食品安全。

3.5 鸡蛋中致病微生物的暴露

我国是世界第一大鸡蛋生产国，2010 年我国鸡蛋产量为 2360 万 t，2016 年增长至 2686 万 t，2017 年产量下滑至 2632 万 t，2018 年我国鸡蛋产量回升至 2659 万 t。鸡蛋在我国食品结构中占有重要地位，但是，鸡蛋在从农场到餐桌过程中也有被致病微生物污染的风险，从而导致相应的食源性疾病。国内外蛋类引起的食物中毒时有发生。据统计，我国 1991—1996 年由蛋类引起的食物中毒为 166 起，中毒人数 4207 人，引起蛋及蛋制品食物中毒的食源性致病菌主要是沙门菌。沙门菌可在鸡肠道内隐性携带，所以可通过粪便污染周围环境，从而污染鸡蛋，还可以通过垂直传播污染鸡蛋内容物等。当然，弯曲杆菌由于在鸡群中携带率较高，也是一个危害因素。

鸡蛋中致病微生物的暴露情景可以从养殖生产、贮存流通、烹饪消费这三个环节来进行描述，如图 3.12 所示，括号中显示的是各环节影响微生物暴露的主要因素。养殖生产阶段鸡蛋微生物暴露来源包括：蛋鸡养殖携带的微生物在产蛋时可通过垂直或水平污染传播给鸡蛋，以及生产中鸡蛋接触的环境如笼具或操作人员的手可交叉污染鸡蛋。鸡蛋贮存流通阶段微生物主要来自鸡蛋接触环境的交叉污染，以及本身携带的微生物的生长繁殖和迁移，这与鸡蛋所处的温度以及持续的时间密切相关。鸡蛋烹饪消费阶段最终暴露的微生物与烹饪方式及其温度和时间相关。另外，鸡蛋还可以通过蛋制品加工过程而制作成不同蛋类相关产品，这个过程与加工器具和操作环境的卫生状况紧密相关。不过，国内消费者一般还是倾向于直接消费鸡蛋，所以，蛋制品加工方面微生物的暴露本节不多描述。

发达国家对鸡蛋中沙门菌早在 2000 年左右就开展了风险评估研究，其中进行了比较详细的暴露评估。我国鸡蛋中致病微生物的暴露评估研究较少，多集中在暴露状况研究，以下几部分就分环节描述我国鸡蛋中微生物的暴露状况。

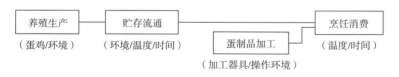

图 3.12 鸡蛋中致病微生物暴露控制的基本环节及主要影响因素

3.5.1 鸡蛋生产环节微生物的暴露

3.5.1.1 鸡蛋生产环节微生物暴露情景分析

在生产环节，鸡蛋无论是在体内形成的过程中，还是产出后，都有可能受到微生物的污染。如果鸡的饮水和饲料中含有沙门菌，沙门菌则会通过水和饲料进入鸡的消化道，一部分直接侵入肠上皮细胞，然后由巨噬细胞携带，侵入并定植于输卵管，造成鸡蛋产出前就直接受到污染；另一部分则随粪便排出体外时，蛋壳表面极易沾染粪便，粪便中微生物引起蛋壳污染。在鸡蛋离开机体后，可能引起蛋壳表面微生物污染的主要是与其直接接触的蛋网和集蛋传输带。一般在完好的带壳鸡蛋内容物中检测到沙门菌的几率非常低，沙门菌污染蛋内容物主要与蛋鸡的带菌率和带菌量相关，其次才是与蛋壳的完整性以及蛋壳接触的环境有关。

美国研究人员对 SPF 鸡进行口服肠炎沙门菌后，在 5~23d 收集的鸡蛋中检测沙门菌，发现随着接种剂量增加，受污染的鸡蛋比例显著增加，充分证明了鸡蛋中沙门菌内源垂直感染的存在，肠炎沙门菌是蛋鸡群环境中的优势血清型。有研究发现，蛋壳表面的细菌菌落总数与鸡场饲料、空气中的细菌菌落总数呈一定正相关，说明鸡场环境对鸡蛋的卫生有直接影响。另有调查研究发现鸡蛋在鸡舍内受到污染的类型主要有粉尘污染（75%）、粪便污染（20%）和蛋内源污染（5%）三种。

3.5.1.2　鸡蛋生产环节中微生物的控制措施

新鲜未经清洗的鸡蛋表面有一层保护膜，可以减少鸡蛋内容物被蛋壳表面或外部环境中微生物污染的几率，但随着暴露时间延长，温度等环境条件的变化，保护膜被破坏，鸡蛋内容物受微生物污染的几率增加。蛋壳表面的保护膜很脆弱，不仅清洗时会被破坏，手部拿取过程也会破坏，另外，若粘有粪便也会被粪便破坏，这样粪便中的微生物就很容易透过保护膜迁移到蛋内。

为减少鸡蛋沙门菌的污染，不仅要对种鸡群实行沙门菌净化，还有必要对水源、饲料、设备进行灭菌处理，加强生产管理，另外，对鸡蛋本身进行清洗涂膜也很重要。清洗虽然破坏了蛋壳表面保护膜，但可以洗掉沾染的粪便，减少粪便内微生物迁移到蛋内的机会。清洗后如果不涂膜则有必要低温保存，如果涂膜保护，则可以继续常温流通保存。实际上，初始生产的鸡蛋一旦低温存放，再取出后表面的冷凝水就会破坏掉原来蛋壳表面的保护膜。美国的零售鸡蛋都经过了清洗，所以全程冷链流通；欧盟的鸡蛋不经过清洗，保留了原来的保护膜，所以允许常温流通。我国目前市场有不经过清洗的，有经过清洗冷链的，也有清洗后涂膜继续常温储存等多种模式处理的鸡蛋。

3.5.1.3　鸡蛋生产环节中微生物的暴露状况

随着我国种鸡场沙门菌净化的持续推行，蛋鸡本身携带沙门菌的几率很低，蛋鸡的沙门菌感染主要是来自于饲料。蛋鸡饲料中动物性饲料含有鱼粉、血粉、骨粉等蛋白质，易受沙门菌污染，我国学者对进口动物性饲料进行检测发现，沙门菌总体阳性检出率为 4.62%，其中鱼粉阳性率 3.66%，肉骨粉阳性率 13.95%，虾壳阳性率 18.52%，可见对鸡饲料的灭菌非常必要。有学者在 2012 年对某规模化蛋鸡养殖场进行环境和鸡蛋样品的沙门菌检测，发现在水、饲料和清洁后的鸡蛋表面未检出沙门菌，而在蛋网、传输带、未清洁的鸡蛋表面检出沙门菌，阳性率分别是 2.78%、30% 和 8.33%。结果表明，清洁后确实可以减少沙门菌污染，环境中污染的沙门菌对鸡蛋有较大风险。另有学者对某大型蛋鸡场鸡舍的粪便和灰尘样品采样检测发现，30.8% 的样品呈沙门菌阳性，蛋场生产的鸡蛋约有 0.8% 携带沙门菌，其 90% 为肠炎沙门菌。2006 年欧盟对数千家大型蛋鸡场鸡舍粪便粉尘样品检测，显示有 30.8% 的样品为沙门菌阳性。

对养殖环节中鸡蛋弯曲杆菌的暴露状况研究较少,鸡蛋中弯曲杆菌的暴露来源不会是垂直传播,更多的是来自携带弯曲杆菌的蛋鸡在产蛋时泄殖腔或粪便的污染。有研究发现,蛋鸡中空肠弯曲杆菌的携带率为30%~66.2%。

3.5.2 鸡蛋贮存流通环节中微生物的暴露

3.5.2.1 鸡蛋贮存流通环节中微生物的暴露情景分析

污染鸡蛋从产出到食用前的这段时间,致病微生物数量增长的情况与鸡蛋接触的环境或人、贮存温度和时间等因素相关。

若鸡蛋是通过蛋鸡垂直感染了致病微生物,蛋内容物中微生物的增殖依赖于卵黄膜渗透压的增高,因为渗透压增大会使微生物获得生长的营养。卵黄膜渗透压变化与贮存的时间和温度有关,根据一般鸡蛋贮存的温度,渗透压变化可能需要 3 周或更长的时间。在渗透压变化之前,鸡蛋内的细菌数量很少或者没有变化,但是一旦渗透压增高,鸡蛋内容物中的微生物就会迅速生长。

若鸡蛋是通过接触外部环境水平污染的致病微生物,则微生物一般先是留存在蛋壳表面。完整的鸡蛋有多层阻止微生物进入蛋内的物理屏障,但是在温度和湿度合适的情况下,蛋壳表面污染的微生物很容易通过蛋壳气孔进入蛋内,继而穿过壳内膜,影响鸡蛋的质量安全。有研究表明,将新鲜鸡蛋暴露在沙门菌中,25℃时 2h 后蛋内容物就会受到污染;鸡蛋浸泡在 10^3 CFU/mL 的肠炎沙门菌中,15min 就能在蛋壳膜和蛋内容物中检测到。可

见,鸡蛋贮存流通时接触的外部环境中的带菌量和接触时间以及所处的温度可以直接影响鸡蛋内微生物的污染。

3.5.2.2 鸡蛋贮存流通环节微生物的控制措施

鸡蛋在贮存流通过程中除了交叉污染,更重要的是已经污染的微生物的蛋内转移以及预测生长动力学,这都取决于微生物的活力。研究表明,温湿度越适宜,微生物迁移和预测生长越快速。

有学者模拟了鸡蛋表面污染沙门菌、致病性大肠杆菌 O157:H7 和空肠弯曲杆菌后的预测微生物学的研究,结果发现,蛋壳完好时接种致病菌后,在 4℃ 低温和 22~25℃ 常温贮存条件下,不同时间点直到 30d 时蛋内容物中均检测不到致病菌,但在 32℃ 高温 20d 后,都不同程度地分离到了致病菌。蛋壳轻微裂纹时,低温条件下,只有空肠弯曲杆菌接种组未分离到菌;室温条件下,致病性大肠杆菌和沙门菌从一开始即可侵入蛋内,空肠弯曲杆菌在 20d 时可直接检测到较多的菌量;高温条件下,致病菌在 3d 后便可快速繁殖。另有研究发现,25℃ 贮存的鸡蛋,蛋壳菌落数最大值出现在 42d 时,但内容物菌落数贮存 14~42d 后开始快速增长,56d 时菌落数最多;4℃ 贮存的鸡蛋,蛋内容物在 56d 贮存期内基本小于 10CFU/mL。

总之,鸡蛋贮存流通过程不仅要保证外部环境清洁,还要保证存放的温度和时间(货架期)。在 22~25℃ 室温下,蛋壳完好且无粪便沾染,鸡蛋基本可以保存 20d 左右;若是温度较高的夏天(>30℃),那么最多保存 10d 左右。若有条件,建议冷藏存放,则可存放 40d 左右,这样可以有效避免蛋壳表面污染的

微生物的迁移增殖。另外，若购买清洗未涂膜处理的鸡蛋，需要冷藏保存；若购买鸡蛋后因污染粪便较多而进行了清洗，建议清洗后也低温保存。

3.5.2.3 鸡蛋贮存流通环节中微生物的暴露状况

在鸡蛋贮存流通过程中，蛋壳和蛋内容物的细菌总数随时间增多，种群趋于复杂。研究发现247枚保存时间过长的鸡蛋中分离出401株菌，其中肠杆菌科细菌191株、葡萄球菌属90株、假单胞菌属16株、枯草杆菌属31株、巴氏杆菌属9株、支气管败血波氏杆菌10株等，以革兰阴性菌尤其是肠杆菌科细菌占优势。有学者基于高通量测序法研究鸡蛋壳表面的细菌，发现其分别属于5个门20多个属，以假单胞菌、埃希志贺菌属、芽孢杆菌属等为优势菌属。

研究者对山东、吉林和重庆的鸡蛋检测显示，沙门菌在鸡蛋内容物中的检出率为0.67%（2/300），致病性大肠杆菌和金黄色葡萄球菌的检出率为0.33%（1/300）。8月份采集的鸡蛋内容物中细菌携带率较高（46.5%~50%），10月份鸡蛋内容物中细菌携带率较低（5%~12.5%），说明蛋内细菌的携带与周围的温湿度密切相关，温湿度越高，越有利于细菌孳生。文献调查发现，市售鸡蛋内容物总体带菌率90%~100%，带菌量达到10^5~10^6 CFU/g；其中大肠杆菌带菌率为35%~65%，带菌量为$2.92×10^3$~$6.59×10^4$ CFU/g；沙门菌带菌率为0~10%，带菌量为10~$9.01×10^2$CFU/g。

蛋内容物中较少携带致病微生物，更多的是一些非致病性肠道菌群，蛋壳相比之下更容易检出致病微生物为阳性。文献调研发现，蛋壳表面100%带菌，细菌总数为$7.84×10^6$~$2.31×10^7$CFU/g；大肠杆菌带菌率为60%~80%，带菌量为$1.74×10^4$~$9.97×10^4$CFU/g；沙门菌带菌率为0~10%，带菌量为10~$1.35×10^4$ CFU/g。

蛋壳有一定的破损率，破损蛋壳的鸡蛋更容易被微生物污染。有学者研究了清洗涂膜对鸡蛋污染沙门菌的影响，发现在经过清洁涂膜处理的鸡蛋表面未检出沙门菌，而未清洁的鸡蛋表面检出了沙门菌，检出率为8.33%（5/60）。

中国疾病预防与控制中心学者利用中国的资料与信息建立了带壳鲜鸡蛋沙门菌定量危险性评估模型，对中国带壳鲜鸡蛋的沙门菌污染情况进行定量评估。模型计算每年以带壳鲜蛋形式被消费的污染沙门菌的鸡蛋数量平均为$2.5×10^8$个（95% CI：$1.9×10^6$~$1.1×10^9$），消费前每个污染鸡蛋中的沙门菌量平均70CFU（95% CI：14~172CFU），该定量暴露评估为中国每年沙门菌病暴发的危险性提供了评估依据。

美国FSIS发布数据显示，2019年加工鸡蛋中的沙门菌检出率为0.01%，单增李斯特菌的检出率为0.17%；历史累计检出率沙门菌为0.02%，单增李斯特菌为0.15%。2018年发布的欧盟国家鸡蛋中沙门菌检出率均为0.3%，我国鸡蛋内沙门菌污染率比欧美高，所以卫生质量还有提升空间，但是整体低于20世纪90年代发达国家0~19%的检出率，与其他发展中国家如泰国（5%）和阿尔及利亚（4.4%）相比，我国目前沙门菌的检出率要低得多。

3.5.3 鸡蛋烹饪消费环节中微生物的暴露

2018年我国居民人均蛋类的消费量为

9.0kg，城镇居民人均消费量为10.8kg，农村人均消费量为8.4kg；我国地区居民人均消费蛋类的数量差异与肉类比较较小，有12个省的人均消费量都超过10kg，天津、山东居民的人均消费量最多，分别为17.7kg和16.0kg，只有贵州（3.4kg）、西藏（3.6kg）、青海（3.7kg）、云南（4.3kg）和海南（4.8kg）人均消费量不足5.0kg。

烹饪消费阶段鸡蛋中致病微生物的主要来源是敲碎蛋壳的同时蛋壳表面污染的微生物污染到蛋液，但是后续烹饪加工随着加热可以消除掉蛋液本身携带或者交叉污染的微生物。烹饪的温度和时间决定了鸡蛋中所污染微生物的消除水平。不同的烹饪方式会有不同的温度和时间，沙门菌残留量因烹饪方法不同而有差异，如单面煎蛋（终末温度是60℃）烹饪后仍能检测到沙门菌。美国农业部推荐鸡蛋制品加热至中心温度71℃以上，这样可以保证沙门菌基本被杀灭，且蛋黄完全凝固。此外，鸡蛋在厨房处理烹饪时还应注意对操作人员的直接接触感染或者对其他即食食品的交叉污染。

3.6 牛奶中致病微生物的暴露

目前我国生鲜乳和乳制品的产量仅次于印度和美国，居世界第三，我国已成为乳业生产和消费大国。据国家统计局数据显示，2019年牛奶产量3201万t，与2018年相比，增长4.1%。2018年，全国牛奶产量3075万t、乳制品产量2687万t、乳制品进口量1400多万t、奶类消费总量接近5000万t，数量上我国

已是名副其实的奶类生产、加工、进口和消费大国。尽管如此，我国奶类消费水平依然偏低，人年均饮奶量仍不足世界平均水平的1/3、亚洲的1/2。因此，随着消费理念和膳食结构改善，经济发展和收入增加，未来奶类的消费将持续刚性增长，所以，牛奶的卫生质量安全关系到每个消费者的身体健康。

按照我国牛奶收购和生产加工标准，原料奶的控制越来越严格，加工企业按照牛奶中体细胞的数量严格把控，这样一来，患有乳房炎的牛奶不容易流入生产线，从源头上对其质量进行了控制。尽管如此，牛奶中致病菌的污染还是存在的，当牛奶中存在致病菌，只要贮存不合理就会快速生长繁殖，并会代谢产生大量毒素，尽管在后期加工过程中可杀死致病菌，但毒素依旧具有活性，从而在人类饮用后发生中毒。牛奶中常见致病菌包括致病性大肠杆菌、沙门菌、金黄色葡萄球菌、单增李斯特菌等，因此，饮用未经巴氏灭菌的生鲜牛奶引发食源性疾病也时有报道。

牛奶在从农场到餐桌全链条中需要经历养殖生产环节、贮存流通环节、加工环节、销售环节以及消费环节，其中养殖生产和贮存流通是最易引入微生物风险的两个环节，也分为奶牛本身的垂直污染和来自环境的水平污染。加工环节主要是经过巴氏杀菌或者其他灭菌方式制成可直接摄入的牛奶或奶制品；销售环节已经有了独立包装，主要影响因素就是存放温度和时间；消费环节主要针对购买的生鲜牛奶，处理方式和存放温度、时间也是微生物风险影响因素。牛奶在整个过程中的微生物暴露情景分析如图3.13所示。

（奶牛/环境）　　（环境/温度/时间）　（加工器具/环境/条件）　　（温度/时间）　　（温度/时间）

图 3.13　牛奶中致病微生物暴露控制的基本环节及主要影响因素

3.6.1　牛奶生产环节中微生物的暴露

　　尽管生鲜奶经过灭菌加工制成各种供消费者消费的牛奶及乳制品，但原料奶的卫生质量一直是国家和行业关注的焦点。除奶牛本身因乳房炎引起的牛奶质量问题外，牛奶中微生物主要是来自外界污染。健康奶牛刚挤出的牛奶，从理论上讲细菌含量并不高，但在一般奶牛场的环境条件下，能够使牛奶腐败的细菌到处都有，污染的机会及途径很多，如挤奶过程中不讲究卫生，没有做好必要的清洁卫生工作，其每毫升奶中的细菌数可达 100 万以上，而且因为刚挤出的奶温度一般为 37℃，非常适宜细菌增殖。在牛奶中细菌较多的情况下，势必会含有致病微生物，对人体健康造成威胁。

3.6.1.1　牛奶生产环节中微生物的暴露控制

　　下面分几个方面分析了养殖生产环节中牛奶微生物的暴露来源、传播途径及其相应控制措施。

　　（1）来源于乳房的污染　由于乳房的乳头管是开放的，细菌便可经乳头管上行而栖生于乳池的下部，有的则停留在乳头管内，因此，挤出的头奶含菌量很多，比最后挤出的奶要高约 30 倍，所以挤奶时要求弃掉头三把奶。如果奶牛患有乳房炎，那产出的奶势必含有引发乳房炎的致病菌，这种情况下产的奶不允许进入下游消费环节，所以挤奶前应对乳房进行检查，排除乳房炎。

　　（2）来源于空气的污染　挤奶和收奶过程中，牛奶经常与空气接触，因而受空气中细菌污染的机会很多，尤其是环境不良的牛舍内空气中含很多的细菌，通常每升空气中含有 50～100 个细菌，当灰尘多时可达 10000 个。一般在使用机器挤奶时，从挤奶杯的进气口流进的空气以及输奶管、存奶容器内的空气均受牛舍中细菌的污染，因此，应保持环境卫生清洁。

　　（3）来源于牛体表面的污染　挤奶时，牛奶受牛体及乳房周围等部分的污染机会很多，因为牛身经常受牛舍中的空气、垫草以及自身的排泄物所污染，从附在牛体上的污物中检出的细菌数约为 150 万个/g，其中以大肠菌类最多，挤奶时牛体与乳房的清洁程度与牛奶的含菌数关系极大，所以挤奶前要用温水冲淋乳房并用干净毛巾或纸巾擦干表面，挤奶后要及时对乳头消毒。

　　（4）来源于挤奶器具的污染　挤奶时所用的器具如挤奶器、小口桶、过滤布、输奶管等如果事先不进行清洗消毒，牛奶接触这些器具就遭到污染。有时虽然进行了清洗消毒处理，但细菌数仍很高，这主要是由于清洗或拆洗不彻底，用具内部高低不平及生锈后仍有污物或奶垢存在，消毒不彻底，所以，挤奶过程所用器具一定要保证挤奶前、后彻底消毒清洁。

（5）来源于挤奶员的污染 挤奶者的手、指甲、头发以及工作服上附着许多细菌。正常人的一双手上的细菌可达40万个，1g指垢中则可达40亿个，不洗手挤奶时，每毫升牛奶中的细菌数为6700~25000个，而剪过指甲并认真洗手后挤奶，每毫升牛奶中的细菌数仅200个左右，所以，挤奶员首先要保证身体健康，不能有传染性疾病，其次挤奶前个人卫生要做好。

（6）操作与牛奶中含菌数的关系 挤奶操作的卫生情况与牛奶中的细菌污染程度关系极大。用清洁的水认真擦洗乳头，牛奶中的细菌数可减少76.5%~86.3%，如用消毒药液擦洗可减少73.5%~96.8%，但如用不洁的水和毛巾擦洗乳房乳头时，则细菌数显著增加。在手工挤奶时，如邻近的牛只排粪或排尿时容易溅入挤奶桶，此时挤奶员如不及时起立提起挤奶桶或用盖布盖好桶口就会遭受粪尿污染，每克牛粪中的细菌数高达100万~1000万个，甚至可达10亿个。在机器挤奶时，有时奶杯脱落着地（或落入垫草上、牛粪上、排水沟），强大的真空吸力可吸入大量污物，使牛奶污染。有些挤奶员手工挤奶时，牛奶沿手流入挤奶桶或挤奶时沾奶等不良习惯也可大量带入细菌。

3.6.1.2 牛奶生产环节微生物的暴露状况

目前我国对牛奶中微生物的暴露状况研究主要集中在金黄色葡萄球菌和大肠杆菌，这两种菌都是环境常见菌，而且金黄色葡萄球菌还是引发牛乳房炎的主要病原菌，容易内源携带。

（1）金黄色葡萄球菌暴露状况 通过文献调研发现，我国研究人员对从牛奶场采集的奶样进行金黄色葡萄球菌分离鉴定，阳性检出率总体在12%~35%，不同地区有所差异（图3.14），其中从南宁市奶场145份生牛奶中45份检出有金黄色葡萄球菌，检出率为31.03%；从三个省的6个奶牛场和奶站采集的360份生鲜牛奶中有102份样品检出金黄色葡萄球菌，检出率为28.33%，并且92.3%的分离菌株产SEA-SEJ肠毒素；从芜湖地区的4个奶牛场采集的185份生牛奶中共检测出49份牛奶污染金黄色葡萄球菌，检出率为26.5%，其中在49株金黄色葡萄球菌中有14株为耐甲氧西林金黄色葡萄球菌，占28.6%；从北京市10家奶牛养殖场生牛奶共131份样品中，共检出35份为金黄色葡萄球菌阳性，检出率为26.7%。

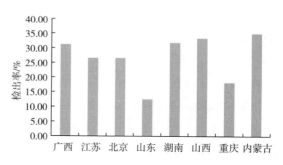

图3.14 不同省份奶牛场生鲜牛奶中
金黄色葡萄球菌分离情况

（2）大肠埃希菌暴露状况 大肠杆菌是卫生指标菌，从牛奶中检出大肠杆菌并不意味着其有致病风险，只是检出的大肠杆菌含量越高，说明其卫生情况越差，致病菌携带的风险也就越高。研究人员从四川省不同牛奶养殖场共采集74份生牛奶样品进行大肠杆菌分离鉴定，结果显示，有 43 份牛奶检出大肠杆菌，检出率为 58.11%；从贵阳市周边散养奶牛场共采集 26 份生鲜牛奶进行实验室检测，检测结果显示，26 份牛奶中检测出 6 份为大肠杆菌阳性，检出率为 23%；从重庆市的 5 个奶牛场和 1 个牛奶收购站共采集 326 份生鲜牛奶样品进行实验室检测，结果显示，326 份牛奶样品中 stx2a/stx2b 抗体阳性的牛奶共 47 份，抗体阳性率为 14.42%，并且从部分样品中分离的大肠杆菌为产志贺毒素大肠杆菌。

3.6.2 牛奶贮存流通环节中微生物的暴露

牛奶贮存流通环节中微生物的暴露来源主要就是接触器具或环境的交叉污染，同时，与存放的温度和时间密切相关。牛奶场或奶站挤出的生鲜牛奶需要单间存放，并保持周边环境卫生清洁。鲜奶要经过过滤后进入存奶容器储存，并保证温度快速（2h 内）降低到 4℃ 以下。鲜奶必须采用密闭的奶槽车或储运罐装运，保障低温贮存运输。即使这样，生鲜牛奶中本底存在的微生物由于牛奶丰富的营养，依然会持续活，所以，对流通环节中的牛奶进行微生物检测，依然会有阳性检出。

3.6.2.1 金黄色葡萄球菌暴露状况

研究人员在对市售鲜牛奶中金黄色葡萄球菌安全性评估时发现，我国贮存流通环节生鲜牛奶中金黄色葡萄球菌的检出率为 15%~60%。对上海市生鲜牛奶进行采样检测发现，金黄色葡萄球菌的污染率为 46.2%；从扬州市的 20 个生奶收集供应点共采集 171 份样品，检出 26 份金黄色葡萄球菌阳性，检出率为 15.20%；芜湖地区生牛奶中金黄色葡萄球菌

检出率为 26.5%，其中在 49 株中有 14 株为耐甲氧西林金黄色葡萄球菌，占 28.6%。

3.6.2.2 大肠杆菌暴露状况

大肠杆菌在自然界分布广泛，牛奶中一旦检出大肠杆菌，即意味着直接或间接地被粪便污染，并且它的出现也可能预示着某些肠道病原菌的存在。因此，该细菌是国际上公认的卫生监测指示菌，而其中的致泻性大肠杆菌更是引起人体以腹泻症状为主的全球食源性疾病。

我国部分地区生鲜牛奶样品中大肠杆菌污染相对比较严重。根据文献报道，有研究人员从新疆石河子地区不同牛奶销售点采集了 100 份生鲜牛奶进行检测，结果发现，所有样品全部检测出大肠杆菌，大肠杆菌检出率为 100%；另有学者以哈尔滨市区早市及居民区养牛户出售的生牛奶为样本，共采集了 31 份样品进行实验室检测，结果显示，有 10 份检测出致泻大肠杆菌，检出率为 32.26%，其中有 2 份样品检测出肠道产毒素性大肠杆菌，4 份检测出肠道侵袭性大肠杆菌，可见，生鲜牛奶中致病大肠杆菌污染严重，消费前应注意规范的处理。欧盟 2018 年发布的监测结果显示，生鲜奶中 STEC 的检出率为 2.5%。

3.6.2.3 其他致病菌暴露状况

为了解食品中沙门菌、单核细胞增生李斯特菌、致病性大肠杆菌 O157：H7、金黄色葡萄球菌和副溶血性弧菌的污染与分布状况，有研究者采集了 9 种食品共 194 份样品进行致病菌检测，发现 9 种产品中致病菌检出率最高的是牛奶，检出率为 37.0%。文献调研结果显示，从超市、农贸市场等地方采集生牛奶样品存在单增李斯特菌、大肠杆菌 O157：H7、空肠弯曲杆菌、副溶血性弧菌等不同程度的污染。

3.6.3 消费环节

生鲜牛奶的加工环节是微生物消除的过程，一般是生鲜牛奶经过灭菌处理后，即包装成可供消费者直接饮用的牛奶产品。目前牛奶的灭菌加工处理主要有两种方法：巴氏灭菌法和超高温灭菌法。巴氏灭菌法的通常做法是将原奶加温到 72～80℃ 维持 3～15min，这样就能尽可能地杀灭原奶中对人体有害的微生物，并能最大限度地保存牛奶的口感和营养价值；超高温灭菌是使用特殊的设备，将原奶加温到 135～140℃，保持 1～3s，彻底消灭原奶中的一切微生物，不过由于温度越高，对牛奶的口感和蛋白质等营养成分的破坏就越大。由于我国的原奶质量参差不齐，许多企业的巴氏灭菌法都采用 85～90℃，甚至更高，以杀灭原奶中的大量微生物群落。经过适宜灭菌加工处理后的牛奶，有害微生物风险极低，所以理论上，只要后续销售和消费环节存放温度和时间适当，牛奶的质量安全就有所保证。

原国家市场监督管理总局收录的自 2014 年 1 月至 2019 年 8 月对市售牛奶的质量抽检情况，结果显示，共抽检了 3727 批次牛奶（包括灭菌乳、调制乳、巴氏灭菌乳等），其中 3675 批次合格，合格率为 98.6%，微生物超标是不合格牛奶的主要原因，包括大肠菌群（26 次）、菌落总数（9 次）、金黄色葡萄球菌（3 次）、商业无菌（1 次）等指标，占不合格比例的 66.1%。欧盟 2018 年发布的监测结果显示，巴氏杀菌牛奶中金黄色葡萄球菌的阳性检出率为 1.2%，而我国加工后牛奶中金黄色葡萄球菌的阳性批次检出率仅为 0.08%。

尽管杀菌处理后的牛奶带菌率极低，但是消费者消费时还是应该注意相应的存放温度和时间，一般巴氏灭菌奶里依然会存有耐热的微生物，需低温冷藏保存，且保质期一般为 7d 左右；高温灭菌奶可常温保存，时间也相对较长。尽管我国居民购买灭菌处理的牛奶已非常普遍，但还有一部分消费者为了追求新鲜和口感而购买刚挤下的生鲜牛奶。自行生产的生鲜牛奶中，无论是大肠杆菌还是其他致病菌的污染风险都较大，且没有包装的情况下也要注意交叉污染。生鲜牛奶在购买后饮用前，一定要经过加热杀菌处理，温度不能过低，否则杀灭不了微生物；温度也不能过高，100℃ 就会破坏牛奶的固有营养。一般家庭很难掌握生鲜牛奶加热处理的火候和时间。因此，更建议购买经过加工处理的商品化牛奶，质量安全相对更有保证。

参考文献

[1] EFSA. The European Union summary report on trends and sources of zoonoses, zoonotic agents and food-borne outbreaks in 2016 [J]. EFSA Journal, 2017, 15(12):5077.

[2] EFSA and ECDC. The European Union summary report on trends and sources of zoonoses, zoonotic agents and food-borne outbreaks in 2014 [EB/OL]. 2015-12-17. EFSA Journal, doi:10.2903/j.efsa.2015.4329.

[3] EFSA. *Salmonella* the most common cause of foodborne outbreaks in the European Union [EB/OL]. https://www.efsa.europa.eu/en/news/salmonella-most-common-cause-foodborne-outbreaks-european-union

［4］FAO and WHO. Interventions for the control of nontyphoidal *Salmonella* spp. in beef and pork, Meeting report and systematic review［Z］. 2016.

［5］Chen H, Bai J, Wang S, et al. Prevalence, antimicrobial resistance, virulence gene and genetic diversity of *Salmonella* isolated from retail duck meat in southern China［J］. Microorganisms, 2020, 8, 444.

［6］Huang J, Zang X, Lei T, et al. Prevalence of *Campylobacter* spp. In pig slaughtering line in eastern China: Analysis of contamination sources［J］. Foodborne Pathogens and Disease, https://doi.org/10.1089/fpd. 2020. 2800

［7］USDA. Data collection and reports［EB/OL］. 2020-06-22. https://www.fsis. usda. gov/wps/wcm/connect/68f5f6f2 - 9863 - 41a5 - a5c4 - 25cc6470c09f/Sampling_Project_Results_Data. pdf? MOD = AJPERES

［8］USDA/FSIS. The nationwide microbiological baseline data collection program: market hogs survey august 2010 - august 2011［R］. https://www. fsis. usda. gov/wps/wcm/connect/d5c7c1d6 - 09b5 - 4dcc - 93ae - f3e67ff045bb/Baseline _ Data _ Market _ Hogs _ 2010 - 2011. pdf? MOD = AJPERES

［9］Ge Zhao, Xue Song, Jianmei Zhao, et al. Isolation, identification, and characterization of foodborne pathogens isolated from egg internal contents in China［J］. Journal of Food Protection, 2016. doi: 10. 4315/0362-028X. JFP-16-168

［10］张莉, 尹德凤, 张大文, 等. 猪肉引发厨房沙门氏菌交叉污染定量风险评估［J］. 食品科学, 2018, 39(11): 177-184.

［11］国家统计局. 中国统计年鉴［R］. 2019. http://www. stats. gov. cn/tjsj/ndsj/2019/indexch. html

［12］光华博思特消费大数据中心. 中国国民健康与营养大数据报告(大健康)［EB/OL］. 2018-06-07. https://www. doc88. com/p-2466485891810. html

［13］中华人民共和国农业农村部. 2018 年全国主要农产品产量情况［EB/OL］. http://zdscxx. moa. gov. cn:8080/nyb/pc/index. jsp

［14］郭俊生. 专家解读新版膳食指南(四): 适量吃鱼、禽、蛋、瘦肉［EB/OL］. 2016-09-30. 中国居民膳食指南(2016). http://dg. cnsoc. org/article/ 04/8a2389fd575f695101577a35d9b602d6. html

［15］杨月欣. 专家解读新版膳食指南(三)多吃蔬果、奶类、大豆［EB/OL］. 2016-09-30. 中国居民膳食指南(2016). http://dg. cnsoc. org/article /04/8a2389fd575f695101577a3abfdd02d7. html

［16］Stephen J. Forsythe, 著. 石阶平, 史贤明, 岳田利, 译. 食品中微生物风险评估［M］. 北京: 中国农业大学出版社, 2007.

［17］联合国粮食及农业组织, 世界卫生组织. 鸡蛋和肉鸡中沙门氏菌的风险评估［M］. 北京: 中国农业出版社, 2016.

［18］Charles N. Haas, Joan B. Rose, Charles P. Gerba, 著. 滕婧杰, 译. 微生物定量风险评估［M］. 北京: 中国环境出版社, 2017.

［19］危梦, 晏宸然, 黄嘉玲, 等. 猪肉中沙门氏菌污染情况及检测方法进展［J］. 农产品加工(上半月), 2019(23): 64-66.

［20］吴忠芬, 余萍. 贵州省饲料中沙门氏菌污染现状调查及控制［J］. 贵州畜牧兽医, 2014, 38(4): 32-34.

［21］纪少博, 白雪梅, 刘凯, 等. 我国不同地区健康猪猪链球菌检出率调查［J］. 中国人兽共患病学报, 2013, 29(5): 423-426.

［22］刘秀萍, 唐雨顺, 刘永华, 等. 生猪屠宰加工过程中微生物污染因素及关键控制点分析［J］. 中国兽医杂志, 2010, 50(9): 72-74.

［23］孙玉芬, 冯丽君, 盖喜军. 对个体业户经销的鲜猪肉运输及销售中污染情况的调查［N］. 维普

资讯 http://www.cqvip.com.

[24]刘庭海,徐英杰,张健,等.解放军某部生猪肉沙门菌污染情况调查[J].预防医学,2002,8(2):228.

[25]刘寿春,赵春江,杨信廷,等.冷链物流过程猪肉微生物污染与控制图设计[J].农业工程学报,2013,29(7):254-260.

[26]吴福平,王毅谦,郭旸,等.2012年张家港口岸进境冷冻猪肉制品中单核细胞增生李斯特菌污染调查[J].口岸卫生控制,2014,19(1):43-45.

[27]李明川,彭楠,李晓辉,等.2007年成都市市售生猪肉中单核细胞增生李斯特菌污染调查[J].职业卫生与病伤,2008,23(4):201-203.

[28]柳增善,任洪林,崔树森,等.食品病原微生物学[M].北京:化学工业出版社,2015.

[29]赵格,刘娜,赵建梅,等.生猪屠宰环节沙门菌污染的定量风险评估[J].农产品质量与安全,2018(2):21-25.

[30]薛琳,刘彦,王振文,等.市售猪肉的金黄色葡萄球菌污染状况调查及菌株耐药性分析[J].畜牧与兽医,2014,46(11):82-84.

[31]郝心,陈正涛,王方昆,等.泰安地区冷鲜猪肉中沙门氏菌污染情况调查[J].山东畜牧兽医,2015,36(9):60-62.

[32]王福红.潍坊市销鲜猪肉中致病菌的检测[J].肉类工业,2014(9):38-40.

[33]彭少静,邓华英,张媛媛,等.重庆地区猪肉样品中猪链球菌污染、血清型、耐药性及致病性[J].食品科学,2016,37(4):233-237.

[34]邓涤夷,陈毓玲,邓燕,等.农贸市场肉品沙门氏菌污染情况调查[J].中国食品卫生杂志,doi:10.13590/j.cjfh.1989.04.024.

[35]封幼玲,戴建华,王为云,等.南京市生牛奶猪肉光鸡空肠弯曲杆菌污染状况的初步调查[J].中国食品卫生杂志,doi:10.13590/j.cjfh.1992.02.001.

[36]张彦明,贾靖国,王德铭,等.陕西省十市农贸市场鲜销猪肉沙门氏菌污染情况的调查[J].肉品卫生,1992(12),8-11.

[37]邱燕,温贵兰,张升波.定点屠宰场(点)猪肉中三种主要食源性致病菌污染情况调查[J].中国动物检疫,2018,35(8):23-28.

[38]刘寿春,赵春江,杨信廷,等.基于微生物危害的冷却猪肉加工过程关键控制点分析与控制[J].食品科学,2013,34(1):285-289.

[39]赵光辉,李苗云,王玉芬,等.冷却猪肉分割过程中微生物污染状况的研究[J].食品科学,2011,32(7):87-91.

[40]李苗云,周光宏,赵改名,等.冷却猪肉屠宰过程中微生物污染源的分析研究[J].食品科学,2008,29(7):70-72.

[41]窦春香,李国福.青海省湟源县农贸市场鲜猪肉沙门氏菌污染情况调查[J].畜牧与饲料科学,2005,26(3):51.

[42]王军,王晶钰,郑增忍,等.陕西部分地区市售猪肉卫生状况的调查研究[J].中国动物卫生检疫,2007,24(5):23-24.

[43]文明,王松林,李绍荣,等.鲜猪肉中A型产气荚膜梭菌污染情况调查[J].中国兽医科技,2002,32(12):29-31.

[44]樊静,李苗云,张建威,等.肉鸡屠宰加工中的微生物控制技术研究进展[J].微生物杂志,2011,31(2):80-84.

[45]董忠,陈倩,骆海鹏.2002年北京市市售鲜鸡蛋和生鸡肉的沙门菌污染情况调查[J].中国食品卫生杂志,2004,16(6):514-517.

[46]卢旭红,李鑫,阳宇恒.北京市大型超市中冰鲜鸡肉微生物污染状况调查[J].中国食物与营养,2014,20(12):10-13.

[47]赵璐,苏战强,逯晓龙,等.大肠杆菌O157:H7在部分市售鸡肉和鸡蛋中的污染状况调查[J].新疆农业科学,2014,51(10):1948-1954.

[48]何瑞琪,魏素红,郭善广,等.广州市售鲜鸡肉微生物污染状况调查[J].现代食品科技,2010,26(7):756-749.

[49]任慧婧,谭艾娟,吕世明,等.贵阳市市售鸡肉中五种食源性致病菌污染状况调查研究[J].山地农业生物学报,2012,31(1):91-94.

[50]徐丽娜,闫龙刚,朱瑶迪,等.河南省冰鲜鸡肉与烧鸡中沙门氏菌污染情况调查[J].安徽农业通报,2018,24(20):96-99.

[51]陈枑娜,陆思琴,陈荀,等.鸡肉空肠弯曲杆菌的污染率与耐药性分析[J].中国兽医杂志,2013,49(2):7-9.

[52]陈荀,刘书亮,吴聪明,等.鸡肉生产链中空肠弯曲杆菌的污染分析及PFGE分型研究[J].中国人畜共患病学报,2012,28(10):1012-1016.

[53]梁荣蓉,张一敏,李飞燕,等.鸡肉调理制品生产过程中污染微生物的调查研究[J].食品科学,2010,31(5):274-278.

[54]王振国,罗雁非,肖成蕊.鸡肉中单核细胞增生李斯特氏菌的分离与鉴定[J].吉林农业大学学报,1999,21(4):71-74.

[55]王振国,秦学,郑希铭,等.鸡肉中弯曲杆菌的分离与鉴定[J].中国人兽共患病杂志,2001,17(1):63-64.

[56]乔昕,袁宝君,吴高林.南京市2005年鸡肉产品中空肠弯曲杆菌污染状况调查[J].江苏预防医学,2007,18(2):37-38.

[57]赵瑞兰,张培正,李远钊.肉鸡加工厂环境及半成品中沙门氏菌污染情况的调查[J].肉类研究,2005(5):38-40.

[58]蒋兴祥,赵霞赘,何婷婷.生鸡肉中单核细胞增生李斯特菌的污染监测[J].中国卫生检验杂志,2007,17(1):119-120.

[59]浦承君,崔兴博,杜兰兰,等.市售生鲜鸡肉5种主要食源性致病菌污染监测及分布概率评估[J].食品科学,2015,36(10):201-205.

[60]李继祥,高继业,唐妤,等.屠宰场生鸡肉肠炎沙门氏菌的污染途径[J].食品科学,2010,31(15):208-211.

[61]石一,张铮,吴守芝,等.2016年陕西省部分地区地市养殖场鲜鸡蛋微生物污染情况调查[J].医学动物防制,2017,33(7):709-713.

[62]赵波,张克英.绿色饲料添加剂在家禽沙门氏菌污染中的研究与应用[J].饲料工业,2003,24(12):29-33.

[63]唐俊妮,刘骥,陈娟.肠炎沙门菌感染与鸡蛋污染相互作用机制的研究进展[J].中国食品卫生杂志,2012,24(1):95-98.

[64]胡艳,胡辉,徐文娟,等.肠炎沙门菌污染鸡蛋的机制[J].中国家禽,2011,33(15):41-48.

[65]胡艳,朱春红,单艳菊,等.肠炎沙门菌污染鸡蛋的途径[J].中国家禽,2011,33(4):40-44.

[66]赵志晶,刘秀梅.中国带壳鸡蛋中沙门氏菌定量危险性评估的初步研究[J].中国食品卫生杂志,2004,16(3):201-206.

[67]李卓阳,郭荣显,孟闯,等.肠炎沙门氏菌与鸡蛋:污染机制、危害分析及生物控制[J].中国家禽,2018,40(17):40-44.

[68]消息信使.美国查找鸡蛋被沙门氏菌污染的原因[J].中国禽业导刊,2010,27(16):60.

[69]谢倩,姚明,刘媛,等.合肥市售鸡蛋壳表面与内容物沙门氏菌污染的检测及其分离株耐药性分析[J].食品安全质量检测学报,2013,4(5):1505-1510.

[70]刘美玉,王永霞,孔德江,等.鸡蛋壳表面及蛋内容物的微生物污染情况分析[J].肉类研究,2008(3):62-65.

[71]段忠意,秦宇辉,刘燕荣,等.鸡蛋清洁前后蛋壳表面沙门氏菌污染检测[J].农产品加工(学刊),2012(11):151-153.

[72]赵军,陈泽平,李桢,等.鸡蛋污染致病菌分离及鉴定[J].黑龙江畜牧兽医,2016(3):35-38.

[73]赵格,宋雪,赵建梅,等.鸡蛋中常见食源性致病菌的生长预测模型研究[J].中国动物检疫,2016,33(6):68-71.

[74]陈力力,申田宇,刘金,等.鸡蛋贮藏期细菌污染及其对蛋品质影响的研究进展[J].食品科学,2019,40(17):357-363.

[75]张颖.笼养蛋鸡鸡蛋破损和污染的研究[J].当代畜牧,2017(32):53-54.

[76]韩青松,胡俊峰,段龙川,等.温州市区土鸡蛋沙门氏菌污染的研究及药敏试验[J].温州科技职业学院学报,2018,10(4):26-29.

[77]Andreas Kocher,杨帆,孟和.预防商品鸡蛋的沙门氏菌污染[J].国外畜牧学(猪与禽),2009,29(6):42-44.

[78]赵建梅,李月华,王琳,等.大型肉鸡屠宰场沙门氏菌污染关键控制点的研究[J].农产品质量与安全,2020(3):49-54.

[79]赵格,刘娜,赵建梅,等.生猪屠宰环节沙门菌污染的定量风险评估[J].农产品质量与安全,2018(2):21-25.

[80]董瑞鹏,兀征,杨红艳,等.LAL试验快速检测牛羊肉细菌污染程度的研究[J].中国动物检疫,2000,17(6):27-28.

[81]张涛,尹明远,王威,等.乌鲁木齐市零售牛羊肉中沙门氏菌的调查[J].食品安全质量检测学报,2015,6(9):3480-3484.

[82]隋慧,庄天中.牛肉中沙门氏菌的检测[J].中国动物检疫,2001,28(4):59-61.

[83]李鹏.2018年酒泉市市售冷冻羊肉沙门氏菌污染情况调查与分析[J].中国动物传染病学报,2020,28(3):91-96.

[84]石颖,杨保伟,师俊玲,等.陕西关中畜禽肉及凉拌菜中沙门氏菌污染分析[J].西北农业学报,2011,20(7):22-27.

[85]刘英玉,郑晓风,李睿鹏,等.牛羊源沙门氏菌在某定点屠宰场和农贸市场的污染分布与耐药性调查[J].新疆农业科学,2020,57(2):326-332.

[86]王晓红,应兰,李增魁.牛羊肉中肠出血性大肠杆菌O157:H7的检测[J].安徽农业科学,2012,40(32):15719-15721.

[87]徐锋,陈冈,王建,等.动物及动物产品中大肠埃希氏菌O157带菌情况的调查[J].上海畜牧兽医通讯,2009(1):29-30.

[88]牛春晖,韩小丽,剡根强,等.石河子地区生鲜肉蛋奶大肠杆菌污染情况调查[J].试验研究,2018,48(10):79-81.

[89]陈前进,曹春远,王炳发,等.动物及食品中O157大肠杆菌的调查[J].中国人兽共患病杂志,2002,18(2):124-125.

[90]刘英玉,张妍,夏利宁,等.伊犁地区牛源产志贺毒素大肠杆菌的血清型和ERIC-PCR基因型研究[J].食品工业科技,2017,38(22):140-144,162.

[91]佟盼盼,马凯琪,刘争辉,等.新疆牛源产志贺毒素大肠杆菌耐药性及其ESBLs基因鉴定[J].畜牧兽医学报,2019,50(4):887-892.

[92]张正东,张玲,王红,等.自贡市2014年农贸市场食品中单增李斯特菌污染状况调查[J].实用预防医学,2019,26(3):264-267.

[93]王承,贾立敏,蔡扩军,等.动物产品中金黄色葡萄球菌的分离鉴定[J].新疆畜牧业,2019,34(5):22-24.

[94]高璇.市售鲜牛奶中金黄色葡萄球菌的分离鉴定及耐药性分析[J].安徽农业科学,2018,46(27):173-175.

[95]吕素玲,唐振柱,李秀桂,等.南宁市生牛奶金黄色葡萄球菌污染状况及其耐药性和肠毒素基因检测[J].应用预防医学,2010,16(5):271-274.

[96]徐勤,巢国祥.生牛奶中金黄色葡萄球菌污染状况及耐药性状研究[J].中国卫生检验杂志,2005,15(8):972-973.

[97]王娟,黄秀梅,崔晓娜,等.生鲜牛奶中不

同类型金黄色葡萄球菌污染差异性分析[J].中国动物检疫,2015,32(4):18-19.

[98]范亚楠,相诩卿,刘子琦,等.芜湖地区生牛奶中金黄色葡萄球菌的污染状况及其耐药性和毒力基因检测[J].中国微生态学杂志,2015,27(11):1266-1271,1275.

[99]张彦春,杨杰,荆红波.北京市顺义区生牛奶中金黄色葡萄球菌污染情况及耐药性[J].首都公共卫生,2009,3(2):84-85.

[100]王惠君,秦爱萍,庞志刚.散装牛奶中致泻大肠杆菌污染情况调查[J].中国保健营养(下半年),2010(4):122.

[101]刘海锋,张艳娇,廖小微,等.牛奶中大肠杆菌对抗生素的耐药性研究[J].成都医学院学报,2019,14(5):569-574.

[102]黄梦夏,马光强,杨德凤,等.贵阳市散养奶牛牛奶中大肠杆菌的分离鉴定与耐药性分析[J].贵州畜牧兽医,2018,42(2):19-22.

[103]付宇,王彬,孟庆敏,等.牛奶中致泻性大肠杆菌的污染状况及耐药性研究[J].中国卫生检验杂志,2016,26(2):287-289.

[104]丁红雷,王豪举,毛旭虎,等.产志贺毒素大肠杆菌 stx2a 和 stx2b 的血清和牛奶抗体检测[J].西南大学学报,2008,30(11):63-67.

[105]廖亦红,曹春远,何云,等.2009年龙岩市部分食源性致病菌污染状况调查[J].预防医学论坛,2011,17(7):603-605.

[106]黄健利,钟凌,姚海燕.2004—2008年漳州市市售食品食源性致病菌污染情况检测结果分析[J].预防医学论坛,2010,16(9):832-834.

[107]周帼萍,梁天光,丁淑娟.1986—2007年中国299起蜡样芽孢杆菌食物中毒案例分析[J].中国食品卫生杂志,2009,21(5):450-454.

[108]陆月敏.布利丹沙门菌食物中毒的流行病学分析和实验室调查[J].中国卫生检验杂志,2014,24(12):1788-1789.

[109]冉桂芬,郭庆安,王琳,等.一起因食用病猪肉引起的细菌性食物中毒调查报告[J].职业与健康,2007(23):2170-2171.

[110]朱江辉,任鹏程,徐海滨,等.中国鸡肉沙门菌厨房内交叉污染模型初探[J].中国食品卫生杂志,2016,28(3):382-388.

畜禽产品中致病微生物的危害特征描述

畜禽产品中致病微生物的危害特征描述，即是对畜禽产品中致病微生物的性质进行定性或定量的评估。这通常包含两层含义：一是微生物危害因子与对人体有害影响的关系是否存在；二是在确定了这种关系存在的基础上，建立剂量-反应关系，对人类摄入致病微生物的数量与人体不良反应的可能性之间的关系用数学模型进行描述。目前，用数学模型描述剂量-反应关系已是危害特征描述的一个主要部分。

4.1 致病微生物危害特征描述概述

危害特征描述无论是作为微生物风险评估的一部分，还是作为一个独立的过程，都是旨在描述摄入致病微生物可能导致的人类健康的不良影响。针对大致危害已知的致病微生物，需要通过更多定量数据建立数学模型来明确其剂量-反应关系；针对新的致病微生物，则需要通过临床数据、流行病学以及实验动物研究等快速获取各种数据，可能需要设计更多方面的生态学、生理学、生长特性、检测方法和鉴别微生物种属等来明确其危害特性。

4.1.1 微生物危害特征描述的主要内容

4.1.1.1 对健康造成不良影响的评价

（1）发病特征　所致疾病的临床类别、潜伏期、严重程度（发病率和后遗症）等。

（2）致病微生物信息　微生物致病机理（感染性、产毒性）、毒力因子、耐药性、抗宿主防御能力及其他传播方式等阐述。

（3）宿主易感性　对敏感人群，特别是处于高风险亚人群（年龄、免疫状态和身体状况）的特征描述。

4.1.1.2 微生物暴露的产品基质

不同的产品其脂肪含量、酸度、抗胃酸能力以及同时存在的竞争菌不同，会影响所污染致病微生物的生长或存活；另外，畜禽产品随着种类不同，贮存条件不同，其基质特性如温度、pH、水活度、氧化还原电位以及营养元素等都有所不同，而这些都可以影响所污染的微生物的生长繁殖，所以需要对畜禽产品生产、加工、贮存或处理措施对微生物的影响进行描述。

4.1.1.3 剂量-反应关系

剂量-反应关系是对人体摄入致病微生物的数量与导致健康不良影响的严重性和/或频率，以及影响剂量-反应关系因素的描述。一般情况下，对每一个致病菌-畜禽产品组合，风险评估中危害识别和危害特征描述常同时叙述，但危害识别更注重于对致病微生物本身的阐述，而危害特征描述则侧重于对畜禽产品中致病菌剂量对消费者健康影响的描述。

4.1.2 畜禽产品中食源性致病微生物的危害

食源性致病微生物可能通过不同途径污染暴露于环境中的畜禽产品，影响产品的安全性，引发食源性疾病。微生物食源性疾病根据其致病微生物特性、临床症状和传染性等分为微生物性食物中毒和食源性传染病。

微生物性食物中毒是一种暴发性食源性疾病，通常是胃肠急性感染所致。食源性传染病包括细菌性肠道感染，如霍乱、伤寒、痢疾等；还包括如单核细胞增生李斯特菌（以下简称"单增李斯特菌"）引发的脑膜炎、败血症和孕妇流产、死胎等；还包括出血性大肠杆菌引发的出血性肠炎和溶血性尿毒综合征等。当然，食源性致病微生物除了细菌，还有真菌，特别是真菌毒素，以及病毒，这些微生物也可引起食物中毒和食源性感染病，如病毒性肠胃炎和病毒性肝炎。

我国国家卫生健康委员会统计发布了2009—2014年食物中毒情况（表4.1），其中微生物性食物中毒人数占比一直处于最高水平，在 56.08% ~ 71.61%，平均占比为63.97%（图4.1）。有学者做过归因分析，引发微生物性食物中毒的主要是污染的动物性食品，其中沙门菌又是首位的危害因子。

表 4.1　2009—2014 年我国食物中毒人数统计

中毒原因	中毒人数/人					
	2009 年	2010 年	2011 年	2012 年	2013 年	2014 年
微生物性	7882	4585	5133	3749	3359	3831
化学性	1103	682	730	395	262	237
有毒动植物或毒蘑菇	1269	1151	1543	990	718	780
不明原因	753	965	918	1551	1220	809

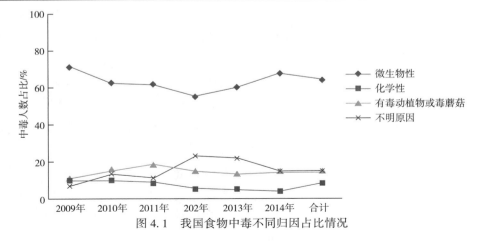

图 4.1　我国食物中毒不同归因占比情况

通常情况下，只有大量摄入某种致病微生物时才能发病，而且对大多数健康人来说虽然会导致食物中毒，但是对健康并不构成严重危害，但是对老年人、婴幼儿、孕妇、儿童或患有自身免疫性疾病等免疫力低下的人群，呕吐、腹泻则可能相当严重，甚至可能是致命的。还有一小部分人群，则会因此而导致后遗症等慢性疾病。近些年，人们才意识到慢性后遗症（次级并发症）的严重性和人体应激反应的多变性。据估计，在食物中毒事件中，2%～3%会引发慢性后遗症，症状可能会持续几周甚至几个月，这些后遗症可能比原病症更严重，并导致长期伤残甚至危及生命。表4.2列出了常见畜禽产品食源性致病微生物感染引发的慢性后遗症。

表 4.2　畜禽产品食源性致病微生物感染引发的慢性后遗症

致病微生物	相关慢性后遗症/症状
布鲁菌	睾丸炎、脑膜炎、心包炎、脊椎炎
弯曲杆菌	关节炎、心肌炎、胆囊炎、大肠炎、心内膜炎、红斑性结节、格林巴利综合征、溶血性尿毒症、脑膜炎、胰腺炎、白血病
大肠杆菌（EPEC/EHEC）	红斑、心内膜炎、溶血性尿毒症、血清阴性关节炎
单增李斯特菌	脑膜炎、心内膜炎、脊髓炎、流产、死胎
痢疾杆菌	红斑性结节、溶血性尿毒症、周围神经病、肺炎、白血病、关节膜炎等
耶尔森菌	关节炎、胆道炎、红斑性结节、淋巴腺炎、肺炎、脓性肾炎、白血病、脊椎炎等

4.1.2.1　畜禽产品中致病微生物的危害影响

畜禽产品中致病微生物由于能够导致人类患食源性疾病，其对公共卫生、经济贸易甚至是社会政治都会产生影响。

（1）公共卫生　据世界卫生组织报告显示，全球每年有多达6亿人，相当于世界总人口的近1/10，因食用受到污染的食品而生病，并进而导致42万人死亡。五岁以下儿童几乎占到食源性疾病致死总人数的1/3，尽管他们仅占全球人口的9%。据估算，食源性疾病每年可导致2.3亿五岁以下儿童患病，相当于致病总人数的39%，其中有超过12.5万名幼童不幸死亡。由此可见，儿童正在承受着食源性疾病带来的最沉重的负担。根据报告提供的数据，腹泻构成全球食源性疾病一半以上的负担，腹泻通常是因为食用了受到诸如病毒、弯曲杆菌、非伤寒沙门菌和致病性大肠杆菌等污染的生的或未煮熟的肉、蛋、新鲜农产品和乳制品而导致的，可见，畜禽产品是主要的食源性疾病归因产品。食源性疾病的风险在低收入和中等收入国家最严重，这与以下问题有关，例如用不安全的水制备食物，卫生条件差和食品生产及储存条件不够，较低的识字水平和教育，食品安全立法或此类法律执法不严等。

（2）经济贸易 食源性疾病的暴发或畜禽产品中致病微生物的超标检出，均会导致溯源食品或产品的召回甚至销毁，产生一定的经济损失。如2017年发生的震动半个欧洲的"毒鸡蛋"事件，让荷兰禽类养殖场至少损失3300万欧元（约合2.6亿元人民币）。2019年，美国因生鲜牛肉中大肠杆菌超标，而召回6万多磅（约为27t）牛肉。实际上，欧美等发达国家都有比较完善的畜禽产品微生物监测预警系统，因此，经常会有产品微生物超标而被召回的事件发布，虽然保证了人们的生命安全，但是也给养殖生产企业带来巨大的经济损失。特别是随着贸易全球化，局部事件有可能演变成国际事件。如2011年德国的大肠杆菌疫情给农民和工业造成13亿美元（1美元≈6.46元人民币）损失，并向22个欧盟成员国支付了2亿3600多万美元紧急援助金。一旦发生食源性疾病，那么经济损失更是巨大的，2018年世界银行关于食源性疾病经济负担的报告指出，低收入和中等收入国家与食源性疾病相关的总生产力损失估计

为每年952亿美元，每年用来治疗食源性疾病的费用估计为150亿美元。

4.1.2.2 畜禽产品中食源性致病微生物危害分类

根据微生物本身的致病特征，确定微生物危害等级时需考虑的因素有：微生物致病性和毒力、宿主范围，引发疾病的发病率、死亡率、传播媒介、媒介中微生物的量、交叉污染和传播的可能性、存活时间、流行性、预防和治疗措施以及人群防御功能等。WHO和我国都针对实验室生物安全对致病微生物进行了生物危害等级描述，一般以个体和群体危害分为四个等级。

引发食源性疾病的致病微生物，可以根据所引发疾病的严重程度进行分类。国际食品微生物标准委员会（The International Commission on Microbiological Specifications for Foods，ICMSF）将微生物的危害度、食品特性和处理条件三者综合在一起进行食品中微生物危害度分类，表4.3将就ICMSF对畜禽产品中致病微生物的危害分类进行说明。

表4.3 畜禽产品中食源性致病微生物的危害分类

危害程度	致病微生物	发病频率	传播介质	其他影响因素
温和的，无生命危险，无后遗症，病程短，常有自限性，会伴有十分不适的症状	A型产气荚膜杆菌	常见	熟制、非腌制畜肉、禽肉、肉汁	症状较轻，老年人和疲劳人群较严重，一般无死亡病例
	肠产毒性大肠杆菌（ETEC），肠致病性大肠杆菌（EPEC）	发展中国家常见，发达国家少见	携带ETEC/EPEC人员污染的食物，被非饮用水污染的食物	普通人群可短时腹泻
	金黄色葡萄球菌毒素	常见	携带金黄色葡萄球菌人员污染熟食、火腿、香肠、牛奶	呕吐腹泻，2天内自愈，死亡极少见

续表

危害程度	致病微生物	发病频率	传播介质	其他影响因素
引起劳动力丧失，不危及生命，后遗症少，病程中等	沙门菌（肠炎/鼠伤等）	很常见，流行	鸡蛋、禽肉、畜肉、乳制品等，加工过程中可发生交叉污染	老人与儿童较重，1%~2%病例会发生反应性关节炎
	弯曲杆菌	常见	主要是禽肉	腹泻呕吐，特殊人群可引发关节炎，菌血症等
	小肠结肠炎耶尔森菌，假结核耶尔森菌	散发	牛乳，猪产品	多发生在5岁以下儿童，症状多为较轻的胃肠病，年龄较大的儿童症状较重；有后遗症；特定人群可发生关节炎
	单增李斯特菌	散发，少见	存储时单增李斯特菌会增殖的畜禽产品	多数食物都污染有少量单增李斯特菌
	痢疾杆菌	发达国家散发，有时是发展中国家的地方病	被感染人群或污水污染的畜禽产品	儿童和老人较严重，偶尔引发溶血性尿毒综合征
对特定人群危害严重，可危及生命，有后遗症，病程长	空肠弯曲杆菌O19	散发	禽肉	引起格林巴利综合征
	大肠杆菌（EPEC/ETEC）	部分地区常见	感染者或污染水处理的畜禽产品	婴儿症状可能很严重，某些地区是婴儿死亡的主要原因
	单增李斯特菌	散发，偶尔流行	奶酪或即食畜禽产品	免疫缺陷或孕妇是高危人群，死亡率高
	C型产气荚膜杆菌	罕见	熟制猪肉	蛋白质缺乏人群死亡率高
	阪崎肠杆菌	罕见	婴儿奶粉	导致婴儿死亡

续表

危害程度	致病微生物	发病频率	传播介质	其他影响因素
对普通人群危害严重，可危及生命，有后遗症，病程长	布鲁菌	地方病	生乳或干酪	恢复期长
	肉毒杆菌神经毒素	罕见	不当加工的灌装或低酸保存的畜禽产品，自己腌肉	快速诊断及时治疗非常必要，死亡率高
	肠出血性大肠杆菌O157∶H7	散发，流行	未熟透的牛肉，酸奶，香肠	老人儿童引发严重并发症，肾衰竭或死亡
	伤寒、副伤寒沙门菌	地方病，偶尔流行	肉制品，生乳	医疗时间长，出现无症状慢性携带

4.1.3 剂量-反应评估

微生物剂量-反应评估就是估计产品中微生物的暴露水平引发人体不良健康反应的概率。通常，微生物的单一暴露引发的风险水平极低（常低于1/1000），这种情况下通过直接动物或人体试验（还涉及伦理道德问题）评估风险是不切实际的，因为需要大于1000个试验对象才能确定可接受的剂量水平。因此，通过剂量-反应关系由低剂量（低风险）外推结果很有必要。

致病微生物区别于其他人类健康风险有两个关键特性：一是微生物在低暴露水平时，其分布特征显示当某一群人暴露于致病微生物时会得到一个实际剂量的分布；另一个特性是：致病微生物具有在易感宿主体内合适条件可繁殖的能力。实际上，微生物致病的过程就是其在宿主体内新生和死亡竞争的过程，当新繁殖的个体数量足以高于诱导效应的关键水平时就会致病。

致病微生物的暴露可导致一系列终点值：人群食用了污染致病微生物的食物，一部分个体受到感染（感染率 P_I），这些感染者中会有一部分发病（发病率 $P_{D:I}$），发病者中又会有部分人死亡（死亡率 $P_{M:D}$），然而在剂量-反应评估中，一般主要集中在早期感染的过程，对 P_I 与剂量间的关系进行表征。感染需要涉及两个子过程：首先人体要摄入一个或多个致病微生物，然后微生物需要在体内增殖足以抵抗宿主反应，才能引发感染。

4.1.3.1 剂量-反应评估中需考虑的重要因素

（1）暴露途径 暴露途径可能对剂量反应曲线有重要影响，为使感染发生并导致疾病状态，生物体必须穿透宿主的防御能力，防御能力随组织类型而异。暴露的途径可以影响剂量-反应曲线的斜率和表现。例如，腺病毒可通过吸入途径传播，具有高度传染性，但通过摄入似乎具有较低的传染性。因此，使暴露途径与适当的剂量反应信息相匹配很重要。

（2）暴露介质 暴露介质的性质可以影响单个微生物在宿主防御中存活并引发感染

的可能性。微生物经口摄入体内遇到的初始防御线是机体的胃酸和消化酶。如果摄食介质起到提高胃中 pH 的作用，则微生物存活的可能性会增加几个数量级。例如，暴露食物介质的结构和脂肪含量在增强或限制微生物在食物介质和宿主胃肠道系统中的存活方面可能有很大不同。

（3）致病微生物　在危害识别过程中，要确定所关注的致病微生物，剂量-反应评估需要锁定所关注的微生物，并搜集相关匹配数据。这个问题之所以重要，是因为对于密切相关的微生物，毒力和致病性存在很大的变异性。例如，大肠杆菌或沙门菌不同血清型致病性差异很大。在无法获得所关注致病微生物数据的情况下，如果有可靠的生物学证据（如常见毒力因子）可以支持使用替代微生物的数据，就可以使用替代微生物的数据，但是必须明确指出。

（4）宿主　在危害识别期间，应讨论与风险评估方案相关的宿主因素，对人类进行微生物剂量-反应评估需要一些人类致病性数据。使用人体试验的剂量-反应数据时，应将试验人群的特征与风险评估范围内定义的人群进行比较。这种方法应讨论在人体试验中有明确代表的个体类型（例如健康的成年人）和在试验中排除的个体（例如儿童，老人，免疫功能低下者和孕妇）的类型。描述对不同人群或生命阶段的潜在影响，并指出用于补偿这些差异的任何工具，例如来自暴发事件中获得的流行病学数据的信息，还需讨论试验中的个体可能对所评估的病原体具有某种免疫力的可能性。通常，人类数据优于动物数据，但是，对于没有数据可用的情况，人体

试验开展难度大且存在伦理道德问题，就可以采用动物研究和体外研究来获取有关宿主-微生物相互作用的有用信息。当然，许多重要的病原体是宿主特异性的，而且疾病的表现形式也可能存在不同，所以，选择动物实验要充分论证，且在风险评估中，应明确说明这些数据的优缺点。

（5）终点　通常在风险评估中建模的终点是感染、发病和死亡。对于直接建模，感染是最直接的健康影响，因为它是暴露于致病微生物的最初表现，但是如果没有临床症状，则很难评估人类的感染情况，正确分类感染可能存在不确定性。例如，检测到血清阳性或粪便中微生物的存在，但是没有表现出症状，或者表现出症状，但是实验室检测阴性，所以对于感染的定义非常重要。这需要确定感染标志，即测量终点，如通过粪便或尿液中致病微生物的检出，血液中存在抗体（血清转化）或临床症状来确定是否发生感染。

尽管感染在无症状的情况下没有直接的不良健康影响，但对于确定疾病风险至关重要，并且在评估继发性传播的影响时起着重要作用。发病率和死亡率是关注健康的主要终点，疾病终点可能从胃肠道不适到长期后遗症。通常采用发病率或死亡率从感染风险中估算出疾病和死亡的风险，某些情况下也可以直接对其建模。定义关注的健康终点，并将该定义与任何使用的剂量-反应研究中使用的临床病例定义相关联。健康终点定义不一致会带来不确定性。

（6）数据来源　人的剂量-反应信息也可以从流行病学数据中获得（主要是回顾性暴发分析）。尽管此类数据可能更能代表实际的

宿主-致病微生物-基质组合，但不确定性仍然存在于剂量估算、暴露人数或反应人群或这些变量的组合中。流行病学数据相对于临床试验的一项重要优势是可以评估敏感人群的相对风险。在这方面，流行病学数据可将可用的剂量-反应信息推广到可能无法获得特定剂量反应信息的其他人群。这些数据还可以提供有关一般人群和敏感人群的一系列信息，包括感染、自我报告的症状、就诊、住院、后遗症（如溶血性尿毒症综合征）和死亡率。

动物剂量-反应数据已用于估计人的剂量-反应曲线和菌株之间的先天变异性，但是，由于种间推断的所有不确定性，这些数据很难直接转化为人的剂量反应，需要在使用前进行严格评估。流行病学信息也可用于校准从动物数据中得出的有关人类反应范围的剂量反应曲线；FDA/USDA/CDC遵循此过程进行单增李斯特菌风险评估，方法是根据可归因于病原体的人类死亡率，校正小鼠的死亡率剂量-反应曲线。动物数据的这种使用不能代替人类数据，而是用于支持有关人类数据特征的假设。

暴发调查通常会提供有关致病微生物的有价值信息，以及风险评估数据收集和模型验证的独特机会。暴发的详细信息可以帮助风险评估人员确定特定微生物的暴露情况，而暴发的数据则可以为基于人类试验或动物模型的剂量-反应模型提供重要的比较，但是暴发数据也有局限性，收集范围很窄，且暴露剂量通常无法量化。如果可以测量或估计食物或水污染的实际水平，则有可能根据暴发数据来估计剂量-反应关系。

监测统计数据提供了一种评估风险评估模型的方法，可以通过将剂量-反应模型与已知的现实暴露估计值相结合，并考虑到报告不足导致的不确定性，确定结果是否近似于根据监测数据估算出的疾病发生率，从而评估剂量-反应模型的准确性。使用年度疾病统计数据来建模剂量-反应和暴露估计值时，隐含包括整个人群和影响反应的多种因素。此外，监测数据库可能具有足够的详细信息以分析特殊人群或生命阶段，例如老年人或免疫功能低下的人群。

4.1.3.2 剂量-反应评估的不确定性和变异性

剂量-反应关系研究中，由于样本的限制，大多数人类志愿者研究并未被测试非常低剂量的致病微生物。因此，只能根据适合中高剂量数据的模型类型，推断低剂量时的剂量-反应关系，而这个低剂量可能最能代表产品中微生物真实的污染水平。另外，志愿者宿主本身可能存在敏感性、遗传因素等不确定性，这也会直接导致对同一剂量的反应程度不同，影响模型的准确性。

剂量-反应涉及宿主和致病微生物的相互作用，因此与宿主或微生物相关的任何因素都具有可变性，并且相互作用本身也是可变的。解决剂量-反应变异性的最简单方法是通过分层（即通过检查针对不同菌株的多次剂量研究来评估分离株和菌株之间的变异性）。统计技术可以根据特定风险评估的需求来表征可变性，如下所示。

（1）剂量-反应关系说明分离株或菌株之间的差异，或说明在志愿研究中给予个体受试者的剂量效价的变异性。

（2）宿主的免疫反应（免疫力和敏感性）。

（3）宿主免疫反应的持续时间。

（4）影响剂量反应关系（种群差异）的宿主特征。

（5）对健康的影响。

选择剂量-反应模型时应满足拟合优度的统计准则，并考察其保守性和灵活性。模型应该局限于描述数据并尝试区分生物信号和噪声，保守性体现在模型结构、参数估计等方面，虽然增加参数通常可以提高模型的拟合优度，但使用具有多个参数的灵活模型可能会导致估计的更大不确定性，尤其是外推剂量。

4.2　致病性大肠杆菌的危害特征描述

致病性大肠杆菌在世界各地都是食源性疾病暴发的元凶，可以通过污染的水、果蔬以及畜禽产品经粪-口途径传染给人，引起腹泻等肠胃感染症状。致病性大肠杆菌引发的食源性疾病在发展中国家非常常见，在发达国家也偶有暴发流行。某些血清型或致病类型的大肠杆菌在免疫力低下人群中还可引发严重的后遗症，威胁人们的生命安全并增加其经济负担。

多数类型的致病性大肠杆菌的储存宿主是人类，但也有致病性大肠杆菌如 STEC（Shiga Toxin-producing *Escherichia coli*，产志贺毒素大肠杆菌）的储存宿主是牛羊动物肠胃，因此，牛羊肉及其奶制品等产品极易受到致病性大肠杆菌的污染，同时，受感染的人在处理畜禽产品的时候也很容易将致病性大肠杆菌传播给产品，另外，受感染的人或动物的排泄物污染水后，致病性大肠杆菌也很容易随着受污染的水传播污染其他产品。受污染的

肉产品、乳制品等产品甚至是水在未彻底加热的状态下被人摄入后，其携带的致病性大肠杆菌就会引发食物中毒等食源性疾病。致病性大肠杆菌引发的食物中毒多发于学校、工厂的集体食堂。任何人感染致病性大肠都可能发病，不同的致病性大肠杆菌导致的中毒症状也不同，急性胃肠炎型、急性菌痢型、出血性结肠炎型，老人或小孩症状往往更为严重。

4.2.1　致病性大肠杆菌引发的食源性疾病

致病性大肠杆菌很容易通过各种方式污染食物，引发食源性疾病。在卫生状况一般的发展中国家非常常见，即使在卫生状况良好的发达国家也偶有暴发流行。从国际流行情况看，基本上是先有散发病例，再有小型暴发、家庭暴发，继而发生暴发流行。

4.2.1.1　致病性大肠杆菌暴发感染主要事件

（1）德国　近代历史上，众所周知的一次最严重的全球性传染病大暴发发生在 2011年，就是由 STEC 引发的。2011 年 5～7 月，德国北部出现肠出血性大肠杆菌感染疫情，截至 5 月 26 日，德国已出现 276 例相关的溶血性尿毒综合征病例，2 例死亡。截至 6 月 30日全球共报告了 4137 例 STEC 感染和溶血性尿毒综合征（Hemolytic Uremic Syndrome，HUS）病例，50 例死亡。本次疫情席卷整个德国，欧盟的其他国家也受到不同程度的影响，并波及美国和加拿大，共计 16 个国家。这是迄今为止德国国内乃至全世界范围内最大规模的肠出血性大肠杆菌感染暴发疫情。经过调查，最终世界卫生组织在丹麦的合作实验室发布公告：造成此次疫情的是一种罕见的大

肠杆菌菌株 O104：H4，人体中曾有发现，但此菌株导致溶血性尿毒综合征的暴发并无先例。

（2）英国 2016 年 6 月 21 日，英格兰西南公共卫生中心首次观察到 O157 大肠杆菌病例通报的增加，6 月 24 日确认了与该增加有关的首批样本为 STEC 血清群 O157：ST34。6 月 27 日，全国范围内暴发了 O157 的感染病例，通过全基因组测序数据的分析证实，这些分离株属于同一簇。截至 7 月 14 日，已检查 158 例感染，其中 105 例被确诊，53 例疑似，已有 7 例报告了 HUS 的特征，有 2 例死亡，均将大肠杆菌感染列为病因。本次暴发病例分布在整个英国，其中大多数（91%）居住在英格兰。暴发的特征是与餐饮和住宿护理场所相连的多个小集群，住院病例的比例很高（40%）。

（3）美国 最早在 1982 年，美国儿童食用未熟的牛肉汉堡集体中毒，并出现溶血性尿毒综合征，从汉堡中分离到大肠杆菌 O157：H7。1993 年，美国西部有人吃了不熟的牛肉汉堡，又发生了一场波及 700 余人的感染性食物中毒，4 人死亡。2018 年 5 月美国暴发的大肠杆菌 O157：H7 疫情导致 25 个州的 121 人染病，其中 1 人死亡。疫情起因可能是产自亚利桑那州尤马市的长叶莴苣受到大肠杆菌污染。从 3 月 13 日开始就有病例报告，患者年龄从 1 岁到 88 岁，其中 63% 为女性。在可获取相关资料的 102 例患者中，52 例接受住院治疗，其中 14 例出现肾衰竭，加利福尼亚州 1 名患者死亡。

（4）日本 2020 年 7 月 2 日，日本埼玉县八潮市累计收到 3453 名中小学师生报告称出现腹痛、腹泻等症状。当地卫生部门调查后，认定这是一起集体食物中毒事件。源头是当地一家称为"东部供餐中心"的餐饮企业提供的营养午餐。报道称，6 月 26 日，有学生在吃过该公司提供的炸鸡、海藻沙拉后相继感到不适，随后前往医院就诊，6 月 29 日出现不适症状者已上升至 377 人。保健所已对所有出现相关症状的人员进行了检查，均从便中检测出致病性大肠杆菌。

其实，1996 年 5 月下旬，O157：H7 型大肠杆菌就曾肆虐日本，是迄今为止最大的一起大肠杆菌 O157：H7 食物中毒事件。当时共有 44 个都道县府发生了集体食物中毒事件，92 所小学中有 62 所小学儿童出现中毒症状，年龄在 6~12 岁。到 8 月下旬，共有 9578 人感染，其中有 11 人死亡。由于学校供应的午餐是由一个中心供应站提供的，所以供应的午餐被认为可能是这次暴发的原因。此次事件发生后世界卫生组织于 1997 年 4 月在日内瓦召开了"预防和控制 EHEC 感染"的专家会议，会上将 O157：H7 病例列为新的食源性疾病。

（5）韩国 2020 年 6 月份，韩国京畿道安山市一家幼儿园发生大规模食物中毒事件，出现腹痛、呕吐、腹泻等食物中毒症状的孩子、家人和老师共 111 人，15 名学生还出现了溶血性尿毒症综合征症状，其中 4 名症状严重。在所检样品中检测出了肠出血性大肠杆菌。专家指出，牛肉小凉菜可能是这次暴发的罪魁祸首。

（6）中国 我国学者于 1988 年首次报告从江苏省徐州市 486 例腹泻患者中分离到 5 株 O157：H7。1999 年，同样是江苏省徐州市，发生了我国历史上最大规模的一次肠出血性大肠埃希菌 O157：H7 流行感染，合计 147 人发病，患者多发生感染性腹泻并发急性肾衰症状，几个月内该市各医院共收治病例 147 例，其中因急性肾衰死亡 118 例，病死率高达 80%。2020 年贵州省锦屏中学，有 209 名学生出现身体不适，并有发热、腹泻等症状，经核酸检测及传统检查，发现都是因致病性大肠杆菌引起的。

4.2.1.2　STEC 感染归因分析

在全球范围内对可用数据进行的流行病学分析已成功地对 STEC 引发的食源性疾病进行来源归因。粮农组织/世界卫生组织联合核心专家，开展了 STEC 两项来源归因研究：对病例对照研究进行系统审查，以及对暴发调查数据进行分析。对于后者，通过 WHO 联络点收集了全球范围内发生的所有 STEC 暴发的数据。数据来自 1998—2017 年的 27 个国家和 WHO 的三个地区：美洲、欧洲和西太平洋地区。结果表明，主流归因食品在不同地区之间存在差异。在欧洲，STEC 的最重要来源是牛肉和农产品（水果和蔬菜），估计每种与 30% 的疾病有关。病例对照研究的系统评价 1985—2012 年对来自四个 WHO 分区的 10 个国家的人类散发性 STEC 感染进行了 22 例病例对照研究。这项研究同样显示了地区差异。在欧洲，牛肉及其制品是与散发性 STEC 感染相关的最重要的食物，占比达 24%，另有 22% 归因为"牛奶和其他乳制品"；第三大归因为饮用水，占比为 13%。发达国家由于在牛肉或牛奶中发现有致病性大肠杆菌或者大肠杆菌超标现象，经常会有相关产品召回的行动和公告。

4.2.2　致病性大肠杆菌的危害特征

致病性大肠杆菌最常见也最受关注的是肠出血性大肠杆菌（EHEC），因其会产生志贺毒素，又被称为产志贺毒素大肠杆菌（STEC），代表性血清型是 O157：H7；当然，一些非 O157 型 STEC 同样可以引发严重的感染。本部分危害特征描述也将重点针对 STEC 进行。

4.2.2.1　菌株致病性

STEC 菌株位于 LEE 毒力岛上的 *eae* 基因编码跨膜紧密素受体（Tir），Tir 由三型分泌系统（Type Ⅲ Secretion System，T3SS）转运至宿主细胞膜。Tir 可以使细菌紧密素蛋白附着在宿主细胞膜上，形成 A/E 损伤，这种损伤是 STEC O157 和非 O157 STEC 肠道病变的突出特征。T3SS 是一个从内部细菌膜延伸到宿主细胞膜的孔复合物，细菌粘附细胞后，T3SS 可将细菌毒力因子直接注射到真核宿主细胞中。注入的毒力因子破坏真核细胞，并使 STEC 改变宿主环境，最终诱导细菌感染和疾病症状。STEC O157：H7 携带 LEE 和 T3SS，但在非 O157 STEC 中，同时存在 LEE 阳性和 LEE 阴性的血清群。例如，STEC 血清群 O26、O45、O103、O111、O121 和 O145 通常是 LEE 阳性和 T3SS 依赖的，而血清群 O1、O2、O5、O8、O48、O73、O76、O87、O91、O104、O113、O118、O123、O128、O139 和 O174 通常是 LEE 阴性和 T3SS 独立的。LEE 阴性的非 O157 STEC 也可能引起严重的腹泻、HC 甚至 HUS，但目前机制并不清楚。

O157 和非 O157 STEC 中最关键的毒力因

子是类似于痢疾志贺菌产生的志贺毒素。STEC 产生两种密切相关的志贺毒素：Stx1 和 Stx2，Stx2 与 Stx1 具有大约 60% 的序列同源性。痢疾志贺菌的志贺毒素和大肠杆菌的 Stx1 之间只有一个氨基酸差异，两种毒素均具有 AB5 结构。*stx1* 有许多遗传变异，包括 *stx1a*、*stx1c* 和 *stx1d*，而 *stx2* 有 7 种变异，从 *stx2a* 到 *stx2g*。Stx1 的 LD_{50}（在小鼠中）> 1000ng，而 Stx2a 的 LD_{50} 为 6.5ng。因此，携带 *stx2a* 的菌株与更严重的疾病有关。缺乏 *eae* 的产 Stx 的菌株可能导致疾病，而同时携带 *eae* 和 *stx* 能够导致包括 HUS 在内的严重疾病。摄入时，STEC 黏附在肠黏膜上并分泌 Stx，Stx 进入血液。白细胞将毒素运输到肾微血管内皮细胞表面，在此处，全毒素的 B-五聚体与神经节苷脂球形三酰神经酰胺（Gb3）结合，然后进行全毒素的内吞作用。内化毒素的 A 部分的亚基是 *N*-糖苷酶，可导致蛋白质合成的抑制和肾内皮细胞的凋亡。内皮细胞的损伤又导致了血小板和白细胞的活化，导致肾毛细血管中纤维蛋白血栓的形成。毛细血管腔狭窄导致肾小球供血减少，肾功能下降，引发 HUS。HUS 的特征是溶血性贫血（红细胞破坏）、急性肾衰竭（尿毒症）和血小板计数低（血小板减少）。

肠产毒素大肠杆菌（ETEC）利用黏附素和定植因子定植在小肠的上皮表面，并且由质粒携带的肠毒素的作用而引起腹泻。定植因子可以是非纤维的、纤维的、螺旋的或原纤维的。在最初黏附于宿主细胞时，ETEC 依靠定植因子和鞭毛来锚定，并由 Tia 和 TibA 外膜蛋白促进紧密黏附。ETEC 具有两种质粒编码的腹泻诱导的肠毒素：不耐热肠毒素（LT-1，LT-2）和热稳定肠毒素（STa，STb）。LT-1（称为 LT）和 STa（称为 ST）与人类疾病相关。

肠聚集性大肠杆菌（EAEC）包括多种不同的腹泻性大肠杆菌菌株，它们彼此之间以及对 HEp-2 细胞表现出不同寻常的黏附模式。EAEC 的特征表型是聚集黏附，这涉及细胞砖块堆积模式的形成。砖块堆积模式由在 pAA 质粒上发现的基因介导，包括用于产生聚集黏附性菌毛（AAF）的基因，该基因介导 EAEC 与肠黏膜的黏附。pAA 还编码 AggR，它是 AAF 生物发生的转录调节因子。但是，AAF 并非总是存在，因此其他黏附素可能也参与了 EAEC 的定植。含有 *aggR* 基因的 EAEC 菌株称为典型 EAEC，而缺失 *aggR* 的菌株称为非典型菌株。非典型菌株和典型菌株均引起腹泻。EAEC 腹泻的组织学特征包括肠黏膜上厚厚的黏液生物膜和回肠黏膜上的坏死性病变。EAEC 致病机理分为三个阶段：细菌最初黏附于肠黏膜和黏液层，黏液产生的增加导致黏膜表面细菌生物膜增厚，以及产生破坏黏膜并诱导肠分泌毒素。

肠致病性大肠杆菌（EPEC）感染是发展中国家婴幼儿腹泻、呕吐和低烧的主要原因。EPEC 和 STEC 都具有 LEE 毒力岛，但 EPEC 却不产志贺毒素（Stx）。EPEC 和 STEC 的特性是 A/E 损伤肠道黏膜并使宿主细胞和细菌紧密黏附。与 STEC 类似，EPEC 中 A/E 损伤的形成依赖于 LEE 毒力岛基因编码的 T3SS。破坏宿主细胞过程并引起胃肠道症状的效应蛋白由 LEE 毒力岛中的基因编码。非 LEE 编码的基因编码的效应蛋白可抑制吞噬作用、激活天然免疫反应并在定植和致病反应中起作用。

肠侵袭性大肠杆菌（EIEC）是胞内病原体，与其他大肠杆菌不太相似，在生理和分类学上与志贺菌属更相关，EIEC 不产生 Stx。许多 EIEC 血清群的 O 抗原在抗原上类似于志贺菌血清型。EIEC 和志贺菌的感染部位均为结肠黏膜。EIEC 菌株可能携带 sen 基因，该基因编码志贺菌肠毒素 2（ShET-2）。ShET-2 通过分泌系统（T3SS）易位至宿主细胞，并诱导肠道上皮细胞发炎。入侵所需的毒力因子和 T3SS 基因位于 EIEC 中的大质粒 pINV（210~230kb）上。EIEC 和志贺菌均含有 pINV，当通过污染的食物或水摄入 EIEC 并到达结肠时，病原体通过 M 细胞进入结肠黏膜下层，然后被巨噬细胞吸收。细菌从巨噬细胞逃逸，侵入结肠细胞并在其中复制。通过 T3SS 分泌到宿主中的细菌毒力效应因子，可以逃避免疫系统并促进细菌在细胞间的扩散。尽管大多数受 EIEC 感染的人会出现水样腹泻，但少数人会出现类似于志贺菌痢疾的症状：腹部绞痛，伴有大便带血、黏液和白细胞，发烧和里急后重。

弥散性黏附性大肠杆菌（DAEC）表现为与细胞表面的弥散附着。"弥散黏附"是一种细菌黏附细胞的模式，其中细菌覆盖了 HeLa 或 HEp-2 细胞的整个表面，而"局部黏附"则是细菌作为微菌落附着在培养细胞表面上的少数几个位置（如分散模式）。弥散性黏附是由菌毛黏附素（Dr 和 F1845）和非菌毛黏附素（Afa）介导的。DAEC 是大肠杆菌特征不明确的异质种群，其在小肠内定植，可能是 5 岁及以下儿童水样腹泻的原因。Afa-Dr 黏附素可能是 DAEC 的主要致病因子，在与腹泻有

关的 DAEC 菌株中已经证明了一种分泌的自转运毒素（SAT）。SAT 会诱导上皮细胞紧密连接处的损伤，从而导致细胞通透性增加，并且可能是导致水样腹泻的一种致病机制。

4.2.2.2 临床症状

STEC O157：H7 血清型和某些非 O157 STEC 血清型是导致腹泻、出血性结肠炎（HC）和 HUS 的主要食源性病原体，病情严重可导致死亡。水样腹泻和腹部绞痛是 STEC 感染的早期症状，大约 90% 的 STEC 感染会导致 HC，HC 病例中有 5%~15% 会发展为 HUS，HUS 病例中有 5%~15% 会导致死亡。HUS 的特点是急性肾衰竭、溶血性贫血和血小板减少，患有 HUS 的患者可能会遭受影响肾脏系统、胃肠道、心血管系统或中枢神经系统的长期后遗症。大多数 HUS 患者康复后不会产生重大后遗症，但是少数需要长期透析或进行肾脏移植的患者会发生肾衰竭。总体来说，溶血性尿毒综合征是幼儿出现急性肾衰竭的最常见原因。有血性腹泻和严重腹部绞痛的人应求医治疗。抗生素不应作为产志贺毒素大肠杆菌感染者的治疗方法，它有可能增加溶血性尿毒综合征的发生风险。

ETEC 感染可引起轻微的自限性或严重的霍乱样水样腹泻。ETEC 产生的毒素会引起缺乏血液、黏液和白细胞的非炎性水样腹泻。如果腹泻时间延长，则必须进行补液治疗。人类是 ETEC 的储存宿主，摄入被感染者污染的食物或水可能是通常引起疾病的原因。EAEC 菌株会引起水样腹泻，并伴有黏液或血液，腹泻可能持续很长时间，会导致脱水，可以通过口服补水来治疗。EPEC 导致的感染表现为严重的水样大便，黏液很多，但很少带血。水化是

腹泻引起的脱水的治疗方法。EIEC 感染的人会出现水样腹泻，但少数人会出现类似于志贺菌痢疾的症状：腹部绞痛，伴有大便带血、黏液和白细胞，发烧和里急后重。

4.2.2.3 宿主易感性

发展中国家或卫生条件差和水源不干净的地区的婴幼儿、儿童、老人或免疫力低下的人群容易受到致病性大肠杆菌感染，感染常通过粪-口途径发生。儿童或幼儿感染后更容易发展成 HUS，原因可能是 HUS 期间发生的肾脏损害是志贺毒素与肾脏细胞上存在的特定受体结合的结果，而这些受体似乎只存在于儿童的肾脏中，而不存在于成年人的肾脏中。

EPEC 主要发生在 2 岁以下的儿童中，是发展中国家婴儿腹泻的主要原因。ETEC 和 EAEC 菌株是导致旅行者前往发展中国家腹泻的主要原因。STEC 最重要的储库是牛的肠道，因此，与牛、牛环境和牛源食品接触是人类感染 STEC 主要的危险因素。已知典型 EPEC、ETEC 和 EIEC 的储存宿主是人，这三种致病性大肠杆菌的感染极有可能是由于接触被感染的食品处理者所污染的食物引起的，而且感染也可能通过人与人之间的传播而发生。

4.2.2.4 致病剂量

从暴发调查中获得的数据已用于估计引起疾病所需的最低限度的致病性大肠杆菌剂量水平［以最大似然数（MPN）或菌落形成单位（CFU）表示］。大肠杆菌 O157：H7 可以极低的水平引起疾病。与 1992—1993 年大肠杆菌 O157：H7 大暴发有关的未煮熟的汉堡肉饼每小馅饼含（67±5）个大肠杆菌 O157：H7（范围：每小馅饼少于 13.5～675 个病原

菌）。对另一起与预制干发酵香肠有关的大肠杆菌 O157：H7 暴发的调查发现，产品中的大肠杆菌 O157：H7 含量很低，估计有 4 例患者食用了 2～45 个病原菌。对于某些非 O157 STEC 血清群的剂量反应，仅有有限的数据。从澳大利亚的某种混合肉制香肠中的 STEC O111 暴发数据分析，推断其致病剂量为 1～10 个病原菌，因为每 10g 香肠中只有 1 个病原菌存在。使用比利时一次暴发的受污染冰淇淋中 STEC O145 的浓度，估计感染剂量为 400 个致病菌。其他致病类型大肠杆菌的剂量-反应研究较少，据估计，ETEC 的感染剂量很高，为 $10^6 \sim 10^8$ 个细菌。EIEC 虽与志贺菌非常类似，但是其感染剂量估计大约是志贺菌感染剂量（10～200 个病原菌）的 1000 倍。

剂量反应的变化是由复杂的宿主-药物相互作用引起的，并可能取决于多种因素，例如细菌在摄入后存活的能力、细菌的毒性概况以及宿主的敏感性和免疫力，更科学的剂量-反应估计需要构建剂量-反应模型。

4.2.3 剂量-反应关系建模

剂量-反应关系建模有多种方法，以下部分显示的是 FSIS 于 2001 年发布的碎牛肉中大肠杆菌 O157：H7 对人类健康影响的风险评估报告中 O157：H7 剂量-反应评估建模过程示例。

4.2.3.1 反应估计

（1）各种原因导致的 O157：H7 大肠杆菌感染年基线数量　美国使用 1996—1999 年的 FoodNet 监视数据来估计有症状的 O157：H7 型大肠杆菌感染的年基线数量。每 100000 人

口的比率乘以该州的人口，然后除以该年所有站点的总人口，从而为每个州提供加权比率，然后将每个州的加权比率相加，得出

1996—1999 年的年度发病率估计分别为 1.53、1.25、1.95 和 2.09（表 4.4）。

表 4.4　大肠杆菌 O157：H7 引起的人群加权患病率

	1999 年	1998 年	1997 年	1996 年
加利福尼亚州				
向 FoodNet 报告的病例[a]	23	35	19	22
FoodNet 计入人口[a]	2162359	2063454	2063454	206345
未调整率（每 10 万人–年份）	1.06	1.70	0.92	1.07
州人口[b]	33145121	32666550	32182118	31762190
加权率	0.47	1.07	0.58	0.67
康涅狄格州				
报告病例	94	58	34	38
计入人口	3282031	2460127	2460127	1626366
未调整率	2.86	2.36	1.38	2.34
州人口	3282031	3274069	3267240	3263910
加权率	0.12	0.15	0.09	0.15
佐治亚州				
报告病例	44	51	8	15
计入人口	7788240	3541230	3541230	2729783
未调整率	0.56	1.44	0.23	0.55
州人口	7788240	7642207	7489982	7334183
加权率	0.06	0.21	0.03	0.08
马里兰州[c]				
报告病例	16	24		
计入人口	2450566	2444280		
未调整率	0.65	0.98		
州人口	5171634	5130072		
加权率	0.04	0.07		

续表

	1999 年	1998 年	1997 年	1996 年
明尼苏达州				
报告病例	175	209	199	239
计入人口	4775508	4725419	4687408	4657758
未调整率	0.65	4.42	4.25	5.13
州人口	5171634	4725419	4687408	4648081
加权率	0.04	0.41	0.39	0.47
纽约州[c]				
报告病例	94	22		
计入人口	20844453	1106085		
未调整率	4.51	1.99		
州人口	18196601	18159175		
加权率	1.08	0.48		
俄勒冈州				
报告病例	64	101	80	73
计入人口	3316154	3281974	3243272	3203735
未调整率	1.93	3.08	2.47	2.28
州人口	3316154	3281974	3243272	3195409
加权率	0.08	0.20	0.16	0.14
合计				
报告病例	510	500	340	387
计入人口	25859311	19622569	15995491	14281096
未调整率	1.97	2.55	2.13	2.71
各州人口	75675289	74879466	50870020	50203773
加权率	2.09	1.95	1.25	1.53

注： [a] 每年从 FoodNet 最终报告中获得的数据 www.cdc.gov。

　　 [b] 每年 7 月 1 日的州人口估计 www.census.gov。

　　 [c] 马里兰州和纽约州于 1998 年开始监测。

（2）调整漏诊和漏报的基准　向上调整了 O157：H7 大肠杆菌感染的年度基线数量，以说明公认的漏诊和漏报来源。这些来源包括不寻求医疗服务的患病者；未从大肠杆菌 O157：H7 感染患者那里获取粪便标本的医生；未为大肠杆菌 O157：H7 感染所有粪便样本进行检测的实验室以及因为检测灵敏度而未被检出的大肠杆菌 O157：H7 阳性样本。在进行此向上调整之前，通过将基线病例数乘以预期有血样腹泻的比例，将年度基线病例数分为两组，即血样腹泻病例和非血样腹泻病例。然后，将负二项式分布应用于上述诊断不足和报告不足的每个来源，从而估计漏诊病例数。该过程需要针对两种来源分别完成：血样腹泻患者和非血样腹泻患者。负二项式概率分布根据输入的成功次数（已报告的案例）和成功概率（文献的估计值），输出失败次数（即未报告的案例）。负二项式概率分布中使用的成功概率是使用 Beta 概率分布估算的。由负二项式分布产生的中位病例数用作每种漏诊原因的"漏诊病例"数。从基线年度病例数开始，将血样腹泻病例和非血样腹泻病例每种原因的漏诊病例相加，然后将两组总数相加以得出美国每年有症状的大肠杆菌 O157：H7 感染病例总数。表 4.5 中汇总了用作负二项式分布的输入数据。表 4.6 中列出了分布。此处使用的蒙特卡洛模拟方法会为每个结果生成可能值的分布。表 4.7 显示了此过程的结果，包括对美国每年血样和非血样腹泻病例的估计数以及每年的病例总数。2.5% 和 97.5% 代表每个步骤中病例数的不确定性。

表 4.5　用于估计未检测到的 O157：H7 大肠杆菌感染病例数的数据来源

事件	数据	参考资料
报告血性腹泻病例	757 例大肠杆菌 O157：H7 患者中 640 例（84.5%）出现血性腹泻	Ostroff 等，　1989 Hedberg 等，　1997 Slutsker 等，　1997 Kassenborg 等，　2001
病人就医	1100 名调查对象中有 88 人（8.0%）报告因腹泻而就医 76 例大肠杆菌 O157：H7 血性腹泻患者中有 37 例（48.7%）就医	疾病预防控制中心，1998 年 Cieslak 等，　1997
医生从患者中分离到培养物	1943 名接受调查的患者中有 699 名非血性腹泻患者（36.0%）分离到培养物；有 1515 名血性腹泻患者（78.0%）分离到培养物	Hedberg 等，　1997

续表

事件	数据	参考资料
实验室培养粪便样本中大肠杆菌	调查的 230 个实验室中有 108 个（47.0%）无血便大肠杆菌 O157：H7 检测，182 家（79.1%）实验室有血便大肠杆菌 O157：H7 检测	疾病预防控制中心，1997
山梨醇麦康基琼脂试验灵敏度	0.75＝感染样本检测阳性的概率	Hedberg 等，1997

表 4.6　用于估计美国每年 O157：H7 大肠杆菌感染血性和非血性腹泻病例数以及病例总数的输入值和分布

流行病学参数		分布	
1996—1999 年，所有食品网点的加权人口		Discrete Uniform（1.53，1.25，1.95，2.09）[a]	
报告的大肠杆菌 O157：H7 的比率/100000 人·年美国人口（1999 年）		2 亿 7270 万	
P（报告血性腹泻病例）[b]		Beta（640+1，757−640+1）[c]	
P（报告非血性腹泻病例）		1−Beta（640+1，757−640+1）	
	血性的	非血性的	
大肠杆菌 O157：H7 的实验室培养粪便样本	Beta（182+1，230−182+1）	Beta（108+1，230−108+1）	
P（医生从患者中分离到培养物）	Beta（1515+1，1943−1515+1）	Beta（699+1，1943−699+1）	
P（病人就医）	Beta（37+1，76−37+1）	Beta（88+1，100−88+1）	

注：[a] 在离散均匀分布中，括号中列出的四个值中的每一个在模拟过程中都有相同的可能被采样。

　　[b] P＝所描述事件的概率。

　　[c] Beta 分布的输入格式是（s+1，n−s+1），其中 s＝感兴趣的事件数，n＝测量的事件总数（例如，带血腹泻的病例数和所有有症状的大肠杆菌 O157：H7 感染病例数 [n]）。

表 4.7 因接触和仅接触碎牛肉而导致症状性大肠杆菌 O157：H7 感染的病例数（6000 次迭代）

报告病例	中值（中位数）	2.5% 和 97.5%
所有接触		
血性腹泻病例	19000 例	12000 和 28000 例
非血性腹泻病例	74000 例	45000 和 116000 例
每年总计病例数	94000 例	59000 和 138000 例
碎牛肉接触		
血性腹泻病例	3800 例	1000 和 9000 例
非血性腹泻病例	15000 例	4100 和 37000 例
每年总计病例数	19000 例	5300 和 45000 例

注：案例数已四舍五入至两位有效数字。

（3）用于调整漏诊和漏报的数据　根据文献报告的在 757 例大肠杆菌 O157：H7 感染病例中，共有 640 例（84.5%）出现了血样腹泻。将这些数据用于 beta 分布，输入成功次数 $s = 640$（即有腹泻的人），总样本量 $n = 757$（有症状的 O157：H7 大肠杆菌感染病例数）（请参见表 4.5 和 4.6）。据模型估计，在美国，每年平均发生 94000 例大肠杆菌 O157：H7 感染有症状表现病例（表 4.7）。其中有 19000（20.2%）例以血样腹泻为特征。

（4）由污染的碎牛肉引起大肠杆菌 O157：H7 疾病数量的估计　为了估计可归因于碎牛肉的病例数，将给定迭代的每年有症状大肠杆菌 O157：H7 感染总数估计值乘以由于接触碎牛肉而引起的病例比例的估计值（病因分数），使用蒙特卡洛模拟和下面描述的输入来完成该计算。

为了估计病因分数，纳入了散发病例和大肠杆菌 O157：H7 暴发的研究数据。使用了所有确定了传播途径的暴发数据，包括那些通过水传播和人对人传播的暴发数据。从疫情中得出了两个估计值：疾病比例和由于碎牛肉暴露引起的疫情比例。在 1996—1999 年，在已报告的 146 例大肠杆菌 O157：H7 暴发中，碎牛肉是最有可能的媒介物，占 44 例（30.1%）。将该信息输入 $s = 44$ 和 $n = 146$ 的 beta 分布中。在 146 次暴发中，3773 例病例中有 418 例（11.1%）归因于牛肉。将该信息输入 $s = 418$ 和 $n = 3773$ 的 beta 分布中。从对大部分零星病例进行的四个不同病例对照研究中，获得了对被 O157：H7 大肠杆菌污染的碎牛肉所致疾病的病因分数的其他估计，分别是 17%、26%、37%、7.5%（两个家庭平均数 7% 和 8%）。病因学分数的这六个估计值，其中两个来自暴发数据，四个来自病例对照研究，被输入离散分布中。在给定的迭代过程中，这六个值之一是随机绘制的。将给定迭代的病因分数值乘以该迭代的估计病例总数，得出可归因于碎牛肉暴露的病例数。在蒙特卡洛模拟过程中，针对指定的迭代次数重复此过程，从而得出可归因于碎牛肉的年度病例数的可能值分布。

使用上述输入，蒙特卡洛建模得出中位数 19000 例因污染的碎牛肉暴露而引起的有症状大肠杆菌 O157：H7 感染（表 4.7）。但是，由于病例总数的不确定性，每年可能少于 5300 例（2.5%）或多于 45000 例（97.5%）。此不确定性分布用于开发大肠杆菌 O157：H7 剂量反应功能。

4.2.3.2 推导大肠杆菌 O157：H7 的剂量－反应关系函数

大肠杆菌 O157：H7 剂量－反应关系函数是使用来自以下三个来源的信息得出的：①估计的每年因碎牛肉暴露引起的有症状的大肠杆菌 O157：H7 感染数量。②估计的受污染碎牛肉暴露数量。③使用替代病原体得出的上下限剂量－反应曲线。本部分先描述用于拟合剂量－反应数据的 β-泊松函数，再描述如何从除大肠杆菌 O157：H7 以外的食源性病原体产生下限和上限剂量－反应曲线，然后描述开发碎牛肉中大肠杆菌 O157：H7 的剂量－反应关系的过程。

（1）Beta-泊松函数　选择 β-泊松函数进行剂量－反应分析。这种功能形式假定单个病原菌能够感染和诱发个体疾病，并且该病原菌在宿主内独立发挥作用。这样的假设被认为在生物学上是合理的，并且可以用来推导包括 β-泊松的一系列剂量反应功能。

公式（4-1）是 β-泊松模型，可预测给定剂量下患病的可能性

$$P_i = 1 - (1 + d/\beta)^{-\alpha} \qquad (4-1)$$

式中　P_i——生病的可能性

　　　　α——alpha 参数

d——病原菌剂量

β—— beta 参数 $= N_{50}/(2^{[1/\alpha]} - 1)$，并且

N_{50}——50%暴露者发病所需的剂量

β-泊松模型中所需的 α 和 β 参数由公式（4-2）估算。这些估计值是使用 Excel® 中的附加程序 Solver 获得的。为了简要描述此过程，使用 Excel 电子表格开发了公式（4-2），并更改了 α 和 β 参数，直到将 Y 最小化为止。此过程是针对 EPEC 和痢疾志贺菌数据分别执行的：

$$Y（最小化）= 2 \sum \{ P_i * \ln(P_i/P_{oi}) + (T_i - P_i) * \ln[(1 - P_i)/(1 - P_{oi})] \}$$

$$(4-2)$$

P_i 是在第 i 个剂量下观察到的阳性反应数量，P_{oi} 是在第 i 个剂量下观察到的阳性反应比例，T_i 是第 i 个剂量组中的受试者总数，并且 P_i 是通过 β-泊松函数估算的反应在第 i 个剂量。

这些 β-泊松模型的输出是预计在一定剂量下会患病的人的估计比例。根据模型的暴露评估部分所估计的，在给定剂量下预计会生病的人数比例乘以包含该剂量的份数，将得出对一年中预计会生病的人数的估计。

（2）确定大肠杆菌 O157：H7 剂量-反应关系的上下边界　没有针对 O157：H7 大肠杆菌的人类临床试验数据，可用其他可替代的病原体确定上下剂量边界，上下边界包围了大肠杆菌 O157：H7 的剂量-反应关系。几种志贺菌和其他大肠杆菌物种被认为是可能的替代菌株。在考虑将某个物种用作替代物种时，评估了许多因素，包括数据的可用性、遗传相关性以及传播、传染性和致病性的相似性。

基于大肠杆菌 O157：H7 不太可能比侵袭

性志贺菌更具致病性的假设，选择痢疾志贺菌作为大肠杆菌 O157∶H7 剂量-反应关系的上限。痢疾志贺菌的数据（表 4.8）包括 4 个、6 个或 10 个志愿者的剂量组，分别接受 10~10000 个病原菌的 4 种剂量水平。试验发现，随着剂量的增加，出现症状的比例通常会增加，有 10% 的人以最低剂量暴露即出现临床症状，而 83% 的人以最高剂量才表现症状。

表 4.8　人类志愿者接种两株痢疾志贺菌的数据

痢疾志贺菌	病原剂量	出现症状的人数	接种总人数	出现症状的人数比例
M131	10	1	10	0.10
A-1	200	1	4	0.25
M131	200	2	4	0.50
M131	2000	7	10	0.70
A-1	10000	2	6	0.33
M131	10000	5	6	0.83

基于另一个假设，即大肠杆菌 O157∶H7 的致病性比 EPEC 致病性高，因此选择 EPEC 作为另一种替代菌确定 O157∶H7 剂量-反应关系的下限。从 EPEC 的人体临床试验中可以获得大量数据，因此选择了三种强力 EPEC 菌株作为替代菌。EPEC 的数据（表 4.9）包括 2 个、4 个、5 个或 6 个志愿者的剂量组，分别接受了 10^6 ~ 10^{10} 个病原菌的六种剂量水平。试验发现，没有人在低剂量时出现症状，所有患者在更高剂量下均出现感染症状。

表 4.9　人类志愿者接种四种肠致病性大肠杆菌（EPEC）的数据

EPEC 菌株	病原剂量	出现症状的人数	接触总人数	出现症状的人数比例
O128	1000000	0	5	0.00
O127	1000000	0	4	0.00
O142	1000000	1	5	0.20
O128	100000000	0	5	0.00
O142	100000000	1	5	0.20
B-171-8	500000000	3	5	0.60
B-171-8	2500000000	6	6	1

续表

EPEC 菌株	病原剂量	出现症状的人数	接触总人数	出现症状的人数比例
O128	10000000000	0	5	0.00
O127	10000000000	3	5	0.60
O142	10000000000	5	5	1.00
B-171-8	20000000000	2	2	1

表4.8和4.9中的剂量和反应信息用于公式（4-1）和（4-2）中，对两种替代菌分别进行剂量-反应计算。图4.2显示了使用EPEC临床试验数据生成的估计下限剂量-反应和使用痢疾志贺菌数据生成的估计上限剂量-反应。估计的α和β参数如表4.10所示。

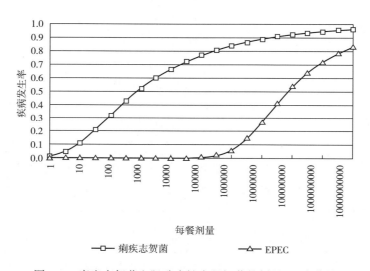

图4.2　痢疾志贺菌和肠致病性大肠杆菌的剂量-反应曲线

表4.10　痢疾志贺菌和肠致病性大肠杆菌β—泊松模型上下界的α和β参数

替代病原体	α	β
痢疾志贺菌	0.157	9.17
肠致病性大肠杆菌	0.221	3110000

（3）开发大肠杆菌O157：H7剂量-反应关系的方法　大肠杆菌O157：H7的β-泊松

剂量-反应关系源自可归因于碎牛肉的大肠杆菌O157：H7疾病分布（反应）和大肠杆菌O157：H7在食用碎牛肉中的数量分布（剂量）。大肠杆菌O157：H7的剂量-反应关系介于痢疾志贺菌和EPEC数据的β-泊松拟合值之间。推导可以简单地表示为公式（4-3）。

$$Ex \times DR = TC \quad (4-3)$$

式中　Ex——暴露分布

　　　DR——剂量-反应函数

TC——每年的总病例数

如果可获得大肠杆菌 O157：H7 的剂量和反应数据，则可以将剂量-反应函数拟合到这些数据，可以根据公式（4-3）直接求解总发病数。在没有剂量和反应数据的情况下，可以结合病例总数的估计值与模型的暴露分布估计值，通过公式（4-3）确定剂量-反应关系。

（4）病例和暴露分布的不确定性　关于

大肠杆菌 O157：H7 剂量-反应关系的不确定性几乎遍及上下限曲线所包含的整个范围。通过组合大肠杆菌 O157：H7 的危害特征描述和暴露评估得出一系列剂量-反应曲线，这些推导的结果表明，大肠杆菌 O157：H7 的剂量-反应关系更接近于痢疾志贺菌估计的剂量-反应关系，而不是 EPEC 的（图 4.3）。

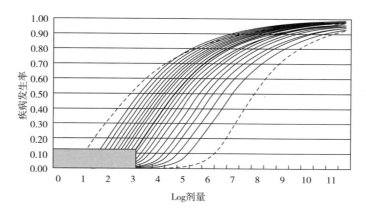

图 4.3　通过组合危害特征描述和暴露评估得出的剂量反应曲线

注：曲线表示关于大肠杆菌 O157：H7 剂量-反应函数的不确定性分布的百分位数（5%～95%）。粗线是中值剂量反应曲线。虚线是适应痢疾志贺和肠致病性大肠杆菌（EPEC）的边界剂量反应关系。左下角的矩形代表剂量的不确定性和1994年美国西北部暴发疫情的反应范围之和。

4.3　沙门菌的危害特征描述

沙门菌病是世界上最常见的食源性疾病之一。对大多数人而言，沙门菌引发的胃肠炎持续 4～7d，病人完全康复，无需医疗。然而，有些人可能会发展出更严重的疾病，包括可能致命的血液或身体其他部位的感染，或长期的综合征，如反应性关节炎和 Reiter 综合征。世界卫生组织对全球食源性疾病的一项研究表明，在非洲、东南亚和东欧，非伤寒沙门菌对人类健康的影响最大。然而，即使在感染率和死亡率都很低的工业化国家，与病例发生相关的医疗和社会相关费用以及疫情暴发对食品贸易的经济影响也很重要。

大多数与人类肠道疾病相关的沙门菌血清型都是人畜共患的，可以直接通过粪便或通过食物和环境间接从动物宿主（农场动物、野生动物和宠物）传播给人类。卫生条件差、缺乏清洁水以及低劣的卫生设施促进了沙门菌的传播。鼠伤寒沙门菌和肠炎沙门菌等非伤寒沙门菌在全球范围内发生，估计全球每年有

9380 万病例感染，有 15.5 万例死亡。据美国 CDC 沙门菌相关食源性疾病的统计数据显示，每年 140 万例食源性沙门菌感染中畜禽及其产品是沙门菌最常见的载体，我国由沙门菌引起的食源性疾病居细菌性食源性疾病的首位。2006—2010 年我国报告的病因明确的细菌性食源性疾病暴发事件中，70%～80% 是由沙门菌所致，而且多以聚集性用餐后所致。

4.3.1 沙门菌引发的食源性疾病

已知有 2000 多种沙门菌可引起人类疾病，其中大多数都只能在免疫功能低下的患者中引发全身性疾病，只有少数具有宿主适应性的血清型如伤寒沙门菌会在免疫功能正常的患者中引起更为严重的疾病。人类最普遍的

是非伤寒沙门菌感染引发的以急性肠胃炎为主要症状的食源性疾病。

4.3.1.1 沙门菌引发的重大食源性疾病暴发事件

沙门菌引发的食源性疾病在全世界范围内都非常常见。研究人员总结数据，估测不同国家每 10 万人中的沙门菌病发病例数如下：美国 2009—2012 年估测数 16.3 例，欧盟 2009—2013 年的每年估计数 21.9 例，澳大利亚 2010—2011 年估测数据为 38 例，日本 1997 年数据估测为 73 例，其实在卫生条件更差的发展中国家，感染例数会更高，有学者估计，全球每 10 万人中每年受沙门菌感染的病例数可达 1140 例。表 4.11 对国内外畜禽源性沙门菌引发的重大或知名的食源性疾病暴发事件进行了收集汇总。

表 4.11　国内外畜禽源性沙门菌引发的食源性疾病暴发事件

年份	国家	传播媒介	沙门菌血清型	感染人数
1953	瑞典	猪肉	鼠伤寒沙门菌	7717
1959	中国	鸡肉	霍乱沙门菌	1061
1972	中国	牛肉	圣保罗沙门菌	1041
1985	美国	生牛奶	鼠伤寒沙门菌	1500
1993	法国	羊奶酪	肠炎沙门菌	273
2005	法国	奶粉	沙门菌	141
2008	荷兰	猪肉	沙门菌 DT104	165
2008	丹麦	猪肉	肠炎沙门菌	1054
2010	美国	鸡蛋	肠炎沙门菌	1939
2013	美国	鸡肉	海德堡沙门菌	134
2017	美国	接触禽	沙门菌	1120

续表

年份	国家	传播媒介	沙门菌血清型	感染人数
2019	法国	生牛奶酪	都柏林沙门菌	13
2019	加拿大	生鸡肉	沙门菌	529
2019	美国	牛肉	都柏林沙门菌	403
2019	美国	接触禽	沙门菌	1134
2020	美国	接触禽	沙门菌	938

4.3.1.2 沙门菌感染的归因分析

大多数的人沙门菌感染是食源性的，其他也可以在家庭、兽医诊所、动物园、农场环境或其他公共环境中通过直接或间接接触感染的动物或人而发生。据报道，在新西兰和加拿大，2011 年 63% 的沙门菌暴发是通过食源性传播的；在美国 2009—2011 年，75.8% 的沙门菌暴发是通过食物传播的。据估计，全球 85.6% 的沙门菌感染是通过食物传播的。

沙门菌很容易通过食物进入合适的新宿主体内定植。各种各样的食品，特别是动物源性食品，被认为是人类沙门菌感染的最常见来源，包括猪肉（及其制品）、家禽、鸡蛋、牛羊肉、生鲜乳和乳制品等。确定与人类疾病相关的最重要的病原储存库和食物来源并确定其优先次序，是决策者最关心的问题，以有效推进控制工作，减轻公共卫生中食源性沙门菌病的负担。世界各国开展了许多来源归因研究，在南澳大利亚，研究表明鸡蛋和鸡肉是沙门菌病最重要的传播媒介。在美国，人群中肠炎沙门菌感染极有可能归因于与鸡蛋相关的接触。在欧盟，蛋鸡被确定为人类沙门菌最重要的宿主。在荷兰，鼠伤寒沙门菌和肠炎沙门菌感染病例主要分别归因于猪和蛋鸡/鸡

蛋。在意大利，猪被确定为人类沙门菌病的主要来源。在美国，包括沙门菌病在内的食源性细菌性疾病中，41% 归因于禽肉制品，27% 归因于蔬菜。据我国 CDC 统计，1998—2008 年暴发的所有食源性沙门菌感染中，54.9% 与畜禽类食品有关，其中禽肉占比为 34.6%，蛋类占 27.0%，乳类占 13.1%，牛肉和猪肉分别占 13.3% 和 11.3%。

4.3.2 沙门菌的危害特征

4.3.2.1 菌株致病性

沙门菌可致局灶性或全身性的疾病，致病性与侵袭有关。沙门菌的菌毛有助于菌体黏附到细胞、促进其定植；黏附到肠道黏膜的沙门菌，通过侵袭动物肠黏膜淋巴结集结的淋巴上皮中的特殊抗原捕获 M 细胞或侵袭 M 细胞周围的肠上皮细胞，进入黏膜下层组织。随后，在毒力岛（Salmonella Pathogenicity Islands，SPIs）编码的相关蛋白的介导下，电解质转运、液体分泌、感染细胞分泌趋化因子、肠上皮细胞吸收功能下降。此时沙门菌被吞噬，在巨噬细胞中生存、繁殖，逃避宿主免疫并进入肠系膜淋巴结，最终侵入不同器官或组织，引

起各种临床症状。

以上过程是多种毒力因子共同作用的，其中较为主要的有鞭毛、脂多糖、黏附素、肠毒素、细胞膨胀毒素、毒力岛编码的Ⅲ型分泌系统（T3SS-1）等。T3SS-1与侵袭力直接相关，其分泌的效应蛋白影响着宿主细胞的细胞骨架重排、褶皱的形成，从而使细菌侵入细胞内，同时促使巨噬细胞凋亡、嗜中性粒细胞浸润和迁移、肠道内液体聚集，导致肠炎。

沙门菌中至少已发现有17个毒力岛，一种沙门菌可以同时具有多种素力岛，研究得比较清楚的几种沙门菌毒力岛的简要信息概括如表4.12所示。沙门菌双组分调控系统PhoP/Q在SPI1基因调节中发挥重要作用，决定沙门菌在巨噬细胞中的存活，在 Mg^{2+} 缺乏时生长，同时还与细菌的耐药性有关。双组分调控系统 SsrA/B 负责 SPI2 基因的调控，是SPI2编码的转录调节子，可以激活SPI2基因以及位于毒力岛外的编码 T3SS-2 效应蛋白基因的表达。

表4.12　沙门菌几种毒力岛简表

名称	全长/kb	编码的蛋白	功能
SPI1	40	T3SS-1 的结构蛋白、调节蛋白和效应蛋白 易位蛋白	T3SS-1 与侵袭力直接相关，促使巨噬细胞凋亡、导致肠道炎 介导细菌与上皮细胞的附着
SPI2	40	T3SS-2 成分 分泌系统调节子 分子伴侣 分泌系统效应蛋白	影响沙门菌在吞噬细胞、上皮细胞内的复制 使细菌逃避巨噬细胞的杀伤作用
SPI3	17	高亲和力 Mg^{2+} 摄取系统 MgtC	介导细菌在巨噬细胞和低 Mg^{2+} 环境中存活
SPI5	7	由 SPI1、 SPI2 分泌的效应蛋白 参与肠黏膜液体分泌和炎症反应的相关蛋白	导致肠道液体的分泌、炎症反应

只有部分沙门菌含有毒力质粒。1999年有研究者对中国台湾436例临床病例的沙门菌分离株的毒力质粒展开了研究，其中287株分离自粪便，122株分离自血液。66%的非粪便分离株含有毒力质粒，而仅有40%的粪便分离株中含有毒力质粒，属于三种高度侵袭性血清型（*S. Enteritidis*、*S. dublin* 和 *S. choleraesuis*）的分离株（$n=50$）均含有致病性质粒。

S. typhimurium、*S. gallinarum - pullorum* 和 *S. abortusovis* 中也已被证实存在毒力质粒，但在宿主适应性和高度传染性的 *S. typhimurium* 中却明显缺失。

4.3.2.2　临床症状

沙门菌感染引起的疾病严重程度各有不同，有的对健康完全无影响，有的在胃肠道中定植但不产生任何其他症状，有的定植后产生典型的急性肠胃炎症状，少数会出现侵袭性疾病的典型症状，如菌血症、后遗症和死亡。

沙门菌通常引起胃肠炎，其特征是腹泻、发烧、腹部疼挛和脱水。患有沙门菌病的人在没有抗生素治疗的情况下，通常一周内恢复正常；在某些情况下，严重腹泻需要医疗干预，如静脉补液；感染偶尔可能导致菌血症、脑膜炎、骨髓炎和脓肿，严重的病例可能会导致死亡。据估计，93%的患者不去看医生并完全康复，5%的患者去看医生并完全康复，1.1%~1.5%的患者需要住院治疗，0.04%~0.1%的患者会死亡，一小部分病例并发慢性反应性关节炎。

病原菌的耐药性可能会导致治疗效果较差、病原毒力增强。美国一项研究发现感染耐药沙门菌患者更易产生需要入院治疗的严重症状，住院率更高，其病程和住院时间也更长。由于大多数受试者治疗使用的药物都是细菌敏感性药物，因而差异更可能反映感染菌毒力的增强。

（1）急性胃肠道表现　沙门菌病通常表现为小肠结肠炎的自我限制性发作，常见症状是水样性腹泻和腹痛，病程2~7d，潜伏期一般为8~72h；婴儿、老年人和免疫功能低下的宿主的易感性最高。偶尔也会发生全身性感染，尤其是感染 *S. dublin* 和 *S. cholerasuis* 后更容易发生败血症。急性疾病后可能会出现间歇性的粪便排菌，持续数天到数年。有研究人员回顾了32份报告，结果显示急性疾病后平均排毒时长为5周，只有不到1%的患者成为慢性携带者。特定胃肠炎对患者的健康影响尤为严重。

（2）反应性关节炎和Reiter综合征　沙门菌被认为是反应性关节炎（Reactive Arthritis,

ReA）和Reiter综合征的触发菌。反应性关节炎的特征是在胃肠炎症状出现后几周内发展成滑膜炎（关节肿胀和压痛）。Reiter综合征是指发生关节炎并伴有一种或多种典型的关节外症状（如结膜炎、虹膜炎、尿道炎和龟头炎）。一般来说，有1%~2%的人群感染沙门菌后会出现ReA或Reiter综合征。有研究者回顾了共含5525例沙门菌病患者的几起暴发，估计反应性关节炎的发病率为1.2%~7.3%（平均3.5%）。大多数病程<1年的ReA病人预后良好，但5%~18%的人病程超过1年，1%~48%的人可能经历多次关节炎发作。

（3）非胃肠道后遗症。研究人员回顾了55篇文献，总结沙门菌引发的关节外症状，包括尿道炎、结膜炎、痛觉、肌痛、体重减轻5kg以上、手指炎、结节性红斑、口腔溃疡、心肌炎、急性前葡萄膜炎、虹膜炎、胆囊炎、角膜炎、咽炎和肺炎。有研究者报道了1984年鼠伤寒沙门菌PT 22的大规模暴发，起因是一群警察食用了受污染的预先包装的盒饭，有473人被确诊，参与问卷调查的340名感染者中196人出现相关的肠道外症状。

4.3.2.3　宿主易感性

有研究表明沙门菌胃肠炎及相关并发症与宿主因素的关联有统计学意义，因此本节重点关注宿主相关的因素，如人口统计学和社会经济学因素（年龄、性别、种族、营养状况、社会经济和环境因素、出国旅行）、遗传因素、健康因素（免疫状态、并发感染、基础疾病、同时用药）。

（1）人口和社会经济因素

①年龄：通常沙门菌感染患者的年龄分布呈双峰分布，儿童和老年人的发病率最高。在比利时一项为期20年的基于医院的研究中，

鼠伤寒沙门菌和肠炎沙门菌主要分离于 5 岁以下的儿童,然而,与鼠伤寒沙门菌相比,肠炎沙门菌的年龄分布不明显。这两种血清型在中老年组比 5 岁以下组更容易导致菌血症。需指出的是,与年龄的联系可能是虚假的。首先,与其他年龄组相比,患有腹泻的儿童和老年人可能更频繁地接受培养。其次,感染性血清型在不同年龄组中分布的差异被认为是婴儿感染抗药性沙门菌风险明显增加的原因。此外,年龄关联可以反映行为特征,例如,吃雪、沙或土壤(一种更可能发生在儿童身上的行为)被发现与感染鼠伤寒沙门菌 O:4-12 有关。

②性别:就分离株数量而言,男性似乎比女性更易感染,但许多因素可能起着重要作用,例如男女比例以及一个国家或医院所在地区的男女年龄分布不同。应该指出的是,在对单个研究的评估中,其他因素(例如使用抗酸剂或怀孕)更多地或只与一个性别有关,因此性别可能具有混杂效应。

③社会/经济/环境因素:根据汤森评分(一种贫困指数),比较了不同社会经济来源人群中几种血清型沙门菌的分离率。虽然鼠伤寒沙门菌的分离率与汤森评分无关,但在较富裕的地区,肠炎沙门菌的分离率最高。卫生设施缺陷与肠道疾病的高发病率有关,但很少有人直接提及沙门菌的潜在作用。

法国一项关于儿童散发性肠炎沙门菌感染的研究调查了另一名家庭成员在儿童出现临床症状前 3~10d 腹泻的影响,推断 1 岁以下儿童的肠炎沙门菌感染主要由人与人接触引起,而 1~5 岁的儿童感染则是因食用生的或未煮熟的蛋制品或鸡肉。

细菌分离的季节性特征,通常是气温高的月份分离率更高。例如,在英国的一项研究中,在夏季观察到肠炎沙门菌、鼠伤寒沙门菌、S. virchow 和 S. Newport 的分离率增加。

④出国旅游:在北美和欧洲的研究表明,出国旅行是沙门菌胃肠炎的一个危险因素,在国外食用禽类食品、家庭成员出国旅行,都与疾病的发生有关。

(2)遗传因素 已有报道指出人类白细胞抗原 B27(HLA-B27)基因与脊柱关节病,特别是反应性关节炎和 Reiter 综合征之间的关联。HLA-B27 基因在欧亚大陆、北美的北极圈和亚北极地区的土著民族中,以及在美拉尼西亚的一些地区,有着非常高的比例。相比之下,在南美洲、澳大利亚、赤道和南非的班图人和桑斯人(布希曼人)中,这种基因几乎不存在。

(3)健康因素

①免疫状态:与其他疾病一样,宿主免疫状态是决定感染和临床疾病的一个非常重要的因素。例如,伤寒沙门菌疫苗只能保护低剂量接种、不能保护高剂量接种,且一旦出现临床症状,之前的免疫不会改变临床症状的严重程度。再如,出国旅行的人沙门菌感染率更高,证明了沙门菌免疫反应对部分血清型有特异性,因为出国旅行的人在其他国家的食物和水中可接触到不同血清型和菌株的沙门菌。因此,需要监测国家或地区人群的普通免疫水平,以便更好地了解剂量反应模型在人群、国家和地区中的应用范围。

②并发感染:感染人类免疫缺陷病毒(HIV)的人往往反复有肠道细菌感染。这种感染通常是致命的,并与肠外疾病有关。

③潜在疾病:1987 年发生在美国纽约的一次大型院内食源性肠炎沙门菌暴发中,评估

了其他潜在条件所代表的风险（胃肠道和心血管疾病、癌症、糖尿病、酒精中毒以及抗酸剂和抗生素的使用等因素），发现糖尿病是唯一一种与接触污染食物后感染相独立的相关因素。胃酸降低和小肠自主神经病变（导致肠动力下降和胃肠道传输时间延长）是糖尿病患者中增加肠炎沙门菌感染风险的两个可能的生物学上机制。

④合并用药：虽然人们经常考虑使用抗酸制剂（Gastric Reducing）和抗菌药物，但文献中发现的与人类沙门菌病相关的研究结果差异较大。耐药性沙门菌感染与以前使用过抗生素有关，在急性沙门菌病胃肠炎期间使用抗菌药物可导致临床病程延长、携带率较高，因此通常只在可能出现菌血症的情况下才考虑使用抗菌药物。

4.3.2.4　致病剂量

胃酸是机体抵御食源性病原体的重要防御措施。虽然沙门菌更喜欢在中性 pH 环境中生长，但它们已经进化出复杂的、可诱导的酸性生存策略，使其能够适应剧烈变化的 pH。可引起胃酸降低的与食物相关的因素主要有摄入的食物总量、食物的营养成分（包括食物的脂肪含量等）、进餐时间（进餐时食物的缓冲能力）和污染的性质。

首先，由于传染性病原体在食物中的分布并不均匀，吃得越多就越可能会增加摄入被污染食物的可能性。

其次，需要注意涉及脂肪作为食物传播媒介的食源性暴发，低剂量就可以导致大量病例出现（如巧克力：小于 100 个 *S. east-bourne*，50 个 *S. napoli*；切达奶酪：100 ~ 500 个 *S. heildelberg*，1 ~ 6 个 *S. typhimurium*）。由于包裹在疏水性脂质基团中的微生物更有可能在胃的酸性条件下存活，被污染食品中的脂肪含量可能在人类沙门菌病中起到了重要作用。

再次，低剂量的经口沙门菌感染与餐间摄入有关。据推测，空腹时幽门屏障最初会失效，一些食物（如巧克力和冰淇淋）更容易在两餐之间摄入，因此即使只含有少量沙门菌也会导致疾病。

最后，决定细菌胃内存活的一个重要因素可能是食物被污染的不均匀程度。尽管人们通常假设是均匀分布的，但细菌的特性是菌落在食物内部聚集生长。因而可以推断，外层细菌会保护内层细菌，部分病原体在经过胃之后能够存活下来。通常情况下，当食物中含沙门菌量在 $10^5 \sim 10^8$ CFU/g 的范围内即可引起食用者中毒。食入致病力强的沙门菌 2×10^5 CFU/g 即可发病，而食入致病力弱的沙门菌在达到 10^8 CFU/g 也可发病。

4.3.3　剂量–反应模型

剂量–反应关系模型从数学上描述了食物中可能存在的有机体数量和消耗量（剂量）与人类健康结果（反应）之间的关系。在一定的剂量作用下，宿主会产生一定的影响，但一般来说，剂量大小与其产生的生物效应的具体种类和频率之间不会有一对一的关系。因此，将会有一系列的剂量–反应模型来描述各种生物效应与剂量大小之间的关系，而不是单一的剂量–效应关系。

FAO/WHO 在 2000 年联合发布了"肉鸡和鸡蛋中沙门菌的危害识别和危害特性"的文件，总结了目前有三种已发表或报道的沙门菌病模型（美国 USDA–FSIS–FDA 肠炎沙门菌模型、Health Canada 肠炎沙门菌模型以及适用于非伤寒沙门菌人体试食试验数据的剂量–反应模型），并结合现有的暴发数据，将剂量–反应曲线与暴发数据进行比较，以了解易感人群和正常人群在感染可能性方面存在的差异，构建了两个新的剂量–反应模型。

下图及下表简要概述了五种不同类型的剂量–反应模型。

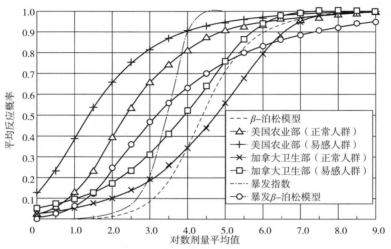

图 4.4　五种沙门菌剂量–反应模型曲线的比较

注：曲线上的点不代表数据点，仅用于图例。

表 4.13 五种沙门菌剂量–反应模型的比较

名称	简写、模型、参数		特点
单次人体试食实验数据的 β–泊松模型	所用模型：β–泊松模型 参数：α = 0.4059 β = 5308		（1）仅使用单次人体试食数据，采用最大似然法、拔靴法 （2）受试者是健康男性，无法反映整个人群 （3）大大低估在暴发数据中疾病发生的概率
USDA–FSIS–FDA 肠炎沙门菌 β–泊松模型	所用模型：β–泊松模型 参数：α = 0.2767		（1）以痢疾志贺菌作为低剂量病原替代品的人体试食数据 （2）用正态分布，将不确定度引入 β 参数 （3）易感人群 β 参数比健康人群降低 10 倍 （4）曲线倾向于捕捉暴发数据的上限
	健康人群 参数：β = Normal （μ: 21.159，σ: 20，最小值：0，最大值：60）	易感人群 参数：β = Normal （μ: 21.159，σ: 2，最小值：0，最大值：6）	

续表

名称	简写、模型、参数		特点
Health Cana-da 肠炎沙门菌 β-泊松模型	所用模型：重新参数化的威布尔模型 参数：β = Normal（μ: 1.22，σ: 0.025） 细菌浓度 = Lognormal（μ: 0.15，σ: 0.1） 食用量 = Pert（最小值：60，众数：130，最大值：260） 发病率 = 6.6%		（1）使用了许多不同细菌病原体人体试食数据 （2）基于威布尔模型，并使用贝叶斯法整合 （3）曲线倾向于高剂量下的低反应范围
	健康人群 参数：$a_n = 749$， $b_n = 5966$	易感人群 参数：$a_s = 231$， $b_s = 987$	
基于暴发数据的指数模型	所用模型：指数模型		（1）没有产生统计上显著的拟合 （2）该曲线对中剂量、高剂量范围的数据提供了充分的描述，但它低估了低剂量数据
	健康人群 参数：$r = 2.33e\text{-}4$	易感人群 参数：$r = 1.28e\text{-}4$	
基于暴发数据的 β-泊松模型	所用模型：β-泊松模型		（1）采用最大似然法拟合，基于二项假设、使用迭代技术优化 （2）该曲线很好地体现了暴发数据，能对低至中剂量范围内的观测数据进行充分的描述
	健康人群 参数：$\alpha = 0.1672$ $\beta = 24.437$	易感人群 参数：$\alpha = 0.195$ $\beta = 20.396$	

4.3.3.1 已发表（或报道）的沙门菌剂量-反应模型

（1）适用于非伤寒沙门菌人体试食试验数据的剂量-反应模型　Fazil 等 1996 年运用 β-泊松函数、对数正态分析（对数-概率）和指数剂量反应公式，对人体试食试验数据进行分析。数据集中的三种剂量（即 S. anatum Ⅰ、S. meleagridis Ⅲ、S. derby）被确定为"异常值"并从分析中删除，分析的结论是对数正态分析和 β-泊松函数与大多数数据相符合。然而，基于理论上"阈值与非阈值"的考虑，提出 β-泊松模型来描述沙门菌剂量-反应关系。非伤寒沙门菌的 β-泊松剂量-反应模型参数通常为 $\alpha = 0.3136$，$\beta = 3008$。采用拔靴法（Bootstrap）估计参数的不确定性，生成满足模型拟合条件的参数集。分析中没有提到易感人群比健康人群有更大患病概率的可能性。

（2）单次人体试食实验数据的 β-泊松模型　Fazil（1996）报告的模型参数没有考虑多次摄入细菌可能对剂量-反应关系产生的影响（潜在免疫或累积效应）。因此，仅使用单次试食数据，用最大似然法重新拟合并估计参数。适合于未成年受试者数据的 β-泊松剂量反应模型，参数估计为 $\alpha = 0.4059$，$\beta = 5308$。

采用 bootstrap 方法估计了参数的不确定性。

下图为适用于非伤寒沙门菌人体试食试验、单次人体试食实验数据的剂量-反应曲线，图中标注了试食试验数据以说明与数据的拟合程度。在剂量大于 10^4 时，单次人体试食实验模型的感染概率更大，反映了数据中单次人体试食者敏感性稍高的趋势；在低剂量区，这两条曲线非常相似。两个剂量反应曲线的低剂量外推法也非常相似，大大低估了实际暴发数据中疾病发生的概率；而由于受试者是健康男性，无法反映整个人群。

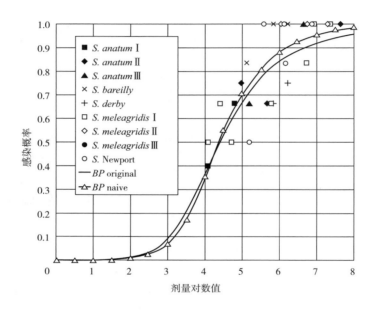

图 4.5　适用于非伤寒沙门菌人体试食试验、单次人体试食试验数据的剂量-反应模型比较

（3）美国 USDA-FSIS-FDA 肠炎沙门菌模型　美国 USDA-FSIS 肠炎沙门菌风险评估中的危害特征描述，根据每年发病人数、具体公共卫生情况，评估通过鸡蛋及蛋制品感染肠炎沙门菌对公众健康的影响。由于与沙门菌相关的暴发数据表现出比使用沙门菌人体试食试验数据估计的更高的发病率，对人体试食试验数据中剂量和血清型影响的方差分析揭示了数据中沙门菌血清型中不同的、具有统计学意义的剂量-反应模式；而与数据相吻合的几种剂量-反应模型无法预测与低剂量相关的高发病率，因此选择痢疾志贺菌（细菌剂量≤10^3 时发病率>0）作为沙门菌低剂量时的替代品。运用暴发数据对生成的两个剂量-反应模型进行验证检查，通过将 β 参数描述为一个在零处截断的正态分布，将不确定性引入 β 参数。对于每个亚群体（健康人群、易感人群），使用随机剂量-反应函数来计算子人群中个体因暴露于特定剂量肠炎沙门菌而生病的概率，痢疾志贺菌 β-泊松模型的 β 参数降低到 1/10，以估计易感人群更高的患病率。曲线倾向于捕捉暴发数据的上限。

（4）Health Canada 肠炎沙门菌模型
Health Canada 肠炎沙门菌风险评估使用了重新参数化的威布尔剂量-反应模型，并运用贝叶斯方法将来自不同来源的信息（包括试食试验和流行病学研究）结合起来。通过对所有细菌试食试验数据进行 meta 分析，用平均值为 -1.22、标准差为 0.025 的正态分布来描述 β 常数；使用单一的发病率并估测为 6%，采用平均值为 0.15、标准偏差为 0.1 的对数正态分布来表征细菌浓度（单位：CFU/g），用最小值为 60、众数为 130、最大值为 260 的 PERT 分布估计食物消费量。β 分布的参数（"a" 和 "b"）是根据所报告的接触总人数

和患病人数的流行病学数据估计的，易感人群剂量-反应关系是根据流行病学信息单独生成的。曲线倾向于高剂量下的低反应范围。

图 4.6 包含了上述剂量-反应曲线以便比较。由于第 50 百分位值和平均值在所有剂量-反应曲线中非常相似，因此仅绘制曲线的平均值；省略曲线的第 95 百分位和第 5 百分位边界线。加拿大剂量-反应曲线是利用流行病学信息进行了调整，特别是在剂量约为 1 log 时发病率为 6%，从低剂量区间的曲线可见一斑。美国剂量-反应曲线是以志贺菌作为替代病原体，在几乎整个剂量范围内，给定剂量下发病率比其他剂量反应曲线更高。

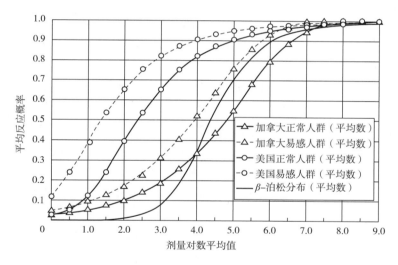

图 4.6　现有剂量-反应曲线对比

各剂量-反应曲线之间存在显著偏差。选择剂量-反应曲线必须基于许多考虑因素，包括：希望采用的保守性水平、使用替代病原体的理论可接受性、用于模拟剂量-反应关系的各种功能形式的生物学合理性、所关注的生物学或公共卫生学结果，或在获取人群总体反应方面人体试食试验数据的可接受性。

任何一个模型的推导都是基于许多假设，例如使用痢疾杆菌或沙门菌的其他替代物、结合不同病原体的人体试食研究结果、感染与疾病作为终点的相关性以及人体试食试验中受试者的研究设计和健康状况。与暴发数据相比，模型对疾病的预测有不同程度的低估或高估，是相对合理的近似值。已有的三种模型不

能描述所有可用的数据集，局限性在于疫情数据的准确性（即采样方法、测试方法和报告），以及剂量-反应模型的原始推导。

4.3.3.2 FAO/WHO 构建的基于暴发数据的沙门菌病 β-泊松模型

（1）FAO/WHO 沙门菌病暴发案例数据库

最广泛的非伤寒沙门菌人体试食试验是在 20 世纪 40 年代末到 50 年代初进行的。FAO/WHO 收集、分析了 33 份沙门菌病暴发报告，得到含有 20 个暴发病例的数据库。数据如下图所示，感染率随着剂量的增加呈上升趋势。此外，虽然在一些数据点上有一定程度的聚集，但剂量-反应关系是显而易见的。流行病学数据表明不同血清型非伤寒沙门菌和非副伤寒沙门菌致病性相似，剂量-反应关系（或感染性/致病性）相似，理论上可以用一个通用模型来描述，见图 4.7。

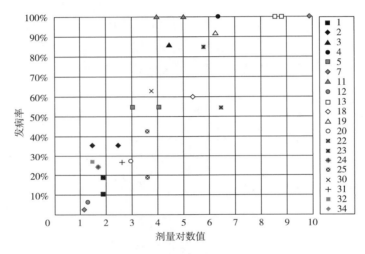

图 4.7　流行病学数据汇总

注：图例中的编号代表暴发案例编号。

流行病学数据由于适用于一般人群，可以为了解微生物的致病性提供有价值的见解。从某种意义上说，疾病暴发代表了真实的试食试验，暴露的群体往往代表了大部分的社会阶层，摄入的剂量本质上代表了真实世界的水平，携带病原体的食物媒介具有差异性（有的对微生物具有保护性，有的含脂肪，有的在体内停留时间长等）。流行病学调查应尽量收集定量信息，以便更好地描述微生物病原体的剂量-反应关系。

沙门菌感染的动物临床表现一般不同于人类产生的典型胃肠炎和其他后遗症，虽然存在相当数量的人类感染数据，但很少有完整的暴发数据，如暴发报告中常常缺少计算剂量反应评估的重要信息（许多疫情调查缺少对相关食物中微生物数量的检测）。暴发数据包含若干不确定性，必须有一些假设，以得出用于拟合新剂量反应曲线的一些暴发估计数。

将已发表（或报道）的剂量-反应模型与已整理的暴发数据库进行了比较，如图 4.8 所示。

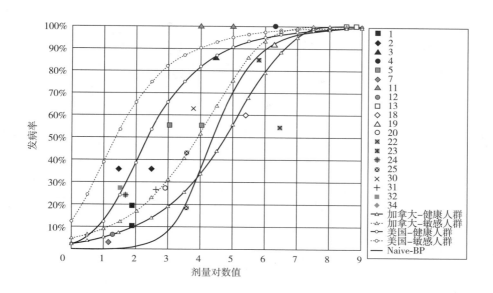

图 4.8　暴发数据与已发表的剂量-反应曲线比较

注：图例中的编号代表暴发案例编号。

（2）基于暴发数据的 β-泊松模型　首先，根据上述数据集建立基于数据的剂量-反应关系，采用 β-泊松模型作为关系的数学形式，并采用最大似然法与暴发数据进行拟合。基于二项式假设，使用最小化异常统计值的迭代技术进行优化。其次，审查暴发信息，并对潜在的不确定的观测变量（剂量、暴露人数、发病人数等）设定不确定性分布范围，将暴发数据集的不确定性纳入拟合程序。为使剂量反应模型适应具有不确定性的暴发数据，根据不确定性分布对数据进行重新抽样，在每个样本上生成一个新的数据集，然后对模型进行重新拟合。这个过程重复了大约5000 次，产生了 5000 个剂量-反应数据集，拟合出 5000 个剂量-反应曲线。

虽然不可能得到一条与所有暴发数据点的预期值一致的统计上有意义的单一"最佳

拟合"曲线，但所拟合的剂量-反应模型比其他已发表的剂量-反应模型更好地描述了所观察到的暴发数据。值得注意的是，图 4.9 中显示的任何给定剂量下的可能反应区间并不代表剂量-反应拟合的统计学置信区间，而是考虑到其不确定性，对观测数据的最佳 β-泊松模型拟合。图中比较了拟合曲线和观测数据的期望值，标注了与 5000 个数据集拟合的剂量反应曲线的上界限、97.5%分位数、期望值、2.5%分位数和下界限（数值详见表 4.14）。

由于拟合程序为 5000 个数据集中的每一个都生成了一条剂量-反应曲线，因此还有5000 组 β-泊松剂量-反应参数（α 和 β）。为了在风险评估中应用剂量-反应关系，可以使用上下界限、97.5%（或 2.5%）分位数、期望值来表示剂量-反应关系中的不确定度范围（表 4.14）。

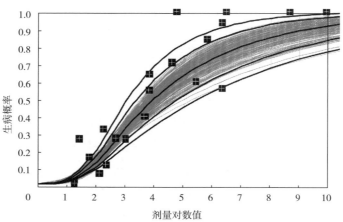

图 4.9　通过对具有不确定性的暴发数据进行
拟合的剂量-反应曲线及不确定界限

表 4.14　基于暴发数据的 β-泊松剂量-反应参数

	α	β
期望值	0.1324	51.45
上界限	0.2274	57.96
97.5%分位数	0.1817	56.39
2.5%分位数	0.0940	43.75
下界限	0.0763	38.49

拟合的剂量-反应范围很好地体现了观察到的暴发数据，特别是在低剂量和中剂量范围。高剂量下更大的分布范围，是由于低剂量、中剂量水平存在几次大规模暴发，而这高剂量的两个数据点是针对相对较小规模的暴发。在剂量-反应分析中，由于低剂量区是在现实中最可能存在的剂量，也是实验数据最少的地区，因此也是最关键的区域。与试食试验相比，暴发数据的剂量要低得多，因此暴发剂量-反应模型产生的低剂量近似值，可能会提供更大程度的置信度。

4.3.3.3　讨论分析

本文所涉及模型未考虑二次传播（人与人之间传播）或慢性疾病的定量评估，食物基质的影响也没有纳入评估。完善目前已知的信息需要更多的数据，制定更好的风险评估，以帮助对受沙门菌及其他病原体污染的食品的安全性做出更准确的预测。

建议在未来的危害特征描述中纳入伤寒沙门菌和副伤寒沙门菌，宣传和鼓励在疫情调查期间准确和完整地收集流行病学数据的重要性。所有沙门菌的剂量-反应关系都可能是非常有用的，而从伤寒沙门菌添加的信息也可以用来扩展当前的信息。

4.4　弯曲杆菌的危害特征描述

由弯曲杆菌引起的食源性胃肠道疾病是21 世纪人类面临的一项严重的经济和公共卫生负担。无论是发达国家还是发展中国家，弯曲杆菌病的发病率和流行率都有所上升。家禽是弯曲杆菌病传播给人类的主要宿主和来源，其他风险因素包括动物产品和水的消费、与动物的接触和国际旅行。

4.4.1　弯曲杆菌引发的食源性疾病

根据美国疾病控制和预防中心的记录，1999—2008 年美国共发生 4936 次弯曲杆菌病暴发，估计每年发病 845024 例并导致 8463 例住院治疗、76 例死亡。根据美国食源性疾病主动监测网络的报告，1996—2012 年弯曲杆菌年发病率达每 10 万人中 14.3 人，且 2012 年弯曲杆菌病的发病率比 2006—2008 年增加了 14%，估计每年该疾病负担达 17 亿美元。对美国 7 个州食源性疾病主动监测网络的分析显示，在 9 种常见食源性病原体中，弯曲杆菌是 2004—2009 年旅行相关性胃肠炎的主要病因，占总病例数的 41.7%。

根据欧洲食品安全局（European Food Safety Authority，EFSA）和欧洲疾病预防和控制中心 2019 年 12 月发布的同一健康人畜共患传染病报告，弯曲杆菌是欧盟 2005—2018 年最常见的人类胃肠道细菌病原体。2018 年欧盟感染弯曲杆菌病确诊病例数为 246571 例，估算每 10 万人口 64.1 例；同年报告了 60 例弯曲杆菌病死亡病例，死亡率为 0.03%。在欧盟 2018 年报告中，13 种人畜共患病的确诊病例数中，弯曲杆菌病是自 2005 年以来最常见的人畜共患病，病例数占所有报告病例的近 70%。报告指出，弯曲杆菌在鲜鸡肉中的比率高达 37.5%，在欧盟某些成员国的火鸡中达 71.6%。2017 年西班牙一家公司所检测的 150 个冷却肉仔鸡胴体样品中有 66 个的弯曲杆菌数量超过 1000CFU/g（44%）。

4.4.2　空肠弯曲杆菌危害特征描述

4.4.2.1　菌株致病性

（1）致病机理　弯曲杆菌的运动性、趋化性和鞭毛，是附着、定植到宿主肠上皮细胞所必需的，是重要的毒力因子。随后弯曲杆菌可通过直接细胞侵袭和（或）产生毒素，或在炎症反应开始后间接损害上皮细胞的功能，从而干扰肠道的正常吸收功能。

与诱发腹泻有关的几种毒力决定因子为黏附素和侵袭素、外膜蛋白、脂多糖、应激蛋白、鞭毛和运动力、M 细胞、铁获取机制以及细胞毒素和细胞毒力因子。弯曲杆菌入侵宿主细胞的能力已经在体外得到了证实，并且弯曲杆菌中有一种细胞膨胀毒素，尽管导致其发病机制的确切分子机制尚不完全清楚，但还是认为细胞膨胀毒素与胆固醇相互作用形成膜筏，通过与毒素相关的脱氧核糖核酸酶活性杀死肠细胞。

（2）死亡率　一般来说，很少有死亡与弯曲杆菌感染有关，通常发生在婴儿、老年人和免疫抑制的个体中。在英格兰和威尔士，1981—1991 年，在大约 28 万例病例中报告的死亡人数少于 10 例。1999 年，在美国，登记在册的 4025 名病人中有 2 人死亡（0.05%），与弯曲杆菌有关的平均年死亡人数估计为 0.005%（2453926 例弯曲杆菌病估计病例中的 124 例）。最近丹麦对感染后 30d 死亡率的分析表明，病死率可能为每 10 万人中有 4 人（0.004%）。新西兰卫生部 1997 年报告 2 例死亡，病死率为 0.02%。

4.4.2.2　临床症状

（1）急性胃肠道症状　肠致病性弯曲杆

菌可引起急性小肠结肠炎，潜伏期为 1~11d，通常为 1~3d。主要症状是不适、发热、剧烈腹痛和腹泻。腹泻产生的大便可能从大量水样便到血便、痢疾。在大多数情况下，腹泻是自限性的，可持续一周，粪便排菌可持续 2~3 周；经常会出现轻微的复发，20% 的病例症状可能持续 1~3 周。肠道感染有时引发持续数月或数年的严重腹泻，导致肠道内壁通透性改变，大量不需要的外源蛋白被吸收，引发长期肠胃炎、营养失衡，诱导肠道萎缩。

（2）非胃肠道后遗症　弯曲杆菌感染后可能会出现对正常人群产生影响的罕见但严重的非胃肠道后遗症，即反应性关节炎、格林-巴利综合征（Guillain-Barré Syndrome，GBS）和米勒-费希尔综合征（Miller Fisher Syndrome）。

据估计，约 1% 的弯曲杆菌病患者发生反应性关节炎（不完全的 Reiters 综合征），这是一种无菌的感染后过程，可能影响多个关节，尤其是膝关节。症状出现在腹泻发作后 7~10d，疼痛和丧失工作能力的情况可能持续数月或成为慢性病。

弯曲杆菌病与一种罕见但严重的麻痹性疾病——格林-巴利综合征（GBS）有关。GBS 是一种周围神经系统的脱髓鞘疾病，导致四肢无力（通常对称性地发生）、呼吸肌无力、丧失反射。综合征的早期症状包括灼热感和麻木感，可发展为弛缓性麻痹。据估计，大约每 1000 例弯曲杆菌病中就会遇到一次 GBS，在美国多达 40% 的 GBS 病例发生于感染弯曲杆菌之后。该综合征似乎更常见于男性患者中，尽管约 70% 的 GBS 患者会康复，但也可能发生慢性并发症及死亡。胃肠道症状的严重程度与感染空肠弯曲杆菌后发生 GBS 的可能性无关，即使是无症状的弯曲杆菌感染也可以引发 GBS。该综合征可能是由于弯曲杆菌抗原（脂多糖）与外周神经系统的糖脂或髓鞘蛋白之间的交叉免疫反应引起的，在感染 O：19 血清型弯曲杆菌后更常发生。

在某些病例中，弯曲杆菌病也与米勒-费希尔综合征（被认为是格林-巴雷综合征的变体形式）有关，特点是视丘麻痹、共济失调、无反射。

4.4.2.3　宿主易感性

（1）年龄和性别　对于弯曲杆菌病，年轻人（15~25 岁）似乎比其他年龄组更频繁地发生暴露或更易受感染。

①年龄：在发展中国家，弯曲杆菌病在婴儿和儿童中更为常见，而青年人和成年人在反复接触弯曲杆菌后具有一定程度的获得性免疫力。

在发达国家，所有年龄组都可能感染弯曲杆菌，然而，在大多数国家，儿童（0~4 岁）和青年人的弯曲杆菌病报告率较高（如挪威、丹麦、冰岛、芬兰、新西兰、英格兰和威尔士以及美国）。儿童的高发病率可能是由于其更易感、更频繁地接触宠物，或父母更频繁地为其寻医问诊。年轻人的高发病率是由于与其他年龄组相比，其旅行活动更频繁，有更多的娱乐活动（包括水上运动），以及更多地接触高风险食物；也可能是由于其在学习如何为自己准备食物的过程中，使用了不安全的食品处理方法。

②性别：总的来说，男性似乎比女性有更高的弯曲杆菌感染率。1998 年美国 30% 的感染者是女性，70% 是男性；男孩的发病率高于

女孩。对于青少年和年轻人来说，各国的性别差异似乎各不相同。在丹麦，年轻女性的发病率高于年轻男性。在美国、新西兰和挪威，年轻男性更容易受到感染。

（2）人口和社会经济因素

①种族：不同种族群体之间的感染率存在差异。新西兰对不同种族群体的感染率进行了计算，发现与欧洲人（245.0%）和其他民族（216.2%）相比，太平洋地区的人有更低的患病率（50.8%）。

②当地环境因素：弯曲杆菌病的发病率似乎与地区有关，例如丹麦、挪威、英国和新西兰一些地区的发病率比本国其他地区高得多。由于许多哺乳动物和鸟类（野生和家养）都是弯曲杆菌的宿主，可以无症状地大量排出弯曲杆菌，因而环境（土壤、水、牧场等）常受到污染。

在英国和新西兰，弯曲杆菌感染在农村地区的发病率高于城市地区，而在挪威，情况恰恰相反。城市地区更高的发病率的原因是，与农村地区相比，这些地区的输入性病例（例如涉及旅行）比例较高。

③家禽屠宰场工人：针对肉鸡屠宰场空气中空肠弯曲杆菌的研究发现，加工线周围40%~75%的空气样本被弯曲杆菌污染，每立方米空气中空肠弯曲杆菌的数量在 $\log_{10}1.70$~$\log_{10}4.20$；这些含菌气溶胶给工人带来风险，而加工线工人手部空肠弯曲杆菌污染程度高达每只手 $\log_{10}4.26$。从手或厨房用具到即食食品的平均转移率为 2.9%~27.5%，因而普遍认为交叉污染是人类接触的主要途径。

④季节：一些国家（丹麦、瑞典、挪威、芬兰、冰岛、荷兰、英国、美国和新西兰）

发现人弯曲杆菌病例数量的季节性变化，夏末发病率翻了一番以上。在丹麦、挪威、瑞典、英国和荷兰等国，病例的季节性与肉鸡感染数量的季节性一致。季节对肉鸡感染数量的影响可能与夏秋季节养殖舍通风量的增加、昆虫数量的增加有关；在屠宰和内脏切除过程中，弯曲杆菌可能会通过粪便污染肉品。人们可能是通过食用肉鸡来感染弯曲杆菌，或者人类和肉鸡通过一个共同的来源受到感染。丹麦的一项研究表明，通过将鸡胴体上弯曲杆菌的数量降低2个数量级，可将与食用鸡肉有关的弯曲杆菌病的发病率降低至 1/30。

⑤发展中国家和发达国家：发达国家和发展中国家感染的临床表现似乎有所不同，无论是感染者的年龄还是感染的严重程度。在发达国家，弯曲杆菌性肠炎通常影响年龄较大的儿童和年轻人，其影响可能很严重，特点是发烧、腹部绞痛和血性腹泻，可能需要使用抗菌药物治疗。相比之下，发展中国家的弯曲杆菌感染往往影响一岁以下的儿童，症状和疾病严重，但年龄较大的儿童症状往往较轻。

在发达国家，严重的感染通常导致机体排菌持续2周或更长时间。对发展中国家来说，一岁以下的儿童通常也有类似的排菌时间，但年龄较大的儿童和成人的排菌时间似乎更短。泰国一项研究表明，空肠弯曲杆菌的排泄量随着年龄的增长而下降。

（3）健康因素　不同的健康因素可能会影响宿主的易感性，包括免疫、并发感染、药物治疗和潜在疾病。

①后天免疫：患有弯曲杆菌病的患者可能会对致病的弯曲杆菌菌株产生一段时间的获得性免疫。获得性免疫可以解释为什么肉鸡屠

宰场的员工在就业初期患上弯曲杆菌病，随着工作的进展，他们不太容易患弯曲杆菌病。此外，与正常人群相比，在家禽和肉类加工工人中发现弯曲杆菌补体固定抗体的频率更高。

②潜在疾病：潜在疾病被描述为发生肠道感染的易感因素，潜在的疾病似乎会加重感染的严重程度。在西班牙的一项研究中，58名弯曲杆菌引起的菌血症患者中93%有潜在的疾病（包括肝硬化、肿瘤、免疫抑制治疗和人类免疫缺陷病毒感染）。在丹麦的一项研究中，15例由弯曲杆菌引起的菌血症患者中有11例患有基础疾病（包括免疫、肿瘤和血管疾病）。糖尿病也被认为是增加肠道病原体感染风险的一个因素。感染人类免疫缺陷病毒（HIV）的人感染弯曲杆菌的风险也在增加。洛杉矶的一项研究表明，已上报艾滋病患者中经实验室确诊的弯曲杆菌病发病率为519/10万，远高于一般人群的报告发病率。

③同时用药：使用奥美拉唑、H2-拮抗剂等抗血小板药物可增加获得弯曲杆菌病的风险，这可能是由于其能升高胃内容物的pH。已有病例对照研究表明，使用抗生素和激素会增加弯曲杆菌感染的风险。

4.4.2.4 剂量-反应

1988年研究者用空肠弯曲杆菌A3249、空肠弯曲杆菌81-176开展了一项针对美国100多名健康的青年志愿者的人体试食试验研究。WHO/FAO将上述数据整合并拟合到β-泊松剂量-反应模型，模型的终点是感染。为估算发病率，需要计算感染后发病的条件概率。现有的人体试食试验数据并未表明感染后发病的条件概率存在明确的剂量-反应关系，因而应用了一个独立于引起感染剂量的条件概率，即一旦感染，发病的概率并不取决于最初摄入的剂量。

（1）空肠弯曲杆菌人体试食试验数据 1988年美国研究者报道了一项空肠弯曲杆菌人体试食试验研究，用了两株空肠弯曲杆菌（A3249分离株和81-176分离株）。实验对象是来自社区的健康的青年志愿者，试食时摄入含空肠弯曲杆菌的牛奶并在摄入前、后禁食90min。A3249分离株来源于康涅狄格州一个暴发疫情的营地的16岁男孩，分离株81-176来源于明尼苏达州的一次暴发中的9岁女孩，实验数据见图4.10和图4.11。

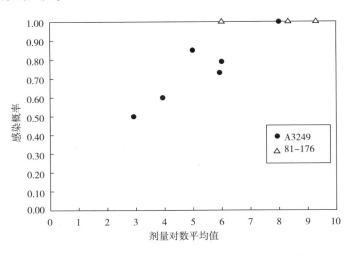

图4.10 空肠弯曲杆菌人体试食试验数据（以感染统计）

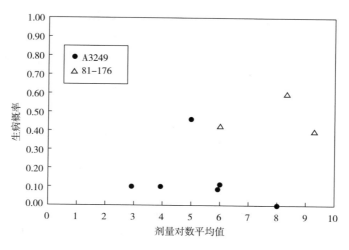

图 4.11　空肠弯曲杆菌人体试食试验数据（以发病统计）

（2）空肠弯曲杆菌的剂量-反应模型
FAO/WHO 用两种空肠弯曲杆菌的人体试食实验数据来拟合近似形式的 β-泊松模型。用最大似然法将 A3249 菌株人体试食试验数据进行拟合建模，参数值 $\alpha = 0.145$、$\beta = 7.5$，然而，利用这种方法估计的参数值不满足 β 远大于 α 和 1 的假设。拟合了 A3249 实验数据的近似 β-泊松模型如图 4.12 所示，图中限制曲线表示单击假设的感染率，设定一个病原细胞

引发感染的概率为 1。图中可见模型置信上界限（Upper Confidence Limit）被高估。

精确形式 β-泊松剂量-反应模型如图 4.13 所示。研究者用精确形式 β-泊松来估计参数，得到 $\alpha = 0.145$、$\beta = 8.007$。虽然近似形式、精确形式模型的参数、最佳拟合曲线相差不大，但二者的置信界限（Confidence Limits）非常不同。

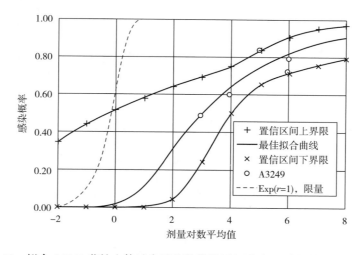

图 4.12　拟合 A3249 菌株人体试食试验数据的近似形式 β-泊松剂量-反应模型

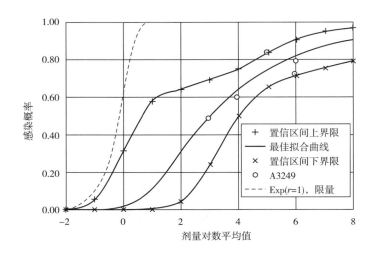

图 4.13　拟合 A3249 菌株人体试食试验数据的精确形式 β-泊松剂量-反应模型

由于在风险评估中，没有对不同菌株进行区分，要得到空肠弯曲杆菌的剂量-反应关系，需要将这两种菌株的数据结合起来。虽然人体试食试验数据中空肠弯曲杆菌 81-176 菌株在三种剂量下的感染率为 100%，但从实验数据图中可见两种菌株感染率数据差异不大。

研究人员将空肠弯曲杆菌 A3249 菌株、

81-176 菌株的数据合并，并拟合到 β-泊松模型中，模型参数为 $\alpha = 0.21$ 和 $\beta = 59.95$。数据合并后，参数值适用于 β-泊松方程的近似和更简单的形式，且置信上界限不超过理论最大值。图 4.14 显示了最佳拟合的剂量-反应曲线、两株菌合并数据产生的 95% 置信界限。

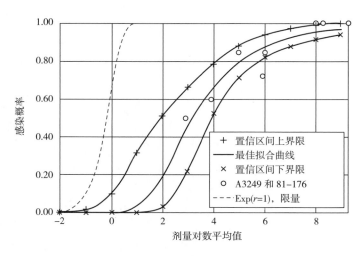

图 4.14　拟合 A3249 菌株、81-176 菌株人体试食试验数据的 β-泊松剂量-反应模型

（3）单个个体摄入特定剂量弯曲杆菌感染率的估算 上述 β-泊松模型的近似形式，估算了人群摄入平均剂量的弯曲杆菌后的平均风险。为估算单个个体摄入特定剂量弯曲杆菌的感染率，在模型中加入了特定剂量后感染率的可变性，利用 β 分布参数（例如 $\alpha = 0.21$，$\beta = 59.95$）进行重新抽样，以估算摄入单个病原的感染率。假设基质（鸡）中的弯曲杆菌（以平均浓度表示）是随机分布的，用泊松样本来估算摄入的剂量。最后，通过二项假设（假设试验次数等同于摄入剂量，且每次试验"成功"概率等于 β 分布的返回值）估算摄入剂量的感染率。

方程式如下：

$$P_{inf} = 1 - \left[1 - P_{inf}(1)\right]^{D}$$

式中　P_{inf}——摄入平均剂量后的感染率

$P_{inf}(1)$——摄入单个病原的感染率（β 分布）

　　　D——估计在膳食中的病原体数量（剂量）

该模型可以理解为在模拟过程中，估算不同个体在每次迭代中的感染概率。假设宿主-病原的关系（或单个病原细胞所致不同个体感染的概率）是不同的且符合 β 分布。一些宿主-病原可能具有较高的感染率，而有些可能具有较低的感染率。在模拟过程中，暴露在单个病原中的各种感染率的范围和频率由 β 分布的参数来描述。

（4）感染后发病的条件概率的估算 摄入一定剂量的弯曲杆菌后的发病率取决于感染率。目前的剂量-反应模型已估算了暴露特定剂量下的感染率。为估算发病率，需要计算感染后疾病的条件概率。

人体试食试验数据并未表明感染后发病的条件概率存在明显的剂量-反应关系。A3249 菌株的试验数据显示随着病原剂量的增加，发病的条件概率呈下降趋势。有研究者提出，暴露于较大剂量的某些病原下可能诱发出更强的宿主防御，因而相比中等剂量，暴露于非常大剂量时发病率降低。将 A3249 菌株、81-176 菌株两种菌株的试验数据合并后，感染后发病的条件概率并不表现出剂量关系，而是随机分布的。

因此，应选用与剂量无关的比率来估计发病的条件概率，可通过试食试验数据来估计。摄入不同剂量 A3249 菌株而感染的 50 人中，有 11 人发病（22%）；摄入不同剂量 81-176 菌株而感染的 39 人中，有 18 人发病（46%）。综合上述实验数据，89 名感染者中共有 29 人发病（33%）。用 β 分布（图 4.15）来描述条件概率的不确定性，基于观测值的参数 $\alpha = 30$（发病人数 +1）、$\beta = 61$（感染人数 - 感染人数 +1）。此外，有研究者总结暴发数据发现，在 66 名感染者中有 35 人患病（发病条件概率为 53%）。

总之，关于弯曲杆菌剂量-反应模型的应用，仍然有几个问题有待解决。

①利用两种菌株试食试验数据来估算感染率的可接受性。

②使用近似还是精确的 β-泊松模型。

③恰当的感染后发病的条件概率（包含对剂量-关系、概率值和概率范围的假设）。

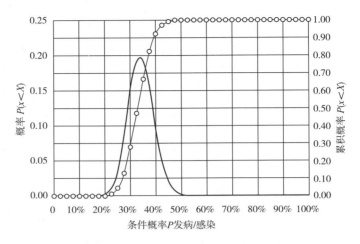

图 4.15　感染后发病的条件概率的分布

4.5　单增李斯特菌的危害特征描述

单核细胞增生李斯特菌（以下简称单增李斯特菌）是畜禽产品中常见且危害严重的食源性致病菌之一，其主要特点是可耐受较严苛的环境，低温下也可生长繁殖，同时，单增李斯特菌也有较强的转移特性，在后期贮藏、再加工，甚至食用阶段可能与接触介质交叉污染，导致相接触食物的潜在污染风险。

4.5.1　单增李斯特菌引发的食源性疾病

单增李斯特菌广泛存在于自然界内，主要以食物为传染媒介，感染人后能引起李斯特菌病，是最致命的食源性病原菌之一，能造成 20%~30% 的感染者死亡。由于单增李斯特菌生命力顽强，0~45℃ 都可以生长，且污染畜禽产品等食物的几率非常高，因此，世界各地都经常会有单增李斯特菌引发的食源性疾病的发生。

4.5.1.1　单增李斯特菌暴发感染主要事件

1999 年美国密歇根州有 14 人因食用被该菌污染的热狗和熟肉而死亡。另外 22 个州有 97 人患此病，6 名妇女流产。这是历史上因食用被李斯特菌污染的食物而引发的最严重的食物中毒事件。美国 CDC 的研究表明，美国每年有 1600~2000 例李斯特菌病发生，导致 450 人死亡。2019 年，全美五个州暴发的单增李斯特菌病导致 7 人患病，其中 1 人死亡，其中得克萨斯州最严重。美国 CDC 警告说，此次李斯特菌的暴发与商店销售的剥皮熟鸡蛋有关，要求民众不要食用。在 2009—2011 年，美国报告了 12 起单增李斯特菌病疫情，导致 224 人感染，其中 5 起疫情是由于食用软奶酪引起的。这一时期记录的另外 1427 例病例被认为是散发性感染，没有归因于特定的食物来源。在病例对照研究中，零星的食源性单增李斯特菌病病例与食用未经加热的热狗、未煮熟鸡肉、软奶酪和熟食柜台提供的食物有关，所有这些都与更大规模的疾病暴发有关。

2008 年 8 月，加拿大暴发了一起因肉类食品被单增李斯特菌污染而导致的严重食物中毒事件，导致 57 人感染单增李斯特菌病，23 人死亡。其实在 2002 年，加拿大就暴发了因食用污染的乳酪而导致 86 人感染单增李斯特菌病，但是没有死亡病例。

2006—2008 年，德国因为食用污染的香肠导致 11 人感染单增李斯特菌，5 人死亡；2008—2009 年，包括德国在内的欧洲三个国家发生了因食用污染有单增李斯特菌的奶酪而引发 34 例感染单增李斯特菌，其中 8 例死亡。2009 年丹麦单增李斯特菌感染导致菌血症和脑膜炎病例达到 97 例，大大超过往年，受害者多为孕妇和 70 岁以上的老年人。2019 年，西班牙暴发某品牌熟肉引发的单增李斯特菌感染事件，据报告有 80 例病例，其中 56 人住院，6 人在重症监护室，这成为西班牙最严重的中毒事件之一。

近年来，国内单增李斯特菌感染散发病例已时有报道。2011 年，北京朝阳医院先后收治了两名感染单增李斯特菌的孕妇，都是急性发病，出现败血症，导致胎儿宫内感染并死胎。另外，还有西安、杭州、温州的孕妇也因为使用从冰箱中取出的食品而感染单增李斯特菌，最终导致流产。这些都是散发的，多与冰箱食品污染有关，孕妇是高危群体。

4.5.1.2 单增李斯特菌感染来源归因

2001 年 11 月以来，我国质检部门多次从美国、加拿大、法国、爱尔兰、比利时、丹麦等二十多家肉类加工厂进口的猪腰、猪肚、猪耳、小排等三十多批近千吨猪副产品中检出李斯特菌。2005 年，广东江门检验检疫局在该市垃圾处理场销毁了 50 吨、价值约 40 万美元的含有单增李斯特菌的非法入境冻肉。多

种食物均可引起单增李斯特菌病的暴发，畜禽产品中以软奶酪和熟肉为主。熟食中的亚硝酸盐含量可能会降低但不会抑制单增李斯特菌的生长。

4.5.2 单增李斯特菌的危害特征

由于单增李斯特菌最常见的传播途径是通过食用受污染的食物，而且其病死率至少是其他由食源性传播引起的感染的 10 倍，所以，该菌也是食品安全风险评估中备受关注的一种致病微生物。

4.5.2.1 菌株致病性

单增李斯特菌不仅可以在吞噬细胞内和单核细胞内生长，也能在上皮细胞内生长，是细胞内寄生菌。该菌经口摄入，侵入肠道上皮细胞，在细胞内和细胞间扩散，并进入血液，由血液传送给其他敏感的机体细胞。它的感染包括四个阶段：内化、逃避胞液，肌动纤维聚集和细胞传播。与各阶段相关的毒力因子是：Inla、hly、actA 和 plaB。该菌侵入机体细胞后，体内离子泵及 ATP 酶被活化，吞噬体与溶酶体形成吞噬溶酶体，吞入的颗粒在其中被消化、降解。

溶血素（hly）是单增李斯特菌的主毒力因子之一，能使单增李斯特菌逃避吞噬体的吞噬作用，损伤红细胞、巨噬细胞（裂解溶酶体膜和吞噬体膜）和血小板。hly 基因是该菌在吞噬细胞内生长所必需的，并参与吞噬溶酶体膜的裂解，是细胞内生长的启动因子。还有一种与 hly 和链球菌溶血素无交叉反应，称为 β 溶血素，β 溶血素也与该菌在细胞内的生存和增殖有关，对动物有毒性。此外，单增李斯

特菌的超氧化物歧化酶能抵抗被激活的巨噬细胞的吞噬杀伤。

4.5.2.2 临床症状

人在感染单增李斯特菌 3 ~ 70d 后出现临床症状，症状包括流感样症状（有或无呕吐和腹泻）以及败血症和脑膜炎。单增李斯特菌病常引起更严重的危及生命的疾病，但在健康的成年人中很少诊断出由该菌引发的胃肠炎，常导致患有轻微的自限性疾病。在免疫功能低下者和老年人中，典型的发病过程常涉及脑膜炎和败血症，表现为突然发热、剧烈头疼、呼吸急促、呕吐、出血性皮疹、化脓性结膜炎、抽搐昏迷、甚至死亡。对孕妇而言，单增李斯特菌病还可导致流产、死产或重病婴儿的出生。单增李斯特菌是少数能够穿过胎盘屏障直接进入胎儿的细菌之一；新生儿出生后也可能从母亲或其他受感染的婴儿那里感染该菌，导致脑膜炎或死亡。

4.5.2.3 宿主易感性

单增李斯特菌广泛存在于环境中，还可从动物和人类粪便中分离出来，大约 2% ~ 6% 的健康人群被认为是该菌的无症状携带者。T 细胞介导的免疫反应被抑制的人群更容易感染单增李斯特菌病，包括孕妇、新生儿、老年人以及患有其他基础疾病的人，这些人群的病死率在 13% ~ 34%，据报道，获得性免疫缺陷综合征患者对单增李斯特菌病的易感程度是普通人的 280 倍。单增李斯特菌感染早期，非免疫巨噬细胞缺乏杀灭该细菌的活力，但可以限制它在淋巴网状系统中的增生。感染 2 ~ 3d 后，在 T 细胞激活下，更多的巨噬细胞被吸引到炎症部位，导致炎症清除。体液免疫对该菌感染无保护作用，故在细胞免疫低下

和使用免疫抑制剂的患者中，该病的发病率相对较高。

4.5.2.4 致病剂量

单增李斯特菌具体的感染剂量并不清楚，但已知高度依赖于宿主的免疫状态。基于伦理道德考虑难以在人体进行剂量-反应研究，而动物饲养模型的结果尚无定论。因此，暴发病例数据提供了估计剂量-反应的基础，并用于计算感染的概率。除在与烟熏腊肠相关的一次重大暴发中检测到的污染水平小于 0.3CFU/g 外，在已被确定为暴发或散发病例的案例中，单增李斯特菌的污染水平通常大于 100CFU/g。在此基础上估计，食物中单增李斯特菌的浓度低于 100CFU/g 时，导致疾病的可能性非常低，低于 1000CFU 对健康成年人来说是无实际意义的，但是，在免疫功能低下人群中仍然认为该污染水平会导致疾病的发生，因此，对提供给健康护理机构的食品应适用更严格的规定。

4.5.3 剂量-反应模型

单增李斯特菌的毒力因子及其与宿主防御系统的相互作用有助于确定单增李斯特菌病的感染剂量，但是，由于在人类中单增李斯特菌病可能产生致命的后果，故尚未进行涉及人类受试者的临床研究。因此，目前的剂量反应数据仅来自使用动物和体外替代物的实验研究。以下是 FDA 于 2001 年利用小鼠动物模型结合流行病学调查数据推导单增李斯特菌剂量-反应模型的主要内容，该模型最终是以死亡率而非患病率为基础的。随后，WHO 又根据不同人群餐食暴露量、暴露率、发病率等

调查数据对单增李斯特菌的剂量-反应模型做了进一步优化。

4.5.3.1 剂量-反应比例因子

剂量与反应之间的关系通常很复杂，并且经常受许多不同参数的影响，这些参数（或病因）中的某些（如毒力变异性）具有可以纳入模型的定量数据，但是，有多种宿主和食物基质因素可能会影响单增李斯特菌的剂量反应，但这些因素尚未被确定或没有可用数据。结果，使用一个单独的附加参数（剂量-反应比例因子）来说明这些影响，从而弥合了人类与替代动物的反应之间的关系。如果不进行此调整，则与暴露评估模型结合使用时，小鼠剂量-反应模型会大大高估单增李斯特菌致命感染的发生率。

来自小鼠研究的剂量-反应曲线估计 LD_{50} 约为 4.26 Logs 或 20000 CFU。食品污染数据表明，人类接触这种数量的单增李斯特菌的频率相对较高。如果小鼠的剂量-反应模型直接适用于人类，则该剂量-反应模型会将因单增李斯特菌病导致的死亡人数高估一百万倍。这表明正常人比实验室小鼠对单增李斯特菌的敏感性低得多，人与小鼠之间的易感性差异可能是由多种因素造成的，其中任何或全部原因可能有以下几点。

①小鼠与人之间的内在差异：诸如体重、代谢率、体温或胃肠道生理过程可能会导致差异。

②免疫力：人类更容易接触低水平的单增李斯特菌，这可能有助于增强免疫力以应对更大数量的挑战。

③接触途径：在动物研究中，单增李斯特菌的剂量并未通过饮食消耗途径引入，食物中单增李斯特菌的摄入可能会降低其渗透肠道的能力。

④菌株变异：在小鼠实验中的菌株可能比在食物中通常遇到的菌株更具有毒性。

⑤食物基质效应：受单增李斯特菌污染的食物的物理化学性质可能会因脂肪含量或其他因素而异。

⑥暴露：剂量-反应比例因子的某些部分可能是由于暴露评估中高估了单增李斯特菌的发生和生长所致。

由于没有针对上述因素的与单增李斯特菌相关的定量数据，因此开发了剂量-反应比例因子来校正小鼠推导的模型（表 4.15），从而适用于人类。该因子的大小由 FoodNet 针对三个群体的监测数据确定，亚群之间的差异可能主要归因于小鼠与人之间的固有差异以及免疫力。因此，虽然剂量-反应曲线的形状最初是从小鼠得出的，但是比例是由人类流行病学确定的。

表 4.15　三个亚群的单增李斯特菌剂量-反应比例因子范围

亚群	剂量反应比例因子（$Log_{10}CFU$）		
	中位数	5% 置信区间	95% 置信区间
中年	12.8	11.1	15.9
新生儿	9.0	7.9	11.6
老年人	11.4	10.1	14.3

4.5.3.2 剂量-反应曲线

（1）中年人群　将单增李斯特菌的毒力分布应用于小鼠剂量-反应死亡率曲线后，利用剂量-反应比例因子将曲线移向更高剂量，以达到致死率估算类似于监视数据的结果。图 4.16 描绘了将此因子应用于中年亚人群的结果，它描述了因一系列被不同毒力单增李斯特菌感染而死亡的剂量。剂量值的范围（由下界线和上界线指示）说明了三个主要的不确定性来源：①不同菌株的毒力变化。②该人群中个体宿主易感性的不确定。③单增李斯特暴露的不确定性。可以使用图4.16作为示例来研究剂量-反应曲线如何与暴露对公共卫生的影响相关。通过从x轴选择剂量，可以从y轴读取估计的死亡率。例如，以1×10^{10} CFU/份的剂量，剂量-反应模型预测769231份中的中位死亡率为1。不确定性导致40万亿份食品中1例死亡的下限预测和约6667份食品中1例死亡的上限预测。可以对任何其他剂量做出类似的预测。

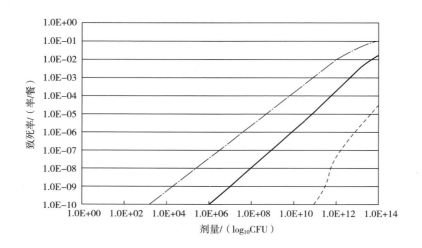

图4.16　单增李斯特菌不同毒力菌株对中年亚人群剂量-反应致死率

（2）新生儿群体　图4.17描绘了新生儿亚人群的剂量-反应曲线，它描述了由一系列因母体食入李斯特菌污染的不同食物而引发死亡的菌的剂量。分布的下界线和上界线同样说明了三个主要的不确定性来源：①不同菌株的毒力变化。②孕妇宿主敏感性的不确定性。③单增李斯特菌暴露的不确定性。通过从x轴选择剂量，可以从y轴读取预期死亡率。例如，以1×10^{10} CFU/份的剂量，剂量-反应模型预测667份中值死亡率为1，但是，由毒力和宿主易感性变化引起的不确定性导致303030份中1例死亡的下限预测和约37份中1例死亡的上限预测。

（3）老年人群　图4.18描绘了老年人群的剂量-反应曲线，它旨在描述一系列被不同单增李斯特菌污染的食物引发死亡所需要的剂量。剂量值的范围说明了三个主要的不确定性来源：①不同菌株的毒力变化。②该人群中个体的宿主易感性不确定性。③单增李斯特菌暴露的不确定性。通过从x轴选择剂量，可以从y轴读取预期死亡率。例如，剂量为1×10^{10} CFU/份时，剂量-反应模型预测平均死亡率为25641份，但是，不确定性导致对17亿份食物中1例死亡的下限预测和大约588份食物中1例死亡的上限预测。

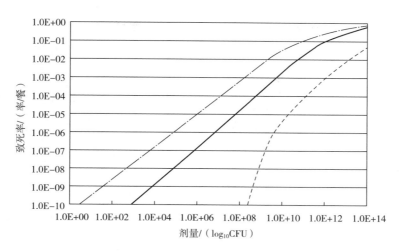

图 4.17　单增李斯特菌不同毒力菌株对新生儿人群剂量–反应致死率

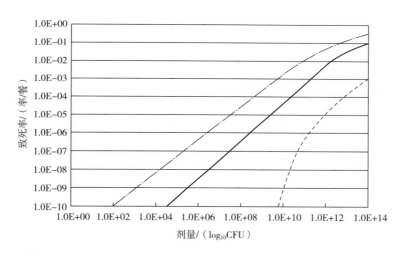

图 4.18　单增李斯特菌不同毒力菌株对老年人群剂量–反应致死率

4.6　金黄色葡萄球菌的危害特征描述

金黄色葡萄球菌引发的食物中毒是一种常见的食源性疾病，是由于摄入了在受污染食物中生长的细菌所产生的肠毒素而引起的典型中毒。金黄色葡萄球菌除了能定植于人和动物外，还具有能在食物中生长的生理特性，并且在干燥状态下可以长时间存活，对盐和糖具有高度的耐受性。最关键的是金黄色葡萄球菌分泌的肠毒素，具有耐热和抗蛋白酶能力，这意味着毒素在加热食物中仍具有活性。

4.6.1　金黄色葡萄球菌引发的食源性疾病

据统计，1998—2008 年，美国由金黄色葡萄球菌引起的食物中毒占已报告病例的

6%，占食源性疾病的3%，占住院治疗的4%，占食源性疾病相关死亡病例的2%。在2013年，金黄色葡萄球菌食物中毒占欧盟报告的食物中毒病例的7.4%。

1990年，美国得克萨斯州16所小学吃过午餐的5824名儿童中，有1354人患病；流行病学研究显示95%的患病儿童吃过鸡肉沙拉，细菌学检查发现其中含有大量金黄色葡萄球菌。1997年，美国佛罗里达州有一个聚会，125人中有31人被感染，原因是聚会所吃的8kg火腿在烤好之后，用了一个没有充分洗干净的刀来切，切好的火腿片没有及时充分地冷藏，导致了金黄色葡萄球菌大量增殖从而产生了大量的毒素。2000年日本雪印乳业公司大阪工厂生产的乳制品因含有金黄色葡萄球菌而导致中毒发病者超过一万例，原因是生产设备没有按规定定期清洗而造成的。2002年，澳大利亚有一次600人参加的公众活动，活动之后，许多人在现场吃饭，结果250人出现了恶心、呕吐、胃痉挛的症状，其中100多人因为脱水需要进医院治疗。根据症状及食物，最可能的原因也是金黄色葡萄球菌感染。

我国也常出现金黄色葡萄球菌引发的食源性疾病。如2006年10月广州某小学有185名学生发生集体食物中毒，起因是某课间餐供应商提供的用具消毒不严导致食品受金黄色葡萄球菌污染，加上存放时间过长产生肠毒素引起集体食物中毒；再如2008年9月广西北海某宾馆70人出现细菌性中毒，卫生人员对餐厅厨师、服务人员的手，食品（海虾和青菜汤）和厨房餐具等进行检查发现含有金黄色葡萄球菌和副溶血性弧菌。

几乎一半的金黄色葡萄球菌食物中毒病例都与肉类食物有关，另外蛋制品、牛奶和乳制品等也会受到污染并引发食物中毒。2018年欧盟报告了对各种动物（$n=6058$）和食品（$n=15$）中的金黄色葡萄球菌检出阳性率分别为18.9%。产肠毒素的金黄色葡萄球菌菌株可引起牛的乳腺炎，并可能成为与牛奶或其他乳制品相关的食物中毒的来源。如2017年所检测的120份牛奶、奶酪和其他乳制品均为金黄色葡萄球菌肠毒素阳性，其中大多数样品是在加工阶段采集的。

4.6.2　金黄色葡萄球菌的危害特征

4.6.2.1　菌株致病性

金黄色葡萄球菌的抵抗力较强，且易产生耐药性。金黄色葡萄球菌常引起两类疾病，一类是化脓性疾病；另一类是毒素性疾病。金黄色葡萄球菌致病是一个非常复杂的过程，可能涉及大量的因素，既有细胞内的，也有分泌的。金黄色葡萄球菌最主要的毒力因子是毒素及酶，食品中的淀粉和蛋白质可能增强毒素的产生。

几乎所有金黄色葡萄球菌菌株都分泌一组酶和细胞毒素，包括四种溶血素（α、β、γ和δ）、耐热核酸酶（Thermonuclease）、葡激酶（又称溶纤维蛋白酶，Fibrinolysin）、脂酶（Lipases）、透明质酸酶（Hyaluronidase）和胶原酶等，主要功能是将宿主组织转化为细菌生长所需的物质。一些菌株产生一种或多种额外的外源蛋白，包括毒素休克综合征毒素-1（TSST-1）、葡萄球菌肠毒素以及白细胞介素，这些毒素中的每一种都对免疫系统的细胞产生强大的影响，主要抑制宿主产生免疫反应。

此外，还可产生表皮剥落毒素、凝固酶（Co-agulase）、杀白细胞素、磷酸酶、卵磷脂酶等。

（1）葡萄球菌肠毒素（Staphylococcal Enterotoxins，SE） 葡萄球菌肠毒素是由各种产凝固酶的葡萄球菌产生的、相对分子质量在26000~34000的单链蛋白，所有的 SEs 都具有超抗原的免疫调节特性，耐热抗酸，能经受100℃ 30min，对胰蛋白酶和胃蛋白酶等蛋白水解酶有抵抗力，使它们能够完整地通过消化道。有五种典型的肠毒素血清型（SEA，SEB，SEC1、SEC2、SEC3、SED 和 SEE）以及最近发现的 SEG、SEH 和 SEI，它们都表现出呕吐活性。毒素的主要作用是通过超抗原介导的细胞因子释放或直接的细胞毒性，使宿主免疫系统的细胞失活。由于肠毒素的稳定性和抵抗力，肠毒素蛋白能耐受胃的酸性环境和肠道的蛋白水解环境而作用于胃肠道而引起呕吐。肠毒素刺激肠道中的神经感受器，通过迷走神经和交感神经传递冲动，从而刺激脑室后区的呕吐中心，导致呕吐反射。

研究表明，肠毒素的产生取决于细菌细胞的总密度 10^5 CFU/mL，而不管这些细菌是否都是产肠毒素的，不直接参与肠毒素生产的菌株仍然能够通过向产肠毒素的菌株发出信号来间接影响肠毒素的产生。当金黄色葡萄球菌的密度低于 10^5 CFU/mL 且温度低于15℃时，不会产生肠毒素。

（2）毒素休克综合征毒素 - 1（Toxic Shock Syndrome Toxin 1，TSST-1） TSST-1是相对分子质量为 22000 的蛋白质。TSST-1能够有效地穿过黏膜表面，大部分经口摄入的 TSST-1 可迅速进入全身循环，可能导致葡萄球菌毒素休克综合征，这是一种急性且可能致命的疾病，但是 TSST-1 易被胃蛋白酶裂解，因此在肠道内的稳定性可能不如肠毒素，并不导致呕吐。

（3）溶血素（Haemolysin）和 PV-杀白细胞素（Panton-valentine Leukocidin） 金黄色葡萄球菌产生大量细胞毒性分子，可分为四类，包括四种溶血素（α、β、δ 和 γ）和 PV-白细胞素。人源菌株多数产生 α-溶血素，而从动物中分离的菌株则常见 β-溶血素。α-溶血素在金黄色葡萄球菌感染引起的几种疾病状态中很重要，可破坏细胞完整性，引起 ATP 泄漏、钙离子的内流，触发细胞核酸酶，使得细胞凋亡死亡；改变宿主内离子平衡，增加血管通透性，导致促凝血因子释放，发生渗透性肿胀，肺水肿或成人呼吸窘迫综合征。

（4）耐甲氧西林金黄色葡萄球菌及金黄色葡萄球菌 L-型 近年来从食品中检出耐甲氧西林金黄色葡萄球菌（Methicillin-resistant Staphylococcus aureus，MRSA）的报道越来越多。MRSA 菌株除对万古霉素敏感外，对其他抗微生物药物均表现出高的耐药率，而在环境或食品中，可通过耐万古霉素的粪肠球菌等向金黄色葡萄球菌转移万古霉素耐药性。研究者对美国病例进行了对照研究，根据观察到的8987 例 MRSA 病例、1598 例 MRSA 住院死亡病例，估计 2005 年侵袭性耐甲氧西林金黄色葡萄球菌的估计发病率为每 10 万人 31.8 例（区间估计值为 24.4~35.2），发病率在 65 岁及以上的人群中最高（每 10 万人 127.7 例，区间估计值为 92.6~156.9），估计死亡率为6.3/10 万（区间估计值为 3.3~7.5）。此外，有研究者构建了猪源 ST398MRSA 对人类健康的实际危害（MRSA 感染和死亡）的保守

（可信上限）概率估计，即美国所有养猪场的工人每年大约发生一次人的感染。

金黄色葡萄球菌在感染过程中或经过抗生素的治疗可丢失细胞壁、形成 L-型，对内酰胺类抗微生物药物耐药，机体对细菌的免疫识别能力减弱、免疫清除率下降，从而形成慢性感染、持续感染。

4.6.2.2　临床症状

金黄色葡萄球菌可引起葡萄球菌性食物中毒、金黄色葡萄球菌毒素休克综合征、肺炎、术后伤口感染和医院内菌血症。

（1）金黄色葡萄球菌性食物中毒　由肠毒素引起的自限性疾病，通常在发病后 24~48h 消失。摄入肠毒素后，可能会迅速产生症状，通常包括恶心、腹部绞痛、呕吐和腹泻；在更严重的情况下，可能会出现脱水、头痛、肌肉痉挛、血压和脉搏率的短暂变化。症状通常只持续几小时到一天，但在某些情况下，病情严重到需要住院治疗，这取决于个人对毒素的易感性、摄入毒素的量和一般健康状况。死亡并不常见，通常发生在老年人、婴儿和严重虚弱的人群中。

（2）金黄色葡萄球菌毒素休克综合征（TSS）　一种急性且可能致命的疾病，其特征是高烧、弥漫性红斑皮疹、发病 1~2 周后皮肤脱皮、低血压和三个或更多器官系统受累。世界卫生组织认为 TSS 是一种与儿童非侵入性金黄色葡萄球菌感染相关的主要全身性疾病。TSST-1 是 TSS 的第一个标记毒素，20 世纪 80 年代初，美国年轻女性中发生了 TSS 的流行。

TSS 是一种毛细血管渗漏综合征，临床表现为低血压、低蛋白血症和全身非血小板性水肿，以广泛的临床和组织病理学表现为特征。急性呼吸窘迫综合征和弥散性血管内凝血是 TSS 的常见和潜在的危及生命的并发症。

大多数死亡病例的组织学异常反映了持续的低血容量休克，然而一些与 TSS 相关的显微镜下病变被认为是这种疾病的特异性，包括全身性淋巴细胞性血管炎、肝门静脉周围三联症和脂肪变性、网状内皮细胞广泛吞噬红细胞、月经相关病例中的溃疡性阴道炎，这些病变区分了 TSS 和其他形式的感染性休克。

4.6.2.3　宿主易感性

所有人对金黄色葡萄球菌都易感，症状的严重程度可能有所不同。健康人鼻孔内分离到的细菌有 10%~40% 是金黄色葡萄球菌，20%~35% 的人群是顽固携带者，30%~70% 是间歇携带者。在与病人和医院环境有关的人群中，发病率甚至更高。食品中的污染可能是通过与工人直接接触金黄色葡萄球菌引起的手部或手臂损伤，或咳嗽和打喷嚏，这在呼吸道感染期间很常见。在金黄色葡萄球菌暴发时，食品处理人员往往是食品污染的来源。

目前尚不清楚人类是否会产生对金黄色葡萄球菌食物中毒的长期免疫，因为多个葡萄球菌肠毒素都能诱发疾病，对某种金黄色葡萄球菌的抗体不一定能赋予其他金黄色葡萄球菌食物中毒免疫力。

由于该病原菌涉及多种致病途径，宿主的易感性和疾病的严重程度将与不同致病途径的多个基因相关。研究人员依据细胞实验、小鼠模型和人类的全基因组关联研究（Genome-wide Association Studies，GWASs）的遗传和免疫学数据，绘制了一个在人类金黄色葡萄球菌的携带和疾病中，以及在小鼠感染模型中起作用的基因和蛋白质分子简图。图中描述了宿主受体的位置，以及与金黄色葡萄球菌或其细胞成分相互作用的调节和信号分子。说明了金黄色葡萄球菌如何通过其黏着物和毒素与宿主免疫系统相互作用，而宿主基因的遗传变异，可调节对持续携带的敏感性。如果在这些过程中的任何一个过程存在宿主功能障碍，金黄色葡萄球菌可能会利用缺陷来大大增加感染的风险。

4.6.2.4 剂量-反应

金黄色葡萄球菌及其肠毒素的剂量-反应关系缺乏，可用国际公认的肠毒素浓度 0.1~1.0μg 作为阈值来判断是否对人体健康产生危害，即一般人群摄入 1.0μg，而敏感人群摄入 100ng 剂量的肠毒素就会产生中毒症状。当金黄色葡萄球菌菌数超过 10^5 个时，就会产生足以致病的剂量的肠毒素。

韩国研究人员利用指数模型建立了金黄色葡萄球菌的剂量-反应模型：$[P=1-\exp(-r\times N)]$，以计算金黄色葡萄球菌对天然奶酪和加工奶酪的食源性疾病风险。式中，P 是致病概率；$r=7.64\times10^{-8}$，是金黄色葡萄球菌单个细胞引起食源性疾病的概率；N 是摄入的金黄色葡萄球菌细胞数量（CFU/份）。

4.7 产气荚膜梭菌的危害特征描述

产气荚膜梭菌广泛分布在环境中，并经常在人类肠道以及许多家养和野生动物的肠道中发现。动物肠道内的产气荚膜梭菌很容易在畜禽生产加工过程中交叉污染到产品中，在适宜条件下进一步生长繁殖孢子，在不适宜条件下则产生芽孢，芽孢耐高温。产气荚膜

梭菌随污染的畜禽产品进入人肠胃后，进一步生成芽孢，这些芽孢可以产生毒素引发食物中毒。产气荚膜梭菌中毒也是美国相关报道中最常见的食源性疾病之一，在世界各地也偶有散发。

4.7.1 产气荚膜梭菌引发的食源性疾病及其归因

产气荚膜梭菌食物中毒在国外较为常见，据美国报道，该菌引起的食物中毒患者占美国全年食物中毒总数的30%。20世纪40年代，在英国和美国出现了产气荚膜梭菌在食源性疾病中作用的确凿证据，当时从肉汁和鸡肉为媒介的疫情中分离出了大量产气荚膜梭菌。在20世纪50年代进一步确立了这种微生物在食源性疾病中的作用。据报道，在美国每年大约有25万例产气荚膜梭菌中毒。1990—1999年，美国共有153次产气荚膜梭菌暴发，导致9209例疾病。对暴发的回顾性分析发现，暴发可能是季节性的，高峰期发生在3~5月以及10~12月。我国产气荚膜梭菌引发食物中毒并不多见，多为零星、散发病例。从知网文献检索结果来看，2010—2020年总共有10篇因产气荚膜梭菌引发食物中毒的案例报道。暴发的归因食品通常与肉类和家禽产品有关，常见于公共食堂或快餐。

大多数产气荚膜梭菌中毒的人，与食用了被污染的烤肉有关，这些肉在屠宰过程中被动物肠道中产气荚膜梭菌污染，随之烤制不充分或贮藏温度不当，导致产气荚膜梭菌的生长繁殖，产生芽孢和毒素。牛奶也会因污染产气荚膜梭菌引发食物中毒。通常产气荚膜梭菌在产

品中的适宜温度下会生长繁殖产生孢子，如果食物加热不充分，孢子会长成芽孢产生肠毒素。从暴发的病例分析看，美国 1988—1997 年暴发的 109 起中 97% 是产品储存温度不当引起的；而 1973—1987 年报告的 23 起病例中，65% 是由于烹饪不足引起的。可见，畜禽产品低温保存并烹饪加热彻底对于食品安全非常重要。

4.7.2 产气荚膜梭菌的危害特征

不少熟肉或牛奶等食品，由于加温不够或储存污染而在缓慢地冷却过程中，污染的产气荚膜梭菌大量繁殖并形成芽孢产生肠毒素，食品并不一定在色香味上发生明显的变化，但是人们误食了这样的熟肉或牛奶，就有可能发生食物中毒。

4.7.2.1 菌株致病性

在所有产气荚膜梭菌菌株中，只有大约 5% 能够产生毒素。产气荚膜梭菌能产生 10 余种外毒素，有些外毒素即为胞外酶，可引起典型的食物中毒。根据产气荚膜梭菌的 4 种主要毒素（a、β、ε、ι）产生情况，可将其分为 A，B，C，D，E 5 个毒素型。

（1）外毒素 各型产气荚膜梭菌产生的外毒素（或可溶血抗原）共有 12 种，其中主要有 4 型，即 A，B，C，D，而已知"A 型"毒素与人类食物中毒有关。

（2）肠毒素 A 型产气荚膜梭菌的耐热株能引起人的食物中毒，关于产气荚膜梭菌食物中毒的发病机制，基本认为是，被耐热性 A 型产气荚膜梭菌芽孢污染的肉、禽等生食品，虽经烹制加热，芽孢不仅不死灭，反而由

于受到"热刺激"，在较高温度长时间储存（即缓时冷却）的过程中发芽、生长、繁殖，而且随食物进入人肠道的这些繁殖体容易再形成芽孢，同时产生肠毒素，聚集于芽孢内，当菌体细胞自溶和芽孢游离时，肠毒素将被释放出来，人、猴、犬等口服人工提取的该肠毒素能引起腹泻。

4.7.2.2 临床症状

在食用含有大量产气荚膜梭菌的食物后开始出现剧烈的腹部痉挛疼痛、腹泻或水样性腹泻等食物中毒症状，该病潜伏期为 8~24h，少见发热和呕吐，不经治疗，症状在 24h 内消退，但轻型症状可能再持续 1d 或 2d。该病病程短可能是由于与肠毒素结合的肠上皮细胞的正常周转和腹泻导致的游离毒素的清除。30 岁以下的人可能会生病但很快会康复，而老年人则更有可能出现长期或严重的症状，儿童还可能会出现并发症加重感染。已报道有少数患者因脱水和其他混合感染而导致死亡。

4.7.2.3 宿主易感性

几乎所有成年人的大肠中都有产气荚膜梭菌。健康人群体内血清常含有肠毒素抗体，这表明产气荚膜梭菌是人体的正常菌群，在肠道内不断地产生着肠毒素。老人和儿童是产气荚膜梭菌的易感人群。

4.7.2.4 剂量-反应估计

当食品中污染的产气荚膜梭菌达到一定数量（1.0×10^7CFU 或更多时），在人摄食后才能在肠道中产生毒素引起食物中毒。当然，更科学地估计产气荚膜梭菌的致病剂量和宿主反应的关系，需要构建剂量-反应模型，见表 4.16。美国农业部在 2005 年发布的食品中产气荚膜梭菌的风险评估报告中，将 Haas 先

前构建的剂量–反应模型开展了进一步的优化。

　　最简单的生物学上合理的剂量反应函数是 Haas 研发的指数函数,这种剂量反应评估的一组假设是:给定剂量特定微生物的致病概率符合泊松分布,并且每种摄入的微生物都是独立的,并在宿主内具有相同的生存和致病概率。那么在平均剂量为 d 时,患病概率 P_i 可表示为函数: $P_i=11-\exp(-rd)$,式中 r 为任何单个病原菌存活并引起疾病的概率,也可以将参数 r 解释为病原菌引起人类腹泻的效力。

　　建模过程中使用了多篇志愿者参与的不同产气荚膜梭菌菌株剂量–反应关系研究的文献数据。使用最大似然技术将剂量–反应函数对各个菌株数据进行拟合,以便估算每个菌株的效力参数 r。对各个菌株的 r 值分布进行检验,发现符合对数正态分布。效力参数 r 的对数正态分布是均值和标准偏差两个值的参数比。利用适于产气荚膜梭菌 15 种分离株的人体试验的似然方法,获得方差–协方差矩阵,来估计这两个参数及其不确定性,结果显示单个 CFU 的产气荚膜梭菌的致腹泻效力中值估计为 1.8×10^{-11},不同分离株之间的差异为 10.2。图 4.19 显示了有效的菌株平均剂量–反应曲线(抛物式实线),以及在单个菌株剂量–反应曲线和 95% 置信区间曲线(虚线)。可见,不同菌株之间致病效力的差异较大,因此,鉴定单个菌株剂量–反应曲线的确切形状远不如考虑产气荚膜梭菌分离株之间效力的可变性重要。

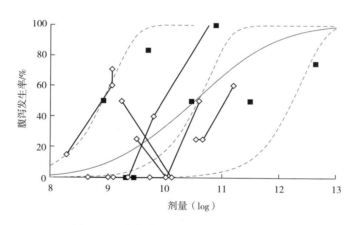

图 4.19　产气荚膜梭菌的剂量–反应曲线

表 4.16　常见畜禽产品中致病微生物剂量–反应模型

食源性病原菌	剂量反应模型	参数	文献
致病性大肠杆菌	$P_i=1-(1+d/\beta)^{-\alpha}$	$\alpha=0.1778,\ \beta=1.78\times10^6$	Haas et al., 1999
大肠杆菌 O157：H7	$P_i=1-(1+d/\beta)^{-\alpha}$	$\alpha=0.248,\ \beta=48.8$	Teunis et al. 2008
非伤寒沙门菌	$P_i=1-(1+d/\beta)^{-\alpha}$	$\alpha=0.1324,\ \beta=51.45$	FAO/WHO, 2002

续表

食源性病原菌	剂量反应模型	参数	文献
伤寒沙门菌	$P_i=1-(1+d/\beta)^{-\alpha}$	$\alpha=0.1086,\beta=6097$	Haas et al.，1999
单增李斯特菌	$P_i=1-e^{-r\times d}$	$r=8.61\times10^{-12}$（敏感人群） $r=2.23\times10^{-13}$（健康人群） 假定最大污染水平为 $7.5\log_{10}$ CFU	FAO/WHO，2004
弯曲杆菌	$P_{inf}=1-(1-P_{inf(1)})^d$ $P_i=1-(1+d/\beta)^{-\alpha}$	$P_{inf(1)}=(0.21,59.95)$ $\alpha=0.145,\beta=7.59$	Lindqvist et al.，2008 Haas et al.，1999
金黄色葡萄球菌	$P_i=1-e^{-r\times d}$	$r=7.64\times10^{-8}$	Heeyoung et al.，2016
产气荚膜梭菌	$P_i=1-e^{-r\times d}$	$r=1.8\times10^{-11}$	FDA，2005
痢疾杆菌	$P_i=1-(1+d/\beta)^{-\alpha}$	$\alpha=0.21,\beta=42.86$	Haas et al.，1999
霍乱弧菌	$P_i=1-(1+d/\beta)^{-\alpha}$	$\alpha=0.25,\beta=16.2$	Haas et al.，1999

参考文献

［1］Bieber D，Ramer SW，Wu CY，et al. Type IV pili，transient bacterial aggregates，and virulence of enteropathogenic *Escherichia coli*［J］. Science，1998，280 （5372）：2114-2118.

［2］Buvens G，Possé B，De Schrijver K，et al. Virulence profiling and quantification of verocytotoxin-producing *Escherichia coli* O145：H28 and O26：H11 isolated during an ice cream-related hemolytic uremic syndrome outbreak［J］. Foodborne Pathog Dis，2011，8 （3）：1-6.

［3］Centers for Disease Control and Prevention （CDC）. Foodborne diseases active surveillance network，1996［J］. MMWR，1997，46（12）：258-261.

［4］Centers for Disease Control and Prevention （CDC）. FoodNet Surveillance Report for 2004（Final Report）［EB/OL］.［2006-06］. https：//www. cdc. gov/foodnet/PDFs/Report. pdf.

［5］Cieslak PR，Noble SJ，Maxson DJ，et al. Hamburger-associated *Escherichia coli* O157：H7 infection in Las Vegas：A hidden epidemic［J］. Am J Public Health，1997，87（2）：176-180.

［6］Christine Dodd，Tim Aldsworth，Richard Stein. Foodborne Diseases（Third Edition）［M］. Londou，San Diego，Cambridge，Oxford：Academic Press，2017.

［7］De Knegt，LV，Pires，SM，Hald，T. Attributing foodborne salmonellosis in humans to animal reservoirs in the European Union using a multi-country stochastic model［J］. Epidemiology & Infection，2015，143 （6），1175-1186.

［8］Elaheh Esfahanian，Umesh Adhikari，Kirk Dolan，et al. Construction of a new dose-response model for *Staphylococcus aureus* considering growth and decay kinetics on skin［J］. Pathogens，2019，8（4）：253-264.

［9］EFSA/ECDC. The European Union one health

2018 zoonoses report［J］. EFSA Journal, 2019, 17（12）:1-25.

［10］EFSA/ECDC. The European Union summary report on trends and sources of zoonoses, zoonotic agents and food-borne outbreaks in 2013［J］. EFSA Journal, 2015,13（1）:doi:10. 2903/j. efsa. 2015. 3991.

［11］FAO/WHO. *Salmonella* and *Campylobacter* in chicken meat: meeting report［M］. Rome: FAO Headquarters,2009.

［12］FAO/WHO. Hazard Identification and Hazard Characterization of *Salmonella* in broilers and eggs ［EB/OL］. 2000,Rome.

［13］FAO/WHO. Risk assessments of *Salmonella* in eggs and broiler chickens: Interpretative summary ［EB/OL］. 2002,Rome.

［14］FAO/WHO. Risk assessments of *Campylobacter* spp. in broiler chickens: technical report ［EB/OL］. 2012,Rome.

［15］FAO/WHO. 中国动物疫病预防控制中心组译. 鸡蛋和肉鸡中沙门氏菌的风险评估［M］. 北京:中国农业出版社,2016.

［16］FDA. Handbook of foodborne pathogenic microorganisms and natural toxins（2nd edition）［R］. USA, 2002.

［17］FDA-FSIS. Quantitative assessment of relative risk to public health from foodborne *Listeria monocytogenes* among selected categories of ready-to-eat foods ［EB/OL］. 2003. Washington DC. http://www. fda. gov/ Food/ScienceResearch/ResearchAreas/RiskAssessmentSafetyAssessment/ucm183966. htm.

［18］FDA-FSIS. A risk assessment for *C. perfringens* in RTE and partially cooked meat and poultry products［EB/OL］. 2005. Washington DC. https://www. fsis. usda. gov/wps/wcm/ connect/ 670dd8ce - 8388 - 4bed-8547-d52e8c61eaae/ CPerfringens_ Risk_Assess_ Sep2005. pdf? MOD=AJPERES

［19］FSIS. Risk assessment of the public health impact of *Escherichia coli* O157: H7 in ground beef［EB/OL］. 2001. Washington DC. https://www. fsis. usda. gov/OPPDE/rdad/FRPubs/00-023 nreport. pdf

［20］FSIS. Risk profile for pathogenic non-O157 shiga toxin-producing *Escherichia coli*（non-O157 STEC）［EB/OL］. 2012. Washington DC. https:// www. fsis. usda. gov/shared/PDF/Non_O157_STEC_ Risk_Profile_May2012. pdf

［21］Glass K, Fearnley E, Hocking H, et al. Bayesian source attribution of salmonellosis in South Australia［J］. Risk Analysis, 2016, 36（3）, 561-570.

［22］Gould LH. Walsh KA, Vieira AR, et al. Surveillance for foodborne disease outbreaks - United States, 1998-2008［J］. MMWR Surveillance Summary, 2013, 62, 1-34.

［23］Gu W, Vieira AR, Hoekstra RM, et al. Use of random forest to estimate population attributable fractions from a case-control study of *Salmonella enterica* serotype Enteritidis infections［J］. Epidemiology and Infection, 2015, 143, 2786-2794.

［24］Haas CN, Rose JB and Gerba CP. Quantitative microbial risk assessment［M］. New York: John Wiley and Sons, 1999.

［25］Hedberg C, Angulo F, Townes J, et al. Differences in *Escherichia coli* O157: H7 annual incidence among FoodNet active surveillance sites［C］. 5th. International VTEC Producing *Escherichia coli* Meeting, Baltimore, MD, 1997.

［26］Heeyoung Lee, Kyunga Kim, Kyoung-Hee Choi,et al. Quantitative microbial risk assessment for *Staphylococcus aureus* in natural and processed cheese in Korea［J］. Journal of Dairy Science, 2015, 98（9）: 5931-5945.

［27］Joelle CH, Carl KW, James SC. Quantitative

microbial risk assessment for *Staphylococcus aureus* and *Staphylococcus* enterotoxin A in raw milk［J］. Journal of Food Protection,2009,72(8):1641-1653.

［28］Kassenborg H, Hedberg C, Hoekstra M, et al. Farm visits and undercooked hamburgers as major risk factors for sporadic *Escherichia coli* O157:H7 infections—data from a case-control study in five FoodNet sites［J］. Clinical Infectious Diseases, 2004,38(3): S271-S278.

［29］King N, Lake R, Campbell D. Source attribution of nontyphoid salmonellosis in New Zealand using outbreak surveillance data［J］. Journal of Food Protection, 2011,74: 438-445.

［30］Lindqvist R, Lindblad M. Quantitative risk assessment of thermophilic *Campylobacter* spp. and cross-contamination during handling of raw broiler chickens evaluating strategies at the producer level to reduce human campylobacteriosis in Sweden［J］. International Journal of Food Microbiology, 2008, 121(1): 41-52.

［31］Levine MM, Dupont HL, Formal SB, et al. Pathogenesis of *Shigella dysenteriae* 1 (Shiga) dysentery ［J］. J Infect Dis, 1973,127(3):261-270.

［32］Levine MM, Bergquist EJ, Nalin DR, et al. *Escherichia coli* strains that cause diarrhea but do not produce heat-labile or heat-stable enterotoxins and are non-invasive［J］. Lancet, 1978,1(8074):1119-1122.

［33］Louis A, Douglas AP. Quantitative assessment of human MRSA risks from Swine ［J］. Risk analysis,2014,34(9):1639-1650.

［34］Majowicz SE, Musto J, Scallan E, et al. The global burden of nontyphoidal *Salmonella* gastroenteritis ［J］. Clin Infect Dis, 2010,50(6):882-889.

［35］Martin MD, Paul MO, Patrick MS. Exotoxins of *Staphylococcus aureus* ［J］. Clinical microbiologu reviews,2000,13(1):16-34.

［36］Monina RK, Melissa AM, Joelle N. Invasive methicillin-resistant *Staphylococcus aureus* infections in the United States ［J］. Journal of American Medical Association,2007,298(15):1763-1771.

［37］Mughini-Gras L, Barrucci F, Smid JH, et. al. Attribution of human *Salmonella* infections to animal and food sources in Italy (2002-2010): Adaptations of the Dutch and modified Hald source attribution models［J］. Epidemiology and Infection, 2014a, 142 (5): 1070-1082.

［38］Mughini-Gras L, Smid J, Enserink R, et al. Tracing the sources of human salmonellosis: a multi-model comparison of phenotyping and genotyping methods［J］. Infection, Genetics and Evolution, 2014,28: 251-260.

［39］Nadeem OK, Natalia C, Hazel MM, et al. Global epidemiology of *Campylobacter* infection ［J］. Clinical Microbiology Reviews,2015,28(3):687-720.

［40］Ostroff SM, Kobayashi JM, Lewis JH. Infections with *Escherichia coli* O157:H7 in Washington State ［J］. JAMA, 1989,262(3):355.

［41］Paton AW, Ratcliff RM, Doyle RM, et al. Molecular microbiological investigation of an outbreak of hemolytic-uremic syndrome caused by dry fermented sausage contaminated with Shiga-like toxin-producing *Escherichia coli*［J］. J Clin Microbiol, 1996, 34(7): 1622-1627.

［42］Pires SM, Vieira AR, Hald T, et al. Source attribution of human salmonellosis: an overview of methods and estimates ［J］. Foodborne Pathogens and Disease, 2014,11(9), 667-676.

［43］Painter JA, Hoekstra RM, Ayers T, et al. Attribution of foodborne illnesses, hospitalizations, and deaths to food commodities by using outbreak data, United States, 1998-2008［J］. Emerging Infectious Diseases, 2013, 19: 407-415.

[44] Slutsker L, Ries AA, Greene KD, et al. *Escherichia coli* O157：H7 diarrhea in the United States：Clinical and epidemiologic features[J]. Ann Intern Med, 1997, 126:505-513.

[45] Stephen J. Forsythe, 著. 石阶平, 史贤明, 岳田利, 译. 食品中微生物风险评估[M]. 北京:中国农业大学出版社, 2007.

[46] Teunis PF, Ogden ID, Strachan NJ. Hierarchical dose response of *E. coli* O157：H7 from human outbreaks incorporating heterogeneity in exposure[J]. Epidemiol Infect, 2008, 136(6)：761-770.

[47] Tilden J Jr, Young W, McNamara AM, et al. A new route of transmission for *Escherichia coli*：infection from dry fermented salami[J]. Am J Public Health, 1996, 86(8):1142-1145.

[48] Tuttle J, Gomez T, Doyle MP, et al. Lessons from a large outbreak of *Escherichia coli* O157：H7 infections：insights into the infectious dose and method of widespread contamination of hamburger patties[J]. Epidemiol Infect, 1999, 122(2):185-192.

[49] Wax RG, Lewis K, Salyers AA, 等主编. 刘玉庆, 等译. 细菌抗药性[M]. 北京:化学工业出版社, 2012.

[50] World Health Organization Food and Agriculture Organization of the United Nations. Risk assessments of *Salmonella* in eggs and broiler chickens[EB/OL]. 2002, Rome, Italy.

[51] World Health Organization Food and Agriculture Organization of the United Nations. Risk assessment of *Listeria monocytogenes* in ready-to-eat foods[EB/OL]. 2004, Rome, Italy.

[52] 国家食品安全风险评估专家委员会. 风险评估报告撰写指南[Z]. 2010.

[53] 韩晗, 韦晓婷, 魏昳, 等. 沙门菌对食品的污染及其导致的食源性疾病[J]. 江苏农业科学, 2016, 44(5):15-20.

[54] 陆承平. 兽医微生物学(5版)[M]. 北京:中国农业出版社, 2013.

[55] 付萍, 王连森, 陈江, 等. 2015年中国大陆食源性疾病暴发事件监测资料分析[J]. 中国食品卫生杂志, 2019, 31(1):64-70.

[56] 徐君飞, 张居作. 2001—2010年中国食源性疾病暴发情况分析[J]. 中国农学通报, 2012, 28(27):313-316.

[57] 刘秀梅, 陈艳, 王晓英, 等. 1992—2001年食源性疾病暴发资料分析——国家食源性疾病监测网[J]. 卫生研究, 2004, 33(6):725-727.

[58] 潘娜, 李薇薇, 杨淑香, 等. 中国2002—2015年学校食源性疾病暴发事件归因分析[J]. 中国学校卫生, 2018, 29(4):570-576.

[59] 夏照帆, 沈建忠. 细菌耐药危机下的挑战与对策:专家视角[M]. 北京:人民卫生出版社, 2019.

[60] 韩俭. 金黄色葡萄球菌持留菌和L-型形成机制研究[D]. 兰州:兰州大学, 2014.

[61] 遇晓杰, 闫军, 苏华, 等. 原料乳中金黄色葡萄球菌的风险评估及防控策略的建立[J]. 中国乳品工业, 2010, 38(9):53-58.

[62] 黄驰云. 冻生虾仁中大肠杆菌和金黄色葡萄球菌的风险评估及对产品货架期的预测[D]. 湛江:广东海洋大学, 2010.

畜禽产品中致病微生物风险特征描述

风险特征描述（Risk Characterization）是风险评估过程中不可或缺的组成部分，可描述和总结致病微生物导致的健康风险。这一步需要结合危害识别、危害特征描述和暴露评估的信息完成，此过程需要完整透明，信息量大，目的是为风险管理者提供科学的建议。风险特征描述可以定性（比如，低、中、高）进行，也可以定量（比如，每年或每 10 万人口的感染率、发病率或死亡率）等多种形式说明。如果可能，还应描述风险评估的不确定性和变异性。风险特征描述一般还需要讨论风险管理者在解释风险评估结果时应理解和考虑的方案、模型、参数、数据和分析选项等。

风险特征描述可以为风险管理者的监管决策提供基础和依据。畜禽产品中致病微生物风险特征描述应该解释定量数据（如污染率、污染量、膳食摄入量等）和定性信息（比如，危害度等）范围和重要性，呈现风险评估结果；风险特征描述还包括数据信息的优缺点、结论、不确定性、变异性以及替代假设的潜在影响；同时，还包括对评估情景、所用模型、所选参数和分析选项的讨论。这些评估结果的分析可以进一步考虑用于随后的风险监管决策。

畜禽产品致病微生物风险特征描述包括两个主要步骤：风险估计和风险描述。风险估计是对产品受微生物污染后产生的影响类型和强度，可以根据所使用的数据和方法进行定性或定量分析。风险描述主要是通过汇总所关注的畜禽产品消费对消费者健康的影响，讨论并量化其性质和严重程度，以及相应的影响因素，包括：

①与考虑的关键因素相关的不确定性。

②与模型的关键输入相关的变异性。

③模型关键输入与最终风险的相关性。

④通过大量证据讨论对风险估计可信性。

⑤分析的局限性。

⑥关键假设。

⑦结果的合理性。风险描述的许多要素都来自计划和范围界定阶段。在某些方面，风险描述与科技论文的"讨论"部分相似。

风险特征描述的要素一般由以下 13 个部分组成。

（1）关键信息

①现有研究及其健全性。

②风险计算过程中所做的假设和推断的不确定性。

③使用默认参数值、政策选择和风险管理决策（如果有）。

④用于评估的关键数据要求是实验获得的、最新技术或公认的科学知识。

⑤变异性。

（2）评估背景

①如何解决风险管理问题。

②致病微生物危害的估计风险与该危害的其他估计相比较（如果有），包括对法规要求的讨论，或者是否存在需要考虑的法规价值。

（3）敏感人群

①可能受到影响的人群的范围，包括先天易感人群（例如，种族、性别、社会经济和/或营养状况，其他遗传易感性）以及高度暴露的人群。

②可能没有必要或不可能对每个敏感人群进行定量表征。例如，估计最敏感组的风险可能就足够了，然后假定其他组受到保护。

另外，如果可用的数据对于量化一般人群的风险比较可靠，则可以考虑对敏感人群基于数据进行一些调整。

（4）生命阶段

①评估的年龄组。

②由于暴露方式和/或先天易感性的情况而可能具有特定脆弱性的生命阶段。对于仅具有短期影响的微生物危害，可以将不同的生命阶段视为敏感人群。如果是长期影响，则可能需要考虑敏感人群自身不同的生命阶段。

（5）科学假设

①存在关键数据缺口的地方。

②评估过程中使用的主要假设是什么。

③这些假设如何影响评估结果。

此外，需注意其他风险评估中采用的方法或假设的先例，并需注意选择使用的默认参数值的理由。

（6）政策选择

①是否对评估风险有不同的政策（例如，不同程度的监管关注）。

②是否有任何政策选择限制了评估的范围。

（7）变异性

①变异性是如何由特征上的真正异质性引起的，例如人群中剂量-反应差异或产品中致病微生物水平的差异。

②评估中使用的某些变量的值是否会随时间和空间（例如，季节性差异）在暴露人群中发生变化。

变异性的讨论应连接到假设的讨论，因为在选择参数值时可能会丢失或假设变异性考虑因素。对变异性的讨论不足可能会导致透明度丧失，甚至可能会导致误导性的风险评估。

（8）不确定性

①评估中存在哪些不确定性（例如，检测方法不确定性、模型不确定性、由于数据缺口导致的不确定性等）。

②如何解决不确定性问题（例如，不确定性分析和敏感性分析）。

③减少不确定性会对评估结果产生什么影响。

④对重要的不确定性问题进行定性讨论。

与变异性一样，对不确定性的讨论不足可能会导致透明性丧失，或者在更糟的情况下会导致误导性的风险评估。在实践中，通常难以区分变异性和不确定性，因为在变异性描述过程中存在许多不确定性。

（9）敏感性

①使用具有不同参数值的其他模型对结

果输出的影响。

②模型中参数值变化对结果输出的影响。敏感性分析对评估模型输出中已知可变性参数的影响很重要，还可以帮助确定是否应将更多资源用于参数估计。

尽管敏感性分析对于评估单个参数的可变性对风险估计的影响很有用，但是当多个参数值发生变化时，敏感性分析的结果应谨慎解释。

（10）优点和缺点

①评估内容之间的重大失衡（例如，致病微生物构成的危害可能很强，而总体风险评估却很弱，因为没有是否暴露于致病微生物的相关数据）。

②结论的最强和最弱证据。

此外，需讨论使用的数据的质量以及数据质量相关的变异性和不确定性。

（11）关键结论

①风险评估需要表述的关键点。

②支持关键发现的部分信息（即优点和缺点、敏感性和不确定性分析的结果）。

（12）考虑的替代方案

①评估中估计的风险是否存在合理的替代方案以及如何应对这些替代方案（例如，可以使用的替代模型或不同的危害途径）。

②在备选方案之间进行比较的局限性。

③适当的情况下，比较风险的结论与其他可能的风险。

（13）研究需求

①关键数据需求。

②在风险评估过程中发现的方法缺陷。

上述 13 个要素中的每个要素在风险特征描述中都很重要。作为风险评估者，要注意所有要素的完整性，并在风险特征描述中对可能存在完整性问题适当地解决。

风险特征描述可以用定性方式，也可以用定量方式，或者采取介于定性和定量之间的半定量形式。一般来说，风险评估的复杂程度越高，风险特征描述所要求的信息资料就越多，见图 5.1。

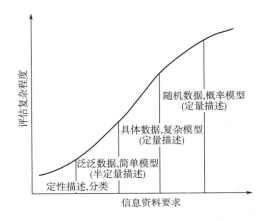

图 5.1　风险特征描述的不同类型

畜禽产品中致病微生物风险特征描述是将畜禽产品中致病微生物的暴露评估和剂量-反应评估（定量）或暴露评估和危害评估（定性）相结合，以制定畜禽产品中致病微生物相关风险声明，从而为风险管理提供决策支持。当风险评估过程中所有参数有具体数值时，可以定量地进行风险特征描述；如果仅有某些值可用，则风险特征描述可以采取半定量方式。在许多情况下，也可使用基于已知条件的默认值/假设替代值。此外，当数据不足以支持风险的定量估计时，可以采用定性的方式进行风险特征描述。不论定量方式还是定性方式，风险特征描述都应解决在提出风险评估计划和范围界定阶段所提出的风险管理问题。

5.1 定性风险特征描述

定性风险评估已被广泛应用于畜禽产品中致病微生物的风险评估。在计划开展定量风险评估之前或者定量数据资料不足时，有必要先进行定性风险评估。定性风险特征描述可以为风险管理者或风险决策者提供所需要的基本信息。若经过风险评估发现实际风险已接近于零，则不需要开展更多的风险管理工作；若是风险已经大到不可接受时，则需要马上采取风险管控措施。必要且当前的数据资料信息充足时，则可以进一步进行定量风险评估。

5.1.1 定性描述的数据要求

不同类型的风险评估对数据要求差异较大，但所使用的数据不外乎数值型和文本型两种。在定性和定量的风险评估中，均需要下面两种基本类型的数据：一是用于描述风险传播途径以及据此构建模型工作框架的数据；二是评估模型中各个输入参数对应的数据。

畜禽产品中致病微生物定性风险特征描述所涉及的数据包括以下两类。

5.1.1.1 某畜禽产品或消费人群暴露于某种致病微生物的所有可能途径

这种数据类型多属于文本性数据，便于将风险归因于某种相关的来源。这部分数据的获得需要风险评估者对畜禽产品的整个生产链至流通消费过程均有充分的调研和系统的了解。也就是说，包括了畜禽产品"从农

场到餐桌"全链条所面临的所有风险传播途径和可能的步骤。为了使这类信息更加清晰，通常会将其转换为图表形式表示，这也将是建立评估模型所依据的工作框架。

5.1.1.2 评估模型中各输入参数的具体数据

在畜禽产品定性风险评估中，这部分数据一般是利用专家的观点或替代数据来填补。例如，当缺乏剂量–反应关系时，风险评估者可以利用专家的观点对危害程度进行分级；当缺乏某种特定致病微生物的致病风险时，可以采用已有的同种属的致病微生物致病风险数据来替代。在存在不确定性和变异性的情况下，应结合数学方法，如采用概率分布的方式等。另外，在既定的输入参数有多个数据来源的情况下，还需要以反映其在估计参数中重要性的适当数学方法进行加权或组合来处理数据。尽管最终是定性风险特征描述，但是在风险评估过程中还是尽量使用定量的数据输入参数。

5.1.2 定性风险特征描述的内容

定性风险特征描述需要清楚地显示对每项风险的估计。这项工作的准确性取决于风险评估的复杂程度，同时也取决于风险评估者所选择的输入参数。一般来说，风险特征描述的结论表述形式有两种：一种是表格；另一种是分段式描述。

5.1.2.1 表格式描述

表格式描述一般是左侧列出评估时依据的主要数据，右侧列出风险结论。如表 5.1 显示了 A 国人群随机摄入被致病微生物 S 污染的产品 P 的概率的风险描述。

表 5.1　风险特征描述表格形式

可获得的资料	风险估计和结论
据报道，A 国产品 P 中致病微生物 S 的污染流行率为 35%	研究显示，A 国人群随机摄入被微生物 S 污染的产品 P 的概率为中度至高度，但是不同地区可能有很大的变异性
据报道，A 国一个地区人群 S 微生物的流行率为 86%	根据可获得的研究，地区间流行率的实际范围以及随机摄入产品 P 的感染概率也存在很大的不确定性。此外，这些调查的时间表明，A 国人群 S 微生物的流行率可能呈上升趋势
与其他地区相比，该地区没有特殊的地理和人口统计学差异	
据报道，A 国在监测中对微生物 S 的检验方法灵敏度为 92%，特异性为 99%	报道显示，所用的检测参数不会改变这些结论
需标注数据来源的具体参考文献	

5.1.2.2　分段式描述

分段式描述一般是前一段列出风险评估时依据的主要数据，后一段列出风险评估结论，表 5.2 为分段式描述风险特征的示例。

表 5.2　分段式描述风险特征

结合致病微生物 S 的感染率，估计 A 国人群食用产品 P 的患病风险概率

可获得的资料：

致病微生物 S 未有特定的剂量–反应关系

据报道，A 国这一时期 S 微生物感染发病率是每年每百万人口 22 例

专家认为，一旦发生临床症状，患者会咨询医务人员

年龄较小和较大的人群容易发病

给予血清学监测研究显示，A 国 35% 的人群暴露于微生物 S 且已产生抗体

需标注数据来源的具体参考文献

结论：

数据显示，A 国人群致病微生物 S 的暴露水平较高，但是临床感染的发生率较低。总体由微生物 S 感染引发的人群发病概率较低。由于 A 国特定数据的不确定性较低，使得这一结论相当确定

然而，数据还显示，这类临床感染存在高风险人群，主要是年龄较大和较小的人群，当前可获得数据并不能显示此风险的具体大小

5.1.3　定性风险特征描述的局限性

5.1.3.1　主观性

仅根据风险的高、中、低或忽略不计来评估风险传播情景中所有环节的风险概率时，不同的风险评估者对其中所涉及的参数、模型等有各自的理解，在判断时带有自己的或专家的观点，这就不可避免地造成了风险特征描述的

主观性。为了使定性风险特征描述有助于风险管理者做出决策，风险评估者和风险管理者要对"风险低""忽略不计"等主观性术语及其意义有尽可能一致的理解。因此，定性风险特征描述时，首先应该对风险特征描述的术语进行定义，并解释其意义。

如果 99% 的人群都能被某种畜禽产品中的某种致病微生物所感染，则认为风险非常高；如果没有证据证明该致病微生物可以感染人，尽管其在畜禽产品中的污染水平很高，且在人群中也有高水平暴露量，但依然会将风险描述为极低；如果该致病微生物非常稳定且不可能发生变异，那么风险可被描述为忽略不计。定性风险特征描述中的"忽略不计"是指根据实际情况某一可忽略的风险，在性质上几乎等于零。不使用"零"是因为，在微生物性风险中，一般不存在绝对没有风险的情况。所以"忽略不计"是指风险可被忽略，并不是绝对没有，更多的是在风险管理时不必要采取措施来降低风险。

5.1.3.2　不确定性和变异性

在定性风险特征描述中，一般也是利用"大""小"等描述性术语对某一因素产生的不确定性和变异性进行分析。尽管不确定性和变异性在实践中是不同的，但很难将两者分开。所以，将不确定性和变异性一起进行描述可能是实用的。如果畜禽产品中的致病微生物风险在传递过程中的某些因素的不确定性或变异性（例如，流行率或疾病负担）足以改变风险特征描述中的措施时，则应详细讨论这些关键因素的影响。

不确定性分析是风险管理人员最关注的问题，因为它提供了有关风险估计的整体可靠性的信息。定性描述的不确定性分析一般包括模型和数据两种类型的不确定性。模型不确定性，也就是风险传递框架可能有未考虑进来的风险因素，即并不完善；或者模型中内置了并不保守的假设，这些都可能会导致出现意外的结果，因此，应该用图表描述畜禽产品中微生物污染所有风险传播途径，并描述其中的不确定性和变异性。数据的不确定性往往是由于采用的评估者或专家观点具有主观性，或者采用的其他替代数据并不代表真实数据所导致的。因此，应该在风险特征描述时进行这方面的不确定性分析，以便于决策者更好地利用评估结果制订相关措施。

5.1.4　定性风险特征描述示例

5.1.4.1　地域性牛海绵状脑病（BSE）的风险评估

2003 年，欧盟要求欧盟食品安全局（EFSA）重新评估地域性 BSE 的风险，评估结论如下。

（1）地域性 BSE 风险是在某一国家的特定时间点，出现一头以上感染了 BSE 的牛的定性指示，包括未出现临床症状和出现临床症状。在确定存在的情况下，地域性 BSE 风险可以表示感染程度。

（2）地域性 BSE 风险评估基于相关成员国提交的信息，这些信息是对欧盟 1998 年提出评估所要求的信息建议的反馈。这些信息主要涉及来自英国和其他具有 BSE 风险的国家的牛、肉和骨粉的进口，补充动物副产品的标准，所谓特定风险原料的使用、喂饲反刍动物等。

（3）表 5.3 所示为目前 EFSA 所评估的 7 个国家当前地域性 BSE 风险水平，及可获得的既往风险分级情况。

表 5.3　EFSA 评估的 7 个国家 2003 年地域 BSE 风险及既往情况

地域 BSE 风险等级	在某区域或国家临床或预临床感染 BSE 一只或多只牛的情况	国家或地区 BSE 风险当前情况（既往情况）
Ⅰ	非常不可能	澳大利亚（Ⅰ）
Ⅱ	不可能但不排除	挪威（Ⅰ）、瑞典（Ⅱ）
Ⅲ	可能但不确定或不太确定	加拿大（Ⅱ）、墨西哥（N/A）、南非（N/A）、美国（Ⅱ）
Ⅳ	高度确定	无

注：N/A 为不适用，即当前未评估。

5.1.4.2　畜禽产品中致病微生物定性风险特征描述

（1）危害畜禽产品质量安全的致病微生物风险排序　采用德尔菲法（Delphi Method）对牛、羊、猪和肉鸡常携带的沙门菌等 14 种人兽共患致病微生物就其致病危害征求专家意见。按照专家对每个细菌类别的排序，对排序为前 10 位的，分别赋予 10～1 分，列于 10 位以后赋予 0 分。将每个菌的得分相加，取平均值，按数字由大到小排序。德尔菲法排序结果见图 5.2。得分≥6 分判为"高"，得分<3 分判为"低"，3≤得分<6 判为"中等"。

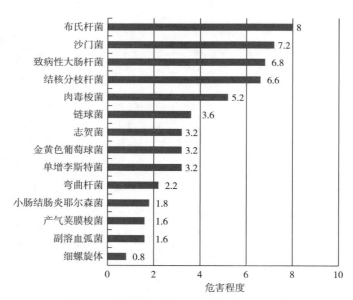

图 5.2　畜禽源性致病微生物危害程度排序

（2）鸡肉中致病微生物定性风险特征描述　采用德尔菲法（Delphi Method）和决策树法（图 5.3）对鸡肉中致病微生物进行定性风险评估，重点考虑以下 5 个变量。

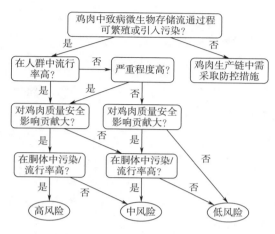

图5.3　鸡肉中致病微生物定性
风险评估的决策树模型

①致病微生物感染在我国的流行率。

②发病后的人丧失劳动能力状况和病死率高低。

③胴体污染状况，数据来源为近几年畜禽产品质量安全风险评估团队的持续监测数据。

④专家调查意见。

⑤国内公开发表的相关专业实验室检测数据和农业部、国家卫生健康委员会官方网站公布的数据。

考虑列入影响鸡肉产品质量安全的致病微生物包括：沙门菌、致病性大肠杆菌、李斯特菌、金黄色葡萄球菌、链球菌、志贺菌、小肠结肠炎耶尔森菌、弯曲杆菌、肉毒梭菌共9种。根据决策树模型中考虑的各项参数以及调研的专家意见，对各致病微生物进行风险分级。风险级别按照"高、中、低"三个等级描述，风险特征描述结果见表5.4。

表5.4　根据决策树模型评估的鸡肉中不同致病微生物风险等级

风险因子	人群中报告病例[a]	感染后的严重程度[b]	疾病负担（DALYs）[c]	专家意见[d]	肉品菌体携带率[e]	风险分级
沙门菌	中等	中等	低	高	中等	中等
致病性大肠杆菌	低	中等	低	高	低	中等
李斯特菌	低	低	低	中等	中等	中等
金黄色葡萄球菌	中等	低	低	中等	低	低风险
链球菌	低	低	低	中等	—	低风险
志贺菌	低	低	低	低	低	低风险
小肠结肠炎耶尔森菌	低	低	低	低	低	低风险
弯曲杆菌	中等	低	低	低	低	低风险
肉毒梭菌	低	中等	中等	中等	低（0）	低风险

注：[a] 人群中病例报告发病率≥10/10000判定为"高"，1/10000≤人群中病例报告发病率<10/10000判定为"中等"，人群中病例报告发病率<1/10000判定为"低"。

[b] 感染后的严重程度≥0.1%判定为"高"，<0.01%判定为"低"，其他判定为"中等"。

[c] DALYs（Disability Adjusted of Life Years），是对疾病死亡和疾病伤残而损失的健康生命年的综合测量，由因早逝而引

起的寿命损失和因失能而引起的寿命损失两部分组成，采用标准期望减寿年来计算死亡导致的寿命损失，根据每种疾病的失能权重及病程计算失能引起的寿命损失。一个 DALY 就是损失的一个健康生命年。疾病负担≥100DALYs/1000 个发病病例，判定为"高"，<1DALYs/1000 个发病病例，判定为"低"，其他判定为"中等"。

5.2　半定量风险特征描述

半定量风险特征描述，又称为相对风险特征评价，是人们在实际风险评价过程中经常采用的一种方法。这种方法是在风险评估过程中，对导致食品安全事件发生的可能性和后果的严重性进行分级或打分，并针对其效力对降低风险的措施进行分级。这是一种介于以文字评估为主的定性描述和以数值评估为主的定量描述的折中方法，通常是由于缺乏完整的数据资料而不能进行系统定量风险评估时使用。正确使用半定量风险评估，可以在不需要进行复杂的定量风险分析或过多的风险规避措施研究时，就可以有效地确定风险问题，提出风险管控措施。目前，半定量风险评估被广泛用于畜禽产品中致病微生物污染危害的风险评估，特别是借助澳大利亚食品安全中心开发的 Risk Ranger 风险评估在线软件，可以快速对畜禽产品中致病微生物的相对风险进行评估分析。

5.2.1　半定量描述的数据要求

风险分析是需要尽可能多地收集数据，通常定性评估收集的数据也可以满足半定量风险评估的需求，只是半定量风险评估更注重评价既定的定量范围内风险的组成。因此，在进行半定量风险评估时，评估者通常会对某一数据库进行统计分析，试图更精确地评估某一风险发生的概率或预期的影响，这样

可以对风险进行更确切的分类。半定量风险评估常作为一种用来比较几种风险或风险管理策略的方法。

分类标识是半定量风险评估的基础。分类标识对风险发生的概率和风险产生的影响进行了非技术性描述，如，非常低、低、中、高、非常高等分级。为了使这些表示清晰有效，管理部门必须提供明确的术语表以及这些术语的明确定义，以避免在进行风险决策时产生分歧。例如，"低"风险概率可定义为单个风险每年发生感染的概率在 $10^{-4} \sim 10^{-3}$；"高"影响可定义为个体感染后可产生严重影响生活质量的长期后遗症。目前使用的分类标识一般分为五级，有时要用第六个类别代表风险概率和影响为零，用第七个类别"必然"代表概率为 1。表 5.5 和表 5.6 分别是对风险概率和风险影响两种分类标识的示例。

表 5.5　风险概率分类标识定义示例

类别	风险概率范围 （每年感染事件发生的概率）
忽略	近似于 0
非常低	$<10^{-4}$,不包括 0
低	$10^{-4} \sim 10^{-3}$
中	$10^{-3} \sim 10^{-2}$
高	$10^{-2} \sim 10^{-1}$
非常高	$>10^{-1}$,不包括 1
必然	1

风险概率，即每年感染事件发生的概率，

与致病微生物在畜禽产品中的暴露量以及暴露频次呈正相关。畜禽产品中食源性致病微生物的阳性检出率越高，或检出污染量越多，或消费者膳食量越大，或消费越频繁，则产品中致病微生物的致病概率也相应越高。因此，在对风险发生的可能性进行赋分时，不仅要对不同因素引入风险的可能性分别赋分，还要对每种因素分别加权，然后获得最终的风险概率分值。当然，若是有各种因素的具体检测数据可直接利用，则通过统计获得风险发生概率更好。

表5.6　感染对健康影响分类标识定义示例

类别	对健康影响的描述
忽略	无影响
非常轻	患病几天，无腹泻
轻	腹泻性疾病
中	住院治疗
重	慢性后遗症
非常重	死亡

对畜禽产品中致病微生物对人类健康影响的分析中，往往会考虑不止一种影响类型。例如，除了对身体健康本身的影响，可能还会考虑经济损失和生活质量受损等方面。此时，每种影响的概率又是不一样的。因此，在为一种以上影响指定分类标识时应明确某一类分类标识已确定的不同影响（如身体健康和经济损失）之间数值的联系。

5.2.2　半定量风险特征描述的内容

风险矩阵分析法是畜禽产品微生物半定量风险评估的一种最常用方法。它是将引发食源性疾病的严重程度相对定性地分为若干级别，将引发食源性疾病的可能性也相对定性并分为若干级别，然后以风险对健康的影响为表行，以风险发生的可能性为表列，制成表，在行列的交点上给出定性的加权指数。通过最终得到的半定量数据对风险特征进行描述，见表5.7。

表5.7　致病微生物的风险矩阵

		风险对健康的影响（分值）				
		非常轻（1）	轻（2）	中（3）	重（4）	非常重（5）
风险发生的可能性（分值）	非常高（5）	低（5）	中（10）	高（15）	极高（20）	极高（25）
	高（4）	低（4）	中（8）	高（12）	高（16）	极高（20）
	中（3）	极低（3）	低（6）	中（9）	高（12）	高（15）
	低（2）	极低（2）	低（4）	低（6）	中（8）	中（10）
	非常低（1）	极低（1）	极低（2）	极低（3）	低（4）	低（5）

风险矩阵提供了一个快速直观显现致病微生物危害相对风险性或严重程度的方法。

风险发生可能性和影响的乘积所得的分值代表了风险的严重性评分。在该风险矩阵表中，风险严重性评分在 1~3 分，表示风险极低；4~6 分，表示低风险；8~10 分，表示风险中等；12~16，表示高风险；20~25，则表示极高风险，风险越高，灰度越深。

半定量风险特征描述一般采用严重性评分分析来描述风险。这有利于持续测定风险、界定指标并进行趋势分析。使用严重性评分可以得到更复杂的指标。这些指标可以用于评估不同影响层面（健康或成本）或不同影响区域的风险类别，可将暴露的风险标准化，并与基线风险相比较。这有助于识别并监控风险暴露的可能性，并向风险管理者传递关于相关产品致病微生物污染相关安全性的有价值的信息。

半定量风险特征描述是使用打分制对风险的严重性进行严谨评分。各种风险管理措施也可以根据它们降低风险程度的分值后进行评估。这种风险特征描述比较系统，将所有风险放在一个平台上进行综合比较；还可以设定风险严重性阈值，对风险进行分级，更有效地进行风险管理；同时，在特定的有效资源下，持续有效的政策框架可以相对减少风险的严重性。

5.2.3 半定量风险特征描述的局限性

5.2.3.1 误差性

虽然半定量风险特征描述中不同类别标识的权重取值和分析避免了纯定性风险特征描述的主观性，但由于其量度范围相对较宽泛，所以还是存在一定的误差。特别是计算并赋值通过食用畜禽产品而感染致病微生物的风险概率时，由于风险传递路径较为复杂，致

病微生物的污染率和污染量、畜禽产品的消费频次和膳食量均影响着最终的疾病发生概率。如果没有具体的检测数据，就需要对每一个环节因素的风险贡献都赋值，然后进行加权。另外，风险影响如果考虑的不只是健康本身，还包括经济和社会影响的话，同样需要分别赋分并加权。通过多次赋分、加权，整体计算下来的误差就无疑比定量要大得多。

5.2.3.2 不确定性和变异性

正是由于风险发生概率和影响量度的宽泛性，所以更有必要考虑这种宽泛范围所带来的不确定性。而且，半定量风险评估广泛性还使人们更多地考虑全球性模型，这更会引入了地域、种族等不同所带来的不确定性。因此，在描述不确定性时，可以通过风险矩阵中特定风险周边的区域位置描述不确定性，也可以采用蒙特卡洛模型的数学分析描述不确定性。

在半定量风险特征描述时很容易引入变异性的内容。可通过在同一个图表上对不同亚人群风险分别进行描述，例如分别对儿童、老人、孕妇、健康成人等不同人群对某种致病微生物的易感性进行变异性描述。这样可以总体了解不同亚人群所承担的食品安全风险。

5.2.4 半定量风险特征描述示例

5.2.4.1 新西兰牛奶中牛结核分枝杆菌的风险概况描述

新西兰食品安全局委托新西兰环境科学研究机构对牛奶中牛结核分枝杆菌的风险进行评估，以将牛奶中致病微生物危害问题进行分级并便于风险管理。整个风险评价过程确定

为以下几部分。

（1）确定产品安全问题。

（2）建立风险概况。

（3）分级产品安全问题便于风险管理。

（4）制定风险评估政策。

（5）委托风险评估任务。

（6）考虑风险评估结果。

产品-危害组合分类体系采用了两个指标：发病率和严重程度。该项研究为每一个类别分配了一个估计值。根据新西兰食源性疾病发生的经验分析，建议对发病率采用四分类评分体系（表5.8）。

表5.8　新西兰对发病率建议的四分类体系

类别	发病率范围（每年每10万人）	示例
1	>100	主要为食源性弯曲杆菌病
2	10~100	主要为食源性沙门菌病、诺瓦克病毒病
3	1~10	主要为食源性小肠结肠炎耶尔森菌病、志贺菌病
4	<1	主要为食源性单核增生李斯特菌*病

注：* 以下简称"单增李斯特菌"。

根据对新西兰导致严重后果（死亡或长期疾病负担）的食源性疾病病例数的分析，建议对疾病严重程度采用三分类评分体系，如表5.9所示。

表5.9　新西兰对疾病严重程度建议的三分类体系

类别	经验上造成严重后果的病例比例	示例
1	>5%	单增李斯特菌病，产志贺毒素大肠杆菌病，甲型肝炎A，伤寒
2	0.5%~5%	沙门菌病，志贺菌病
3	<0.5%	弯曲杆菌病，小肠结肠炎耶尔森菌病，诺瓦克病毒病，细菌毒素

分析牛奶中结核分枝杆菌风险，最大的困难是缺乏该菌完整的流行调研信息，所以不可能进行定量风险评估描述。风险概况的描述方法就是仅基于流行病学资料，试图告知风险决策者在需要管理的此类食品安全问题是多么重要。该分析讨论了可获得的证据，并得出以下评分。

严重性：1（>5%为严重结果）。

发病率：4 [<1/（10万人·年）]。

最终确定牛奶中结核分枝杆菌在国际贸易食品安全中的重要性为高度重要，其相关的风险会影响贸易。

5.2.4.2　零售鸡肉中沙门菌的半定量风险特征描述

我国学者利用广泛应用的半定量风险评估软件 Risk Ringer，对零售鸡肉中沙门菌的危害进行了半定量风险评估。该示例结合我国南京地区鸡肉中沙门菌的污染暴露数据，当地居民鸡肉的消费膳食数据，以及鸡肉的消费习惯和流行病学资料，依次对 Risk Ringer 软件中

涉及的 11 个问题进行输入，随后软件输出了评估结果（表 5.10）

表 5.10 零售鸡肉中沙门菌半定量风险评估

风险因素	参数等级
Q1：危害的严重性	轻度危害，有时候需要医学关注
Q2：相关人群的易感性	普通人群
Q3：消费频率	每周 1 次
Q4：消费产品的人口比例	75%
Q5：消费人口数	常住人口为 818.8 万人
Q6：每份未加工产品污染的概率	14.9%
Q7：加工的影响	显著增加危害
Q8：加工后再污染的概率	7.6%（推测的交叉污染概率）
Q9：加工后控制体系的有效性	很好，没有增加
Q10：引起普通消费者感染或中毒的增加量	5×10^6
Q11：食用前处理的影响	大部分消除~99%
消费者每人每天的发病概率	2.1×10^{-7}
每年预期总发病人数	636
风险分级	45

结果描述为：南京市居民因食用被沙门菌污染的鸡肉而发生食物中毒的概率为 2.1×10^{-7}。每年因沙门菌污染鸡肉而引发食物中毒的人数为 636 人，风险等级为 45，零售鸡肉中沙门菌污染的风险程度为中度风险，未来应加强监管。

5.2.4.3 指标体系分级法对畜禽产品中致病微生物进行半定量风险评估

我国学者探讨并构建了对食品中致病微生物进行半定量风险评估的指标体系和风险分级方法。该方法综合考虑了食品中致病微生物引发疾病的可能性、疾病的危害性、脆弱性（不同亚人群敏感性不同）以及影响因子（社会、经济和监管）的影响等因素，对各列入指标进行赋分，并通过德尔菲法对不同因素进行加权（表 5.11 和表 5.12）。健康风险 = 可能性×危害性×脆弱性；影响因子 = 社会影响分值×经济影响分值×监管影响分值；总风险 = 健康风险×加权值+影响因子×加权值。可直接根据总风险分值所显示的产品中致病微生物的风险分级，对其风险特征进行描述，同时也可以评估某种风险干预手段的有效性。

表 5.11 产品中致病微生物健康风险的指标赋值与权重

一级指标	二级指标			
	名称	分类	赋分	权重
1. 危害性	1.1 致病微生物致病剂量	>1000000	1	2
		1000~1000000	2	
		100~1000	3	
		10~100	4	
		1~10	5	

续表

一级指标	二级指标			
	名称	分类	赋分	权重
1. 危害性	1.2 致病严重程度	可自愈	1	2
		有时需要治疗	2	
		多数情况需要治疗	3	
		需要治疗，有后遗症	4	
		多数会导致死亡	5	
2. 可能性	2.1 产品中致病微生物检出率/%	未检出	1	1.2
		<1	2	
		1~5	3	
		5~10	4	
		>10	5	
	2.2 食用前加工方式对危害的影响	肯定能消除全部危害	1	1.2
		通常（99%）能消除	2	
		有时（50%）能消除	3	
		对危害无影响	4	
		加重危害	5	
	2.3 产品人均每日消费量/g	<10	1	0.8
		10~50	2	
		50~100	3	
		100~200	4	
		>200	5	
	2.4 产品消费频次	几年1次	1	0.4
		每年几次~每年1次	2	
		每月几次~每月1次	3	
		每周几次~每周1次	4	
		每天几次~每天1次	5	
	2.5 食用人群占总人群比例/%	<5	1	0.4
		5~10	2	
		10~30	3	
		30~50	4	
		>50	5	

续表

一级指标	二级指标			
	名称	分类	赋分	权重
3 脆弱性	3.1 人群易感性	不存在易感人群	1	1.2
		患基础性疾病发病率高	2	
		老年、慢性病患者易发病	3	
		孕妇、儿童易发病	4	
		婴幼儿、免疫缺陷人群易发病	5	
	3.2 医疗可控性	不必临床治疗可自愈	1	0.8
		通过治疗可治愈，无需住院	2	
		通过治疗可治愈，需住院	3	
		可以治疗，但通常有后遗症	4	
		尚无有效临床治疗手段	5	

表 5.12　产品中致病微生物影响因子的指标赋值与权重

一级指标	二级指标			
	名称	分类	赋分	权重
1 社会影响	1.1 关注度	产品+微生物百度指数*<100	1	2
		产品+微生物百度指数为 100~1000	2	
		产品+微生物百度指数>1000 或召开市级新闻发布会	3	
		省级新闻发布会或启动应急预案	4	
		国家级新闻发布会或启动应急预案	5	
	1.2 波及范围	市内局部	1	2
		省内 1~2 个市	2	
		省内 3 个市以上	3	
		跨省	4	
		跨国	5	
2 经济影响	2.1 产品全省年度总产量/万 t	<1	1	1.6
		1~100	2	
		100~1000	3	
		1000~2000	4	
		>2000	5	
	2.2 产品全省年度总销售量/亿元	<1	1	1.6
		1~100	2	
		100~1000	3	
		1000~2000	4	
		>2000	5	

续表

一级指标	二级指标			
	名称	分类	赋分	权重
2 经济影响	2.3 是否区域性特有产品	否 是	0 2	1.2
3 监管影响	3.1 监管可控性	天然本底，难以控制 环境污染，可通过污染源头控制 加工过程污染，可通过改进工艺控制	1 2 3	2

注：＊百度指数是指在百度上搜索的数据。

5.3 定量风险特征描述

畜禽产品致病微生物定量风险特征描述是整合前面危害识别、危害特征描述和暴露评估中的信息，对产品中致病微生物风险特征进行定量描述。定量风险特征描述可以是确定性的，即用均数或者中位数这样的单一数值来描述变量；也可以是概率性的，即用概率分布来描述变量。大多数微生物风险评估都是采用概率性的风险特征描述的。

畜禽产品致病微生物定量风险特征描述主要描述的是：产品中致病微生物引发感染或健康问题的概率；健康不良影响的严重程度；特定个体或人群发生疾病的概率。通过这些数据，消费畜禽产品发生的风险被描述为每份产品引发的致病风险概率和每年每人消费该产品导致发病的概率。定量风险特征描述最终的目的是识别风险估计的可信区间，以及产品从生产到消费全链条致病微生物污染风险水平的分布，同时对各环节中风险因子进行敏感性分析描述，锁定关键控制点，为风险管理者采取切实有效的干预措施提供指导和技术支撑。

5.3.1 定量描述的数据要求

风险的定量分析与描述必须把风险的两个定量数据，即风险发生的可能性和风险影响的严重性结合起来表达。

5.3.1.1 风险发生的概率

风险发生的概率与特定的暴露水平相关。这个暴露水平可以是某个国家某个消费者一年中对某一特定产品的消费量，也可以是一次暴露事件中的消费量。概率测定常表示为以下两种方法。

（1）特定暴露事件中（如，消费一份牛排）或一段时间内致病微生物感染风险发生的概率。

（2）特定时间段内风险事件发生的平均次数。

这两种风险概率测定方法各有优缺点。第一种强调了概率性，第二种有一定的误导性，会使人们认为风险事件肯定会以特定的频率发生。另外，用一个概率术语描述风险往往很难表述风险事件多次发生的可能性，而这种情况随着风险发生频次的增加会变得更加重要。举例来说，一个食品安全事件预计在一年内随机发生一次，则每年至少发生一次的概率约为63%；如果预计在一年内发生两次的话，则每年至少发生一次的概率为86%。可见风险频率是原来的2倍，而发生概率却反映不出这种关系，所以，在进行概率测定时要非常谨慎，以便将风险结果解释给相关方。

5.3.1.2 风险影响的严重性

致病微生物引发疾病风险的严重性的测定反映了风险管理者的关注点。风险严重性通常是人类疾病或死亡的案例。疾病案例可以进一步分层到疾病的不同水平，如可自愈、需药物治疗、需住院治疗、无法治疗等。风险影响的严重性还可进一步考虑到疾病发生所带来的经济影响和社会影响。例如，伤残调整寿命年（Disability Adjusted Life Year，DALY）是一个定量地计算因各种疾病造成的早死与残疾对健康寿命年损失的综合指标。DALY 是将由于早死（实际死亡年数与低死亡人群中该年龄的预期寿命之差）造成的损失和因伤残造成的健康损失二者结合起来加以测算的。疾病可给人类健康带来包括早死和残疾（暂时性失能与永久性失能）两方面的危害，这些危害的结果均可减少人类的健康寿命。

5.3.2 定量风险特征描述的内容

定量风险特征描述综合了风险发生概率和风险影响严重程度以及随之出现的不确定性。应选择最易于让相关方理解并受用的选项进行风险表述。比如，对于风险决策者，在与其他风险进行比较时，对风险测定的方法

应该一致；对利益相关者进行风险交流时，要注意人们对同一风险不同表述方式的反应，应采取能促进开展建设性对话的方式。

风险特征描述可以是单一的点概率描述，比如，某一特定时期内食用某种产品导致一例致病微生物感染的概率。如果不确定性没有纳入风险评估模型或者和随机性合并，则输出结果就是一个固定值；如果不确定性被纳入模型，且没有和随机性合并，那么输出的风险结果就是一个不确定性分布（图5.4）。

图 5.4　单点概率不确定性分布

风险特征描述也可以是概率分布描述，例如，某一特定时期因食用某种畜禽产品导致感染例数的概率分布。同样，如果不确定性没有纳入风险评估模型或者和随机性合并，那么概率分布为一阶分布［图5.5（1）］；如果不确定性被纳入模型，且没有和随机性合并，那么输出的风险结果就是一个二阶概率分布［图5.5（2）］。

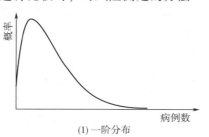

(1) 一阶分布

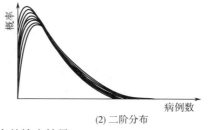

(2) 二阶分布

图 5.5　概率分布的输出结果

风险特征描述还可以描述一个群体的风险变异。例如，分别描述不同人群食用某种产品引发致病微生物感染的概率。因为不同群体可能由于自身免疫力差异造成剂量-反应关系有所差异，也可能因为习惯性处理、烹饪方式不一样造成致病微生物残留不一致，还有可能因为地域差异接触污染的畜禽产品机会更大等原因，导致致病微生物感染的风险有一定的差异性。

风险特征描述除了可以采用不同的数据类型进行表述，还可以针对不同的对象，比如针对个体水平风险或针对群体水平风险进行表述。

（1）个体水平风险　个体水平风险是指所关注人群中随机的个体，或某种产品的随机消费者的风险。以下是一些个体水平风险特征描述的例子。

①随机个体每年食用 A 产品引发 B 细菌感染而发病的概率。

②随机个体在其一生中食用 A 产品引发 B 细菌感染导致不良健康影响的概率。

③随机个体一年中食用 A 产品导致食源性不良健康影响的预期次数或概率分布。

④每份 A 产品因食用导致某种不良健康影响的人均发病率。

个体水平的风险通常是一个非常低的数值，如每人每年食用某产品导致某微生物感染的概率为 0.00001，这个数字很难理解和比较，但是将其转变成每 10 万人的基数时，这个发病数据就是 1。所以，进行风险描述时可以适时考虑到人群基数。这样描述的结果往往更易于让人理解和关注。

（2）群体水平的风险　群体水平风险描述考虑所关注的人群或亚人群的风险分布，也可以将某个群体当作一个整体来考虑其所承受的风险负担。下面是一些群体水平风险特征描述的例子。

①人群中一年内发生的食源性疾病预期病例总数。

②每年由于某种特定食源性致病菌引发的预期住院天数。

③每年由于某种特定产品中食源性致病菌引发的 DALY 数值。

④人群中一年内至少发生一次食源性疾病暴发的概率。

如果需要，可以先得出亚人群的风险数值，然后整合成用于整个人群的风险评估数值。

5.3.3　定量风险特征描述的特点

定量风险特征描述是整合风险识别、危害特征描述和暴露评估来对定量评估的风险进行描述，这其中要有明确的评估目标、场景，并要选择适宜的定量评估模型。所选模型必须已有数据支持，输出结果能对决策者进行决策支持。同时，需要对涉及的假设进行解释。但是，模型选择和数据分析及假设环节也都不可避免地会涉及主观判断。这便需要在风险特征描述时引入不确定性分析，同时敏感性分析也有助于识别可控的关键变量，可用于确定不确定性的关键来源。

5.3.3.1　变异性与随机性

从致病微生物在畜禽体内生长到人体暴露于这些致病微生物，以及随后出现的健康影响情景中涉及许多随机过程。定量风险特征描述采用概率来描述这一随机性。而生物系统、产品加工储存及人们的消费行为存在变异，定量评估采用频率分布来描述变异性。

变异性常与随机性混淆。例如，使用频率

分布描述肉鸡胴体质量个体间的差异性，那么随机抽样的肉鸡质量就会落在这个分布范围。因为都是随机抽样，所以频率分布就重新解释为概率分布了。一般来说，当随机采样的个体数远远小于群体总数时，就可以将变异性当作随机性。但有时候还是需要对群体进行分层才更合理。

变异性分析非常重要。变异性反映了不同个体有着不同的暴露和风险。不同产品加工存放或消费方式也会产生不同的风险水平。对个体间变异的描述有助于了解暴露人群风险最大的亚人群，或者风险加大的产品处理方式。如果实施干预，将有助于降低特定亚人群（包括老人或儿童）的风险；或者通过实施干预策略（如降温或减少存放时间）降低暴露水平，从而降低风险。

5.3.3.2 不确定性分析

系统的复杂性和测定方法的缺陷让我们不能确定描述风险途径的参数的确切数值。定量评估通过多种统计方法，采用不确定性分布来描述不确定性。不确定性是一种主观性质，它与风险评估者使用的信息密切相关。拥有不同信息量的不同评估者可能会得出不同的不确定性分布。

由于畜禽产品致病微生物污染影响的因素非常多，从养殖生产到流通消费整个链条会发生致病微生物的污染、增殖和消减等过程。开展系统的评估需要每一环节致病微生物的消长数据，还需要影响其消长的因素数据。一个全面系统的模型需要考虑到各类因素。模型越复杂，最终获得的结果需考虑的可变因素越多，也更能客观真实地反映风险状况。

不确定性分析评估了模型预期值的范围及可能性。在对模型预期值精确度进行特征描述方面是一个有用的工具。不确定性分析可以根据其对模型输出不确定性的相对贡献来评估模型输入变量不确定性的重要性。一般运用对从每个输入变量分布中产生的样本进行蒙特卡洛模拟来进行不确定性分析。

通过增加评估者与微生物学家和生产者的交流，增加对照数据的采集和风险评估的研究，增加模型与现场不确定性的交流，完善数据分析等途径可以减少评估中的不确定性。不确定性的减少有利于提高评估的科学性。

5.3.3.3 敏感性分析

复杂的风险评估会有多个输入变量与输出变量。这些变量会通过方程式或其他模型结构关联在一起。敏感性分析可为风险评估者和风险管理者提供针对评估过程中风险相关因子的相对重要性分析。敏感性分析评估了模型输入值变化对模型输出结果的影响，这也会影响基于模型输出所生成的风险管理决策。另外，敏感性分析可辅助确定重要的不确定性，以确定下一步数据收集和研究的工作重点。

理想情况下，敏感性分析不仅应提供输入变量的登记排序，还应提供一些敏感性的鉴定量化测量。这样才能清晰地区分不同输入的相对重要性。统计学方法，如回归分析或方差分析，提供了不同输入变量相对重要性的量化指标。也可以采用图表的方式表达敏感性，例如，蜘蛛网图或螺旋风图等。图表方式通常用来初步筛选影响风险的关键因子，或展示输入和输出变量之间复杂的依赖关系。

5.3.4 定量风险特征描述示例

5.3.4.1 EFSA 发布屠宰和养殖环节猪中沙门菌的定量风险特征描述

欧盟食品安全局（EFSA）为了调查食物

链不同环节生猪及其产品中沙门菌的干预措施，2010 年采用了从农场到消费的框架，对不同环节风险点猪或猪肉中沙门菌的感染/污染流行率和污染量进行风险建模。评估过程中，根据不同类型农场和屠宰场以及猪肉和猪肉制品消费状况，将欧盟成员国分为 4 类：MS1（Member States 1，1 类成员国）、MS2、MS3 和 MS4。其中，MS1 类表示大型农场和大型屠宰场占比较少，香肠消费量较低；MS4 类，表示大型农场和大型屠宰场占比最大，香肠消费量最高。定量微生物风险评估（QMRA）的结果总结在表 5.13 和表 5.14 中。四类成员国类别中消费猪肉块、碎猪肉和发酵香肠三种产品类型时，平均发病几率在 1/100000 份~1/10000000 份。预计 MS2 类和 MS4 类患病的可能性更大。对于除 MS4 类的其他所有成员国，每份食物中发病可能性最高的产品是发酵香肠，而对于属于 MS4 类的成员国，发病可能性最高的是消费碎肉。不同类别的成员国在消费每份食品时发病风险最低的分别是：MS1 和 MS2 类成员国为猪肉块，MS3 类成员国为碎肉，MS4 类成员国为发酵香肠。归因于消费上述三种产品类型发病的案例总数四种类型成员国差异较大，估计分别约为 1000（MS1 类）、25000（MS2 类）、1500（MS3 类）和 30000（MS4 类）。大家普遍认可的是，这些预测病例数似乎是高估了。下面将对这种高估的原因进行讨论。在 MS1 类和 MS3 类成员国中，导致发病病例最多的是消费猪肉切块。而在 MS2 类和 MS4 类成员国中，导致发病病例最多的是碎肉产品。进行评估时模型分析结果表明，屠宰生猪中如果沙门菌流行率越高，则后期消费导致的发病病例数就越大。但是，由于涉及生猪屠宰后很多的复杂

系统，这意味着消费猪肉或其产品发病的病例数与一个国家的屠宰生猪的沙门菌携带率并不成正比。虽然最重要的是沙门菌进入或离开屠宰场或零售场所的总污染水平，但仍取决于屠宰猪的沙门菌病患病率以及屠宰猪/胴体/最终产品的沙门菌污染水平。

表 5.13　QMRA 的基线结果

成员	发病率		
	猪肉块	碎猪肉	发酵香肠
MS1	7.65×10^{-7}	8.84×10^{-7}	1.87×10^{-6}
MS2	1.86×10^{-5}	2.24×10^{-5}	4.25×10^{-5}
MS3	3.88×10^{-7}	2.32×10^{-7}	5.78×10^{-7}
MS4	2.59×10^{-5}	6.82×10^{-5}	4.26×10^{-6}

注：表中基线结果表述的是在 MS1、MS2、MS3 和 MS4 类成员国中进食一份猪肉块、碎猪肉或发酵香肠的平均患病概率。

**表 5.14　四组成员国每年归因于
猪肉块、碎猪肉和发酵香肠的预测病例**

每年预测引发病例数	MS1	MS2	MS3	MS4
PC	520	9802	1162	13837
MM	125	11148	182	14825
FS	375	4298	165	1239
PC+MM+FS	949	25248	1509	29901
每 10 万人预测数	12	42	4	293

注：PC 代表猪肉块；MM 代表碎猪肉；FS 代表发酵香肠。

EFSA 从屠宰生猪入栏后开始，对定量微生物风险评估（QMRA）的输出结果中沙门菌阳性的淋巴结的平均比例与 EFSA 2008 年的基线调查数据进行了比较。QMRA 预测 MS1、

MS2、MS3 和 MS4 四类成员国的阳性率分别为 1%、20%、0.7% 和 3.5%。基线调查提供的估计值分别是 2%（1.1～3.6）、21.2%（17.8～25）、5.1%（3.7～6.9）和 5.8%（3.8～8.9）。因此，可以得出结论：QMRA 正在为 MS1、MS2 和 MS4 三类成员国生成从农场到消费过程中实际的估计值。目前尚不清楚该模型为何可能低估了 MS3 类成员国的阳性率，可能是该模型在农场，尤其是在小型农场模型中未得到 MS3 类成员国的特定数据分析所致。

风险特征描述中还提供并验证了零售点的致病微生物预测流行率和污染量。在零售点，仅有 MS1 和 MS2 两类成员国的验证数据可用，并且这些数据与 QMRA 的预测相当合理。尽管无法获得每个成员国中所有产品类型的数据，但 EFSA 在 2009 年提供了不同成员国中沙门菌病患病率的范围，即猪肉切块的患病率为 0～6.1%，碎猪肉的患病率为 1.3%～5.9%。即食肉末/肉类产品（包括发酵香肠）的患病率为 0～3.3%。模型预测处于相同的数量级，所有四个成员国类别的结果均落入或略低于这些观察到的数值间隔。研究表明，在许多欧盟成员国中，零售对致病微生物污染的减少量影响相对较低。根据定量微生物风险评估预测，所有成员国类别/产品类型组合中沙门菌对三种产品污染的平均数范围为 1～11CFU /g。因此得出的结论是，定量微生物风险评估在对零售点的评估方面得出了很确切的结果，可以把不同成员国类别区分开，并提供可以进行干预分析的基线数值。

风险特征描述还提供了对沙门菌感染预测病例数的验证结果。在《2008 年社区摘要报告》草案中，EFSA 报告了 MS1、MS2、MS3 和 MS4 四个欧盟成员国类别中分别共有 2310、11511、9149 和 10707 例沙门菌病病例。但由于每个成员国报告的信息量差异（例如，有的成员国的报告缺乏经常未知但重要的信息），此时很难对定量微生物风险评估的输出结果进行验证。一般情况下，定量微生物风险评估结果输出时，对每个成员国的 QMRA 输出往往会对病例数高估。这种高估可能归因于许多因素。鉴于定量微生物风险评估的输出与零售点观察到的疾病流行率和致病微生物负荷数据比较相对合理，因此"准备与消费"模块中的因素以及危害特征是最可能导致高估的原因。这些因素包括与食用数据相关的不确定性、免疫力的影响、剂量-反应模型等。这些参数用于数学描述"制备与食用"模块中的交叉污染和烹饪。此外，还要考虑所有可能污染的沙门菌血清型。在定量微生物风险评估中，如果不考虑沙门菌血清型在环境中生长/存活或感染人类（毒力）的能力之间的差异，可能会对病例数的估计产生重大影响。QMRA 高估病例案件数是很普遍的事，因此，对于任何定量微生物风险评估，重要的是要比绝对风险更多地强调相对风险（例如干预分析）。

在定量微生物风险评估的开发过程中，研究人员发现了许多数据缺口/不足，并对这些数据缺口/不足作为不确定性分析的一部分进行了研究。在该项分析中，研究人员评估了参数（特别是缺乏信息的参数）对模型输出的影响，尤其是对生病的可能性的影响。选择 MS1 和 MS2 两类成员国类型进行不确定性分析，因为 MS1 类成员国是在生猪屠宰点时沙门菌基线患病率较低的成员国类别，而 MS2 类成员国的沙门菌基线患病率较高。从该分析可以得出：以下参数既不确定，又对患病几率有影响。

（1）农场环节

①饲料污染发生率（MS1）。

②种猪群内的感染率（MS1 和 MS2）。

③每天整理的最大粪便量（整理工）（MS2）。

（2）运输和入栏环节

①运输过程中猪受刺激的可能性（MS1 和 MS2）*。

②剂量-反应参数 α（MS1）。

（3）屠宰和加工环节　除毛时溢出的粪便数量（MS1 和 MS2）。

（4）准备和消费环节

①碎肉在冰箱中的存放时间（MS1 和 MS2）*。

②猪肉块，碎肉馅饼和发酵香肠的大小（MS1 和 MS2）。

③发酵香肠的 pH（MS1 和 MS2）。

标有星号（＊）的参数在敏感性分析中也很重要。在敏感性分析中，与模块参数相关的可变性的影响通过分布在主要模块输出中进行描述（例如，对于运输过程中的刺激影响了运输后淋巴结样品中沙门菌分离的阳性率）。

不确定性分析还表明，从零售点运送至居民家中期间的室外温度和时间对最终的风险有很大影响。这是 MS4 类成员国类别中预测沙门菌病病例数很高的主要原因。因此，建议进一步生成数据，以便对上述参数以及零售商店和居民家庭之间的运送时间提供改进建议。识别此类数据缺口是所有风险评估模型的积极特征，许多风险管理人员利用此类信息来引导未来的研究方向。

5.3.4.2　FSIS 完整（未嫩化处理）牛肉和分

割（嫩化处理）牛肉中大肠埃希菌的比较性风险特征描述

在牛肉加工过程中，使用机械操作或刀具对牛肉进行嫩化处理的过程可能会将致病菌从完整的牛肉块表面带入肉的内部。这就会使致病微生物在烹饪过程中不易被杀灭，引发食源性疾病风险。美国食品安全检验局（FSIS）希望通过风险评估以便明确嫩化处理的牛排是否比非嫩化处理的牛排的风险更大。研究者创建了一个定量风险评估模型，观察牛排上的细菌水平以及在嫩化过程中被包埋在肉内的细菌的存活状况。通过模型预测了烹饪后牛排的细菌载量，并结合剂量-反应模型估计了食源性疾病发生的风险。FSIS 得出以下结论。

大肠杆菌 O157∶H7 在嫩化处理的或未嫩化处理的牛排中，经烹饪后存活的可能性很小。如图 5.6 所示，未嫩化的牛排中有 0.000026%（即每 1000 万份中有 2.6 份）含有一种或多种细菌。对于嫩化处理的牛排，0.000037%（即每 1000 万份中有 3.7 份）含有一种或多种细菌。如图 5.6 所示，每份菌量少于 10 个细菌时很少会引发疾病；在 100 个的菌量下，大约 16% 的概率会引发疾病；菌量为 100 个或更多个的未嫩化牛肉引发疾病的比例约为 1.4/1000 万，而菌量 100 个以上的嫩化牛肉引发疾病的比例约为 1.5/1000 万。烹饪煮熟后的嫩化牛排和未嫩化的牛排细菌载量差异最大。嫩化牛排的预期致病率为每 1420 万份（7.0×10^{-8}）引发 1 例疾病。对于未嫩化牛排，预期致病率为每 1590 万份（6.3×10^{-8}）有 1 例疾病。这意味着每十亿份牛排（$7.0 \times 10^{-8} \sim 6.3 \times 10^{-8}$）由于嫩化处理不当会导致 7 例疾病。

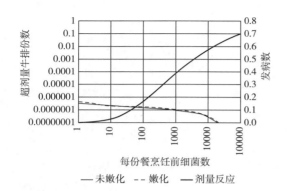

图 5.6　模型输出显示烹饪后每份预测的细菌（剂量）和相应的疾病发生频率（剂量反应）

研究同时对以上结果进行了系统的灵敏度分析，以便了解输入不确定性对输出预测病例数的影响。选择所有其他输入最可能使用的参数的情况下，将每个输入的上、下限反映值进行一次比较。该分析表明，预测病例数对初始污染、生长影响和健康影响的输入最敏感。对于这些输入，基于使用不确定性的上限还是下限，最终结果相差将近 3 个数量级。最初的污染和生长效应用于计算烹饪前每份牛排细菌的含量。内部烹饪温度、烹饪效果或衰减因子，以及使用不同烹饪方法或以不同厚度烹饪的牛排比例等其他输入值的敏感度大大降低。尽管最初假设烹饪的效果是人类疾病的重要决定因素，但其影响要小于其他输入的影响。

5.3.4.3　FDA 即食食品中单增李斯特菌对人体健康的风险特征描述

2003 年，美国食品与药物管理局（Food and Drug Administration，FDA）发布了即食食品中单增李斯特菌相对风险评估报告。该评估通过建立的三种剂量-反应模型将三种年龄分组，即围产期（胎儿和新生儿）、中年人和老年人，与不同水平的单核细胞增生李斯特菌（以下简称单增李斯特菌）暴露和预计的死亡人数联系起来。选择 10^9 个单增李斯特菌剂量来比较三个年龄组的风险。模型预测了每 10 亿份食物（每份含有 10^9 个单增李斯特菌）最可能的感染人致死数量。结果显示：围产期是 14000 例（3125 ~ 781250），中年人是 103 例（1 ~ 1190），老年人是 332 例（1 ~ 2350）。

结合流行病学分析发现：

（1）易感亚群（例如老年人和围产期）比普通人群更容易患单增李斯特菌病。

（2）中年亚群中几乎所有单增李斯特菌病病例都与易感性增加的特定亚群相关，例如：个体患有慢性疾病的人服用免疫抑制药物。

（3）食源性单增李斯特菌病与特定人群之间的密切联系表明，针对这些易感人群［即围产期（孕妇），老年人和中年易感人群］的策略将最大程度地减少食源性单增李斯特菌病的公共卫生影响。风险特征描述进一步证实了以往的流行病学结论，即食源性单增李斯特菌病虽然是严重疾病，但仍属中度罕见。美国消费者定期接触低至中等水平的单增李斯特菌，而且最有可能是通过食物媒介。

风险特征描述时采用了蒙特卡洛模拟。由于所使用的数据的变异性和不确定性造成了结果变化范围很大。基于每种食品在每份和每年餐食中单增李斯特菌病例的预测数，该风险特性描述中还对 23 种即食食品进行了相对风险排序（表 5.15）。最高风险的食品有：肉酱、肉片、熏制海产品、新鲜乳酪、腊肠等，可见畜禽产品的危害相对较大。

表 5.15 按每份和每年餐食计算的美国总人口中单增李斯特菌病相对风险排名和预测发病中位数

相对风险排序	23 种食品单增李斯特菌预测引发病例中位数					
	基于每份餐食[a]			基于每年餐食[b]		
		食物	病例数		食物	病例数
1	高风险	肉酱	7.7×10^{-8}	非常高	肉酱	1598.7
2		法兰克福香肠，非再加热	6.5×10^{-8}	高风险	巴氏灭菌液态奶	90.8
3		肉片	3.2×10^{-8}		高脂乳制品	56.4
4		非巴氏灭菌液态奶	7.1×10^{-9}		法兰克福香肠，非再加热	30.5
5		熏制海鲜	6.2×10^{-9}	中风险	未熟软乳酪	7.7
6		煮熟即食贝类	5.1×10^{-9}		肉片	3.8
7	中风险	高脂乳制品	2.7×10^{-9}		非巴氏灭菌液态奶	3.1
8		未熟软乳酪	1.8×10^{-9}		烹饪即食贝类	2.8
9		巴氏灭菌液态奶	1.0×10^{-9}		熏制海鲜	1.3
10		新鲜软乳酪	1.7×10^{-10}	低风险	水果	0.9
11		法兰克福再加热香肠	6.3×10^{-11}		法兰克福再加热香肠	0.4
12		腌制鱼	2.3×10^{-11}		蔬菜	0.2
13		生海鲜	2.0×10^{-11}		干/半干发酵香肠	<0.1
14		水果	1.9×10^{-11}		新鲜软乳酪	<0.1
15		干/半干发酵香肠	1.7×10^{-11}		半软乳酪	<0.1
16	低风险	半软乳酪	6.5×10^{-12}		软熟乳酪	<0.1
17		软熟乳酪	5.1×10^{-12}		沙拉酱	<0.1
18		蔬菜	2.8×10^{-12}		生海鲜	<0.1
19		沙拉酱	5.6×10^{-13}		腌制鱼	<0.1
20		冰激凌/冷冻乳制品	4.9×10^{-14}		冰激凌/冷冻乳制品	<0.1
21		加工乳酪	4.2×10^{-14}		加工乳酪	<0.1
22		培养乳制品（酸奶类）	3.2×10^{-14}		培养乳制品	<0.1
23		硬乳酪	4.5×10^{-15}		硬乳酪	<0.1

注：a 食品类别分为高风险（每 10 亿份 > 5 例），中度风险（每 10 亿份 <5 例，但 >1 例）和低风险（每 10 亿份 <1 例）。

b 食品类别分为高风险（每年 > 100 例），高风险（每年 >10 例但 ≤100 例），中度风险（每年 >1 例但 ≤10 例）和低风险（每年 ≤1 例）。

风险特性描述中还针对接触模型和相应的"假设"情景确定了五个主要因素。这些因素在食用食物时会影响消费者接触单增李斯特菌的风险。

①即食食品的食用量和食用频率。

②即食食品中单增李斯特菌的频率和水平。

③冷藏中促使单增李斯特菌生长的饮食。

④冷藏温度。

⑤食用前的冷藏储存时间。

这些因素中的任何一个因素都可能影响食物类别中单增李斯特菌的潜在暴露。这些因素在某种意义上是"累加的"，即在食用时多种因素较高的食品中单增李斯特菌的风险更高。根据这些因素还提出了一些可以降低食源性单增李斯特菌病风险的广泛控制策略。例如，重新配制产品以降低其适宜单增李斯特菌生长的能力或鼓励消费者冷藏保存食品，并尽可能减少冷藏时间。

5.3.4.4 中国东部地区屠宰鸡肉中弯曲杆菌的风险特征描述

食用被弯曲杆菌感染的鸡肉是弯曲杆菌感染的主要原因。这使得宰杀肉鸡成为弯曲杆菌风险评估中的关键环节。为了估计中国弯曲杆菌病的公共卫生风险，作者对肉鸡中弯曲杆菌进行暴露评估并建模，然后将其应用于定量微生物风险评估。通过风险估算，与食用鸡肉相关的弯曲杆菌的平均感染率估计约为 0.00355（100000 例中有 355 例），其中，最小和最大感染率分别为 0 和 0.4128。这反映了食用鸡肉引起的弯曲杆菌感染的最安全和最不安全的情况。弯曲杆菌感染率越高，累积分布越小。2001—2010 年，由食用鸡肉引起的每年弯曲杆菌感染可能性的模拟结果是基于相应的国内鸡肉人均消费数据。在这十年中，鸡肉的人均消费量从 3.5kg 增加到 7kg。食用鸡肉引起的弯曲杆菌感染和弯曲杆菌病的人数分别是 290~350 人和 95~115 人。

利用相关系数对影响鸡肉引起的弯曲杆菌病各种风险因素进行了敏感性分析。结果表明，屠宰的净膛和速冻过程对弯曲杆菌风险的影响最大（图 5.7）。此外，在食品制备过程

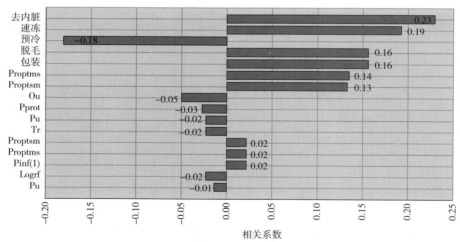

图 5.7　影响鸡肉中弯曲杆菌致病概率的各风险因素的相关系数

注：Proptsm—从鸡肉到介质的传递率；Proptsm—从介质到熟肉的传递率；

Ou、Ppropt、Pu—彻底加热概率；Tr—持续时间；Pinf（1）—1 个病原的感染概率。

中，弯曲杆菌从家禽表面到手、容器、切割工具/案板的传播比例，以及弯曲杆菌从这些介质向弯曲杆菌阴性家禽或其他熟食传播的比例也与细菌的传播相关。而对于冷冻的鸡肉，屠宰时脱毛比冷藏对弯曲杆菌污染更敏感，冷藏鸡肉加工阶段的交叉污染对弯曲杆菌的风险贡献更大。

描述中还探讨了风险干预措施：减少从肉鸡传播到媒介物（例如，手、容器和切割工具）以及从媒介到煮熟过程中弯曲杆菌的污染都是降低弯曲杆菌风险的有效缓解策略。严格控制屠宰过程的脱毛和净膛环节卫生，可减少60%以上的疾病病例。此外，采用这些综合的弯曲杆菌风险控制措施可减少95%的疾病病例。

参考文献

[1] EFSA. EFSA publishes Geographical BSE-Risk（GBR）assessments for Australia, Canada, Mexico, Norway, South Africa, Sweden and the United States of America［EB/OL］. 2004. http://www.efsa. europa. eu/fr/press/news/biohaz040820.

[2] EFSA. Quantitative Microbiological Risk Assessment on *Salmonella* in Slaughter and Breeder pigs：Final Report［EB/OL］. 2010. Denmark, Question No EFSA-Q-2007-00245.

[3] Environmental Protection Agency（EPA）. Microbial Risk Assessment Guideline：Pathogenic Microorganisms with Focus on Food and Water［EB/OL］. 2012. Washington, DC. EPA Publication No. EPA/100/J-12/001.

[4] FDA-FSIS. Quantitative Assessment of Relative Risk to Public Health from Foodborne *Listeria monocytogenes* Among Selected Categories of Ready-to-Eat foods［EB/OL］. 2003. Washington DC. http://www. fda. gov/Food/ScienceResearch/ResearchAreas/RiskAssessmentSafetyAssessment/ucm183966. htm.

[5] Huang J, Zang X, Zhai W, et al. *Campylobacter* spp. in chicken-slaughtering operations：A risk assessment of human campylobacteriosis in East China［J］. Food Control, 2018, 86：249-256.

[6] Lake R, Hudson A, Cressey P. Risk Profile：Mycobacterium bovis in milk. a report by the Institute of a report by the Institute of Environmental Science & Research Limited for the New Zealand Food Safety Authority［R］. Christchurch, New Zealand, 2002.

[7] USDA, FSIS. Comparative Risk Assessment for Intact（Non-Tenderized）and Non-Intact（Tenderized）Beef：Technical Report［EB/OL］. 2002. Washington DC. https://www. fsis. usda. gov/wps/wcm/connect/74ebd7c2-6af2-46f2-ba20-fec1d10 d4689/Beef_Risk_Assess_Report_Mar2002. pdf？MOD=AJPERES.

[8] World Health Organization. Risk Characterization of Microbiological Hazards in Food：GUIDELINES. ［EB/OL］. 2009. Switzerland.

[9] 吴云凤, 袁宝君. 零售鸡肉中沙门氏菌的半定量风险评估研究［J］. 食品安全质量检测学报, 2014, 5(12)：4157-4162.

[10] 周少君, 顿中军, 梁骏华, 等. 基于半定量风险评估的食品风险分级方法研究［J］. 中国食品卫生杂志, 2015, 27(5)：576-585.

6

致病微生物风险评估的应用

致病微生物引起的食源性疾病已经成为影响我国公共卫生安全的重要因素之一。通过有效的微生物风险评估可以确定引发食品安全问题的大小、主要风险传播来源和传播途径等信息，以便及时制订预案，决定是否采取行动和采取什么样的行动。

2019 年修订的《中华人民共和国食品安全法》规定，食品安全风险评估结果是制定、修订食品安全标准和对食品安全实施监督管理的科学依据；制定食品安全国家标准，应当依据食品安全风险评估结果并充分考虑食用农产品风险评估结果，参照相关的国际标准和国际食品安全风险评估结果，并将食品安全国家标准草案向社会公布，广泛听取食品生产经营者、消费者、有关部门等各方面的意见。这些内容均提出了风险评估结果在食品安全、农产品质量安全等风险管理以及交流过程中的技术支撑作用。本章着重对风险评估结果在风险管理的支撑、标准体系完善、食品/产品质量安全事件应对以及民众日常关注的舆情应对等方面的应用进行阐述。

6.1　风险评估结果对风险管理的支撑作用

风险管理是制定和实施风险控制措施以及风险管理者进行决策的过程，其目标是通过适当的风险管理，以确保食品安全事件或畜禽产品质量安全事件发生的可能性或频率及其后果降到最低。国家标准《微生物风险评估在食品安全风险管理中的应用指南》（GB/Z 23785—2009）将风险管理定义为：与各利益相关方磋商后，权衡各种政策方案，考虑风险评估和其他保护消费者健康、促进公平贸易有关的因素，并在必要时选择适当预防和控制方案的过程。风险管理者进行风险管理时，可通过微生物风险评估得到相关信息，以便做出周全的决策。

6.1.1　风险评估报告结果的内容

风险评估结果是风险管理者实施风险管理的重要依据和技术支撑。风险评估者在完成风险评估工作后，除了需向风险管理者提供对风险的定量或定性描述，做出风险估计，还应给出附加说明，以便提高风险评估结果的应用价值。例如，对不确定性存在的缘由、生物多变性、数据质量和所做的假设进行说明。一般情况下，不确定性和生物多变性应单独进行说明，并列在微生物风险评估结果的报告中。

GB/Z 23785—2009 中 4.10.2 条款规定了

微生物风险评估结果的报告要求。一份完整的微生物风险评估技术报告，内容一般包括以下几点。

（1）所有的数据、参考资料、假设、计算过程、技术性描述和模型参数，各参数要标上数值和（或）范围。

（2）所有与数据缺失、数据不确定性和生物多变性有关的信息，对所做假设的说明，以及它们对微生物风险评估结果的影响。

（3）如果确定微生物风险评估参数时采用了赋值或排序系统，需说明分类原则。

（4）对可能改变风险评估结果的主要因子的描述。

（5）对衡量风险估计偏差及其结果的分析方法进行说明。

（6）不用某些数据和用某些数据得到的暴露评估及危害特征描述结果之间的比较，如通过模型估计得到的结果与单纯的流行病学或实验数据之间的比较。

（7）单独列出对微生物风险评估结果的讨论，包括风险评估者对特定危害控制措施可行性和有效性的看法，及其对微生物风险评估实际应用的建议。这些观点不同于风险特征描述，而是以科学为基础的独立分析过程。

6.1.2 风险管理者对风险评估报告结果的利用

当拿到微生物风险评估报告结果时，风险管理者应确认报告能为决策制定提供足够的信息。风险管理者应充分理解评估报告对风险分布的表述，并确认部署文件中提出的问题已经解决。风险评估者应通过风险交流等方式告知风险管理者微生物风险评估是如何进行的，在应用上有何特殊之处，有哪些局限性及其对最终风险估计的影响。如果部署文件中规定的任务没有完成，风险管理者和风险评估者应通过沟通交流确定替代方案。如果只是某一个问题尚未得到解决，风险管理者应了解原因并寻求建议，以便以后再次进行微生物风险评估时解决这些问题。

当收到并接受微生物风险评估的结果后，风险管理者应遵循以下原则实施风险管理工作。

（1）客观解释微生物风险评估结果对实施风险管理的意义。

（2）根据微生物风险评估结果，考虑采取必要的应急风险管理措施。

（3）向各利益相关方简要介绍微生物风险评估的情况。

（4）通过会议、报刊、电子媒介等多种方式与相关方进行风险交流，交流对象包括：相关主管部门、消费者、从业人员等。

当风险管理者不了解由某种致病微生物造成的风险的程度及其所涉及的食品/产品时，运用微生物风险评估可以对这种风险做出初步估计，并能够了解生产企业或某个环节是如何产生这种风险的，从而提高风险管理者对产品安全风险的把控能力。

6.1.3 食品安全风险管理框架

GB/Z 23785—2009 将食品安全风险管理框架分为风险管理准备活动、风险管理措施评估、风险管理决策的实施以及监控和审核。EU、CAC、OIE 等国际组织均对风险评估与风险管理架构提供了指南或说明。比如，世界动物卫生组织（OIE）将疾病风险管理的步骤划分为风险估计、选择性估计、风险管理实施和监督审核 4 个过程，在实施畜禽产品致病微生物风险评估时可以选择性借鉴。

（1）风险估计 风险评估阶段所估计的风险与建议的风险管理措施对减少风险的预期进行比较的过程。

（2）选择评价 确定、评价有效性和可行性并选择可以降低食品/产品质量安全消费风险的措施的过程。有效性是指一种选择减少有害健康因素和经济后果的可能性或程度。评估所选选项的有效性是一个反复的过程，包括将其纳入风险评估，然后将所产生的风险水平与可接受的风险水平进行比较。可行性评价通常集中于影响执行风险管理选择的技术、操作和经济因素。

（3）风险管理实施 贯彻执行风险管理决策并确保风险管理措施实施到位的过程。

（4）监督审核 持续不断地对风险管理措施进行审核，以确保其达到预期效果的过程。

案例

欧盟食品安全局（EFSA）食品安全工作体系运行机制是风险评估结果在风险管理中应用得很好的实例。作为风险评估者，EFSA是欧盟的风险评估机构，负责全食品链的风险评价。EFSA 没有科学实验室，也不进行科学研究，通过收集和分析已有科学研究数据并为风险管理者提供科学建议，以支撑决策制定。

欧盟风险管理机构包括欧盟委员会、各成员国相关机构以及欧盟议会。这些机构负责根据风险评估结果做出食品安全相关决策以及制定标准，包括：制定食品安全相关政策，制定强制性法规，进行产品认证、授权以及召回等处理，食品标签标识，食品质量控制以及进出口控制、溯源等。

图 6.1 以欧盟禽肉中沙门菌的风险评估对风险管理决策支撑关系为实例，展示了 EFSA

与欧盟风险管理机构的职责关系和区别。EFSA 负责对各成员国的禽肉中沙门菌数据进行采集和分析，并采用科学的方法开展风险评估。欧盟风险管理机构负责设立沙门菌的控制目标，并根据 EFSA 风险评估结果采取措施以减少欧盟范围内鸡群中的沙门菌感染和携带。

6.2 风险评估结果在食品/产品质量安全风险管控中的应用

风险评估技术应用于食品加工、农产品生产过程中的危害识别、风险关键控制点锁定和风险管理措施制定，最早可追溯到 20 世纪 70 年代。欧美等发达国家首先在畜禽屠宰和水产品加工领域进行探索，并于 20 世纪 90 年代得到广泛应用。之后，很快推广到蔬菜、水果等生鲜农产品收储环节和食品加工领域，并得到世界各国的广泛推崇和国际食品法典委员会（CAC）的采纳。

6.2.1 促进食品/农产品质量安全标准的制定和修订

目前，基于风险评估结果制定食用农产品和食品安全国际标准，已经成为国际法典委员会（CAC）确定相关标准的一个基本准则。

我国自 2003 年开始将风险评估引入农产品质量安全监管领域。风险评估结果在《中华人民共和国农产品质量安全法》制定和修订、农产品质量安全标准制定和修订过程中，发挥了技术指引作用，并反过来促进从法律上提出产品安全标准的制定要求。例如，新修订的《中华人民共和国食品安全法》第二十一条规定："食品安全风险评估结果是制定、修

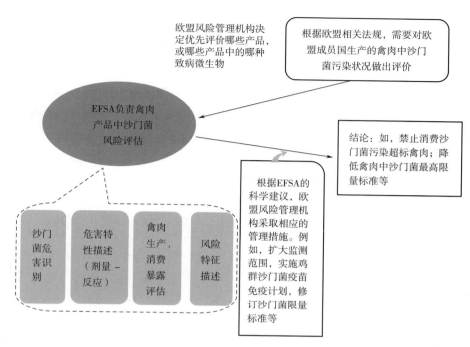

图 6.1 禽肉中沙门菌风险评估对风险管理决策支撑关系模式图

注：风险评估者：欧盟食品安全局（EFSA）；风险管理者：欧盟风险管理机构。

订食品安全标准……的科学依据。经食品安全风险评估……，需要制定、修订相关食品安全国家标准的，国务院卫生行政部门应当会同国务院食品药品监督管理部门立即制定、修订。"国际食品法典标准是由国际食品法典委员会（CAC）组织并以风险评估结果为基础制定的国际通用标准。本条款规定将风险评估结果作为制定、修订食品安全标准的科学依据，体现了国际上通行的风险分析管理体系，体现了立法充分借鉴和吸取国外先进经验的原则。目前，我国的食品安全标准框架与国际食品法典的标准、欧美等主要发达国家的标准基本一致，且各有所长，部分产品的标准已经走在世界前列。

畜禽产品的标准体系是很广泛的，不仅包括可以添加什么、不可以添加什么的标准，还包括重金属、药物残留、致病微生物等的限量标准。此外，还有生产规范、消费指南等。可以说，从动物养殖、屠宰、收储、加工到消费过程的全部流程中，"标准"几乎无处不在。下面重点在利用风险评估结果基础上对食品/畜禽产品中的微生物检测和限量标准制定进行叙述。

6.2.1.1 微生物标准

政府负责制定其职责范围内的确保食品安全的法规政策及标准。因此，食品安全监管机构充当风险管理者的角色，并针对食品中的危害建立食品安全目标。然后，行业和政府可使用该信息作为制定微生物标准的基础或依据。一般情况下，世界动物卫生组织（OIE）、世界卫生组织（WHO）、国际食品法典委员会（CAC）等国际组织的国际公共卫生标准是风险管理者实施畜禽产品或食品安全风险管理工作依据的首选。

食品行业必须生产符合监管要求的食品。监管要求包括规定了食品的操作条件的法规和已制定的食品微生物标准。为确保符合监管要求和企业自身的质量要求，食品企业需要制定食品成分和原料采购等的规范。在这种情况下，生产者可以操作指南或标准操作规范的形式规定操作条件，特别是在供应方需要为买方确保对关键控制点进行控制的情况下。为此，用于决定批次的微生物标准分为三个类别。

（1）微生物标准（Microbiological Standard）　微生物标准作为法律或条例一部分的强制性标准。微生物标准用于确定食品在法规或政策方面的可接受性，这些标准是由管理机构制定的，明确规定了食品为符合法规或政策要求的微生物限量。不符合标准的食品是不合法的，将不允许进入市场和消费。制定标准的宗旨或目的，主要是为了避免发生重大食品安全事件或维护公共卫生健康。

（2）微生物指南（Microbiological Guideline）　微生物指南为建议性标准，用于告知食品生产者和其他相关人员在应用标准操作规范时所预期的微生物限量。微生物指南可由管理机构、工业贸易协会或企业制定，以指明应用标准操作规范时对食品中微生物限量的期望值。食品生产者将微生物指南用作设计其食品安全控制体系的依据。指南本质上是建议性的，其更多作用在于告知和指导食品生产者在食品加工阶段改进企业的食品加工操作规范，特别是在制定微生物标准数据不充分的时候。

（3）微生物规定（Microbiological Specifi-cation）　微生物规定是食品买方和供应方购销合同的一部分；这类标准根据用途不同，可能是强制性的，也可能是建议性的。食品的购买者可能是工业或政府机构的部门。买方制定购买规定以降低购买到不合格食品的风险。微生物规定为食品原料规定了微生物限量，只要应用微生物规定，终产品就将符合安全和质量的所有要求。通用的做法是买方沿食物链制定其所购买原料的微生物规定。大多数情况下，这些规定是建议性的，且只有在必要时才抽样检验。

6.2.1.2　食品微生物限量

制定适宜的食品食物链具体环节的微生物限量是食品微生物标准的重要内容。微生物限量是判定食品安全风险是否可接受的重要依据。在微生物标准中，微生物限量体现了可接受与不可接受批次食品的微生物、微生物毒素或代谢物的频率或最大浓度。它是以对食品安全和质量的评估情况为依据制定的。

针对食品中特定危害的限量应当同已建立的食品安全目标相一致。用于标准的限量应以适于食品的微生物学资料为基础，并应适用于各种同类食品。制定标准限量的过程应包括从各类生产操作中收集并分析资料，以确定在可接受的 HACCP 条件下生产出的食品能达到的期望值。在可接受条件下，所有操作者均能达到应用这些资料制定的限量。或者，如果在工业的某个方面进行必要的改进可减少危害的可能性，可将限量规定得更严格一些。制定微生物标准和其他可接受标准的过程应当是透明的，并经风险交流，考虑利益相关方的意见。

在微生物限量的制定中，应当考虑储存和销售期间可能发生的微生物变化（如数量的增加或减少）。微生物限量应当考虑同微生物相关的风险以及食品预期处理和消费的条件。微生物限量还应该考虑微生物在食品中不均匀分布的可能性以及分析方法固有的差异性。

微生物限量标准中的下列因素规定了食品是否可接受。

（1）微生物限量。

（2）检验的样品数量。

（3）分析单位的规格。

（4）应该符合限量的样品单位数量。

如果标准要求不含有某一特定微生物，就应当指明分析单位的规格和数量（以及分析样品单位的数量）。

6.2.1.3 国内外部分畜禽产品主要微生物限量

国际食品微生物标准委员会（The International Commission on Microbiological Specifications for Foods，ICMSF）制定的食品微生物学分析采样方法，是国内外广泛使用的方法。ICMSF 规定应遵循以下规则进行采样：一是各种微生物本身对人的危害程度各有不同；二是食品经不同条件处理后，其危害程度可分为 3 种情况：危害度降低、危害度未变、危害度增加。在 ICMSF 采样法中，n 是指一批产品采样的个数；c 是指该批产品中检样菌数超过限量的检样数；m 是指合格菌数限量；M 是指附加条件后判定为合格的菌数限量。ICMSF 采样方案是基于统计学的角度进行设计的，能够比较真实地反映所抽检样品的代表性。ICMSF 方法包括二级法和三级法两种，二级法只设有 n、c 及 m 值，三级法则设有 n、c、m 值以及 M 值。

二级法：只设定合格判定标准 m 值，超过 m 值的，判定为不合格。通过检查在检样中是否有超过 m 值的样品，来判定该批样品是否合格。

三级法：设有微生物标准值 m 及 M 值，超过 m 值的样品，即判定为检样不合格。所有检样均小于 m 值，则整批样品合格；在 m 值与 M 值之间的检验数，在 c 值之间，即为附加条件合格，否则为不合格；有检样超过 M 值的，直接判定为不合格。

目前采用二级法进行食品微生物检验的国家有：中国、以色列、日本、美国、南非、古巴等；采用三级法的国家和组织有：智利、新西兰、国际食品微生物标准委员会、欧盟委员会、加拿大、芬兰、丹麦、法国、澳大利亚等。

我国食品微生物采样方法标准大多见 GB/T 4789.1，其他样品的微生物采样方法散见于 GB/T 4789.x。这些标准近些年做了部分修订，有的标准已经更新为 2016 年的版本。事实上，当前我国食品微生物检验采样方法为二级法，对抽取的某个样品来说，如果检测致病菌，则只有合格或不合格两种（$n=1$，$c=0$，$m=$ 未检出）；如果检测定量指标如细菌总数、大肠菌群等，则也只有合格或不合格两种（$n=1$，$c=0$，$m=$ 限量值）。我国的微生物采样方法从严格程度而言，比三级法严格，但比某些二级法宽松，如 $n=1$，$c=0$，$m=100CFU/g$ 的采样方法就比 $n=5$，$c=0$，$m=100CFU/g$ 的方法宽松。

上述比较是建立在对同种产品规定了相同限量值（m 值）的基础上，如果三级法的限量值远严于二级法的限量值，则三级法的合格判断标准可能严于二级法。目前，通过风险评估制定食品微生物限量符合 WTO 原则，是大势所趋。我国正在修订的预包装和即食食品中致病菌限量标准对于某些致病微生物可能会考虑三级抽样方案。这也是我国开展微生物风险评估的职责所在，根据风险评估结果，制定、修订微生物检验限量值，有效地保障我国食品安全。

关于微生物检验限量标准，在较早的国家食品卫生标准中，有关于冷冻肉及肉制品的限量标准，但随着近年来标准的不断修订，逐步取消了畜禽产品中的微生物限量标准，

在查到的标准中仅发现 GB 29921—2013 还保留了熟肉制品和即食生肉制品的微生物限量标准，见表 6.1。

国际组织和美、日等发达国家对食品微生物检验限量标准具有多项明确规定指标，涉及的产品种类较多，包括生鲜畜禽产品及其制品的微生物限量标准等（表 6.2 至表 6.7），可供参考。

表 6.1　我国部分畜禽产品中致病菌限量

食品类别	致病菌指标	采样方案及限量（若非指定，单位均为/25g 或/25mL）				检验方法	备注
		n	c	m	M		
肉制品 （1）熟肉制品 （2）即食生肉制品	沙门菌	5	0	0	—	GB 4789.4	
	单增李斯特菌	5	0	0	—	GB 4789.30	
	金黄色葡萄球菌	5	1	100 CFU/g	1000 CFU/g	GB 4789.10	
	大肠埃希菌 O157：H7	5	0	0	—	GB 4789.36	仅适用于牛肉制品
水产制品 （1）熟制水产品 （2）即食生制水产品 （3）即食藻类制品	沙门菌	5	0	0	—	GB 4789.4	
	副溶血性弧菌	5	1	100 MPN/g	1000 MPN/g	GB 4789.7	
	金黄色葡萄球菌	5	1	100 CFU/g	1000 CFU/g	GB 4789.10	
即食蛋制品	沙门菌	5	0	0	—	GB 4789.4	

表 6.2　食品法典委员会（CAC）食品微生物限量规定

食品种类	其他信息	微生物/代谢物	参数值（若非指定，均用 CFU/g 或 CFU/mL）	取样计划
蛋制品	冷冻干燥	需氧嗜温菌	$m = 50000$，$M = 1000000$	$n = 5$，$c = 2$
	冷冻干燥	大肠杆菌	$M = 10$，$M = 100$	$n = 5$，$c = 2$
	冷冻干燥	沙门菌	$m = 0$	$n = 10$，$c = 0$

续表

食品种类	其他信息	微生物/代谢物	参数值 （若非指定，均用 CFU/g 或 CFU/mL）	取样计划
乳制品	干燥	需氧嗜温菌	$m=50000$，$M=200000$	$n=5$，$c=2$
	干燥	大肠杆菌	$m=10$，$M=100$	$n=5$，$c=1$
	干燥	沙门菌	$m=0$	$n=15$，$c=0$

表 6.3　国际食品微生物标准委员会（ICMSF）食品微生物限量规定

食品种类	其他信息	微生物/代谢物	参数值 （若非指定，均用 CFU/g 或 CFU/mL）	取样计划
蛋制品	干燥	大肠杆菌	$m=10$，$M=1000$	$n=5$，$c=2$
	干燥，常温	沙门菌	$m=0$	$n=5$，$c=0$
	冷冻	需氧菌平板计数	$m=50000$，$M=1000000$	$n=5$，$c=2$
	巴氏消毒，液体	需氧菌平板计数	$m=50000$，$M=1000000$	$n=5$，$c=2$
	冷冻	大肠菌群	$m=10$，$M=1000$	$n=5$，$c=2$
乳制品	—	需氧菌平板计数	$m=30000$，$M=300000$	$n=5$，$c=2$
	—	大肠菌群	$m=10$，$M=100$	$n=5$，$c=1$
	—	沙门菌	$m=0$	$n=15$，$c=0$
鱼	新鲜	需氧菌平板计数	$m=500000CFU/g$ 或 $500000CFU/cm^2$ $M=10000000CFU/g$ 或 $10000000CFU/cm^2$	$n=5$，$c=3$
	冷冻	需氧菌平板计数	$m=500000CFU/g$ 或 $500000CFU/cm^2$ $M=10000000CFU/g$ 或 $10000000CFU/cm^2$	$n=5$，$c=3$
肉	冷冻，肉糜	需氧菌平板计数	$m=1000000$，$M=10000000$	$n=5$，$c=3$
胴体肉	冷藏前	需氧菌平板计数	$m=100000CFU/cm^2$，$M=1000000CFU/cm^2$	$n=5$，$c=3$
	冷藏	需氧菌平板计数	$m=100000CFU/cm^2$，$M=1000000CFU/cm^2$	$n=5$，$c=3$
	冷冻	需氧菌平板计数	$m=500000$，$M=1000000$	$n=5$，$c=3$
禽肉	加工过程中保持 生鲜（新鲜或冷冻）	需氧菌平板计数	$m=500000$，$M=1000000$	$n=5$，$c=3$
	腌制或烟熏	沙门菌	$m=0$	$n=10$，$c=0$
	腌制或烟熏	金黄色葡萄球菌	$m=1000$，$M=10000$	$n=10$，$c=1$

续表

食品种类	其他信息	微生物/代谢物	参数值 （若非指定，均用 CFU/g 或 CFU/mL）	取样计划
禽肉	预烹煮及冷冻，即食	沙门菌	$m=0$	$n=10$，$c=0$
	预烹煮及冷冻，食前再翻热	沙门菌	$m=0$	$n=10$，$c=0$
	预烹煮及冷冻，即食	金黄色葡萄球菌	$m=1000$，$M=10000$	$n=5$，$c=1$
	预烹煮及冷冻，即食	金黄色葡萄球菌	$m=1000$，$M=10000$	$n=10$，$c=1$
	预烹煮及冷冻，食前再翻热	金黄色葡萄球菌	$m=1000$，$M=10000$	$n=5$，$c=1$
	脱水	沙门菌	$m=0$	$n=10$，$c=0$
肉	烤牛肉	沙门菌	$m=0$	$n=20$，$c=0$
香肠	发酵	金黄色葡萄球菌	$m=100000$	未指定

表 6.4　美国食品微生物限量规定

畜禽产品	微生物	参数值	取样计划
鸡胴体	大肠埃希菌	$m=100CFU/mL$，　$M=1000\ CFU/mL$	$n=13$，$c=3$
牛胴体	大肠埃希菌	m 阴性[①]，$M=100\ CFU/cm^2$	$n=13$，$c=3$
猪胴体	大肠埃希菌	$m=10CFU/cm^2$，$M=10000\ CFU/cm^2$	$n=13$，$c=3$
小公牛胴体	沙门菌	$m=0$	$n=82$，$c=1$
母牛/公牛胴体	沙门菌	$m=0$	$n=58$，$c=2$
碎牛肉	沙门菌	$m=0$	$n=53$，$c=5$
肉鸡胴体	沙门菌	$m=0$	$n=51$，$c=12$
猪胴体	沙门菌	$m=0$	$n=55$，$c=6$
碎火鸡肉	沙门菌	$m=0$	$n=53$，$c=29$
碎鸡肉	沙门菌	$m=0$	$n=53$，$c=26$

注：①此处阴性表示用于基准研究的方法敏感度至少为 5CFU/cm² 畜体表面积。

表 6.5 法国食品微生物限量规定

食品种类	其他信息	微生物/代谢物	参数值 （若非指定，均用 CFU/g 或 CFU/mL ）	取样计划
肉	机械去骨牛肉	沙门菌	未检出 /25g	未指定
	切碎	金黄色葡萄球菌	$m=10$, $M=1000$	未指定
	离子化后机械去骨	金黄色葡萄球菌	$m=10$, $M=100$	未指定
	离子化前机械去骨	金黄色葡萄球菌	$m=1000$	未指定
猪肉	机械去骨	沙门菌	未检出 /25g	未指定
禽肉	机械去骨	沙门菌	未检出 /25g	未指定
禽肉	已烹煮	金黄色葡萄球菌	$m=100$, $M=1000$	未指定
	生禽肉	金黄色葡萄球菌	$m=500$	未指定
火腿	已烹煮	金黄色葡萄球菌	未检出 /g	未指定
蛋制品	巴氏消毒	金黄色葡萄球菌	$m=100$, $M=1000$	未指定

表 6.6 澳大利亚食品微生物限量规定

食品种类	其他信息	微生物/代谢物	参数值 （若非指定，均用 CFU/g 或 CFU/mL ）	取样计划
肉	肉酱	30℃需氧微生物	$m=1000000$, $M=10000000$	$n=5$, $c=1$
	未烹煮，发酵	大肠埃希菌	$m=0/0.1g$	$n=5$, $c=1$
	肉酱	单核细胞增生李斯特菌	$m=0/25g$	$n=5$, $c=1$
	肉酱	沙门菌	$m=0/25g$	$n=5$, $c=0$
	未烹煮，发酵	沙门菌	$m=0/25g$	$n=5$, $c=1$
	预烹煮，腌制	凝固酶阳性葡萄球菌	$m=100$, $M=1000$	$n=5$, $c=1$
	未烹煮，发酵	凝固酶阳性葡萄球菌	$m=1000$, $M=10000$	$n=5$, $c=1$
	包装，已烹煮，腌制	凝固酶阳性葡萄球菌	$m=100/g$, $M=1000/g$	$n=5$, $c=1$
	包装，已烹煮，腌制	单核细胞增生李斯特菌	$m=0/25g$	$n=5$, $c=0$
	包装，已烹煮，腌制	沙门菌	$m=0/25g$	$n=5$, $c=0$
肉酱	包装，热处理	单核细胞增生李斯特菌	$m=0/25g$	$n=5$, $c=0$
	包装，热处理	沙门菌	$m=0/25g$	$n=5$, $c=0$
肉粉	发酵，未烹煮	凝固酶阳性葡萄球菌	$m=1000/g$, $M=10000/g$	$n=5$, $c=1$
	发酵，未烹煮	大肠埃希菌	$m=3.6$, $M=9.2$	$n=5$, $c=1$
	发酵，未烹煮	沙门菌	$m=0/25g$	$n=5$, $c=0$

表 6.7　日本食品微生物限量规定

食品种类	其他信息	微生物/代谢物	参数值 （若非指定，均用 CFU/g 或 CFU/mL）	取样计划
	指定（加热）	梭菌	<1000	未指定
	干燥	大肠埃希菌	未检出	未指定
	指定（加热）	大肠埃希菌	<100	未指定
	指定（加热）	沙门菌	未检出	未指定
	指定（加热）	金黄色葡萄球菌	<1000	未指定
	加热，容器包装后巴氏消毒	梭菌	<1000	未指定
肉制品	加热，容器包装后巴氏消毒	大肠菌群	未检出	未指定
	未加热	大肠埃希菌	<100	未指定
	加热，容器包装后巴氏消毒	大肠埃希菌	未检出	未指定
	未加热	沙门菌	未检出	未指定
	加热，容器包装后巴氏消毒	沙门菌	未检出	未指定
	未加热	金黄色葡萄球菌	<1000	未指定
	加热，容器包装后巴氏消毒	金黄色葡萄球菌	<1000	未指定

6.2.2　促进产品质量安全监管

新修订的《中华人民共和国食品安全法》第二十一条规定："食品安全风险评估结果是……实施食品安全监督管理的科学依据。经食品安全风险评估，得出食品、食品添加剂、食品相关产品不安全结论的，国务院食品药品监督管理、质量监督等部门应当……采取相应措施，确保该食品、食品添加剂、食品相关产品停止生产经营。"该条款规定了食品安全风险评估结果在食品安全风险管理中的主要应用。制定、修订食品安全标准、实施或不实施食品安全控制措施，都属于食品安全风险管理的范畴，目的和作用主要是保护民众的安全与健康，同时也为食品贸易和经济发展服务。一旦经风险评估认为食品、食品添加剂、食品相关产品不安全的，相关部门应立即依法采取有效措施，以预防或控制危害的发生。

食品安全是一项复杂的系统工程，影响因素涉及方方面面，需要从国家治理、行业管理、企业自律、全民参与等进行全方位的综合性管理，并适当采取一定的预防性措施。

于康震在第八届兽医发展高层论坛做的"有关动物产品安全的思考"报告中，从宏观管理的角度提出了加强畜禽产品管理的10个方面的综合管理措施。报告提出的这些措施对理解风险评估结果在畜禽产品质量安全生产和监管方面具有重要借鉴意义，具体如下所述。

（1）健全动物卫生监管体系　转变政府职能：从经济建设型政府向服务型政府转变，把做好公共服务放在第一位，确立经济性公共服务、社会性公共服务、制度性公共服务三大核心职能。理顺部门分工：各负其责，协调联动，消除地方保护。属地化管理：县以上地方政府负总责，重心下移，力量配置下移。行政执法：要与刑事司法衔接，加强监管队伍建设。

（2）加大监管力度　重典治乱：始终保持严厉打击食品安全违法犯罪的高压态势，使严惩重处成为食品安全治理常态。专项治理：国务院食安办下发《"瘦肉精"专项整治方案》，九部门联合开展为期一年的"瘦肉精"专项整治行动。农业部以严厉打击非法添加行为为重点，组织实施了"瘦肉精"、农药残留、生鲜乳、兽药、水产品、农资打假等多个专项整治行动。

（3）提高监管能力　健全风险监测评估体系：统一制定实施国家食品安全风险监测计划，建立健全食品安全风险监测、评估、预警制度。加强检验检测能力建设：促进第三方检验检测机构发展。提高应急处置能力：预案、演练、媒体应对。完善认证认可制度：无公害食品，绿色食品，地理标识（产地认证）。加快食品安全信息化建设：食品安全信息平台和电子追溯系统。

（4）加强投入品管理　兽药相关：有效实施兽药生产质量管理规范（GMP）和兽药经营质量管理规范（GSP），严格查处违禁兽药、假冒伪劣兽药、走私兽药，规范使用处方药、饲料药物添加剂，严格执行兽药评审与进口兽药注册、兽药质量检验、兽药监督执法。饲料相关：饲料中使用农业部公布的禁用物质，以及对人体具有直接或者潜在危害的其他物质养殖动物的，最高可处10万元罚款，构成犯罪的依法追究刑事责任。

（5）加强养殖过程监管　残留监控：中华人民共和国动物及动物源食品中残留物质监控计划。疫病防控：防治规范、标准，防治规划、消灭计划，应急预案；诊断、监测、封锁、消毒、预防、免疫、扑杀、标识、无害化处理、疫情管理；生物安全管理，基础设施建设，无规定疫病区建设；政府负总责。检验检疫：产地检疫、屠宰检疫、运输防疫监督检查、残留物质检查。

（6）发展现代化畜牧业　标准化规模养殖是推进畜牧业发展方式转变的核心环节，是动物防疫和产品安全的根本出路。

（7）落实主体责任　企业履行食品安全主体责任，标准化生产；企业负责人对食品安全负首要责任，企业质量安全主管人员对质量安全负首要责任；政府要建立健全食品安全责任制和责任追究制，一票否决。

（8）加强法规标准建设　完善政策法规体系：完善配套法规规章和规范性文件，形成有效衔接的食品安全法律法规体系，着力解决违法成本低的问题。完善食品安全标准体系：完善食品安全国家标准体系，及时制定食品安全地方标准，鼓励企业制定严于国家标准的食品安全企业标准。

（9）加强诚信建设　社会转型期的诚信危机犹如一块巨大的绊脚石，着力消除已经刻不容缓。

（10）加强国际交流　跟踪了解有关国际标准组织和主要动物产品贸易国在动物产品质量卫生安全方面的发展动态，引进国际先进科技、人才、管理、标准等，积极参与相关国际事务，提高话语权，加快与国际接轨步伐，提高国际认可度。

6.2.3　促进相关方及时发现产品生产供应链中的风险隐患，科学制定和实施风险管理措施

随着社会化分工越来越细，食品供应链也

不断向纵向、横向延伸。畜禽产品生产覆盖范围更广，涉及养殖、屠宰加工、蛋奶收储、流通运输和市场销售、终端消费等众多环节，过程复杂，风险因素繁多。总结起来，影响畜禽产品安全的因素主要包括动物源性致病微生物污染（病毒、细菌、寄生虫等）、滥用抗生素、饲料添加剂和兽药残留、环境化学物质污染和重金属残留等；风险点涉及畜禽养殖、屠宰加工、流通运输、市场销售和烹饪加工等诸多环节。开展风险管理时，应根据不同食品/产品的特性，充分识别影响畜禽产品质量安全的风险因素，查找关键风险环节，在充分进行风险评估的基础上，科学制定和实施风险管控措施。

6.2.3.1 畜禽产品质量安全的影响因素

（1）致病微生物因素　通过动物性产品影响人类身体健康的致病微生物主要包括病毒、细菌及其毒素、寄生虫等。比如，沙门菌、志贺菌、致病性大肠埃希菌、小肠结肠炎耶尔森菌、单增李斯特菌、空肠弯曲杆菌等，能引起细菌性食物中毒；炭疽、结核、布氏杆菌、猪丹毒、口蹄疫、流感病毒等病原能引起人畜共患传染病；旋毛虫、绦虫、弓形虫、肝片吸虫等能引起人类感染寄生虫病。

（2）兽药残留因素　动物性食品在其养殖生产期间，由于应用兽药（包括药用添加剂）后，在动物体内蓄积或储存在细胞、组织或器官内，或以药物原形、代谢物或药物杂质等形式进入泌乳动物的乳或产蛋家禽的蛋中，人类通过消费动物性食品进而导致兽药残留对人体产生危害。畜禽产品的药物残留，主要是由饲料及添加剂和兽药，如重点抗菌药类、激素类、氨基酮类药物所致。这些药物

残留，通过人类食品消费链，进行生物大循环，对人类身体健康产生持续的影响。

（3）细菌耐药性因素　当长期应用抗生素时，占多数的敏感菌株不断被杀灭，耐药菌株就大量繁殖，代替敏感菌株，而使细菌对该种药物的耐药率不断升高。畜禽在养殖过程中，由于不合理使用兽药，未按规定进行休药期管理，导致动物性产品中蓄积了耐药性致病菌，这些致病菌一旦感染人，也会继续耐药，增加治疗难度。

（4）其他因素　畜禽养殖环境、空气和水源污染，以及饲料、饲草的污染，包括饲料的金属毒物污染、饲料的霉菌毒素和农药污染等，也是影响畜禽产品安全的重要因素。污染饲料的金属毒物包括汞、镉、铅等，这些有毒污染物主要来自土壤、饲料原料和水源污染；饲料的霉菌毒素污染中危害最重的是黄曲霉毒素，动物误食了污染的饲料后，可引起中毒。动物中毒后，这些污染物会在动物体内蓄积或残留，被人食用后，会诱发人体各种疾病，对人类的健康产生重大危害。

6.2.3.2 影响畜禽产品质量安全的关键风险环节

（1）饲养环节　在畜禽养殖过程中，影响畜禽产品卫生安全的风险因素主要有动物疫病、污染物残留和细菌耐药性等。造成动物疫病感染、引发疫情的原因主要有：一是在动物饲养过程中，由于养殖场动物防疫条件不完善，基础设施差，卫生条件不好，在管理不到位的情况下，很容易引起动物发病，引发动物疫情。二是动物在饲养过程中极易感染某些动物传染病及寄生虫病，在动物疫病防疫与监测执行不到位的情况下，如果在动物出栏时，未

经严格检疫，或检验手段达不到要求，也容易将隐性患有疫病的动物送往消费环节。三是在动物卫生监督执法不严或监督不力的情况下，也容易出现患病动物直接送往小型不法屠宰厂，进而进入市场消费。这些染疫、未经检疫或病死、死因不明的畜禽及其产品，存在较大的病原携带污染风险，对人的健康危害具有较大风险，尤其是人畜共患传染病和寄生虫病。

另外一项影响畜禽产品安全的风险因素是污染残留。在养殖环节，如果养殖场附近有大型化工厂等污染源，畜禽易受到"工业三废"的影响，这些工业污染物通过动物呼吸、喂食、饮水等在体内蓄积；除此以外，养殖环节如果饲喂了污染的饲料或发霉的饲料，也容易使这些污染物在动物体内蓄积。这些污染物及其残留，对人类的健康也有很大影响。

还有一项影响畜禽产品安全的风险因素是细菌耐药。动物在养殖过程中，经常会使用抗微生物制剂（包括抗生素和化学治疗制剂）、驱虫剂、促生长类药物及添加剂，如果饲养者未按科学方法进行合理使用，随意加大使用剂量或滥用兽药及生物制品，除了产生药物残留危害，还极易让动物对某种或某类药物产生耐药性，这种耐药基因或耐药菌株通过食物链进入人体，也常常会导致人类对这类药物产生耐药性，进而对人类疾病治疗产生重大影响，对人类健康安全构成重大威胁。

养殖环节控制保障畜禽产品安全的重要措施，包括保持养殖环境卫生清洁，做好防疫和饲养管理，合理使用兽药、饲料添加剂，并加强宰前检疫等，防止畜禽感染疫病和过量

违规使用兽药及添加剂。

（2）屠宰加工环节　屠宰环节影响畜禽产品卫生安全的风险因素主要有两项：一是屠宰检疫不能有效检出疫病感染、药物残留；二是屠宰加工过程未能做好环境控制和加工操作，导致畜禽在屠宰加工过程中的刺杀放血、雕肛、开膛及去内脏和片肉处理过程中交叉污染致病性大肠杆菌、沙门菌等微生物。影响屠宰环节畜禽产品安全的因素较多，也比较复杂，包括屠宰场的场地、基础设施水平、防疫条件、防疫人员配置、操作人员规范操作等。屠宰环节的安全控制需要从行业管理、企业自律等多个方面进行管理。

（3）流通运输环节　流通运输环节影响畜禽产品安全的风险因素主要是运输过程中的卫生控制和微生物污染，对畜禽用的车辆及畜禽产品用的冷藏车管理不善，出现运输车辆装前消毒不彻底、卸后消毒不到位、流通运输过程中接触其他潜在污染物、温度控制不符合要求等，这些因素都能造成畜禽及其产品在流通运输环节污染致病微生物，引发食品安全事件。另外，由于监督执法的缺位或不到位，也有可能使一些不法商贩，倒买倒卖病死、死因不明或有毒有害畜禽及其产品，这种风险更具隐蔽性，应当重点防范。

（4）销售环节　销售环节影响畜禽及其产品安全的主要因素是销售环节的卫生控制和微生物污染。销售是将畜禽产品送到消费者手中的最后一个过程，市场、超市等一般都会将畜禽产品进行分割或包装，分割工具和操作人员的卫生状况，以及销售产品存放设施卫生状况和环境温度等，都会影响销售环节的畜禽产品的安全风险。防止销售环节微生物污染，

关键是做好环境卫生控制和管理，减少储存时间、冷链储存、规范操作，避免微生物交叉污染和持续增殖。

（5）加工烹饪环节　畜禽产品安全风险最后一个环节是加工烹饪环节，也是食品安全的关键性环节。病从口入，这是控制食品安全事件的另外一项关键控制点。畜禽产品从市场或超市买回后，要低温保存，在进行烹煮或分割操作时，要生熟分开，在处理生的畜禽产品前后，要洗手，烹煮食物时要煮熟、煮透等。食品安全风险时时存在，任何的轻视或操作不当，都可能导致严重的卫生安全事件。

6.2.4 适时进行风险预警，降低食品安全事故发生

新修订的《中华人民共和国食品安全法》第二十一条规定："食品安全风险评估结果是……实施食品安全监督管理的科学依据。经食品安全风险评估，得出食品、食品添加剂、食品相关产品不安全结论的，国务院食品药品监督管理、质量监督等部门应当依据各自职责立即向社会公告，告知消费者停止食用或者使用，并采取相应措施，确保该食品、食品添加剂、食品相关产品停止生产经营……"该条款规定了食品安全风险评估结果在通过风险预警降低食品安全事件发生的主要应用。依据食品安全风险评估结果得出不安全结论的，相关部门应立即依法采取有效措施，以预防或控制危害的发生，最大限度地减少食品安全事故的危害，保障公众健康与生命安全，维护正常的社会经济秩序。这些措施包括国务院食品药品监督管理、质量监督等部门依

据各自职责立即向社会公告，告知消费者停止食用或者使用；采取相应措施，确保该食品、食品添加剂、食品相关产品停止生产经营。

《中华人民共和国食品安全法》第二十二条也对在风险评估结果基础上适时进行风险预警，进行了明确规定，以降低食品安全事故发生。内容包括"国务院食品药品监督管理部门应当会同国务院有关部门，根据食品安全风险评估结果、食品安全监督管理信息，对食品安全状况进行综合分析。对经综合分析表明可能具有较高程度安全风险的食品，国务院食品药品监督管理部门应当及时提出食品安全风险警示，并向社会公布。"对一些低风险危害因子及其对应产品也要及时公布，以正确引导生产和消费，增强消费者消费信心。

因此，根据农产品实际情况建立相应风险评估质量安全体系标准，实时发布农产品质量安全风险评估监测结果，针对风险评估结果进行适时风险预警，提示公众关注和警觉，通过采取相应的防范手段和措施，能够有效指导生产者生产优质安全的农产品，也能够大大减少食品安全事故的发生，真正确保消费者"舌尖上的安全"。

6.3 通过风险交流发挥评估结果的应用价值

风险交流是食源性致病微生物风险管理架构的核心内容之一（图1.1）。在食品/产品安全风险评估过程中，风险交流起着至关重要的作用：通过利益相关方之间的信息交流，提高对食品/产品安全风险的一致性认识和理解；在制定食品安全风险管理决策时，有助于增强

过程的透明度，并达成一致性观点，提高风险分析过程的效率；同时，也为食品/产品安全风险管理决策的实施和落实提供坚实的基础。有效的风险交流不仅可以解答食品/产品安全的疑惑、应对舆情关切，还可以推进在风险管理者和风险评估者之间达到更高度和谐一致的风险管理措施，得到各利益相关方的理解和支持。

本节旨在阐述在完成风险评估工作后，通过与利益相关方及时、充分的风险交流，达到发挥风险评估结果应用价值的目的。但考虑到风险交流贯穿于风险评估以及风险控制措施实施的全过程，是一项多向性、随时且反复进行的工作，因此，在介绍风险交流目标和风险交流信息基础上，还应从风险评估的全过程考虑，进一步就如何具体实施风险交流进行详细阐述。

6.3.1　风险交流的定义和目标

6.3.1.1　风险交流的定义

风险交流的经典定义来自 *Improving Risk Communication* 一书："个体、群体以及机构之间交换信息和看法的互动过程。这一过程涉及风险特征及相关信息的多个侧面。它不仅直接传递风险信息，也包括表达对风险事件的关切、意见及相应反应，或者发布国家或机构在风险管理方面的法规和措施等。"根据国际食品法典委员会（CAC）《程序手册》（第15版），风险交流是指在风险分析全过程中，就危害、风险、风险相关因素和风险认知在风险评估人员、风险管理人员、消费者、产业界、学术界和其他感兴趣的各个利益相关方

中，对信息和看法的互动性交流。内容包括对风险评估结果的解释和风险管理决定的依据。

按照世界动物卫生组织（OIE）《陆生动物卫生法典》（2019 版），风险交流是在风险分析期间，从潜在受影响方或利益相关方收集危害和风险相关信息和意见，并向进出口国决策者或利益相关方通报风险评估结果或风险管理措施的过程。这是一个多维、反复的过程，理想的风险交流应贯穿风险分析的全过程。

无论是从 CAC 的定义，还是 OIE 的定义，都可以看出，风险交流在本质上是风险信息进行交流的过程，而且这个过程是个双向的过程，其中包括风险管理者和风险评估者间的信息交流，风险评估小组成员和外部利益相关方的信息交流，还包括风险管理者和利益相关方的交流等，这几个方面相互交叉、信息共享，其核心目的是推进风险管理决策的落实，实现预期风险目标。

6.3.1.2　风险交流的目标

风险交流是整个风险评估过程中一个强有力、却常常被忽视的部分。尽管如此，考虑到风险交流在风险评估过程的重要性，应值得各方共同努力做好这些工作，确保风险交流在风险评估整项工作中发挥其应有的作用。

一般认为，开展风险交流目标主要包括以下几点。

（1）在食品安全突发事件中，科技专家和风险管理者之间进行风险交流，以及这两者、其他相关团体和普通公众之间的风险交流，有助于帮助人们理解风险并做出知情选择。

（2）当食品安全问题不是那么急切、强烈时，通过风险评估所涉及的各利益相关方之

间，就风险评估的科学数据、观点和看法进行风险交流，有助于提高最终风险管理决策的水平。

（3）在风险管理过程中，多个利益相关方之间的风险交流，有助于更好地理解风险评估结果，从而在风险管理措施上达成一致意见。

（4）有效的风险交流，有助于统一落实风险管理措施，尽快实现食品安全目标。

另外需要注意的是，风险交流的目标是动态的，不是一成不变的，在面对不同的风险状况或事件时，应根据不同的状况或事件，进行适当调整。比如，面临新发重大传染病疫情时，风险交流的目标应以督促公众选择有效预防传染的行为，降低发病率和死亡率为重点；如果发生了突发性事件，则应以消除民众恐慌，保障生命安全，同时保持公众与政府间的信任为主要目标。总之，风险交流目标的确定应建立在应对不同风险事件的基础上。

6.3.2　风险交流的原则

在食品、畜禽产品质量安全的致病微生物风险评估过程中，适时的风险交流可以使问题得到充分展现，并根据问题的属性进行分类做出评估，制定并实施相应的风险应对措施。在进行风险交流时，应遵循（但不限于）以下原则。

（1）风险交流是风险评估过程中从可能受潜在影响的和有兴趣的相关方收集致病微生物危害和相关风险的信息和意见的过程。需要将风险评估结果和风险管理措施的建议与决策和利益相关方进行充分交流。风险交

流是一个多维的、反复进行的过程，一般应该从风险评估过程的初始阶段开始，并一直持续下去。

（2）每次拟开展风险评估前，应制定风险交流策略。

（3）风险交流应该是公开的、交互式的、反复的和透明的信息交流，并且可能在食品/产品安全评估后仍持续进行。

（4）风险交流过程的主要参与者包括食品安全/产品质量安全主管部门以及其他利益相关方，如国内的食品加工企业、畜禽产品生产企业、养殖人员（企业）以及消费者团体。

（5）风险交流过程中，应对风险评估的模型假设、评估的不确定性、模型输入和风险的估计进行充分沟通。

（6）同行评审是风险交流的一个组成部分，以便获得同行科学的批评并确保数据、信息、方法和假设能以最优的方式服务于风险评估过程。

6.3.3　风险交流的信息

风险交流就是在风险评估人员、风险管理人员、消费者和其他有关的团体之间就与风险有关的信息和意见进行相互交流。风险交流的对象可以包括国际组织（CAC、FAO、WHO以及WTO等）、政府机构、企业、消费者和消费者组织、学术界和研究机构以及大众传播媒介（媒体）。

6.3.3.1　风险交流的四个要素

有效的风险交流应该包括：风险的性质、利益的性质、风险评估的不确定性、风险管理的选择四个方面的要素。

（1）风险的性质 危害的特性和重要性，风险的大小和严重程度，情况的紧迫性，风险的变化趋势，危害暴露的可能性，暴露量的分布，能够构成显著风险的暴露量，风险人群的性质和规模，最高风险人群。

（2）利益的性质 与每种风险有关的实际或者预期利益，受益者和受益方式，风险和利益的平衡点，利益的大小和重要性，所有受影响人群的全部利益。

（3）风险评估的不确定性 评估风险的方法，每种不确定性的重要性，所得资料的缺点或不准确度，估计所依据的假设，估计对假设变化的敏感度，有关风险管理决定估计变化的效果。

（4）风险管理的选择 控制或管理风险的行动，可能减少个人风险的个人行动，选择一个特定风险管理选项的理由，特定选择的有效性，特定选择的利益，风险管理的费用和来源，执行风险管理选择后仍然存在的风险。

6.3.3.2 风险交流的关键内容

风险交流贯穿于整个风险评估和控制的全过程。为使风险交流工作更加有效，风险管理者事先应思考风险交流工作程序或流程，制定贯穿于风险评估全过程的风险交流架构（图6.2），以便确保风险交流过程中能够全面把握并得到监督落实。同时，保障风险评估过程中需要进行交流的每个阶段都应有合适的参与者参加。

（1）识别风险问题时的交流 在风险管理的起始阶段，所有利益相关方应就风险问题以及问题涉及的所有信息，进行充分的识别、沟通和交流。在这一阶段，关于某一食品安全问题（风险）的信息可能会通过各种广

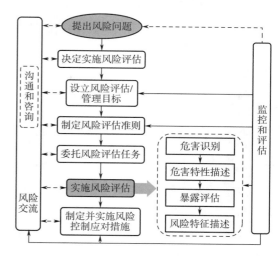

图6.2 风险交流架构

泛的途径引起风险管理者的注意。然后，风险管理者还需要从其他途径了解能进一步核实该问题的信息，比如生产或加工有关食品的生产者、学者和其他可能受影响的机构等。随着参与者之间经常、反复进行交流，对风险问题的了解逐步深入，最后需要形成对风险问题的准确意见并达成共识。

（2）决定实施风险评估时的交流 在这个阶段，最为重要的风险交流是在领导整个过程的风险管理者与负责实施风险预测的风险评估者和其他科学家之间进行的。在这一过程中，应像前一阶段一样，尽可能保持开放式的、具有广泛代表性的交流方式和方法，这样能提高风险交流的质量。在这项工作中，实施风险预测的专家有必要建立与外部专业团队及企业之间的交流平台，有助于获得更多有效的科学信息。

（3）设立风险评估/管理目标时的交流 在确定风险评估和管理目标时，也就是决定一项风险评估是否恰当或必要时，风险管理者应

与风险评估者和外部利益相关方进行交流。目标中包括设计的管理政策应视具体情况而定，一旦确定了解决某个食品安全风险问题的评估和管理目标后，应尽快通知各相关方。

（4）制定风险评估准则时的交流 风险评估准则可以为科学决策和判断提供指导。因此，风险评估者在进行风险评估前应首先对风险评估准则做出选择和确定。在风险评估准则制定过程中，风险评估者和风险管理者的充分交流是核心，需要风险评估者和风险管理者在风险评估准则方面达成一致。期间，需要考虑和解决一系列涉及准则要素判断的复杂问题。确定准则时，面对面的会议是较好的措施。在制定准则环节中，外部利益相关方的观点对于风险评估准则的制定通常具有重要参考价值。例如，可以邀请利益相关方对风险评估准则草案提出建议，或者邀请他们出席相关会议的讨论。风险评估准则应落实到纸面上，方便其他参与制定评估准则的人员进行评议。

（5）委托风险评估任务时的交流 风险管理者组成风险评估小组正式开展风险评估任务后，开始时的风险交流的质量常常会对最后的风险评估结果的质量产生很大的影响。这时，风险评估者和风险管理者之间的交流就显得非常重要。风险交流的内容，最核心的应该是风险评估者应该试图回答的风险问题、风险评估政策指南和评估结果的形式。其他方面的问题，如风险评估的目的和范围，以及可提供的时间和资源等，也均应进行充分的交流。

和上个阶段一样，风险评估者和风险管理者采取面对面的会议交流，是最有效的交流方式，可以在会议上进行反复讨论，直至所有参与者都能理解并达成共识。当然，能保证风险管理者和风险评估者进行有效交流的方式，可以有很多种，在国家层面上，交流机制可能取决于政府的管理机构、法律规定和历史惯例。另外，考虑到需要保护风险评估过程免受政治影响，外部利益相关方、风险评估者和风险管理者之间的交流一般会受到限制，然而，如果交流方式方法等得当，风险交流的效果会非常明显。

（6）实施风险评估时的交流 以前，风险评估是风险分析体系中一个相对封闭的环节，风险评估者的工作多半是在公众的视线外完成的。当然，评估者与风险管理者保持交流非常必要，风险评估试图解决的问题可能会随着信息的发展而完善或发生改变。同时，应邀请掌握重要数据信息的相关方，比如，影响暴露水平的化学物生产商、食品生产企业等参与风险评估小组的信息交流。近几年，风险评估出现了越来越开放、透明的趋势，鼓励外部利益相关方更多地参与到后续重复不断的风险评估过程中，这点对风险交流产生了影响。

一些国家政府和国际机构采取措施公开风险评估过程，使利益相关方能够更早和更广泛地参与到交流过程中，比如，美国在执行对即食食品中的单核细胞增生李斯特菌进行风险评估时，征求到了大量来自生产者、消费者团体和其他对该问题感兴趣并有相关知识的团体提供的意见。美国政府召开利益相关方参加的公众会议，在会上讨论需要解决的问题、征集数据、听取对分析方法的建议。对公众公布风险评估草案，并征求意见。此外，还获得了更加广泛的、尤其来自生产者的更多科学数据和其他支持。这一过程使得最终的风险评估结果较最初的草案有了多处改进。

①风险分级并确定优先次序的交流：当需要进行风险分级并确定优先次序时，风险管理者应确保这是一个广泛参与的过程，以鼓励利益相关方进行交流。因为判断优先次序本身涉及价值问题，为开展风险评估和风险管理而进行的风险分级活动，本质上是个政治性、社会性的过程。在这个过程中，所有受到决策影响的利益相关方或团体都应该积极参与进来。

下面介绍几个国家层面多方咨询外部利益相关方的过程。负责不同任务的食品安全官员已经建立了新的交流平台，从而把生产者、消费者代表和政府官员召集到一起，以平等和对话的方式讨论问题，确定优先次序和策略。这种交流方式能够建立一个沟通的桥梁，促进对风险评估的价值或一些突发事件的共识。也许这样做并不能有效解决当前某个具体的争端问题，但是可以更进一步理解彼此所持的观点。

以新西兰消费者论坛为例。2003 年，新西兰食品安全局（The New Zealand Food Safety Authority，NZFSA）发起了一个每年举办两次的论坛，参会者包括来自消费者、环境卫生以及其他对食品安全感兴趣的民间团体等 20 多个组织的代表。论坛请他们就"NZFSA 如何做决策，公民组织如何更有效地参与到决策过程中"进行讨论。每年，利益相关方可以确定他们自己关心的食品安全问题的优先次序，将一部分 NZFSA 研究资金投入这些问题的科学研究中。

又如英国食品标准署（Food Standards A-gency，FSA）成立了一个利益相关方论坛，就疯牛病的风险和管理该风险的措施进行交流。论坛由 FSA 委员会主席主持，参加者包括来自食品生产链各环节的代表，从牛和饲料的生产者到消费者组织。

②完成风险评估报告编制后的交流：当完成风险评估后，风险评估报告交给风险管理者，通常就进入了另一个集中交流的阶段。风险管理者需要确保其理解风险评估结果、风险管理可能产生的影响以及相关的不确定性。同时，评估结果要向相关组织机构和公众公布，并收集他们的意见和反馈。因为风险评估结果一般是复杂而且是技术性的，在这个阶段中，交流是否成功，很大程度上取决于风险评估早期是否适时与相关参与者进行了有效的交流。

风险评估作为风险管理决策的依据，风险评估的结果一般会以报告的形式出版。在透明度方面，风险评估报告在假设、数据质量、不确定性和评估的其他重要方面需要完善、明确，并表述透彻。在交流的有效性方面，风险报告需要用清晰、直白的语言撰写，以便非专业人士也能理解。如果可能的话，从一开始就安排一个风险交流专家参与到风险评估小组中。

（7）制定并实施风险控制应对措施时的交流　在风险分布和均衡性、经济性、成本效益以及实现适当保护水平（Appropriate Level of Protection，ALOP）等这几方面形成决议，是风险管理的关键。在整个风险管理体系中，这个阶段的风险交流对风险评估的结果非常重要。

处理新发食品安全问题时，政府部门的食品安全风险管理者可能会根据其他食品安全事件的经验，对新发问题有比较清晰的预判，并且可能有初步的处理方法和措施，但是在这个阶段，如果食品生产链的不同环节有一系列可能控制危害的风险管理措施时，在很大程度上会改变他们对处理这一新问题的看法和观点。这个时期发挥咨询作用的程度将取决于具体的食品安全问题。下面是国家层面的与利益相关方就评价和选择风险管理措施进行风险交流的一个例子。

2003 年 9 月，英国食品标准署（FSA）的食品微生物安全咨询委员会成立了一个特别小组，就食用冷冻婴儿食品对人体健康的潜在风险征求意见，尤其是与肉毒梭状芽孢杆菌相关的危害。2005 年 6 月，此小组向委员会提交了最终报告草案。在会上，微生物食品安全咨询委员会同意公布该报告以便公众咨询，咨询时间为 2005 年 9 月至 12 月。特别小组考虑了收集到的反馈意见，并据此对报告进行了修改。

在可能的食品安全控制措施及其有效性，以及这些措施在技术、经济上的可行性方面，产业界的专家一般掌握关键信息，因此，他们的观点非常关键。作为食源性危害风险的承受者——消费者（常常由对食品安全感兴趣的消费者组织和非政府组织作为代表），也能就风险管理措施提供重要的意见。如果准备采取的风险管理办法包括以信息为基础的方法，如教育消费者的宣传活动或警示标志时尤其如此。就此类措施与消费者进行交流，对于获悉公众需要的信息是什么，以什么形式、何种媒介公布信息最有可能被注意到，并且能让他们接受并执行，这是至关重要的。

在对风险管理措施进行评价时，风险评估有时会变成一个公开的政治问题。社会中不同利益的主体会竭力说服政府选择对其有利的风险管理措施。当然，如果能够有效管理的话，这也可以成为一个有用的环节。这个阶段能表明在选择风险管理措施时必须权衡的价值和利弊，而且促进决策过程透明化。实施卫生与植物卫生措施协定（Sanitary and Phytosanitary Measures，SPS）就要求世贸组织成员国基于透明的原则实施协定，以此促进在贸易规则和法规方面做到更加透明、可预见和充分的信息交流。

在涉及食品安全控制措施有关公众争议的方面，生产者和消费者往往似乎在把政府推向相反的方向。尽管在生产者的需要和消费者的需要之间，往往存在有本质性的区别，且有不可避免的矛盾，但是这些区别有时候并没有表面看起来那么大。除了通常的生产者和消费者分别与政府机构进行交流外，政府官员促进生产者和消费者之间进行直接交流以寻找共同点，也是非常有用的。

为确保所选择的风险管理措施得到有效实施，政府风险管理者需要与承担措施实施任务方保持密切、持续的合作。在生产者实施的初始阶段，政府一般应与他们一起设计共同认可的方案，来落实食品安全控制措施。然后通过监督、检查和认证的方式监控其进程和执行情况。当风险管理措施涉及消费者信息时，通常需要利用医疗工作者参与信息发布等，开展额外的风险交流工作。

通过调查、了解重点人群和其他方法，也能了解消费者接受和执行政府决议的效果。此阶段需要强调的是，"对外公布信息"的交流，政府需要向有关人士解释政府希望他们做什么，要建立收集反馈意见的机制，了解政策实施效果或难以执行的信息。

（8）监控和评估阶段的风险交流 在这个阶段，风险管理者需要收集相关数据，以评估控制措施是否达到了预期效果。风险管理者在建立正式的监控标准和体系方面起领导作用，来自其他各方的信息资源能够起到促进作用。同时，在这个阶段，除了负责监控和评估的团体外，还通过咨询其他团体以获得政府管理部门关注的信息。风险管理者有时需要通过正式的风险交流过程确定是否有必要采取进一步控制风险的措施。

在这一阶段与公共卫生机构（不包括在食品安全部门中的）的交流尤其重要。此外，需要强调的是从各方面整合科学信息的重要性，包括整个食品生产过程的危害监控、风险评估、人体健康监测数据（包括流行病学研究）等。

6.3.4 风险交流的实践

风险交流的重要性显而易见，可是风险交流工作不会自动展开，也不容易实现，常常在工作中被忽略或忽视。和风险评估、风险管理一样，开展风险交流工作，需要对风险交流的各个要素进行认真组织和规划设计。如果条件允许，政府在组织开展风险交流的相关工作时，应安排风险交流专家参与执行或管理食品安全风险交流的工作。无论是风险交流专家还是其他人员，在进行具体的风险交流工作时，都可能会遇到一些问题，需要对风险交流的目的、方法、交流对象等进行梳理和明确。

6.3.4.1 风险交流的目的

在计划进行风险交流时，第一步，也是非常关键的一步，是确定交流的目的是什么。例如，在风险交流的信息中提到的，在风险交流的每个环节、每个步骤，都有不同的交流内容和侧重点。正在计划交流活动的人员应首先确定以下几点。

（1）交流的主题是什么（比如风险评估政策、理解风险评估的结果、确定和选择风险管理措施）。

（2）谁应该参与，一般而言（如风险评估者，受影响的生产者）或者具体到某个人。

（3）在风险评估过程中，什么时间应该进行什么形式的交流。

最后一个问题的答案可以是"经常"，即某些形式的交流并不会只发送一次，可能会重复发生，甚至贯穿于整个风险评估、风险管理过程或大部分工作中。

需要强调的是，确定风险交流的目的时要尽量避免不合适的交流目的。如果对风险交流所能达到的目标缺乏足够的认识，所做的风险交流工作可能会适得其反。如：①风险交流不是公众交易。食品安全公众交易也需要风险交流技术，但是这二者的目的截然不同。②风险交流不是公众关系。良好交流的本质是促使各方理解彼此的观点，并不是具有更多交流资源的一方让别人信服他们的观点是正确的。

6.3.4.2 风险交流的策略

目前，已经形成了很多具体的、有效的风险交流策略，这些策略适用于各种情况，包括在不同文化背景下食品安全的情况。本部分内容不对风险交流策略进行过多介绍，简单列举一些食品安全风险分析中与外部利益相关方有效交流的策略，供读者参考。

（1）收集、分析并交换有关该食品安全风险的背景信息。

（2）确认风险评估者、风险管理者和其他利益相关方对该食品安全风险或相关风险的理解和认识，以及他们相应的态度和与风险相关的行为。

（3）了解外部利益相关方对该风险的关注点，以及他们对风险评估过程的期望。

（4）对一些利益相关方来说，某些相关问题可能比已确定的风险本身更重要。要识别这些问题并保持敏感性。

（5）识别利益相关方认为重要并希望获得的风险信息类型，以及他们拥有并希望表达的信息种类。

（6）确定需要从外部的利益相关方获得的信息种类，并确认谁能够提供这些信息。

（7）确定给不同类型利益相关方散发信息或从他们那里获取信息的最合适的方法和媒介。

（8）解释风险评估过程，包括如何说明不确定性。

（9）在所有的交流活动中确保公开、透明和灵活性。

（10）确定并使用一系列的策略和方法，参与到风险评估小组成员和利用相关方的相互对话中。

（11）评估从利益相关方那里获得信息的质量，并评估其对风险评估的作用。

6.3.4.3 识别"利益相关方"

尽管风险管理者一般都同意利益相关方参与到风险管理的某些关键环节中来，但是要区分是具体哪些团体，做到使他们参与特

定的风险评估过程不是一件容易的事。一般情况下，风险管理者一开始就知道受影响的利益相关方团体，或者利益相关方团体在一开始就争取在早期能参与进来。然而，有时候一些受到影响的利益相关方并不了解参与的必要性和参与的机会。这时管理部门应主动找到这些相关方。大多数国家都有相关法律和政策决定利益相关方怎样和何时能参与到公共决策过程中。风险管理者能在此框架下最大限度地提高参与程度。

（1）特定食品安全风险评估中潜在的利益相关方举例。

①养殖户、农场主、牧场主、渔民以及其他食品生产者。

②食品加工商、制造商、配送商和销售商。

③食品批发和零售商。

④消费者和消费者组织。

⑤其他民间组织。

⑥社团组织（合作社）。

⑦公共卫生团体和医疗卫生工作者。

⑧大学和研究机构。

⑨政府（地方政府、中央政府管理机构、通过选举任命的官员、进口国等）。

⑩不同地理区域、文化、经济和族群组织的代表。

⑪食品行业协会。

⑫商业。

⑬工会。

⑭贸易协会。

⑮媒体。

（2）通过下列标准识别相应的利益相关方。

①哪些团体可能会受到风险管理者决策

的影响（既包括知道或认为自身会受到影响的群体，也包括可能受到影响但自己还没认识到的群体）？

②哪些团体掌握有价值的信息或专业技能？

③在以前相似的风险情况中都涉及哪些团体？

④在以前相似的决策中哪些团体愿意参与？

⑤应该包括哪些团体，即便他们并未提出此项要求？

很多国家都建立了相应机制，促使利益相关方能够全面、持续参与到国家层面的食品安全决策中。利益相关团体广泛参与到活动中，能增加他们对新食品安全问题的了解，并提高政府部门对社会中利益相关方的熟悉程度。例如，有些国家成立了全国性的食品安全咨询委员会（国家法典委员会），这是一个能够促使生产者和希望参与法典相关活动的民间团体或类似组织相互交流的组织网络。这种交流机制的存在可确保相关利益团体之间能够进行适当的风险交流活动。

在确定利益相关方后，还应该确定他们在特定风险评估中的作用。尽管在一般风险管理过程中的大部分阶段，来自不同部门的利益相关方都可能做出有价值的贡献，但在某些情况下可能会受到限制。比如，在需要采取应急措施的情况下，用于咨询的时间可能会非常有限。有时候，利益相关方的参与可能对决策并没有多少实质性的影响，如果决策确实不能通过协商达成一致，那么也应告知利益相关方，以免让他们感觉在浪费时间。

6.3.4.4 风险交流的方法和途径

在风险管理框架实施的各个环节，传播

和收集信息的方法可能有很多，具体要取决于食品安全问题的性质、利益相关方数量和类别以及社会背景等因素。以下是食品安全风险评估使用的会议和非会议两种形式的风险交流方法（图6.3，图6.4）。列举涉及要素以供参阅。

图6.3 专家组就决策方案与相关方进行充分交流

图6.4 风险管理者就决策结果与重点人群
进行交流

（1）会议性交流方法，可以考虑（但不限于）的方式。

①听证会。

②公众会议。

③简报。

④答辩性的会议。

⑤员工大会。

⑥专题讨论会。

⑦重点人群。

⑧研讨会。

（2）非会议性的交流方法，可以考虑（但不限于）的方式。

①访谈。

②热线或免费电话。

③网络。

④广告或传单。

⑤电视和广播。

⑥报告、手册和通信。

⑦摊位、展览、条幅等。

详细的书面科学报告和官方对食品安全问题的分析和决策常常是必需的，但有效的风险交流常常还需要其他方法。一些常用的机制，如会议、简要汇报和研讨会，都需要根据具体情况认真准备，以提高利益相关方的参与程度。例如，对某个当前大家关注的食品安全问题，组织有关管理措施的科学和经济方面问题的研讨会，可能会吸引很多食品企业的参与；而就风险评估的最新方法进展召开专题讨论会，可能会吸引许多学术界专家和其他利益相关方参加。

一些非会议性方法可能更具有创造性。比如，20 世纪末，特立尼达和多巴哥共和国的政府官员组织消费者开展了一次演唱比赛，使社区成员参与进来，从而促进了大家对食品安全和很多其他消费者关心的相关问题的了解。当风险交流的目的是使公众了解和参与进来的时候，针对某个特定群体的信息应该通过他们关注的媒介进行传播；当交流的目的是收集信息时，应选择恰当的场合和方式开展，要能鼓励掌握有价值信息的人参与到这个交流过程中来。

到底选择什么样的方法或策略，取决于该风险问题的特征、利益相关方的类型和性质以及有关背景情况。一般来说，对于风险交流试图达到的透明性对话，开大型的公开会议并不是特别有效。当目的之一是鼓励公众参与时，互联网上的论坛、聊天室和电视/广播对话节目等，可使观众提出他们的观点和担心的问题，并从专家和决策者那里获得信息。

6.4 基于风险评估结果的舆情应对

食品安全问题已经成为世界各国关注的热点问题之一，而食源性致病菌是引发食源性疾病的重要因素之一。随着生产、销售和消费方式的改变，新的致病微生物或耐药株不断涌现，给当下各国的食品安全带来新的挑战；随着微信、微博、社交网络等互联网新媒体和移动新媒体的出现，信息表达多元化、传播门槛降低以及传播速度加快，涉及农产品质量安全的舆情逐渐成为领跑网络舆情的焦点问题之一。畜禽产品质量安全涉及公众一日三餐，关乎身体健康和生命安全，质量安全问题一旦被发现，不论大小真假，就会在网上迅速直播、转载，快速点燃舆情，引起不明真相的消费者恐慌，严重打击公众对畜禽产品的消费信心，严重冲击畜禽相关产业的发展，也给政府公信力带来负面影响。因此，如何科学应对农产品质量安全舆情，尤其是其中的食源性致病菌问题，已经成为当前迫切需要解决的问题。

微生物风险评估，特别是定量风险评估是国际上广泛应用的控制食品安全的科学手段，也是当前食源性疾病防控领域研究的重点和热点，为风险管理政策的制定提供了直接的科学依据。结合目前世界各国具体的研究和工作，开展食源性致病微生物风险评估尚存在很多难题。

本节结合农产品质量安全舆情应对案例，对舆情的应对模式进行归纳和总结，对致病微生物风险评估面临的挑战和解决方法进行梳理和分析，以期为我国食品安全体系的完善和运行以及风险评估工作的开展提供参考。

6.4.1 农产品质量安全网络舆情风险

农产品质量安全网络舆情风险是公众通过网络媒体就农产品质量安全突发问题事件发生、发展、处置等非理性地表达情绪、态度和意愿，以致造成突发事件，应急处置困难或处置成本飙升、产业发展受损、政府公信力下降以及经济社会和谐、稳定受到影响的风险。

对农产品质量安全网络舆情风险分析，就是在及时获取、识别农产品质量安全网络舆情和引发舆情的突发事件的危害和风险的基础上，通过基于科学真相及舆情表征的评估、管理及交流等一系列过程，实现控制或降低网络舆情灾害，或舆情灾害发生后进行有效补救修复，把网络舆情风险降到最低。

当出现舆情后，相关部门应迅速做出反应，进行及时、准确、科学、客观地分析研判，确定舆情的性质、发展阶段和趋势、可能的影响程度和应对模式及应对策略。

6.4.1.1 舆情性质

根据农产品质量安全舆情性质，可分为质量问题类、认知类、恶意攻讦类、科学缺陷类和政府公信力类等。

（1）质量问题类 质量问题类舆情，是指农产品生产、加工、贮存、运输及销售过程中出现质量安全问题而引发的舆情，微生物污染、农兽药残留、重金属污染、添加剂非法添加等都属于质量问题类。

（2）认知类 此类舆情是由于公众明显缺乏基本的常识，大多数缺乏相关农产品质量安全知识，在谣言误导下，产生认识误区。

（3）恶意攻讦类 为达到某些不可告人的目的或从中牟利，通过散布谣言等非正常手段，恶意攻击他人或迷惑不知情的公众引发的舆情。

（4）科学缺陷类 农产品的生产、加工、贮存、质量检验检测的标准、技术、设施设备等不断进步，加上农产品种类繁多、问题复杂，公众对有关标准、设施设备、生产安全技术、贮存保鲜技术、检验检测技术的先进性、全面性、可靠性等及由此带来的一些问题持有不同的态度看法和观点，由此产生的舆情。

（5）政府公信力类 党和国家各级政府部门关于农产品质量安全有关的重大决策部署、重要法律法规、制度措施、标准制定和修订等出台前后，进行的有关重要活动、指示、事件处置以及相关社会热点、难点问题等，引起的公众普遍关注和不同态度，产生的舆情，侧面反映了政府公信力的强弱，一旦发生，影响较大。

6.4.1.2 舆情发展阶段和趋势

一般情况下，舆情的发展分为 6 个阶段，分别为发生期、发酵期、发展期、高涨期、回落期和反馈期，见图 6.5。在分析研判农产品质量安全网络舆情时，应准确判断舆情发展的周期，尽可能把舆情化解在发酵初期，防患于未然。

（1）发生期　舆情发生期表现为农产品质量安全问题或事件原创主帖见诸网络媒体后，网民进行转帖、转发、跟帖、讨论，初现零散意见。这个阶段以陈述性发帖和新闻评论为主要表现形式，涵盖热点事件的真实细节。舆情监控部门要认真调查农产品质量安全事件的事实证据和现场重要情节，做好舆情分析研判的基础性工作。

（2）发酵期　由舆情发生期进入发酵期，间隔短、速度快。在舆情发酵期，少量传统媒体开始介入报道，与网络舆情形成呼应，逐渐形成舆情热点。农产品质量安全事件网络舆情往往呈现负面舆论一边倒趋势，舆情监控部门如果不及时响应，就会导致舆情进一步扩大，聚合形成负面舆论，相关部门能感觉到明显的舆论压力。

（3）发展期　舆情发酵期所形成的负面舆论会持续惯性发展，事态进一步扩大，并会产生负面情绪"溢出"效应，发展成为社会对立情绪。这个阶段意见领袖出现，容易形成寡头意见集聚。这时更多传统媒体介入报道，网上网下互动，新闻评论数量剧增，农产品质量安全的负面舆论呈扩散、上扬趋势。

（4）高涨期　在舆情发展期，如果有关政府部门处置不当、不能及时公开相关信息、应对时出现不同口径甚至失言等，都会导致矛盾再度激化，一些网络推手和别有用心的人也会乘机而入，舆情出现强劲反弹，进入高涨期。

（5）回落期　在政府的强力介入下，行政问责、司法介入和善后赔偿工作相继开展，农产品质量安全事件得到有效处理，相关事实和信息得到及时的公布和澄清，网民关注

热度递减，于是舆情出现拐点，逐渐进入回落期。

（6）反馈期　随着农产品质量安全事件的妥善解决，媒体报道和"围观"网友逐渐散去，网民关注点转移，有关部门开始总结经验教训、修复政府形象和公信力、消除负面影响，舆情进入反馈期。

6.4.1.3　舆情影响程度

参照《中华人民共和国突发事件应对法》，按照影响程度将舆情分为特别重大舆情、重大舆情、较大舆情和一般舆情。首次发生的舆情，一般会引起公众的高度关注，影响程度较大；多次发生的舆情，公众的关注程度和影响程度会降低。

6.4.1.4　舆情应对模式

根据分析研判确定的舆情性质、发展阶段和趋势、影响程度，来确定相应的应对模式和策略。研究者们一般将舆情的应对模式分为紧急应对模式、科普解读模式、个案处置模式和预防模式。

（1）紧急应对模式　针对特别重大舆情、重大舆情以及部分重大舆情，相关政府部门应第一时间出来发声、表明态度、组织应对，这种适用于紧急应对模式。

（2）科普解读模式　对于公众较易理解的舆情，可以直接通过简单的科普解读使公众弄清真相，平息舆情；对问题相对复杂或敏感的舆情，需进行相关的科学研究或风险评估，得出科学的结论后再进行科普解读。科普解读可单独使用，也可与其他模式结合使用，是一种重要的舆情应对模式。

（3）个案处置模式　对于某些一般舆情，政府相关部门可直接按照相关法律、法规进行

处置并通报，加强监控后若发现有进一步发酵迹象，需采取进一步应对措施。

（4）预防模式 一些经常、反复出现的舆情，可采用预防模式来减少舆情发生，使舆情没有萌发的温床。

6.4.1.5 舆情应对策略

舆情应对需把握好应对时机，加强舆情应对主体（包括政府部门、专家、机构、学者、生产者、消费者、媒体和社会团体等）的沟通和交流，充分发挥其在舆情应对中的作用。还需针对公众的关注点和认知水平，及时开展风险交流，内容包括风险评估结果的解释和风险管理决策的依据等。此外，整个舆情应对的程序、内容和结论等还需科学严谨、口径统一，经得起反复推敲和检验。

6.4.2 欧美等发达国家在致病微生物相关舆情应对方面的建设情况简述及案例分析

1983 年美国国家科学研究委员会发布的"Risk Assessment in the Federal Government: Managing the Process"报告中首次提出风险交流是风险评估过程中极其重要的一部分，同时指出风险交流的研究极其匮乏，随后成立了风险认知和交流委员会。起初，风险评估、风险管理和风险交流三部分在 FAO/WHO 风险分析框架中相对独立运行，2006 年，FAO/WHO 提出将风险交流作为风险评估和风险管理的桥梁作用。风险交流有利于帮助公众科学地理解风险信息，有利于食品安全风险管理措施的制定与施行，有利于提高政府公信力，有效化解农产品质量安全舆情风险，重建消费者信心，为农产品产业、行业和贸易的健康发展保驾护航。

6.4.2.1 欧盟

欧盟建立了完善的风险分析制度，积极应对相关舆情风险，欧洲食品安全局（EFSA）专门负责成员国间食品安全信息的风险交流。欧盟制订了食品风险交流计划，搭建了包括风险交流专家咨询小组、咨询论坛、利益相关者磋商平台在内的风险交流平台。其中食品风险交流计划包括了解公众对风险的认知程度、信息的公开、媒体联系、互联网应用等，满足了整个欧洲消费者多元化风险信息方面的需求。其中较为独特的是，EFSA 首先与不同利益相关方进行风险信息交流，再由他们和消费者进行交流；EFSA 也直接与消费者进行联系，通过报纸、问卷调查等形式了解消费者对风险的认知程度，再根据风险性质和公众接受程度选择最恰当的策略和交流方式公开食品安全风险信息，通过多种形式为受众提供多元化服务。

6.4.2.2 德国

德国联邦消费者保护和食品安全局（BVL）和联邦风险评估研究所（BfR）负责联邦食品安全风险交流工作。BfR 下设风险交流部，主动与政府、科研机构和公众开展食品风险信息交流工作，来消除消费者恐慌，增强消费者信心，减少舆情风险，维护社会稳定和产业发展。

6.4.2.3 美国

美国对食品安全风险交流机制的建立主要是通过国家层面制定相应法律法规，机构层面通过设立专门机构，保障了有效的风险交流，有效减少了农产品食品质量安全舆论风险的发生。当发生重大或紧急食品安全事件时，政府会及时发声，及时让消费者感知和了解风险，并采取对不同消费者交流对象差异化的风险交流策略，其"导向型风险交流"概念的提出更是明确了美国食品与药物管理局（FDA）在开展食品风险交流中的角色。2011年，FDA还成立了专门的食源性疾病应对机构——Food CORE。该机构致力于食源性疾病的调查、控制、预防和交流，确保事故发生后可以快速高效地做出反应，以便及时应对舆情。此外，FDA建立了公共事务交流模板和新闻稿测评机制，公共事务交流模板有效提高了编制交流信息的效率，达到了快速、高效提供信息的目的，在舆情发生的相关时期，帮助交流机构提高交流工作的质量和速度；新闻稿测评机制确保了表述内容的适宜性，避免阐释歧义影响交流效果，增加公众健康风险，减少了舆情的发生和影响。

建立风险交流预案是美国疾病预防控制中心（CDC）的常规做法，有利于快速应对，也有利于事后的交流效果评估，完善交流策略。CDC风险交流预案内容包括：确定交流团队的职责、确定信息发布的时间和方式、建立媒体联系列表、建立与公共健康机构的协调程序、指定新闻发言人、建立事件紧急联系人名单、关键的利益相关者联系方式及背景资料等。

欧美等发达国家通过不断完善风险交流体系，将风险信息比较正确、科学、客观地传达给消费者，避免了风险等级较低的食品安全风险信息通过媒体炒作引起的公众恐慌，也避免了舆情风险对行业产生的巨大冲击，值得我国有关部门借鉴。

6.4.2.4 案例分析：美国哈密瓜被单增李斯特菌污染事件的舆情应对

2011年，美国科罗拉多州公共卫生部门发现本地医院中感染单增李斯特菌的人数在短时间内异常增加，随后污染范围波及全国，共导致33人死亡，受到了媒体和公众的广泛关注。单增李斯特菌是一种致命性的食源性致病菌，具有很高的致死率。CDC和FDA等机构立刻联合开展调查，追溯到哈密瓜可能是引起此次食源性疾病的污染源。随后CDC在官网中正式发布调查结果，指出此次单增李斯特菌感染事件与罗克福地区的哈密瓜有关，建议消费者不要食用并按照正确的方式丢弃来自该地区的哈密瓜，两天后CDC更新了污染源信息，进一步精确到污染单增李斯特菌的哈密瓜来自Jensen农场，当天FDA发布召回通知，宣布Jensen农场对哈密瓜进行自愿召回。接下来，FDA对Jensen农场的生产环境、加工工艺开展了环境评估，并发布评估报告，深入分析了工厂污染单增李斯特菌的潜在因素，并提出对行业预防单增李斯特菌污染的建议。2012年美国众议院发布对此事的独立调查报告，进一步总结该事件的经验教训。

虽然此次哈密瓜遭受单增李斯特菌污染事件是美国25年来最大的食源性疾病事件，影响范围广，关注程度大。但整个事件过程中，相关部门迅速通告，及时交流，官网开设了专业报道，内容充分、公开透明，并保持了高频发布信息，进一步提高了信息的准确性，表述方式清晰简明，方便公众迅速了解情况，避免了不实信息的传播。CDC和FDA还采用多种渠道将信息迅速传达给可能受到影响的受众，最大程度地减少了公众生命财产的损失。而整个过程中媒体并未对此事件进行夸大报道，只是转发了CDC和FDA的公报，并未引起社会不理性的过度恐慌。此事件的交流和舆情应对工作得到了 CDC 食源性疾病部门副主任 Robert Tauxe 的高度评价，被称为"最高效的单增李斯特菌感染应对"，及时挽救了公众的生命，也维护了 CDC 的信誉。

6.4.3 我国致病微生物相关舆情应对机制建设基本情况简述

为加强我国食用农产品质量监督管理，2012 年我国建立了专门致力于食用农产品质量安全网络舆情监测分析的研究团队，主要通过网络智能监测与人工监测相结合的方式进行舆情监测。网络智能监测能够保证数据资料采集的全面性，随时捕捉网民对农产品质量安全的舆论动态走向；通过人工监测手段进行数据的查漏补缺，对所关注的重点事件和重点资料进行信息收集与分析，进一步提高数据的准确性。

6.4.3.1 政府部门

我国食品安全风险交流中政府部门主要采取的方法有：一是发布食品安全预警信息、食品检查监督信息、食品安全事件等，借助新闻发布会进行官方解读，提高公众安全意识；二是通过公开征求食品安全方面的意见或者公布投诉举报渠道的方式，收集相关线索，了解消费者诉求；三是为公众提供信息咨询；四是在公共场所开展健康教育活动，提高公众食品安全意识；五是借助新媒体官方平台宣传食品安全教育，传播疾病预防知识。

以国家食品安全风险评估中心为例，目前已经开展的食品安全风险交流活动主要有：定期举行开放日活动，通过论坛的形式，对公众进行科普宣传教育；针对学校定期举办食品安全"校园行"科普知识宣传活动；针对社区举办专家食品安全知识讲座；针对不同主题开展系统性食品安全风险交流活动；通过官网回应热门食品安全事件；针对食品安全突发事件进行微访谈；专家定期在官网通过科普短文和视频形式进行宣传和知识普及等。例如，在 2020 年世界食品安全日，开展了一系列食源性致病菌的科普宣传，包括致泻性大肠杆菌、沙门菌、空肠弯曲杆菌、金黄色葡萄球菌、副溶血性弧菌、阪崎肠杆菌、单增李斯特菌等，起到了良好的教育效果。根据 2015 年国家食品安全风险评估中心监测的食品安全舆情主题与关键词进行分类统计的结果显示，媒体报道主要集中在 13 类食品相关主题上，位于首位的主题就是肉及肉制品，高达 84 条，可见畜禽产品质量安全问题已成为公众热点舆论话题之一。

致病微生物作为畜禽产品中的主要危害因子之一，公众对其了解相对较少，也极易引起食品安全舆情风险。国家食品安全风险评估中心专家提出了对食品微生物的监测重点应逐步由指示性指标转向相关致病菌指标的建议。因为在 WHO 的一项调查中显示，在可能引起食源性疾病的因素中 80% 以上都是生物性因素，包括细菌、病毒和寄生虫等，且微生物污染贯穿整个食物链过程，从畜禽产品养殖、屠宰、运输、销售到消费餐饮，微生物的污染无处不在。因此，致病微生物控制对食品安全的保障是非常重要的，针对畜禽产品中的致病微生物预防控制进行科普宣传更有助于舆情应对工作的开展。

6.4.3.2 媒体

媒体在食品安全风险交流方面发挥着重

要作用，在畜禽产品致病微生物报道解读方面，还需继续提高媒体从业人员的科学素养。新兴媒体如微信、微博等具有字数少、传播速度快等特点，专业性相对较弱，在面对相关畜禽产品致病微生物舆情风险时，需引入更多专业人员，规范新兴媒体交流平台，引导公众认真了解真相。利用新兴媒体做好畜禽产品安全风险交流是社会发展的趋势，政府可以运用新兴媒体，把畜禽产品致病微生物风险本身以及如何正确避免风险的措施告知公众，对公众进行教育，同时要及时发布真实情况和事件原由、进展、后续处理情况，对舆论进行正确的引导，形成良好的社会舆论氛围，从而降低风险概率，减少相关谣言对公众造成的恐慌，重塑公众对政府和经营者的信任，维护社会稳定。

6.4.3.3 非政府第三方机构

非政府第三方机构主要通过会议、论坛、专业网站形式传播食品安全专业信息，但目前食品安全风险交流机制互动方面仍存在很多不足，需进一步加强。

为科学应对畜禽产品质量安全相关舆情，减少致病微生物相关质量安全舆情风险隐患，应逐步规范信息管理和舆情应对，包括以下几点。

（1）推进畜禽产品生产标准化建设　不断提高我国畜禽产品质量安全，减少畜禽产品中致病微生物舆情隐患对我国动物产品行业的影响。国家相关管理部门需要不断提高我国畜禽产品质量安全，大力推进我国畜禽产品行业致病微生物标准化建设，及时制定相关标准和操作规程。将畜禽产品整个生产过程中的致病微生物进行统一管理控制，从

养殖、屠宰、运输、销售、消费全链条进行统一规范的管理工作，同时加强整个过程中的致病微生物监测和风险评估，严格避免不规范和不合格的操作技术的使用，对筛查出来的致病微生物超标的畜禽产品进行及时淘汰。通过大力推进畜禽产品致病微生物标准化建设，能够有效避免畜禽产品质量安全舆情隐患的发生，推动我国畜禽产品的健康、安全、绿色发展。

（2）加强畜禽产品质量安全舆情监督　不断加强对畜禽产品质量安全舆情的监督工作，要严格避免不实舆论情况的出现，同时也要不断出台相关法律法规，严厉打击不实舆论。要不断加强我国畜禽产品的责任制度，能够在企业自身发展中担负起一个企业应该具有的舆论应对责任，积极保护我国畜禽产品质量安全。

（3）创新风险信息交流方法，推动风险交流工作常态化　定期开展与消费者密切相关的食谱种类的风险交流工作，开展消费者风险感知分析基础研究，通过多种形式了解消费者对畜禽产品中致病微生物的安全认知和风险的接受程度，从而科学、差异化、有针对性地开展风险交流。同时，将畜禽产品中致病微生物风险交流工作当作日常工作常抓不懈，建立科学化、系统化的应对机制，定期通过网站、新媒体等多种形式公开畜禽产品中致病微生物的风险监测评估过程和结果，定期开展专家座谈讲座和科普活动，传播科学的食品安全知识，以风险信息公开透明化的方式来消除公众的不安心态，科学规避舆情风险。

（4）搭建多主体信息共享平台，实现多元化治理　通过搭建综合性信息操作平台，实现政府部门、食品生产者以及消费者之间的信

息多向交流与沟通，通过实时发布信息和及时收集反馈信息，第一时间发现可能出现的食品安全风险，减少和化解舆情发生。通过大数据将政府部门、食品生产企业、社会组织和消费者有效连接，形成以公众、社会组织、传统媒体和互联网力量主动参与的食品安全风险管理体系和多元化治理模式，有效应对农产品质量安全舆情风险。

参考文献

[1]Alban L,Ellisiversen J,Andreasen M, et al. Assessment of the risk to public health due to use of antimicrobials in pigs：an example of pleuromutilins in Denmark[J]. Frontiers in Veterinary Science,2017,4：74.

[2]Aryani DC, Den Besten HM, Hazeleger WC, et al. Quantifying variability on thermal resistance of *Listeria monocytogenes*[J]. International Journal of Food Microbiology, 2015, 193：130−138.

[3]Berk PA, Jonge R, Zwietering MH, et al. Acid resistance variability among isolates of *Salmonella enterica* serovar Typhimurium DT104[J]. Journal of Applied Microbiology, 2005, 99(4)：859−866.

[4]Dykes GA, Moorhead SM. Survival of osmotic and acid stress by *Listeria monocytogenes* strains of clinical or meat origin[J]. International Journal of Food Microbiology, 2000, 56(2)：161−166.

[5]FAO/WHO. Food safety risk analysis : a guide for national food safety authorities [EB/OL]. 2006. Washington D C. http://www.fao.org/3/a0822e/a0822e. pdf.

[6]FAO/WHO,汇编. 樊永祥,主译. 食品安全风险分析-国家食品安全管理机构应用指南[M]. 北京：人民卫生出版社,2008.

[7]Haberbeck LU, Oliveira RC, Viviias B, et al. Variability in growth/no growth boundaries of 188 different *Escherichia coli* strains reveals that approximately 75% have a higher growth probability under low pH conditions than *E. coli* O157：H7 strain ATCC 43888[J]. Food Microbiology, 2015, 45(Pt B.)：222−230.

[8]Koyama K, Hokkunan H, Hasegawa M, et al. Modeling stochastic variability in the numbers of surviving *Salmonella enterica*, enterohemorrhagic *Escherichia coli*, and *Listeria monocytogenes* cells at the single−cell level in a desiccated environment[J]. Applied & Environmental Microbiology, 2017, 83(4)：1−10.

[9]Liu B, Liu H, Pan Y, et al. Comparison of the effects of environmental parameters on the growth variability of *Vibrio parahaemolyticus* coupled with strain sources and genotypes analyses[J]. Front in Microbiology,2016,7:994.

[10] National Research Council. Improving risk communication[M]. Washington D C：National Academy Press,1989.

[11] OIE. International Standards：Terrestrial Code, Chapter 3. 3. − Communication. 28th Edition [S].

[12]Rosenow EM, Marth EH. Growth of *Listeria monocytogenes* in skim, whole and chocolate milk, and in whipping cream during incubation at 4,8,13,21 and 35℃[J]. Journal of Food Protection,1987,50(6)：452−463.

[13]Valik L, Medved'ova A, Bajusova B, et al. Variability of growth parameters of *Staphylococcus aureus* in milk [J]. Journal of Food & Nutrition Research, 2008, 47(1)：18−22.

[14]FAO,汇编. 樊永祥,主译. 食品安全风险分析　国家食品安全管理机构应用指南[M]. 北京：人民卫生出版社,2008.

[15]金发忠. 我国农产品质量安全风险评估的体系构建及运行管理[J]. 农产品质量与安全,

2014,3:3-11.

[16]国际食品微生物标准委员会(ICMSF),著. 刘秀梅、陆苏彪、田静,主译. 微生物检验与食品安全控制[M]. 北京:中国轻工业出版社,2017.

[17]樊永祥. 我国已发布 1260 项食品安全国家标准[EB/OL]. 2019. http://www.ce.cn/cysc/sp/info/201909/21/t20190921_33196739. shtml.

[18]GB 4789.1—2016,国家食品安全标准 食品微生物学检验[S].

[19]李祥洲. 我国食用农产品质量安全网络舆情风险分析的内涵和外延[J]. 农产品质量与安全,2017(5):3-7.

[20]李祥洲,郭林宇,戚亚梅,等. 农产品质量安全网络舆情形成原因及发展路径分析[J]. 农产品质量与安全,2013(5):9-12.

[21]于国光,王强,戴芬,等. 农产品质量安全舆情应对模式及策略研究[J]. 食品安全质量检测学报,2017,8(12):4901-4907.

[22]全国人大常委会. 中华人民共和国主席令第 69 号:中华人民共和国突发事件应对法[Z]. 2007.

[23]李祥洲,钱永忠,邓玉,等. 2015—2016 年我国农产品质量安全网络舆情分析及预测[J]. 农产品质量与安全,2016(1):8-14.

[24]付海龙,田晓琴,刘珊珊,等. 农产品质量安全风险交流的主体地位及实践[J]. 食品安全质量检测学报,2016,7(2):404-409.

[25]钟凯,韩蕃璠,姚魁,等. 中国食品安全风险交流的现状、问题、挑战与对策[J]. 中国食品卫生杂志,2012,24(6):578-586.

[26]方扬. 风险交流机制在互联网食品安全监管中的应用[J]. 行政与法,2016,8:92-99.

[27]李丹,王守伟,臧明伍,等. 我国肉类食品安全风险现状与对策[J]. 肉类研究,2015,29(11):34-38.

[28]陈思,钟凯,郭丽霞,等. 美国哈密瓜遭李

斯特菌污染事件风险交流案件分析[J]. 中国健康教育,2015,31(4):421-424.

[29]白瑶,郭丽霞,钟凯. 我国 2015 年食品安全舆情监测与研判分析[J]. 食品安全质量检测学报,2017,8(5):1888-1893.

[30]国家食品安全风险评估中心. 风险交流[EB/OL]. 2020. https://www.cfsa.net.cn/.

[31]贾凡,张文胜. 我国食品安全风险交流机制与对策研究[J]. 食品研究与开发,2014,35(18):351-353.

[32]张亮. 我国食品安全风险交流中新媒体的作用[J]. 食品安全导刊,2017(27):49.

[33]刘力铭. 中国食品安全风险交流的现状、问题、挑战与对策[J]. 现代食品,2019(3):133-135.

[34]张卓,李欣. 我国食用农产品质量安全舆情隐患研究[J]. 南方农机,2019(50)6:242.

[35]李祥洲,邓玉,廉亚丽,等. 我国食用农产品质量安全舆情隐患分析[J]. 食品科学技术学报,2016,34(2):76-82.

[36]周芳检. 大数据时代城市公共危机跨部门协同治理研究[D]. 长沙:湘潭大学,2018.

[37]张欣,栗晓宏. 大数据视域下的食品安全风险管理探析[J]. 行政与法,2019(8):45-52.

[38]赵格,王玉东,王君玮. 畜禽产品中病原微生物定量风险评估研究现状及问题分析[J]. 农产品质量与安全,2016(6):41-46.

[39]黄金林. 食源性致病菌研究动态[J]. 食品安全质量检测学报,2018,9(7):1477-1478.

[40]赵勇,李欢,张昭寰,等. 食源性致病菌耐药机制研究进展[J]. 生物加工过程,2018,16(2):1-10.

[41]俞文英,张昭寰,刘海泉,等. 食源性致病菌菌株多相异质性对微生物风险评估的影响研究进展[J]. 食品科学,2019,40(13):296-303.

[42]董庆利,王海梅,Pradeep K MALAKAR,等.

我国食品微生物定量风险评估的研究进展[J].食品科学,2015,36(11):221-229.

[43]戚亚梅.食品安全目标及其管理应用[J].中国畜牧杂志,2007(6):14-15,18.

[44]陆昌华,等.动物食品质量安全风险因素分析及其防控对策[J].江苏农业学报,2015,31(3):685-690.

[45]姜竹茂,艾春梅,王晔茹,等.食品中耐药细菌风险评估的研究进展[J].食品科学,2019,40(5):282-288.

[46]徐学荣,赖永波.农产品质量安全网络舆

情风险监控探析[J].福建行政学院学报,2014(4):95-100.

[47]李详洲,郭林宇,戚亚梅,等.农产品质量安全网络舆情分析研判探讨[J].中国食物与营养,2013,19(5):5-9.

[48]GB/Z 23785—2009,中华人民共和国国家标准化指导性技术文件.微生物风险评估在食品安全风险管理中的应用指南[S].

[49]高文霞.完善我国农产品质量安全风险分析体系[J].食品工程,2016(2):59-61.

国内外畜禽产品中致病微生物的
风险预警与风险管理概况

食品安全是当今世界性公共卫生热点，而食源性致病微生物是引起食源性疾病进而影响食品安全的重要原因。近年来，食源性疾病暴发现象屡见不鲜：2017—2018 年，南非暴发肉类食品引发的单增李斯特菌病，共导致 1000 多人感染，200 多人死亡；2019 年，西班牙暴发猪肉制品引发的单增李斯特菌病，造成 200 多人感染，3 人死亡；2020 年 1～6月，美国有 42 个州报告 465 人感染了鸡源沙门菌，其中 86 人住院治疗，1 人死亡。因此，为确保"从农场到餐桌"全过程的食品安全，国际或地区组织以及有关国家相继建立了有效的食品安全保障系统。

食品安全预警是食品安全保障系统的一部分。通过研究食品中危害因子风险的产生和变化，进而预防和警示食品相关风险的产生和积累，最大限度降低因食品安全事件导致的损失。在食品风险预警中，需要分析风险状况，并根据风险程度进行决策和控制。其中，食品微生物风险预警系统是食品安全控制不可或缺的部分，是实现食品安全管理的有效手段。以风险评估为核心，将监测、评估、预警和控制合为一体，建立安全控制体系，是国际公共安全管理采用的重要模式。联合国粮农组织（FAO）、世界卫生组织（WHO）、微生物风险评估联合专家委员会（JEMRA）以及美国农业部食品安全检验局（FSIS）、美国食品与药物管理局（FDA）、欧洲食品安全局（EFSA）等国际或地区组织以及有关国家政府纷纷针对食源性微生物开展了系统、科学的风险评估，不断建立和完善食源性致病微生物风险监测和预警系统，并积极开展有效的风险管理。本章对国内外食源性致病微生物风险预警与风险管理现状进行梳理、分析，以期为我国食品安全体系的完善和运行以及风险预警和风险管理工作的开展提供参考。

7.1 国际组织畜禽产品中致病微生物的风险预警与风险管理

世界卫生组织（WHO）通过组织开展科学的风险评估，制定风险管理指南，及时通报风险信息，以提高各成员国预防和控制食源性疾病的能力。2000 年，根据 CAC、FAO 和WHO 各成员国要求，WHO 成立了 FAO/WHO

微生物风险评估联合专家委员会（Joint FAO/WHO Expert Meetings on Microbiological Risk Assessment，JEMRA）。JEMRA 的主要职责是为 FAO、WHO 和 FAO/WHO 成员国以及 CAC 提供科学建议，其组成成员涵盖多个学科领域，包括食品微生物、食品科学、流行病学、统计学、生物信息学、风险评估方法学等，并从事食品微生物风险评估工作。JEMRA 就食品卫生法典委员会（Codex Committee on Food Hygiene，CCFH）提出优先评估名单以及前期专家或政府和其他组织推荐进行公开征集全球数据，建立多学科专家组开展评估工作并召开会议，继而发布会议报告和技术报告。

JEMRA 开发和优化了微生物风险评估（Microbiological Risk Assessment，MRA）工具，提供指定病原体的科学风险评估和有关风险管理的专家建议，制定风险评估指南，并应用风险分析方法帮助各成员国制定科学有效的国家食品安全计划，从而减少食源性疾病的发生。JEMRA 目前已经完成了肉鸡中沙门菌、禽肉中空肠弯曲杆菌等一系列评估报告，为对鸡肉中这两种病原体的良好卫生规范制定和基于危害评估的控制措施制定与实施提供了指导，也为国际食品卫生法典委员会（CCFH）制定一系列指导性文件提供了参考，为指导各国开展相应评估工作提供了依据。

FAO 食品安全紧急预防系统（EMPRES Food Safety）是食品链危机管理框架的基本组成部分，包括预警、紧急预防和快速反应 3 个部分。食品安全 EMPRES 与国际食品安全局网络（International Food Safety Authorities Network，INFOSAN）合作，有针对性地向各成员国发出预警信息；合作开发了一系列技术工具，对预防有关食品安全紧急情况进行指导；发生食品安全紧急情况时，组织专家对突发事件进行紧急评估，确定最佳紧急响应，采取有效措施进行紧急处理。FAO 和 WHO 还联合制定了"FAO/WHO 制定国家食品安全应急计划框架""FAO/WHO 在食品安全紧急情况下应用风险分析原则和程序指南""FAO/WHO 关于发展和改善国家粮食召回系统指南"等指导文件。

INFOSAN 成立于 2004 年，由 FAO 和 WHO 合作管理。其秘书处设在 WHO。目前拥有来自 190 个国家和地区的 600 多个成员。INFOSAN 包括两个主要功能：一是食品安全紧急事件网络，它将国家官方联络点联系在一起并迅速交流信息，以便处理影响广泛的食源性疾病和食品污染紧急事件；二是发布全球食品安全方面的重要数据信息。INFOSAN 要求各成员国食品安全主管部门能够在全球范围内快速有效地共享信息，是各国提高食品安全调查及紧急情况处理的有效工具，在预防食源性疾病发生方面发挥着积极作用。

INFOSAN 在第二次全球会议上指出，希望建立一个包含所有微生物全基因组序列的全球数据库，逐步改变流行病学调查和食源性疾病监测方式，不断应用新技术和方法来进行食品安全方面的溯源和管理。INFOSAN 每个季度针对全球食品安全事件进行总结，通过快速共享信息，使成员国能够及时采取风险管理措施，以防止受污染食品在各成员国间扩散而引起疾病发生。当发生重大公共卫生事件时，WHO 全球警报和响应系统（Global Outbreak Alert and Response Network，GOARN）可通过与现有机构和网络协作，发出警报并随时准备响应，并派遣相关技术专家在最短时间内到达疫病现场进行援助，快速确定和应对国际重要性疫情，以抵制疫情蔓延。2018 年，WHO、GOARN 和 INFOSAN 的卫生合作伙伴帮助南非当局及时确定了李斯特菌病疫情暴发的原因和来源，指导南非制定事故管理系统并实施国家李斯特菌病应对计划，以此保障了南非的国民财产和生命安全。

7.2　欧盟畜禽产品中致病微生物的风险预警与风险管理

欧盟拥有世界上最高的食品安全标准之一，这在很大程度上归功于其制定的可靠全面的法规。欧盟拥有较为完善的食品安全法规体系，其范围涵盖了从食品来源到食品消费，其中包括农业生产和工业加工各个环节的整个食物链，保障了欧盟各个国家食品安全信息渠道的通畅，也保障了欧盟人民的饮食安全。新的欧盟食品法律体系明确了这样一个原则：食品和动物饲料生产者对于食品的安全卫生负有不可推卸的重要责任。他们的行为是食品安全的第一道防线，必须保证其生产的产品是安全卫生的，且只有安全食品和饲料才允许进入市场销售，否则必须退出市场。新欧盟食品法律体系还建立了可追溯原则：所有食品、动物饲料和饲料成分的安全性，都可以通过从农场到餐桌整个过程的有效控制加以保证。

7.2.1　欧盟食品安全局（EFSA）

在 20 世纪 90 年代后期，欧洲发生了一连

串的食品安全事件：先有比利时戴奥辛污染食用油事件和后来的英国疯牛病和口蹄疫等事件，欧洲的食品安全亮起了红灯。2000 年 1 月发布了欧盟食品安全白皮书，提出了成立欧洲食品安全局（EFSA）的建议，以协调欧盟各国，建立欧洲层级的新食品法规。基于让欧盟的消费者得到最完善的食品安全保护，在欧盟执委会、欧洲议会和理事会的努力推动之下，欧洲食品安全局顺利于 2002 年成立。

EFSA 成立的主要目的是提供独立整合的科学意见，让欧盟决策单位面对食物链直接与间接的相关问题及潜在风险能做出适当的决定，以提供给欧洲民众安全、高品质的食物；EFSA 的成立，也对当时逐渐消失的消费者信心，提供了实质的保证。

EFSA 的管理小组是该局的管理中心，成员的资格是以事务议题而定，而非政府或组织、工业代表。理事会审理该局工作计划、确认各部门有效合作；理事会的任务还有指派局长和科学委员会委员及科学小组的组员。15 位管理小组组员中，1 名为欧盟执委会代表，其余 14 名（包括 1 名主席和 2 名副主席）均有相关专长和经验。EFSA 的组成成员涵盖多个学科领域，包括健康风险评估、食物消费量和暴露评估、食品微生物、食品科学、流行病学、统计学、生物信息学和兽医学等。

EFSA 科学委员会和科学小组负责 EFSA 食品安全评估的工作。委员会和小组成员均是经公开遴选的专家们，且具有风险评估的经验和相关学术成果。科学委员会委员的工作有：

（1）负责提供局长特定领域的风险评估，并提出策略性的建议。

（2）协调各成员国内外的专家及研究

团体。

（3）提供科学小组间事务协调方面的协助。

科学委员会的成员是由科学小组的主席们加上 6 位独立的科学家所组成的。科学小组是由专家们依根据所需工作组成的，主要负责风险评估；依专长来划分有以下几组。

（1）动物卫生与福利。

（2）食品添加物和营养添加物。

（3）生物性风险，如疯牛病。

（4）食品接触物质、酵素、风味和加工的辅助剂。

（5）动物饲料及其添加剂。

（6）转基因动植物。

（7）食疗产品、营养和过敏。

（8）植物保护产品及其残留。

（9）植物卫生。

EFSA 的主要任务如下。

（1）按照欧盟委员会、欧洲议会和成员国的要求，对食品安全问题和其他相关事宜，如动物健康/福利、植物卫生、转基因和营养等方面提供独立的科学建议，并将此建议作为风险管理决策的基础。

（2）对食品问题提出技术建议，以促进与食品链相关的政策和法规的制定。

（3）为监测欧盟内整个食品链的安全性，对有关食品的数据及其与任何潜在危害相关的必要信息进行收集和分析。

（4）对紧急危害进行识别和早期报警。

（5）在关键时刻支持欧盟委员会的工作。

（6）对其权限范围内的所有事宜向公众征求意见。

EFSA 秉持卓越的科学基础和独立、透明、负责与合作的管理原则，其主要的任务是评估与报告所有与食物链有关的风险。由于 EFSA 的工作是协助风险管理的政策与决定，因此大多数任务是由执委会和议会或成员国的要求而定。EFSA 的科学小组成立后，先后递交了超过 2000 份的科学意见报告；EFSA 也自发性地提出一些潜在的食品安全议题；EFSA 还开发有害健康物质的最新评估方法；EFSA 与各成员国合作做出全面性的资料及分析，以确保该局所做报告的完整性；EFSA 也协助成员国建立食品、食品消费与消费者经由食品和饲料所接触的可能有害物质等资料库。

7.2.2 欧盟食品和饲料快速预警系统（RASFF）

欧盟食品和饲料安全预警系统（Rapid Alert System for Food and Feed，RASFF），涵盖从食品生产、加工到消费的各个环节，能够有效在成员国、欧盟委员会和欧洲食品安全管理局之间共享信息，并做出快速反应，以充分保障食品安全。每个 RASFF 职能成员都有一个指定联络点，当发现不合格产品时，需在国家系统内上报；国家当局预判该问题是否属于 RASFF 职能范围，并将结果报告给国家 RASFF 联络点；国家联络点核实后完成 RASFF 通报并将其转发给欧盟委员会。通过预警通报、信息通报、拒绝入境、新闻通报 4 种类型，使各成员国有效预防风险和控制风险，同时针对风险预警新问题，及时修订、完善相关法律法规。RASFF 年度报告通过数据统计反映了欧盟所关注的热点问题和焦点事件。RASFF 拥有方便查询的官方网站、连续完整的年度报告、规范有效的通报方式、及时完善的政策法规，这提高了 RASFF 成员在风险预警和应对上的可操作性，极大程度地确保了欧盟国家消费者的食品安全和健康。

在食品安全的风险预警领域，RASFF 作为欧盟成员国食品和饲料的风险信息交流平台，已经成为欧盟乃至世界重要的预警信息窗口，不仅帮助和实现了欧盟成员国在 RAS-FF 体系的协调下快速应对，而且体现了欧洲共同体现代食品安全大体系、大范围的预警理念和思想。FASFF 系统的年度报告及信息数据，反映了欧盟的风险预警特点，以及关注的焦点和热点问题，为欧盟委员会及各成员国能够及时排查和应对食品安全风险提供了强有力的支撑，规避了风险进一步扩大，有效保证了食品安全。

7.2.2.1　RASFF 发展历史

欧盟自 20 世纪 70 年代就在各成员国之间建立了快速报警系统，当一个国家出现有可能传播到其他国家的食品安全问题时，该国有义务及时将此问题告知欧盟其他成员国，保障信息渠道畅通。随着全球一体化进程的加快和各种贸易壁垒的降低，对于问题产品是否出境难以界定，因此 2002 年欧盟对食品安全预警系统进行了大幅度调整，建立了欧盟食品和饲料快速预警系统（Rapid Alert System for Food and Feed，RASFF）。所有 27 个欧盟成员国以及欧洲委员会和欧洲食品安全局（EFSA）都是 RASFF 的成员。冰岛、列支敦士登和挪威也是 RAFSS 的正式成员。截止到2018 年，RASFF 系统包括 31 个成员国，它们分别是奥地利、德国、荷兰、比利时、希腊、挪威、保加利亚、匈牙利、波兰、克罗地亚、

冰岛、葡萄牙、塞浦路斯、爱尔兰、罗马尼亚、捷克共和国、意大利、斯洛伐克、丹麦、拉脱维亚、斯洛文尼亚、爱沙尼亚、立陶宛、西班牙、芬兰、卢森堡、瑞典、法国、马耳他、瑞士、英国。该系统连接各成员国食品与饲料安全主管机构、欧盟委员会及安全管理局，各机构间彼此联系，信息渠道畅通，充分保障了欧盟各国的食品安全。

7.2.2.2　RASFF 运作方式

向欧盟委员会和成员国通报现有或潜在的食品产品对人类健康的风险是 RASFF 的主要任务。图 7.1 描述了 RASFF 的运作方式，当 RASFF 成员国有任何关于食品或饲料的严重健康风险的信息时（包括从市场上撤回或召回的产品），必须立即使用 RASFF 系统通知欧洲委员会。欧洲委员会立即通知其他成员国，以便采取适当行动，保护消费者的健康。根据风险的严重性和危害在各成员国之间的扩散程度，RASFF 将预警信息分成 4 类：预警通报（Alert Notifications）、信息通报（Information Notifications）、边境拒绝通报（Border Rejections）和新闻（News）。预警通报是指 RASFF 成员国在市场检查出具有严重风险的食品和饲料，已经采取相关措施后，向其他成员国发出预警通知，要求迅速采取应对措施行动；信息通报是指产品存在健康风险但是尚未进入 RASFF 成员国市场或已经不再出现，不要求采取快速的应对措施；边境拒绝通报是指在欧盟（和欧洲经济区）口岸检查食品和饲料时，发现产品存在健康风险而被拒绝入境，此类通报旨在加强控制并保证被拒产品不会通过其他口岸进入 RASFF 成员国；新闻是指对各成员国监管机构有价值的一些关于食

品和饲料产品安全有关的信息，但不以预警或信息通知的形式正式通报，而是以新闻的方式传递给各成员国。

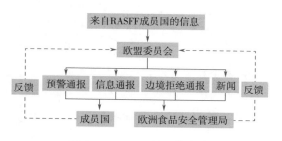

图 7.1 RASFF 的运作方式

各成员国根据通知类型采取行动，并立即将所采取的措施通知委员会。例如，他们可能会从市场上撤回或召回产品。此外，边界拒收物品会转交给所有边境口岸，即欧盟所有 27 个成员国、英国冰岛、列支敦士登、挪威和瑞士，确保被拒收的产品不会通过另一个边境口岸重新进入欧盟。

如果在源自或出口至非 RASFF 成员的食品或饲料产品中发现风险，则欧盟委员会会通知该国家。这样，它可以采取纠正措施，从而避免将来出现相同的问题。例如，它可以从完全符合欧盟法规要求并被允许出口到欧盟的已批准公司列表中删除一家企业。当收到的担保不足或需要立即采取措施时，可以决定采取禁止进口或在欧盟边境进行系统控制等措施。

更多信息可访问 RASFF 的官方网站：http：//ec. europa. eu/rasff。

7.2.2.3 RASFF 的实施规范

欧盟第 16/2011 号欧盟委员会条例规定了 RASFF 的实施措施。它规定了 RASFF 网络成员的职责，并定义了不同通知类型；规定了系统 24/7 全天候运行，并责成委员会核实 RAS-FF 通知并通知成员国。该法规还规定了欧盟国家（48h）及委员会（24h）传输预警通知的确切期限。

7.2.2.4 RASFF 的国际合作

欧盟委员会和 RASFF 与 WHO 的警报系统"国际食品安全当局网络"（INFOSAN）合作。INFOSAN 网络由 160 多个成员国的联络人或国家联络中心组成，这些国家从 WHO 收到有关食品安全问题的信息，并将其分发给各自国家的所有相关当局。RASFF 通过与 INFOSAN 合作，根据具体情况共享信息。

7.2.2.5 RASFF 通报风险的种类

以 2018 年 RASFF 报告通报结果为例，2018 年 RASFF 通报涉及 26 类食品风险，排在前 10 位的分别是：微生物污染（主要是沙门菌、大肠杆菌、单增李斯特菌等）、霉菌毒素、农药残留、食品添加剂、过敏原、异物、成分不合格、重金属、控制不当（主要是温度和卫生控制不当）、标签不合格。

根据 RASFF 系统的年度报告统计，致病微生物导致的食品通报的发生率一直处于高位波动。2008 年食品通报 367 起，占比 12.10%；2009 年通报 379 起，占比 11.93%；2010 年通报 425 起，占比 12.90%，2011 年通报 466 起，占比 12.57%；2018 年通报 936 起，高居通报风险种类第一名。

其中，2018 年 RASFF 通报肉及肉制品主要问题是微生物污染、异物、标签不合格等，其中微生物污染高居首位，高达 81.3%。大肠杆菌、沙门菌、金黄色葡萄球菌、志贺菌、单增李斯特菌等是肉制品污染中的主要微生物，它们具有分布广、繁殖能力强等特点，能在短时间内造成肉制品腐败变质，进而影响消费者身体健康。沙门菌、大肠杆菌和单增李斯特菌是 2018 年 RASFF 通报的肉类中主要微生物种类。2018 年 11 月，波兰通过 RASFF 通报本国冷冻无骨鸡块中检出了沙门菌；随后欧盟 RASFF 又发布了一份荷兰猪肉中感染沙门菌的警报，其中 19 人感染。

7.2.2.6 RASFF 通报产品的种类

2004—2010 年欧盟 RASFF 系统发布通报的总量呈缓慢增长态势。对食品的通报类型进行分析，边境拒绝通报在此期间是每年发生数量最多的，并且呈逐年增长趋势。欧盟认为，RASFF 系统报告或公示的通报越多，证明监管力度越大，各成员国越能更及时有效地预防风险和控制风险。这很好地解释了为什么欧盟 RASFF 系统通报数量逐年增多，但成员国发生食品通报的实际事件并未同步增多的现象。

以 2018 年 RASFF 报告通报结果为例，2018 年 RASFF 通报涉及 27 大类，排在前 10 位的分别是：坚果、坚果制品和种子类，水果和蔬菜类，鱼及鱼制品，禽肉及其禽肉制品，膳食、食品补充剂和食品强化剂，肉及肉制品（禽肉除外）、谷物及焙烤制品类，香辛料，双壳贝类及其制品，乳及乳制品。

7.2.2.7 RASFF 的特点

（1）涵盖范围广，反应迅速　RASFF 系统涵盖范围广泛，包括食品生产、食品加工到食品消费的各个环节，能够有效预防和遏制整个过程中的各种风险因素，在发生食品安全问题时，能够及时让问题食品退出市场，恢复消费者信心，保持消费者对系统的信赖，最大限度地减少问题食品对人类饮食安全造成

的危害。

（2）RASFF 系统法律依据明确，法制完善　为使 RASFF 系统更加规范化、合法化并提升其权威性和公信力，欧盟通过欧共体条例第 178/2002 号，将 RASFF 系统纳入了欧盟食品安全法的框架之内。近年来，欧盟食品安全法规标准不断更新，这正是欧盟委员会不断针对风险预警的新问题及时修订、补充和完善法规的结果，RASFF 通过预警通报、信息通报、边境拒绝通报和新闻四种方式进行通报，使其成员国在风险预警和应对策略上具有前瞻性、科学性和很强的可操作性。

（3）官方网站便捷可查，信息通报详细规范　RASFF 系统为消费者建立了便捷可查询的官方网站，并为消费者编写了《RASFF 门户用户手册》，详细描述了 RASFF 网站查询的操作流程。RASFF 自 2001 年以来，每年发布年度报告，报告包含 4 部分：系统简介、数据统计、关注点和焦点事件、图表，比较和分析了这一年度通报的风险种类、产品种类等各种信息的变化趋势，信息量大，数据统计连续完整，政策法规更新及时，极大程度地确保了欧盟国家消费者的食品安全和健康。

7.2.2.8 RASFF 工作实例

2008 年底，在爱尔兰当局对一系列污染物进行例行监测时，发现来自爱尔兰猪肉中含有极高水平的二噁英，大约是欧盟最高水平的 100 倍。爱尔兰当局立即展开调查，确定二噁英的含量和确定可能的污染源。少量二噁英对人体健康没有直接影响，但如果长时间大量吸收，则可能造成问题。

爱尔兰联络点于 2008 年 12 月 5 日通过 RASFF 向欧洲委员会通报了污染事件。委员

会向所有成员发出了警告通知。食物污染的源头是使用由面包店产生的受污染面包屑，有证据表明污染问题很可能从 2008 年 9 月就开始了。爱尔兰当局立即全面召回自 2008 年 9 月 1 日以来生产的所有爱尔兰猪肉。

在不到两周的时间里，就收到了涉及从生肉到含有爱尔兰猪肉的加工产品的 100 多条追踪信息，波及 54 个国家，其中 27 个是 RASFF 的成员国。通过 RASFF，这些国家得以立即采取行动，在食用之前追踪和召回可能受到二噁英污染的猪肉及其加工产品。

7.2.3 德国联邦风险评估研究所（BfR）与联邦消费者保护和食品安全局（BVL）

2002 年 8 月 6 日，联邦德国颁布的《健康消费保护和食品安全法》明确规定要组建风险评估机构。2002 年 11 月将之前的联邦消费者健康保护与兽医研究所改组，分别成立了德国联邦风险评估研究所（German Federal Institute for Risk Assessment，BfR）和联邦消费者保护和食品安全局（Federal Office of Consumer Protection and Food Safety，BVL）。BfR 负责风险评估，BVL 负责风险管理。BfR 以"识别风险，保护健康"为目的，以"独立、科学、透明"为宗旨，开展风险评估研究和工作。它作为独立的食品安全风险评估机构，设有多个国家参考实验室，在风险预测、风险评估和风险交流方面开展了大量研究，不仅为联邦各州的食品安全监测和预警提供了科学的方法、标准和技术指导，同时也为欧盟食品安全局和欧盟成员国提供了大量技术咨询服务。

BfR 建所以来，重点开展了三方面的重点研究，其中一项就是预测风险及其对风险管理和风险交流的影响。BfR 积极进行相关区域内食品、饲料等领域的风险评估，并以风险评估结果为基础提出降低风险的管理选项，为联邦政府部门和其他风险管理机构提供建议。作为德国在 EFSA 的联络点，通过各方的通力合作与信息传递进行风险交流和风险沟通，并建立现代化的风险分析体系。BfR 风险交流的目标群体包括消费者、联邦政府和地区政府、各级公共机构、消费者组织和其他团体、科研机构、国家和国际机构与组织、商会和贸易协会以及媒体等。BfR 定期组织专家听证、科学会议及消费者讨论会，并面向公众、科学家和其他相关团体公开其评估工作和评估结果，并将专家意见和评估结果在其网站上进行公布。通过全面的风险交流，BfR 会尽早发现潜在的健康风险并及时通知有关当局和消费者；此外，参与交流的各相关方会对风险评估的过程与结果进行讨论，通过工作的透明度在风险评估涉及的各方之间建立起足够的信任。

与之平行的机构——联邦消费者保护和食品安全局（BVL）负责风险管理，是食品安全和消费者保护领域的认证和管理机构。BVL 通过以下 3 个步骤进行风险管理：一是由 BfR 信息输入、联邦州食品监测或食品监测程序为基础的快速预警系统报告来发现风险；二是由 BfR 或其他联邦机构评估风险对人、动物、环境健康的影响；三是 BVL 根据评估结果制定风险管理措施。

7.2.4 典型案例：2011 年汉堡 H4 大肠杆菌疫情——全程溯源的预警管理机制

2011 年 5 月德国暴发了 O104：H4 型大肠杆菌

疫情，并造成多人死亡。新菌株O104：H4型大肠杆菌是导致这次食源性疾病的主要原因。这场由出血性大肠杆菌（EHEC）O104：H4感染和溶血性尿毒综合征（HUS）引发的疫情席卷德国汉堡等众多城市，并迅速蔓延至整个德国，欧盟的其他国家也受到不同程度的影响，并波及北美，共涉及16个国家，导致全球4000余人感染，50人死亡。这是迄今为止德国境内乃至全世界范围内最大规模的肠出血性大肠杆菌暴发疫情。

7.2.4.1　确定疫情暴发病原

德国自2001年起启动对HUS与EHEC感染病例的监测。历史数据表明，这两类病例全年均呈低发，也不曾导致特别的聚集性或异常暴发事件。2011年5月19日，罗伯特·科赫研究所（Robert Koch Institute，RKI）接到了与本次疫情相关的首个聚集病例报告，即汉堡卫生和消费者保护署向RKI报告了一起3名儿童HUS聚集性病例事件，并提出协助调查请求。5月20日，RKI派出调查组前往汉堡市，此时发现成年人中也出现了HUS病例，短时间内病例数急剧上升，德国其他地区也出现类似情况。RKI迅速联合联邦相关机构启动疫情调查。

7.2.4.2　信息通报

2011年5月22日，德国迅速于早期预警与应急响应系统（Early Warning Response System，EWRS）发布暴发疫情信息通报。同时，遵循国际卫生条例的规定，德国也向WHO进行了疫情报告。此后，RKI每天向EWRS、流行病学情报信息系统和WHO汇报疫情进展，得到了他们的支持和配合。RKI迅速在全国范围内医院急诊部门启动应急监测，对急诊患者实施动态监测，要求各地方和州的卫生部门实施HUS病例和疑似病例日报告制度，每天通过电子邮件和电子监测系统向RKI报送相关信息。同时，RKI每天同州、国家和国际部门召开远程会议，并向相关部门、临床医生和实验室发送流行病学报告，及时反馈相关信息。

7.2.4.3　流行病学调查和溯源调查

疫情发展过程中，德国和相关国家以及各个国际组织开展了大量的疫情流行病学调查和溯源调查。基于流行病学原理，RKI等部门对法兰克福一家公司23名雇员病例的食品清单、前来就餐者的食谱和生蔬菜病例对照研究，以及全国性的溯源性调查，初步找出了可疑的致病食品，认为一家位于德国下萨克森州的芽苗菜生产企业（A公司）出售的芽苗菜最有可能污染了O104：H4，发现葫芦巴豆、2种不同种类的扁豆、苜蓿等5种芽苗都由该公司出售给客户用于制作两种芽苗什锦菜。经调查筛查，A公司出售的葫芦巴豆种为德国暴发疫情和法国聚集病例中共有的可疑食物。溯源和追踪调查发现这批葫芦巴豆种子经埃及一家进口商销往70家不同公司，其中54家在德国，16家在11个其他欧洲国家，怀疑其在进口前某一环节受到了O104：H4污染。2011年7月5日，欧盟从市场上撤下并召回从埃及进口的葫芦巴豆种子，并宣布暂时停止进口此类产品。7月26日，RKI研究院宣布本次疫情结束。

在本次疫情应对中，欧盟RASFF及时收集并通报了大量成员国信息，为加快锁定疫情致病菌来源提供了可靠依据；德国食品溯源系统为可疑食品在生产、加工、销售各个环节的关联搭建了平台；精确的总量溯源机制使可疑食品从消费到生产、运输、供应环节的回溯信息公开透明，有据可查。

7.3 美国畜禽产品中致病微生物的风险预警与风险管理

20世纪后期，美国由于食品结构发生了根本性变化，特别是即食食品品种的急剧增加，食源性疾病不断威胁着美国民众的食品安全。美国政府一方面在管理机构内部组织优秀科学家加强风险分析和前沿问题的研究，另一方面积极利用政府部门以外的专家资源，通过技术咨询、合作研究等各种形式，使之为食品安全管理工作服务。同时与世界卫生组织、联合国粮农组织等国际组织保持密切联系，分享最新的科学进展成果。美国农业部（USDA）的食品安全检验局（FSIS）组织专家进行风险评估和分析，首要的目标是通过选择和实施适当的措施，尽可能控制食品风险，保障公众健康。随后，根据风险评估和分析的结果，出台了一系列畜禽产品致病微生物风险管理和控制的法规，并建立了相应的风险监测和溯源体系，进一步保障食品安全。

7.3.1 危害分析与关键控制点（HACCP）

HACCP是对食品生产加工过程中可能造成食品污染的各种危害因素进行全面分析，从而在关键控制点对危害因素进行控制，并且对控制效果进行监控，及时纠正发生的任何偏差，达到消除食品污染的目的。食品法典委员会的CAC/RCP食品卫生通则（1997）将

其定义为：鉴别、评价和控制食品安全中关键危害的一种体系。

HACCP是"从农场到餐桌"过程中的一种风险管理手段，这个过程中的其他风险管理手段还有良好操作规范（Good Manufacturing Practice，GMP）、良好卫生规范（Good Hygiene Practice，GHP）、质量管理（ISO体系）及全面质量管理（Total Quality Management，TQM）等。微生物风险评估（Microbiological Risk Assessment，MRA）中加工过程的危害识别和危害特征描述过程类似于HACCP的危害分析，风险评估的暴露评估中，各环节分析后对危害影响最大的可成为关键控制点，而HACCP体系中关键控制点（Critical Control Point，CCP）是风险评估模型中选择参数的重要指标。

7.3.1.1 美国畜禽肉品HACCP的发展历程

HACCP管理体系最开始由美国Pillsbury公司提出，为实现美国航空航天局（National Aeronautics and Space Administration，NASA）太空食品"零缺陷"而建立的防御体系，目的是保证宇航员在航天飞行过程中的食品安全。之后逐步被美国食品与药物管理局（FDA）和许多食品加工企业所接受。HACCP概念在1971年美国国家食品保护会上首次被美国Pillsbury公司公开提出，美国食品安全会议上再次讨论，形成决议，1972年FDA开始培训有关技术人员，1973年Pillsbury公司出版了最早的HACCP培训手册。

1974年FDA出台了《密封容器内热杀菌的低酸性食品法规》（21 CFR 第113部分），要求将HACCP原理应用于低酸性罐头中，是美国历史上第一部将HACCP原理强制性应用

于食品的法规，在肉毒杆菌毒素中毒事件上取得了良好的效果。

1995年FSIS颁布了《减少致病菌行动计划建立危害分析和关键控制点体系：最终法规》（9 CFR第304，308，310，320，327，381，416，417条款），2000年美国农业部禽肉HACCP法规生效。禽肉HACCP法规还涉及9 CFR法规其他条款，包括《肉类检验》《肉类检测》《肉类检验微生物检测》《肉类检验报告和记录保存的要求》《条款——进口产品》《禽和禽类产品微生物检测》《卫生》。禽肉致病菌减少行动计划及危害分析和关键控制点（HACCP）框架为：定义，危害分析和HACCP计划，纠偏行动，确认、验证、记录，不完善的HACCP体系，培训，官方验证。微生物学污染作为HACCP风险分析中的风险因素之一。

2005年，美国FDA和CDC联合发布《2005食品法典》，详细列出了HACCP原理及其应用，法典成为美国制定或更新各种食品安全法规的标准模式。

2011年美国政府正式发布《FDA食品安全现代化法》，该法案是对HACCP的延伸和强化，强调以预防为主的监管理念，以立法的形式在所有食品安全生产企业中推行HACCP。

2012年，美国农业部食品安全检验局（FSIS）宣布实施新措施，确保禽肉产品安全。新措施规定，生鲜碎鸡肉、火鸡及类似产品生产企业应重新评估其危害分析与关键控制点（HACCP）计划。禽肉生产企业必须在未来90天内重新评估HACCP体系，此次HACCP评估必须对在上述类型产品中多次出现的沙门菌做出相关解释。FSIS宣布的具体措施包括：①扩大沙门菌取样检测范围，将其他生鲜碎家禽产品纳入其中。②增加实验室分析样品量，从25g增至325g，以确保FSIS所分析的沙门菌样品和弯曲杆菌样品保持统一。③采样以检测沙门菌在非即食碎家禽产品中的分布，根据检测结果制定相应的新执行标准。

2015年，美国正式实施《适用于人类食品的良好操作规范、危害分析及基于风险的预防性控制措施》，该法规作为《FDA食品安全现代化法》的配套法规，要求FDA注册的食品生产、加工、包装和储存企业需遵循GMP及HACCP要求。该法规确保了所有在美国境内销售的食品安全。美国以HACCP理念为基础的现代食品安全控制体系逐步形成。

7.3.1.2　FSIS与《病原体减量，危害分析与关键控制点（HACCP），最终法规》

HACCP的实施和食品安全检验局（FSIS）的实验室检测是确保美国肉类、家禽和蛋制品安全供应的两个重要方面。食品安全检验局的任务是确保肉类、家禽和蛋类产品是安全卫生的，并有适当的标记、标签和包装。在肉类和家禽方面，FSIS目前主要通过管理肉类和家禽屠宰和加工企业的检查项目来履行其食品安全责任，该计划主要依靠食品安全检验员来发现和纠正食品卫生和食品安全问题。在过去的研究和食源性疾病暴发的过程中，美国国家科学院、美国总审计局和FSIS改变了FSIS肉类和家禽检验程序，改善了食品安全，减少了食源性疾病的风险。

1996年发布的《病原体减量，危害分析与关键控制点（HACCP），最终法规》中，食品安全检验局（FSIS）制定了适用于肉类和家禽业的要求，旨在减少肉类和家禽产品中致病微生物的发生和数量，以及这些产品中食源性疾病的发生率，并构建当前肉类和家禽检验系统现代化新框架，新法规要求如下所示。①每个企业制定并实施书面的卫生标准操作程序（Sanitation Standard Operation Procedures，SSOP）。②屠宰企业定期进行微生物检测，以验证企业预防和清除粪便污染和相关细菌的过程控制的充分性。③制定屠宰场所和生产生碎产品的场所必须符合沙门菌病原减少标准。④所有肉类和家禽企业建立并实施旨在提高其产品安全性的预防控制体系，即 HACCP（危害分析和关键控制点）。

文中指出，FSIS 提议将 HACCP 作为其食品安全计划的组织结构，因为 HACCP 是构建基于科学的过程控制以防止食品生产系统受到食品安全危害的最佳框架。HACCP 将 FSIS 检查的重点放在最重要的危害和控制上。作为 HACCP 的补充，FSIS 首次提出建立生肉和家禽产品微生物的食品安全执行标准，初步作为减少生肉和家禽产品沙门菌污染的"临时"目标，这些标准将衡量 HACCP 体系能否有效应对食品安全危害。FSIS 提议要求企业每天进行微生物测试，以验证生产卫生是否达到"目标"。

FSIS 还提出了三个近期措施，在 HACCP 实施期间加快控制和减少产品上的致病微生物的进程。这些拟议的措施是：①要求所有企业采用并执行卫生 SOP。②要求所有屠宰场所至少使用一种有效的抗菌处理方法以减少有害细菌。③防止有害细菌生长的红肉冷却标准。

本规则要求联邦检查的企业实施 HACCP

体系，FSIS 将在最终规则生效起开始检查 HACCP 系统操作。必须制定 HACCP 计划的过程包括所有物种的屠宰过程以及下述产品的加工过程：生碎肉或家禽产品；未经研磨生产品（例如，切肉或整只或成块的禽类）；贮存稳定的非热处理产品（例如肉干）；贮存稳定的热处理产品（例如食用脂肪）；热加工/商业无菌产品（例如罐装汤）；完全煮熟不耐冷藏的产品（例如必须冷藏的火腿罐头）；未完全煮熟/热处理的产品（例如，焦牛肉饼）；具有二级抑制剂的非货架稳定性产品（例如发酵香肠）。

7.3.1.3 HACCP 七项原则如下所示。

原则 1：必须对每个过程进行危险分析。

原则 2：必须确定每个过程的关键控制点（CCP）。

原则 3：必须确定与每个 CCP 相关的预防措施的关键限度。

原则 4：必须建立 CCP 的监控要求。

原则 5：HACCP 计划必须包括，在 CCP 监测有偏离临界极限时所采取的纠正措施。

原则 6：必须建立和维护有效的记录程序，将整个 HACCP 体系记录在案。

原则 7：HACCP 系统必须进行系统验证。

7.3.1.4 HACCP 和 FSIS 食品安全策略

FSIS 的《病原体减量，危害分析与关键控制点（HACCP），最终法规》提案的食品安全目标是：通过确保在食品生产过程的每个阶段都采取适当且可行的预防和纠正措施，来最大限度地降低肉类和禽类产品引起的食源性疾病的风险。对于食源性疾病，没有单一的技术或监管解决方案。业界和政府需要不断努力，改进识别和预防危害的方法，并将患病的风险降至最低。FSIS 提出将 HACCP 作为实施其改善食品安全综合战略的框架。HACCP 与本规则制定所要求的其他措施相结合，将大大提高肉类和家禽企业系统预防和减少食品安全危害的能力，并随着科学技术的进步而共同努力，不断提高食品安全性。这些措施填补了当前制度在控制和减少生肉和家禽产品上有害细菌方面的关键空白，并将随着时间的推移显著降低食源性疾病的风险。FSIS 的肉类和家禽检查计划处理并解决了很多对食品供应安全和质量方面至关重要的问题。这些活动反映了公众对食品安全和质量的基本期望，反映了国会在 FSIS 管理的法律中确立的标准和要求，FSIS 坚定、高效地执行了这些法定要求。这一最终规则开启了检验程序的根本变革，更好地履行了 FSIS 保护公众健康的首要义务，它实质性地解决了与食用肉类和家禽产品有关的食源性疾病公共卫生问题，更好地界定和阐明了行业和 FSIS 的各自作用，确保了畜禽产品的生产符合卫生和安全标准。这项规定明确表示，该行业有责任生产和销售安全、纯净、标签和包装正确的产品。FSIS 负责检查产品和设施，验证其是否符合法定要求，并负责在未达到要求时采取适当的规范和强制措施。

之前 FSIS 的责任与行业责任之间的界限常常模糊不清。这是由于当前 FSIS 检查计划的规范性，以及一些企业倾向于依靠 FSIS 检查员来采取必要的措施以指导纠正缺陷和保证出厂产品安全。一些机构的运作是基于这样的假设：如果检查员没有发现问题，它们的肉类或家禽产品就可以进入贸易，而当时的检查系统主要基于不能检测致病微生物危害

的感官方法，所以这更成问题了。FSIS 的检查程序过于依赖事后发现和纠正问题，而不是首先系统地设计防止问题，这一界限也变得模糊。FSIS 最终规则的生效消除了这种界限混淆，并明确界定了 FSIS 和行业各自的责任。FSIS 确信这些变化将极大地提高该计划的有效性，并大大降低食源性疾病的风险。

7.3.1.5　HACCP 检验

以 HACCP 为导向的食品安全检查改变了 FSIS 监督肉类和家禽产品安全的方法。在这种新方法下，食品安全检验局将减少对产品和过程缺陷的事后检测，而更多地依赖于验证为确保食品安全而设计的过程和过程控制的有效性。FSIS 将调整其检查任务，采用旨在防止可能导致不安全肉类或家禽产品问题的系统的检查技术。FSIS 将开展各种活动，以确保行业 HACCP 系统符合该规则要求，并按设计运行。从某一企业的规定生效之日起，食品安全检验人员将对该机构的 HACCP 计划进行全面审查，确定其是否符合七项 HACCP 原则，这种评估将在新机构 HACCP 计划启动或初步实施时进行。随后，FSIS 人员组成的特别小组将与指定的检查员一起定期对该企业现行的 HACCP 计划进行深入审查，验证其科学有效性和持续有效性，预防食品安全危害。此外，当 HACCP 计划被修订或修正时，指派到企业的 FSIS 人员将审查该计划，确定其是否符合法规要求。FSIS 还将开展核查活动，重点关注企业持续遵守 HACCP 相关要求的情况。验证活动可能包括审核一个过程的所有的建立监控记录，审核一个生产批次的建立记录，直接观察机构人员进行的关键控制点控制，收集样本进行 FSIS 实验室分析或对过程

的建立验证活动进行验证。随着在肉类和家禽企业中建立基于 HACCP 的过程控制，通过企业的持续监控和 FSIS 的监督，就更容易发现采用新技术和持续改善食品安全的机会。企业和 FSIS 对生产过程和控制的连续监控和验证是 HACCP 系统的基本功能，这为进一步改善食品安全奠定了基础。

该最终法规的实施表明，肉禽业和 FSIS 对食品供应的安全负有各自的责任。这要求业界建立用于各种形式的肉类和家禽屠宰和加工过程控制系统，并满足法规执行标准。通过对 HACCP 进行有力的检查监督，并依靠客观测试结果和其他观察结果来验证是否符合性能标准，确保了离开 FSIS 时的产品安全；FSIS 还能将资源更好地分配到风险最大区域。HACCP 的实施促使业界和 FSIS 采取更具预防性的措施来确保肉类和家禽安全。

7.3.1.6 危害分析和 HACCP 计划

该提案要求每个机构制定并实施包含七项 HACCP 原则的 HACCP 计划。通过进行危害分析来识别生物、化学和物理危害，并在过程中列出可能发生潜在重大危害并确定要采取的预防措施的步骤清单。为了阐明潜在重大危害的概念，最终法规要求每个企业进行危害分析，以确定生产过程中合理发生的食品安全危害。但由于当前的法规专门针对微生物危害，因此罐头肉、肉类食品和家禽产品的加工者必须制定并实施 HACCP 计划，以合理解决可能发生的化学和物理危害。

7.3.1.7 示例：FSIS 沙门菌减量标准与 HACCP

沙门菌污染产品的可能性除了受粪便污染程度的影响外，还受其他因素的影响，例如

在屠宰过程和进一步加工过程中输入动物状况和交叉污染。因此 FSIS 根据 HACCP 制定减少生鲜制品上的粪便污染和其他沙门菌来源的干预措施，可以解决和降低有害细菌污染的风险。

FSIS 根据不同动物来源和产品类别制定了一系列以沙门菌国家基线流行率为基础的执行标准，并且规定所有企业必须达到以上执行标准。这项政策依据的是公共卫生部门的判断（即降低屠体的沙门菌污染比例可显著降低食源性疾病的风险）和监管政策的判断（即制定沙门菌减量标准，并结合实施 HAC-CP，将显著降低污染率）。FSIS 计划在新基线流行率数据可用时，定期修订沙门菌减量标准，以促进该机构降低食源性疾病风险目标的实现，并评估病原体减量工作的总体进展。此外，FSIS 广泛进行沙门菌检测，确保病原体减量标准的合理性。FSIS 预测通过一系列切实有效的控制措施后，病原体将会逐步减少，沙门菌全国基线流行率也会逐步降低。调整时，FSIS 会考虑到科学知识、现有技术、可行性和公共卫生利益等方面的影响，还会考虑特定产品类别中沙门菌的流行水平。

FSIS 的沙门菌监测计划分两个阶段实施：实施前阶段和规范性阶段。FSIS 执行病原减量标准的目标是达到法律法规的要求。关于沙门菌，FSIS 的目标是确保所有屠宰场和生肉制品生产企业符合病原体减量标准。FSIS 计划通过以上两个阶段来实现这一目标：实施前检测，在不提前通知的情况下对所有企业进行抽样和检测，以判断沙门菌的流行性是否符合标准，如果一个企业生产不同种类的产品且都必须符合病原体减量标准，则 FSIS 可抽取任

何或所有类别的产品；规范性检测，对上述检测不合格的企业进行针对性检测。如果一个企业的针对性检测依然不符合执行标准，FSIS 将根据以下几点决定是否进行后续检测：①若企业在采取纠正措施后，沙门菌检测结果符合标准，则 FSIS 可根据该企业的表现和其他食品安全相关因素，决定无须立即进行后续检测；②若该企业未能采取充分的纠正措施，或者未做任何整改，那么 FSIS 将进行第二轮检测，即对所有检测结果明显超过标准的企业进行进一步检测，若未能通过第二轮检测，FSIS 则会重新评估该企业的 HACCP 计划，并提出适当的改进建议，以达到沙门菌减量标准；③如果该企业未能及时修改其 HAC-CP 计划，或者未能通过第三轮检测，FSIS 将暂停对产品进行检验，直至企业以书面形式向 FSIS 提交保证书，详细说明对 HACCP 系统进行纠偏所采取的措施以及企业为减少病原菌的存在而采取的其他措施，然后才能恢复检验。

为了支持《病原体减量，危害分析与关键控制点（HACCP），最终法规》，FSIS 发布了《生肉和家禽产品中沙门菌的样本收集指南和分离鉴定程序》，为样品收集和分离鉴定程序提供了详细的指导。该方案从抽样前准备、运输容器和运输条件、随机取样、猪屠体选择、无菌技术和抽样、抽样准备、猪屠体表面拭子采集程序、样品装运、分离鉴定、样品制备、检测程序、分离程序、初步分离鉴定程序、血清型鉴定、生化鉴定、过程控制、菌株保存等各个方面详细说明了 USDA/FSIS 目前将其用于检测生肉和家禽产品中沙门菌的分离鉴定程序。沙门菌检测所用到的所有筛选方法必须满足或超过以下标准：灵敏度 ≥

97%，特异度≥96%，假阴性率=3%，假阳性率≤4%。

7.3.2 美国食源性疾病主动监测网络（FoodNet）

食源性疾病主动监测网络（Foodborne Disease Active Surveillance Network，FoodNet）成立于 1995 年，是美国疾病预防控制中心（Centers for Disease Control and Prevention，CDC）、州卫生部门（10 个）、FSIS、FDA 之间的合作体系，是基于人群的主动定点监视系统。FoodNet 的监测范围为美国人口的 15%（2013 年约为 4800 万人）。FoodNet 作为 CDC 新兴传染病项目的食源性疾病组成部分，提供了衡量食源性疾病预防进展所需的数据，目的是确定美国食源性疾病的危害程度，监测特定的食源性疾病变化趋势，将食源性疾病与特定的食物和环境相联系，最终发布可改善公共卫生的信息及制定干预措施，从而减少食源性疾病发生。

7.3.2.1 FoodNet 监测

（1）实验室主动监测 自 1996 年以来，FoodNet 对实验室确诊的由弯曲杆菌、单增李斯特菌、沙门菌、产志贺毒素的大肠杆菌（STEC）（O157）、志贺菌、弧菌和耶尔森菌（自 1996 年起）、环孢菌属（自 1997 年起）、非 O157 型 STEC（自 2000 年起）引起的感染病例进行了人群监测。1997—2017 年，Food-Net 还进行了隐孢子虫的监测。2009 年，FoodNet 开始收集有关 STEC 和弯曲杆菌的病例信息，通过独立于培养的方法鉴定出来，并扩展到单增李斯特菌、沙门菌、志贺菌、耶尔森菌和弧菌（2011 年）。除例行监测外，FoodNet 还执行特殊监测项目。2002 年，两个站点对与弯曲杆菌、沙门菌、志贺菌、耶尔森菌和 STEC 感染相关的反应性关节炎进行了基于人群的监测。2009 年，FoodNet 在康涅狄格州和纽约州开展了针对社区获得性艰难梭菌感染的试点监测计划。2010 年，FoodNet 在选定地点开展了针对阪崎肠杆菌感染的试点监控计划。

（2）疾病负担金字塔 疾病负担金字塔是理解食源性疾病报告的模型，并且说明了要在监视中登记的人群中发生某种疾病必须采取的步骤。其步骤从金字塔底部开始依次为：普通人群中某些人接触了病原体；暴露人群中有人生病了；其中一些患者寻求医疗服务；从其中一些患者处获得标本，并提交给临床实验室；实验室对某些标本中的某种病原体进行检测；实验室在某些被测标本中识别出致病微生物，从而确认了病例；经实验室确认的病例将报告给地方或州卫生部门。FoodNet 通过实验室调查、医师调查和人口调查，收集有关每个步骤的信息。此信息用于估算实际生病人数，其他信息用于估算食物传播的这些疾病的比例。

7.3.2.2 FoodNet 调查研究

FoodNet 主要通过实验室调查、医生调查、人口调查和专项研究 4 种方式进行调查研究、数据汇总和分析评估，确定通过食品传播的致病微生物感染发生率，判断各种危害暴露和操作导致特定病原体引起疾病的可能性。

（1）实验室调查 FoodNet 监视区的 650 多个临床实验室从患者身上采集了样本。这些实验室对食源性病原体的常规检测方法和所用方法不同，这些差异可能导致 FoodNet 站点之间报告的感染发生率发生变化。为了了解当前的做法并监视做法随时间的变化，FoodNet 会对监视区域内的所有临床实验室进行定期调查。FoodNet 在 1995 年（FoodNet 监测的试验阶段）、1997 年和 2000 年进行了一般调查，并在 2005 年和 2007 年进行了针对病原体的调查。2010 年，FoodNet 开始使用新的检测方法检测粪便标本中的肠道病原体，对服务于监测布点区居民的临床实验室进行例行调查。

（2）医师调查 确定通过食物传播的病原体感染病例取决于卫生保健提供者的准确诊断和适当的实验室测试。为了了解医生的知识、态度和做法，FoodNet 会对在监视区域内执业医生进行定期调查。

（3）人口调查 FoodNet 确定了实验室确认的食源性细菌病原体感染的发生率，但这些报告仅代表社区所发生的真实腹泻病病例的一部分，多数腹泻病未被诊断，因此未报告。为了更精确地估计急性腹泻疾病的负担并描述重要暴露的频率，FoodNet 对居住在监视区域的人员进行了基于人群的电话调查。FoodNet 使用这些数据来估计社区中的腹泻病的患病率和严重程度，描述与腹泻相关的常见症状，确定要就医的腹泻患者比例，并评估可能是食源性疾病风险因素的暴露水平。人口调查采用标准的行为风险因素监视系统方法进行人口调查。调查是根据不成比例的分层样本随机数字拨号方法选择参与者的概率样本。一旦联系了一个家庭，就算出该家庭中的男性和女性人数。目标人群是 1 岁及以上的非机构人士；如果选择了 12 岁或 12 岁以下的儿童，则将与父母进行面谈以确定有关该儿童的信息。

参与者回答了与腹泻病、过去一个月的腹泻或呕吐发作以及基本人口统计学相关的各种暴露问题。分层后的权重用于按年龄和性别调整样本的分布，以匹配美国的普查人口数。

（4）专项研究　尽管食源性疾病暴发很普遍，但约 95% 的食源性感染是偶发（非暴发）病例。很难确定是什么特定暴露导致散发感染的人生病，但可以通过基于人群的研究来探索风险因素。研究各种可能的风险暴露（例如特定食品）和操作（例如食物制备和处理操作）对由特定病原体引起疾病的贡献。通过常规的 FoodNet 监测确定正在研究的病原体感染病例，FoodNet 工作人员联系病例患者和健康对照者（如果正在进行病例对照研究）来进行调查，研究还可能包括对患者分离株的分子亚型或耐药性进行测试。例如 2002 年的婴儿弯曲杆菌病例对照研究，1998 年的弯曲杆菌病例对照研究，1999 年的隐孢子虫病例对照研究，2000 年的李斯特菌病例对照研究，2006 年耐多药沙门菌病例对照研究等。

FoodNet 每年总结 2 次监测信息。FoodNet Fast 用户可查询过去 20 年内 9 种常见的、可通过食物传播的病原体感染率，包括弯曲杆菌、单增李斯特菌、沙门菌、产志贺毒素大肠杆菌（STEC）、志贺菌、耶尔森菌等。

7.3.2.3　实验室网络（PulseNet）

PulseNet 是一个国家实验室网络，可将食源性疾病病例连接起来，以检测疫情。PulseNet 利用致病微生物 DNA 指纹图谱鉴定技术，在分子水平上对从可疑食品中分离出的细菌亚型和来自患者样品中的细菌亚型进行比较，确定二者是否同源，检测了数千起局部和多州暴发病例，大大提高了对食源性疾病快速诊断和溯源的能力。自 1996 年建立网络以来，PulseNet 通过尽早发现疾病暴发改善了食品安全系统，调查人员很快可以找到源头，并尽快向公众发出警报，并找出食品安全体系中难以识别的漏洞。PulseNet International 在全球食源性疾病中扮演类似角色。

PulseNet 由 50 个州（包括美国波多黎各地区）的公共卫生实验室以及 FDA 内的食品监管实验室组成。这些实验室使用标准化的实验室和数据分析方法来表征食源性致病菌。PulseNet 的标准化工具使全国各地的公共卫生实验室可以在一个协调的网络中协同工作，以通过分析和比较实验室样本的数据来监控潜在的疫情。CDC 感染性疾病预防控制中心的实验室制作了沙门菌、致病性大肠杆菌、单增李斯特菌等常见致病菌的基因图谱和标准检测方法提供给网络实验室；这些实验室随时可以进入 CDC 的 PulseNet 数据库，将可疑菌的检测结果与电子数据库中致病菌基因图谱比对，及时快速地识别致病菌，以便进一步展开调查和控制。

PulseNet 的主要分型（或指纹识别）工具是脉冲场凝胶电泳（Pulsed Field Gel Electrophoresis，PFGE），多基因座可变数目串联重复分析（Multiple Locus Variable Numbers Tandem Repeat Analysis，MLVA）和全基因组测序（Whole Genome Sequencing，WGS）。全基因组测序（WGS）信息是解决食源性疾病暴发的一条线索，WGS 信息为流行病学调查提供了支持，并帮助公共卫生调查人员识别并解决了更多小规模疫情。成功的暴发调查有助于确定不安全的食物和生产过程。监管机构和行业可以利用这一方法来预防疾病。CDC 的 PulseNet 科学家一直在努力开发用于调查疫情的实验室和数据分析工具，通过研究和开发 WGS 以外的新技术，CDC 的科学家将能够确保 PulseNet 保持最先进的水平。目前 CDC 和 PulseNet 正在推进用于调查、检测和解决疾病暴发的实验室和数据分析工具，宏基因组学等新技术可直接从患者样品中检测食源性细菌 DNA。

7.3.2.4　应用营养中心（CFSAN）

随着食品供应的全球化和复杂化，防止食品污染和疾病发生的科学决策，对公共卫生而言变得更加重要。FDA 食品安全与应用营养中心（Center for Food Safety and Applied Nutrition，CFSAN）的主要任务是通过确保美国食品的安全性来维护公众健康。为实现这一目标，CFSAN 通过风险分析的方法来增强法规决策的科学基础，评估风险管理方案并实施食品安全计划。CFSAN 运用风险分析，与其他联邦机构合作开发了数个确定风险等级和计算最佳干预措施的工具，如 QPRAM、FDA-iRISK、The Virtual Deli 等，解决了食品中单增李斯特菌、农产品中甲型肝炎病毒和牡蛎中弧菌等公共卫生风险问题。CFSAN 风险分析的主要特点是，由风险评估人员提供信息，风险管理人员根据信息制定科学的食品安全政策，从而保证了政策的相关性、客观性和科学性。此外，CFSAN 风险分析框架中还内设了公众意见，在制定政策时会发布联邦公报通知，要求公众（包括食品行业和消费者团体）提供意见，以确保 CFSAN 政策的可行性和透明度。FDA 正在开发决策分析工具，综合考虑定量风险评估的数据和信息种类，以确保决策的实用性和有效性。

7.4　加拿大畜禽产品中致病微生物的风险预警与风险管理

由加拿大食品检验局（Canadian Food Inspection Agency，CFIA）牵头，卫生部和公共卫生署、地方当局配合，共同实施国内的农产品安全风险防范预警工作。通过新闻媒体、网站等多种方式，向公众发布预警信息。借助预防性控制和市场召回机制，减少受污染食品进入市场的可能性，最大限度地保证农产品质量安全。

7.4.1　加拿大食品安全条例

2019 年加拿大发布了《加拿大食品安全条例》（Safe Food for Canadians Regulations，SFCR），要求食品企业建立有书面计划的 HACCP 管理体系。根据 SFCR，大多数企业需要有预防性食品安全控制措施，才能进行以下工作。

（1）制造、加工、处理、保存、分级、包装或标记出口或运往其他省或地区的食品。

（2）种植或收获新鲜水果或蔬菜用于出口或运往其他省或地区。

（3）装运供出口或运往其他省或地区的鱼类。

（4）屠宰肉用动物，从中获得肉制品出口或跨省销售。

（5）储存和装卸原装状态进口肉类产品供 CFIA 检查。

（6）进口食品。

此外，大多数企业需要在预防控制计划（Preventive Control Plan，PCP）中记录其食品安全控制措施。但下列情况不受此要求限制。

（1）肉类和鱼类产品以外的、不需要出口证书的食品出口商。

（2）年销售收入少于或等于100000美元的食品企业，但从事肉类动物、肉制品、乳制品、鱼类、蛋类、蛋类制品或水果蔬菜制品的企业仍须执行预防控制计划。

（3）不需要有书面控制计划的企业仍需要有卫生和细菌控制等措施。

7.4.2 预防性食品安全控制

预防性食品安全控制有助于防止食品安全危险和降低受污染食品进入市场的可能性，不管食品是加拿大本国还是外国制造。预防性食品安全控制措施帮助是应对以下方面的危险及风险。

（1）卫生和有害生物防治。

（2）处理和加工。

（3）设备。

（4）生产设施的维护和运营。

（5）卸载、装载和储存食物。

（6）员工能力。

（7）员工卫生。

（8）员工健康。

（9）投诉与召回。

预防控制计划（PCP）是一个书面文件，它阐明食品和肉用动物的风险是如何发现和得到控制的。控制措施基于国际承认的危害分析关键控制点（HACCP）原则。PCP还包含所采取的与包装、标识、等级和识别标准等相关的措施描述。对于进口商而言，PCP要描述进口商及其外国供应商如何满足预防性食品安全控制要求。

企业对生产、出口和进口安全食品负责。预防性食品安全控制措施帮助企业在生产过程的早期发现和纠正问题。虽然很多食品企业已经采取了政府规定的或自发的预防控制措施，但更大范围的适行食品安全控制要求会进一步加强全行业的食品安全，更好地保护加拿大国民，帮助避免代价高昂的召回行动；对于某些要求类似安全措施和强制性控制系统的国家，还可以确保持续市场准入。

7.4.3 食品安全调查与召回程序

加拿大的食物供应是世界上最安全的供应之一，然而，没有一个食品安全体系可以保证零风险。在生产系统的任何阶段，食物都可能受到细菌、病毒、寄生虫、化学物质、未申报的过敏原、玻璃或金属碎片等物质的污染。当有理由相信可能受到污染的食品已经进入市场时，食品安全调查和召回程序就会启动。启动调查与召回过程的原因包括以下几点。

（1）疾病暴发。

（2）食品检查结果。

（3）CFIA检查结果。

（4）消费者投诉。

（5）公司发起的召回。

（6）在其他国家召回。

（7）其他触发因素。

加拿大食品检验局创建了食品企业召回程序指南，保证了问题食品的有效召回，有效保障了加拿大公民的食品安全和公共卫生安全。

7.4.4 加拿大畜禽产品质量安全可追溯系统

加拿大先后于 1998 年和 2002 年启动了牛标识计划和猪标识计划，其标识系统的最大特点是将动物企业和动物个体标识系统相结合。企业标识系统集成了畜禽养殖企业的地理位置信息和标准化数据模型，用以支撑可追溯系统。动物个体标识系统集成了全国牛、羊、猪等大体型动物的标识数据库和管理机构。通过企业标识和个体标识系统结合，正向追溯和逆向追踪结合，大大提高了动物全产业链移动记录的追溯、追踪能力，该系统在加拿大疫情预防和控制中发挥了重要的作用。

7.4.5 食源性疾病暴发应对协议

食源性疾病暴发应对协议（Foodborne Illness Outbreak Response Protocol，FIORP）是由加拿大公共卫生局、加拿大卫生部和加拿大食品检验局与省和地区利益相关方协商共同制定的，目的是在多管辖区食源性疾病暴发期间加强协作和总体应对效力。

FIORP 描述了从通报和评估可能发生的多管辖区食源性疾病暴发开始，到遏制触发暴发风险或暴发解决而结束。FIORP 拟用于影响或有可能影响一个以上省或地区或影响加拿大和另一个或多个国家的食源性疾病暴发。它补充了在应对食源性疾病方面发挥作用的各机构内建立的协议和程序，包括省级/地区食源性疾病暴发应对协议。如果受影响的国家不止一个，FIORP 仅用于指导加拿大境内的活动。

7.5 日本畜禽产品中致病微生物的风险管理

日本负责食品安全的监管部门主要有日本食品安全委员会、厚生劳动省、农林水产省。食品安全委员会成立于 2003 年 7 月，是承担食品安全风险评估和协调职能的直属内阁机构。主要职能是实施食品安全风险评估、对风险管理部门（厚生劳动省、农林水产省）进行政策指导与监督，以及风险信息沟通与公开。委员会管辖化学物质评估组、生物评估组和新食品评估组三个专家组。生物评估组负责对微生物、病毒、霉菌和自然毒素等进行风险评估。农林水产省的消费安全局负责农产品在生产的质量管理，在加工环节推广危害分析与关键控制点（HACCP）方法，流通环节中批发市场、屠宰场的设施建设，农产品质量安全信息收集、沟通等。厚生劳动省医药食品局食品安全部负责食品在加工和流通环节的质量安全监管，制定了食品卫生安全标准，食物中毒事件的调查处理以及发布食品安全信息等。日本农林水产省和厚生劳动省在食品安全监管职能上既有分工又有合作，侧重点不同。

7.5.1 监督管理体系

日本农林水产省和厚生劳动省建立了完善的农产品质量安全检测监督体系。负责农产品和食品的检测、鉴定和评估，以及政府委托的市场准入和市场监督的检验。消费技术服务中心与地方农业服务机构紧密联系收集农产品有关信息并接受监督指导，形成了从农田到餐桌多层级的农产品质量安全监测监督体系。

7.5.2　法律、法规

日本是世界上食品安全保障体系最完善、监管措施最严厉的国家之一，保障食品安全的法律法规由基本法律和一系列专业、专门的法律法规组成。1948 年颁布并多次修订的《食品卫生法》和 2003 年颁布的《食品安全基本法》是保障食品安全的基本法律。《食品安全基本法》确立了消费者至上、科学的风险评估和从农场到餐桌全程监控的食品安全理念，要求食品供应链的每一个环节确保食品安全。配套出台了食品卫生法实施令、食品卫生法实施规则以及基于食品卫生法的都道府县等食品卫生监督指导计划等命令。

涉及食品安全的专业、专门的法律法规很多，有食品质量卫生、农产品质量、动物防疫、植物保护、投入品（农药、兽药、饲料添加剂等）5 个方面。与畜禽产品质量相关的有家禽传染病预防法、家畜传染病防治法、饲料安全法等。此外，还制定了相关配套规章，为制定和实施标准、检验检测等活动奠定法律依据。根据这些法律、法规，日本厚生劳动省颁布了大量的农产品质量标准。

7.5.3　质量标准

为了保障食品质量安全，日本厚生劳动省颁布了一系列的相关质量标准，并进行推

广和普及。如为了满足食品安全和质量控制社会要求，1998 年厚生劳动省和农林水产省共同制定了危害分析与关键控制点（HACCP）方法，2018 年 6 月又将 HACCP 写进了修订的食品卫生法。为了减轻食品企业按照 HACCP 管理的负担，按照经营食品的不同刊登了相关食品卫生管理的技术讨论会及内容指南；HACCP 讨论会推进了 HACCP 卫生管理的普及和 HACCP 的制度化。为了让食品企业经营者更加了解 HACCP 的内容及其相关的通知、政策，推出了介绍 HACCP 的宣传单、视频等指南，并对餐饮和相关经营者和卫生管理者进行相关的辅导。为了推进 HACCP 的实施，将各都道府县的食品卫生监督员进行培训，以便加强当地 HACCP 技术，引导当地食品相关行业经营者实施 HACCP。农林水产省于 2003 年发布了《食品安全科追溯制度指南》，并分别于 2007 年和 2010 年进行了修改和完善。此外，日本还制定了不同农产品的可追溯系统及不同阶段的操作指南。

7.6　我国畜禽产品中致病微生物的风险管理

近些年来，我国畜禽产品安全形势有了极大的提高。由于政府高度重视，监管体系和法律法规不断完善、企业卫生安全和国民食品安全意识不断提高，重大食品安全事件明显减少。但畜禽产品中还存在不少安全问题，特别是食源性致病微生物在畜禽产品中的安全问题。畜禽产品中的致病微生物与化学性、物理性危害物质不同之处在于，化学性、物理性物质在源头控制好并改善环境后就可以解除相

关的安全威胁，而致病微生物不因社会、历史、人为和环境因素等的改变而消除，只要有生物就存在食源性致病微生物的安全问题。

我国畜禽产品中食源性致病微生物主要面临的一些问题有：一是畜禽中致病微生物污染严重，某些致病微生物携带率高达 90%。二是由于养殖过程中抗生素的滥用，导致动物源细菌耐药性形势严峻；三是畜禽产品面临生物恐怖与生物袭击风险增加。借鉴发达国家经验，按照"两个一百年"目标要求，全面提升我国畜禽产品中食源性致病微生物的防控监测能力，保障畜禽产品生物安全和供给。畜禽产品的安全涉及千家万户，关系到每个人的健康，管理好畜禽产品的安全供给，控制好畜禽产品的生物安全，既要让老百姓吃得上畜禽产品，又要在质量上保证老百姓吃得安全、放心是每一个畜禽产品生产者和监管者的责任和义务。

7.6.1 政府监管

食品安全涉及人民群众的健康和生命安全，已成为我国政府重视的问题和焦点。国家卫生健康委员会（原卫生部）开展食品安全风险监测、评估和交流工作。卫健委参照全球环境监测规划/食品污染监测与评估计划开展了食源性疾病监测工作，并成立国家食品安全风险评估专家委员会，开展食品安全风险评估。2011 年，国家食品安全风险评估中心（China National Center for Food Safety Risk Assessment，CFSA）正式成立。CFSA 作为负责食品安全风险评估的国家级技术机构，承担国家食品安全风险评估、监测、预警、交流和食品安全标准等技术支持工作。CFSA 建立了包括病例信息、实验室监测数据、致病菌分子分型、食源性疾病预警发布等为一体的食源性疾病主动监测与预警网络，以期准确掌握我国食源性疾病的发病流行趋势，提高食源性疾病的预警防控能力。CFSA 建成并投入使用的基于全基因组测序技术的食源性疾病分子溯源网络，已成功应用于冷冻饮品中单核细胞增生李斯特菌的跨省追踪等实践调查。

2018 年，国务院组建了国家市场监督管理总局，整合了国家工商行政管理总局、国家质量监督检验检疫总局和国家食品药品监督管理总局。国家市场监督管理总局组织开展了包括畜禽产品在内的全国食品安全监督抽检工作，并定期公布相关信息；督促指导不合格食品核查、处置和召回；建立覆盖食品生产、流通、消费全过程的监督检测制度，同时组织开展全国食品安全评价性抽检、风险预警和风险交流工作。分析掌握生产领域食品安全形势，拟定并组织实施食品生产监督管理和食品生产者落实主体责任制度，组织开展食品生产企业监督检查，指导企业建立健全食品安全可追溯体系。食品安全监督以发现食品安全问题为导向，以有效防控系统性、区域性和行业性食品安全风险隐患，进一步落实企业食品安全主体责任，促进食品产业健康有序发展。食品安全监督抽检坚持四级联动，国家、省、市、县四级紧密协作，分级承担抽检任务、统一规范程序标准、统一数据分析利用，抽检涵盖34 个食品大类、150 个食品品种、259 个食品细类，抽检 133.96 万批次食品。抽检时间和频率有季节性和临时节假日食品。抽检场所覆盖了大、中、小型生产企业、小作坊等各种生产方式的企业，以及饭店、餐厅、食堂和集体用餐配送单位等各种餐饮单位；抽检环节主要是流通环节，包括批发市场、超市、小卖部以及网购食品的大型网络平台。

农业农村部组织实施农产品质量安全监督管理工作，为农产品质量安全监管体系、检验检测体系和信用体系建设给予指导。从2001年起建立了农产品质量安全例行监测制度，每季度对包括畜禽产品在内的农产品进项抽样检测，对全国的大、中城市的农产品实行生产、市场环节的定期监督检测，并根据监测结果发布农产品质量安全信息。2001年的农产品检测合格率只有约60%，到2019年合格率达到97.6%，农产品检测合格率大幅提升。各地重视农产品投入管理、在农产品安全监管方面探索新方法。2016年，农业农村部公布了加快农产品质量安全可追溯体系建设的意见，以猪肉、生鲜乳等农产品为试点建立了全国统一的追溯管理信息平台，同时出台了制度规范和技术标准，以及国家农产品质量安全追溯管理办法。明确追溯要求、统一追溯标识、规范追溯流程，健全管理规则，健全完善追溯管理与市场准入相衔接的机制，构建从产地到市场到餐桌的全程可追溯体系；建立国家农产品质量安全信息化追溯平台。2011年，农业农村部依托全国农业科研单位和大专院校的农产品质量安全研究和监测机构，选定36家单位成立了农业部农产品质量安全风险评估实验室，开展对农产品质量安全风险评估、风险监测、风险交流等工作；2019年，建立了全国农业农村系统农产品质量安全检验检测工作调查统计制度，这些措施有力地推动了农产品质量安全治理体系和

能力的现代化，保障了农产品消费安全和农业产业发展。农业农村部部署开展农产品质量安全专项整治的活动都有力地从源头上保障了畜禽产品等农产品的安全。

7.6.2 我国与畜禽产品安全相关的法律法规和条例

为了从制度上解决出现的食品安全问题，保证食品安全，保障公众身体健康和生命安全，我国在1995年就颁布了《中华人民共和国食品卫生法》，为了适应社会经济的发展新形势，2009年和2015年我国又修订、颁布了《中华人民共和国食品安全法》（以下简称《食品安全法》）。2015年10月1日我国正式实施"史上最严"《食品安全法》，这版《食品安全法》确立了国家建立食品安全风险监测制度，对食源性疾病、食品污染以及食品中的有害因素进行监测。食品安全风险监测和评估为基础的科学管理制度，明确食品安全风险评估结果作为制定、修订食品安全标准和对食品安全实施监督管理的科学依据。《食品安全法》中规定食用农产品的质量安全管理，除市场销售、有关安全信息的公布和《食品安全法》对农业投入品做出规定的除遵循《食品安全法》外，还需遵循《中华人民共和国农产品质量安全法》的规定。

为保障农产品质量安全和维护公众健康，2006年11月1日起施行，2018年修正的《农产品质量安全法》，确立了农产品质量安全监测制度，建立健全了农产品生产、销售的安全质量标准。确立了农业行政主管部门对农产品质量安全的监督管理职责，成立农产品安全风

险评估专家委员会对可能影响农产品质量安全的潜在危害进行风险分析和评估，农业行政主管部门要根据评估结果采取相应的管理措施，建立健全农产品质量安全标准体系。

2008年8月1日起实施的由国务院制定的《生猪屠宰管理条例》是为了保证生猪产品质量安全，保障人民身体健康。条例规定加强生猪屠宰监督管理，规范生猪屠宰行为，实行定点屠宰、集中检疫制度。规定对屠宰的生猪进行宰前、宰后检疫，检验生猪的健康状况、猪肉中是否有旋毛虫等危害人身健康的致病微生物，对检出的病害生猪及生猪产品进行无害化处理。

2010年，卫健委为了做好食品安全风险监测工作，根据《食品安全法》及其实施条例的规定，联合相关部门制定了《食品安全风险监测管理规定》对制定实施国家食品安全风险监测计划，建立覆盖全国的国家食品安全风险监测网络，加强国家食品安全风险监测能力做出了规定。

2019年修订的《中华人民共和国食品安全法实施条例》是根据《食品安全法》制定的，是建立健全食品安全管理制度的一份条例，对食品安全政策的制定、食品安全监督管理的责任，以及监督管理能力建设和提高、普及食品安全科学常识、法律意识做了进一步的规定。

7.6.3　我国与畜禽产品安全相关的标准、规范

国家卫健委会同食品药品监督管理部门根据情况组织专家制定并公布了食品安全国家标准，对食品的生产、消费起到引领和规范作用。2016年修订了包括食品微生物学检验的国家标准，包括食品中指标菌菌落总数、大肠菌群计数在食品中测定的方法步骤和判断标准；也包括沙门菌、致泻性大肠埃希菌、金黄色葡萄球菌、小肠结肠炎耶尔森菌等食源性致病菌在牛奶、鸡蛋等畜禽产品中的检验方法。

农业农村部会同国家卫健委制定畜禽屠宰的检验规程。GB 2707—2016《食品安全国家标准　鲜（冻）畜、禽产品》规定了鲜/冻畜禽肉及其副产品中的污染物限量等，《畜禽屠宰加工卫生规范》规定了畜禽屠宰过程中畜禽验收、屠宰、分割、包装、贮存和运输等环节的场所、设施设备、人员的基本要求和卫生操控操作的管理准则；《肉和肉制品经营卫生规范》规定了包括鲜肉、冷却肉、冻肉和使用副产品在内的肉和肉制品采购、运输、验收、贮存和销售等经营过程中的食品安全要求。《畜禽屠宰HACCP应用规范》是参考国际食品法典委员会（CAC）发布的《HACCP体系及其应用准则》，结合我国畜禽屠宰行业的现状制定的，规定了畜禽屠宰加工企业HACCP体系的总体要求和文件、良好操作规范（GMP）、卫生标准操作程序（Sanitation Standard Operating Procedure，SSOP）、标准操作规程（SOP）、有害微生物检验和HACCP体系建立规程方面的要求，提供了畜禽屠宰HACCP计划模式表。为提高禽类屠宰加工安全与卫生要求制定的《禽类屠宰与分割车间设计规范》和《鸡胴体分割》规定了原料鸡要求、分割环境要求、人员要求、屠宰工艺、分割，产品检验检疫、贮存、包装、标志和运

输等的要求。

农业农村部也对畜禽产品在生产屠宰环节制定了一些行业标准规范，提高畜禽产品的质量安全，保障人民的生命健康。《畜禽屠宰卫生检疫规范》规定了畜禽屠宰检疫的宰前检疫、宰后检疫及检疫检验后处理的技术要求，《家禽屠宰质量管理规范》和《肉鸡屠宰质量管理规范》分别对家禽和肉鸡屠宰加工过程中的设备、卫生质量和检验检疫的基本要求进行了规定；《无公害农产品生产质量安全控制技术规范》规定了无公害畜禽屠宰生产质量安全控制的厂区布局及环境、车间及设施设备、畜禽来源、宰前宰后检验检疫、屠宰加工控制、产品检验、无害化处理、包装与贮运、可追溯管理、生产记录等环节质量安全控制技术的要求。另外，商务部还制定了适用于屠宰企业消毒工作的国内贸易行业标准《屠宰企业消毒规范》，规定了屠宰企业消毒的基本要求、消毒管理、消毒方法以及消毒效果监测管理。

7.6.4 我国食源性致病微生物风险评估预警研究及其应用现状

我国的食品安全预警研究已开展多年，许多研究机构和学者从理论、实践等方面进行了研究和论述。对食品安全风险评估和预警进行了理论和试验研究，为完善我国食品安全监管体制奠定了理论和技术基础。

我国国家食品安全风险评估中心（CFSA）以食品安全风险评估为研究方向，以食源性疾病为主要研究内容，以食源性疾病负担与溯源预警为评价食品安全监控措施有效性的科学基础，针对食源性致病菌开展了评估模型研究，已经完成的食源性微生物风险评估有：我国从零售到餐桌鸡肉中沙门菌定量风险评估；即食食品中单增李斯特菌、牡蛎中副溶血弧菌等定量风险评估工作。中国动物卫生与流行病学中心开展了对生猪和肉鸡屠宰环节沙门菌等致病微生物暴露的定量风险评估，锁定了关键控制点，同时开展了禽产品中常见食源性致病菌的生长预测模型研究。另外，我国专家还完成了带壳鸡蛋中沙门菌、猪肉中金黄色葡萄球菌、散装熟肉制品中单增李斯特菌、杂色蛤中副溶血弧菌等的定量风险评估工作，以及对即食食品圆火腿中的沙门菌、巴氏牛奶中的蜡样芽孢杆菌进行了模块化风险评估。

中国农业科学院农业质量标准与检测技术研究所开展的食用农产品质量安全风险预警研究，利用农产品质量安全风险监测与评估大数据开展基于风险评估要求的数据分类优化、统计分析及基于地理信息系统（Geographic Information System，GIS）可视化表达结果，实现从数据上传到结果呈现的监测与评估信息平台。中国动物卫生与流行病学中心建立了"农业农村部动物及动物产品卫生风险监测与预警平台信息系统"，系统包含样品采集、菌毒虫株分离、耐药性状分析等多个信息模块，对动物源产品安全状况实时分析、突发动物源性食品安全事件溯源，是动物及动物源产品质量安全风险预警体系的重要组成部分。国家市场监督管理总局（原质检总局）在2007年推广应用了"快速预警与反应系统"，在监督抽查、定期检验、日常监管和专项检查等食品监管的数据基础上，对非食用原料、致病菌、重金属、农药和兽药残留等进行监测，并在国家和省级监督数据信息的资源上初步进行了共享。

中国动物卫生与流行病学中心还依托国家重点研发计划和农业农村部职能项目，正在研究开发"畜禽养殖屠宰过程重要人畜共患食源性病原微生物风险评估预警系统"，这将是一款覆盖从农场到餐桌，包括畜禽养殖、屠宰加工、流通贮存以及销售、消费全链条，涵盖不同畜禽产品（肉、蛋、奶）中不同重要人兽共患食源性致病微生物（如沙门菌、致病性大肠杆菌、弯曲杆菌、金黄色葡萄球菌、产气荚膜梭菌等致病菌）的风险评估预警系统。系统不仅会通过 GIS 定性和定量地展示不同环节畜禽或其产品中致病微生物的携带污染监测状况，还会针对畜禽养殖、屠宰环节的监测数据，结合预测微生物学模型，通过随机森林法、风险关联分析等数学运算，预测终端畜禽产品中某种致病微生物的暴露量，再结合消费膳食数据和相应剂量反应模型评估其致病概率，同时综合考虑致病微生物危害的严重程度，最终确定畜禽产品中污染的致病微生物可能导致的风险等级，最终针对不同的风险级别进行预警，并提出相应的干预措施。这是一款可供多种类型客户端（如监管部门、技术机构、企业行业等）使用的软件系统。

7.6.5 国外畜禽产品中致病微生物风险管理的经验和启示

我国现在的畜禽产品监管中还存在多头执法、分段监管、标准体系繁杂滞后、检测溯源体系不完善、科技支撑能力相对不强等问题。有专家指出，当我国的经济水平发展到 21 世纪初美国的水平时，食源性疾病和生物恐怖主义可能对我国构成长远的食品安全威胁。为此，我国制定了《国家食品安全中长期战略规划（2016—2030 年）》，指出到 2030 年，我国食源性致病微生物污染检测、溯源、监控和科技支撑能力满足率达到 60%~70%。

为了达到我国食品安全的中长期规划目标，学习发达国家食品安全的"消费者至上""科学的风险评估"和"从农场到餐桌全程监控"理念，完善控制食品病原的法律法规、技术标准体系，拥有配套的技术、信息服务等经验，对我国建立适合我国国情的畜禽产品致病微生物风险管理有许多的启示。

（1）建立健全科学完善、可操作性强的法律法规体系和技术标准体系，是畜禽产品安全管理的主要依据，也是对畜禽产品食物链全程监管和食物安全科学控制的依据。

（2）完善畜禽产品管理制度，严格执行处罚措施和力度。对存在安全隐患的畜禽产品依法采取召回并采取严厉的惩罚措施，对生产销售存在安全问题的企业和个人进行罚款、判刑，可以起到有效监管和威慑作用，对畜禽产品安全问题绝不姑息。

（3）加强风险评估能力建设，建立科学的畜禽产品安全防控理念，提高畜禽产品检测和监测技术及能力。注重源头控制，实施全链条监控，采取预防为主的原则，推动畜禽产品加工企业在生产加工过程中实施 GHP、SSOP 和 HACCP 等预防措施；加强兽医、兽医官培养和培训制度，提高畜禽产品安全监管队伍执法能力建设。

（4）普及畜禽产品安全知识和防控措施，针对生产企业的管理者、生产者和消费者，编写相应的宣传材料，通过视频、图书、宣传画等媒介推广畜禽产品生产安全和消费安全等。

参考文献

［1］BfR. Das Bundesinstitut für Risikobewertung（BfR）［EB/OL］. 2019. https://www. bfr. bund. de/en/the _ german _ federal _ institute _ for _ risk _ assessment__bfr_-572. html.

［2］Bryan, F. L. Hazard analysis critical control point（HACCP）concept［J］. Dairy Food Environ Sanitat,1990b,10（7）:416-418.

［3］Canadian Food Inspection Agency. New regulations on food safety come into force today［EB/OL］. 2019. http://www. canada. ca/en/food - inspection-agency/news/2019/01/new-regulations-on-food-safety-come-intoforce-today. html.

［4］CDC. Foodborne diseases active surveillance network（FoodNet）［DB/OL］. 2019. https://www. cdc. gov/foodnet/about. html.

［5］CDC. FoodNet surveillance［DB/OL］. 2019. https://www. cdc. gov/foodnet/surveil-lance. html.

［6］CDC. PulseNet［EB/OL］. 2020. https://www. cdc. gov/pulsenet/index. html.

［7］FAO. Microbiological risks and JEMRA［DB/OL］. 2019. http://www. fao. org/food/food-safety-quality/scientific-advice/jemra/en/.

［8］FAO. EMPRES Food Safety［DB/OL］. 2019. http://www. fao. org/food - safety - quality/empres-food-safety/en/.

［9］FAO/WHO. FAO/WHO guide for application of risk analysis principles and procedures during food safety emergencies［EB/OL］. 2019. http://www. fao. org/3/ba0092e/ ba0092e00. pdf.

［10］FDA. CFSAN risk & safety assessments［DB/OL］. 2019. https://www. fda. gov/science - research-food/cfsan-risk-safety-assessments.

［11］Government of Canada/Gouvernement du Canada. Fact sheet: Preventive food safety controls［DB/OL］. 2019. https://www. inspection. gc. ca/food-safety-for-industry/toolkit-for-food-businesses/preventive-food-safety-controls/eng/1427304468816/1427304469520

［12］Marvin H J P, Kleter G A, Prandini A, et al. Early identification systems for emerging foodborne hazards［J］. Food and chemical toxicology, 2009, 47（5）:915-926.

［13］RAFSS. RASFF-food and feed safety alerts［DB/OL］. 2019. https://ec. europa. eu/food/safety/rasff_en.

［14］USDA. Pathogen Reduction; Hazard Analysis and Critical Control Point（HACCP）Systems; Final Rule［EB/OL］. 2020. https://www. fsis. usda. gov/wps/portal/fsis/topics/regula-tory-compliance/haccp.

［15］WHO. More complex foodborne disease outbreaks require new technologies, greater transparency［EB/OL］. 2019. https://www. who. int/news - room/detail/06- 12 - 2019 - more - complex - foodborne - disease-outbreaks - requires - new - technologies - greater - transparency.

［16］WHO. Assessing microbiological risks in food［DB/OL］. 2019. https://www. who. int/activities/assessing-microbial-risks-in-food.

［17］WHO. Responding to food safety emergencies（INFOSAN）［DB/OL］. 2019. https://www. who. int/activities/responding-to-food-safety-emergencies-infosan.

［18］WHO. A unique global community: INFOSAN boosts collaboration among foodsafety authorities［EB/OL］. 2019. https://www. who. int/news - room/detail/23-12-2019-a-unique-global-community-infosan-boosts-collaboration-among-food-safety-authorities.

　　[19]WHO. Global outbreak alert and response network（GOARN）[DB/OL]. 2019. https://www. who. int/ihr/alert_and_response/outbreak-network/en/.

　　[20]唐晓纯. 多视角下的食品安全预警体系[J]. 中国软科学,2008(6):150-160.

　　[21]胡洁云,欧杰,李柏林. 预报微生物学在食品安全风险评估中的作用[J]. 微生物学通报,2009,36(9):1397-1403.

　　[22]邵运川. 欧盟食品安全预警体系对我国食品安全的启示[J]. 食品工业,2016,37(11):198-201.

　　[23]贝君,孙利,杨洋,等. 2018年欧盟食品饲料快速预警系统通报情况分析[J]. 食品安全质量检测学报,2019,10(14):4781-4787.

　　[24]唐晓纯,许建军,瞿晗屹,等. 欧盟RASFF系统食品风险预警的数据分析研究[J]. 食品科学,2012,33(5):285-292.

　　[25]毛丽君. 欧盟食品和饲料快速预警系统的应用及启示[J]. 世界农业,2018(10):173-176,224.

　　[26]魏益民,郭波莉,赵林度,等. 联邦德国食品安全风险评估机构与运行机制[J]. 中国食物与营养,2009(7):7-9.

　　[27]钱永忠,郭林宇. 德国食品安全风险分析概观[J]. 农业质量标准,2007(4):53-56.

　　[28]滕葳,李倩,柳亦博,等. 食品中微生物危害控制与风险评估[M]. 北京:化学工业出版社,2012.

　　[29]王琳,赵建梅,赵格,等. 国内外食源性致病微生物风险预警开展现状与启示[J]. 中国动物检疫,2020,37(4):65-71.

　　[30]袁涛,王丹,焦宏强,等. 出口禽肉生产企业HACCP体系的创新应用进展[J]. 检验检疫学刊,2015,25(3):71-73.

　　[31]陈宗道,刘金福,陈绍军. 食品质量与安全管理[M]. 北京:中国农业大学出版社,2011.

　　[32]李玉冰. 对美国禽肉检验检疫制度与我国相关制度的对比与应对研究[D]. 武汉:华中农业大学,2007.

　　[33]屈影. 美国推进实施HACCP体系对我国的启示[J]. 中国乡镇企业会计,2017(9):290-292.

　　[34]江国虹,常改. 加速建立我国食源性疾病监测预警与控制网络[J]. 中国公共卫生,2005,21(8):1020-1021.

　　[35]谭利伟,王应宽. 发达国家畜禽产品质量安全可追溯系统的发展与启示[J]. 肉类研究,2016,30(12):54-63.

　　[36]周芳检. 大数据时代城市公共危机跨部门协同治理研究[D]. 长沙:湘潭大学,2018.

　　[37]黄熙,邓小玲,黄琼,等. 2011年德国O104:H4肠出血性大肠杆菌感染暴发疫情报告[J]. 中国预防医学杂志,2011,45(12):1133-1136.

　　[38]日本保障食品安全的法律法规体系. 百度文库.[2013-10-20]. https://wenku. baidu. com/view/b9d2194c1ed9ad51f11df20a. html.

　　[39]日本厚生劳动省. HACCP（hasappu）[EB/OL]. 2020. https://translation. mhlw. go. jp/ LUCM-HLW/ns/tl. cgi/https://www. mhlw. go. jp/stf/seisakunit-suite/bunya/kenkou_iryou/shokuhin/haccp/index. html?SLANG=ja&TLANG=zh&XMODE=0&XCHARSET=utf-8&XJSID=0.

　　[40]国家市场监督管理总局食品安全抽检监测司. 市场监管总局关于印发2019年食品安全监督抽检计划的通知[EB/OL].[2019-02-26]. http://www. samr. gov. cn/spcjs/cjjc/qtwj/201902/t20190226_291363. html.

　　[41]农业农村部农产品质量安全监管司. 餐桌上的食品安全吗? 这份"体检报告"告诉你[EB/OL]. 2019. http://www. jgs. moa. gov. cn/jyjc/201906/t20190614_6317406. htm.

　　[42]农业部农产品质量安全监管司. 农业部关

于加快推进农产品质量安全追溯体系建设的意见[EB/OL]. 2016. http://www. jgs. moa. gov. cn/zfjg/201904/ t20190418_6186115. htm.

[43]农业农村部农产品质量安全监管司. 农业部关于公布首批农业部农产品质量安全风险评估实验室名单的通知[EB/OL]. 2011. http://www. jgs. moa. gov. cn/fxpg/201904/t20190418_6186184. htm.

[44]农业农村部农产品质量安全监管司. 关于建立全国农业农村系统农产品质量安全检验检测工作调查统计制度的通知[EB/OL]. 2019. http://www. jgs. moa. gov. cn/jyjc/201912/t20191227_6334008. htm.

[45]国务院. 中华人民共和国食品安全法实施条例[Z]. 2019. http://www. gov. cn/zhengce/content/2019-10/31/content_5447142. htm.

[46]中央政府门户网站. 食品安全风险监测管理规定（试行）[EB/OL]. 2010. http://www. gov. cn/gzdt/2010-02/11/content_1533525. htm.

[47]GB 4789.1—2016, 食品安全国家标准　食品微生物学检验总则[S].

[48]GB 2707—2016, 食品安全国家标准　鲜（冻）畜、禽产品[S].

[49]GB 12694—2016, 畜禽屠宰加工卫生规范[S].

[50]GB/T 27519-2011, 畜禽屠宰加工设备通用要求[S].

[51]GB 20799—2016, 食品安全国家标准　肉和肉制品经营卫生规范[S].

[52]GB/T 20551—2006, 畜禽屠宰 HACCP 应用规范[S].

[53]GB/T 24864—2010, 鸡胴体分割[S].

[54]GB/T 27519-2011, 畜禽屠宰加工设备通用要求[S].

[55]NY 467—2001, 畜禽屠宰卫生检疫规范[S].

[56]NY/T 1174—2006, 肉鸡屠宰质量管理规范[S].

[57]NY/T 1340—2007, 家禽屠宰质量管理规范[S].

[58]NY/T 2798.12—2015, 无公害农产品　生产质量安全控制技术规范　第12部分:畜禽屠宰[S].

[59]SB/T 10660—2012, 屠宰企业消毒规范[S].

[60]卢燕芳, 李彬, 林齐立, 等. Phoenix-100 全自动微生物分析系统对碳青霉烯类耐药肠杆菌科细菌鉴定及预警能力的评价[J]. 实验与检验医学, 2019,37(1):62-64.

[61]刘丽梅, 高永超, 王玎. 食品中微生物危害的风险评估建模方法改进与应用[J]. 农业工程学报, 2014,30(6):279-286.

[62]许建军, 高胜普. 食品安全预警数据分析体系构建研究[J]. 中国食品学报, 2011,11(2):169-172.

[63]晏绍庆, 康俊生, 秦玉青, 等. 国内外食品安全信息预报预警系统的建设现状[J]. 现代食品科技, 2007,23(12):63-66.

[64]杨琳. 浅谈食品安全预警体系的构建研究与实践应用[J]. 质量技术监督研究, 2013,28(4):51-53,57.

[65]中国农业科学院农业质量标准与检测技术研究所. 农产品质量安全风险监测与评估创新团队[DB/OL]. 2019. http://iqstap. caas. cn/cxgc1/cxtd/ncpzlaqfxjcypgjzyjtd/index. htm.

[66]赵格, 刘娜, 赵建梅, 等. 生猪屠宰环节沙门菌污染的定量风险评估[J]. 农产品质量与安全, 2018(2):21-25.

[67]赵格, 刘娜, 赵建梅, 等. 肉鸡屠宰加工过程中沙门菌污染定量风险评估[J]. 中国动物检疫, 2018,35(4):26-31.

[68]赵格, 宋雪, 赵建梅, 等. 鸡蛋中常见食源性致病菌的生长预测模型研究[J]. 中国动物检疫, 2016,33(6):68-71.

［69］中国动物卫生与流行病学中心．"农业部动物及动物产品卫生风险监测与预警平台信息系统"开发完成,将使动物源性产品安全保障能力得到进一步提升［J］．中国动物检疫,2015,32(8):30.

［70］董庆利,王海梅,MALAKAR P K,等．我国食品微生物定量风险评估的研究进展［J］．食品科学,2015,36(11):221-229.

［71］滕葳,李倩,柳亦博,等．食品中微生物危害控制与风险评估［M］．北京:化学工业出版社,2012.

［72］国家食品安全风险评估中心(CFSA)．我国首个基于全基因组测序技术的食源性疾病分子溯源网络建成并投入使用［EB/OL］．2019. https://www. cfsa. net. cn/Article/News. aspx? id = 12623112C8 B539 A29A363 BE205AE24D3454624454ECE3A2D.

［73］乌集．广州开始建立食品安全预警体系［J］．中国减灾,2008(11):63.

［74］李金学,董胜华,张卫源,等．河南省食品综合示范区生产流通领域食品安全预警体系及应急系统研究［J］．河南预防医学杂志,2006,17(4):199-200.

［75］门玉峰．北京市食品安全预警体系构建研究［J］．对外经贸,2012(6):61-64.

［76］崔旸,何涛,陈艳,等．北京"十三五"时期食品安全风险评估与预警应急科技支撑工程［J］．食品安全质量检测学报,2017,8(3):1062-1065.

［77］张守文．发达国家和地区食品追溯制度及案例解析［N］．中国市场监管报,2019-11-19(8).

［78］旭日干,庞国芳．中国食品安全现状、问题及对策战略研究［M］．北京,科学出版社,2015.

食品微生物标准制定与实施原则和准则

CAC/GL 3021—1997

2013 年修订

1 引言

食源性病原体所致疾病对消费者、食品经营者和国家政府构成重大负担。因此预防和控制这些疾病成为国际公共卫生目标。一直以来，实现这些目标的部分手段是通过设定微生物标准等指标，这些指标反映良好卫生规范（GHP）中的知识和经验以及潜在危害对消费者健康的影响。微生物标准已经使用多年，对总体上改善食品卫生做出了贡献，即使有些标准的设定只是对现有措施所得效果的经验观测，并未发现其与公众健康保护之间存在任何明显关联。微生物风险评估（MRA）方面的进步以及风险管理框架的运用使得公众健康风险的评估更加量化，各种可能干预措施的效果更为确定。由此出现了一系列其他食品安全风险管理指标：食品安全目标（FSO）、执行目标（PO）和执行标准（PC）［参见《微生物风险管理的实施原则和准则》（CAC/GL 63—2007）附件Ⅱ］。如果已有微生物风险评估模型或上述指标，就可以在微生物标准和公众健康效果之间建立更

为直接的联系。

制定和实施微生物标准应依据本原则，并以科学分析和建议为基础。如有充分资料，还应对食品及其使用方式进行风险评估。

食品微生物安全是通过有效实施已确证的控制措施而实现，在适合的情况下应贯穿于整个食物链，以尽量减少污染，提高食品安全性。相比那种仅仅依赖对最终上市产品某个批次进行抽样微生物检测的方法，这种预防性的措施更有优势。当然，微生物标准设定后，可用于验证食品安全控制体系是否得到正确实施。

一般来说，食品加工环境的监测标准是食品安全控制体系的重要组成部分。由于这种标准无法像食品微生物标准那样明确定义，通常不用于判定食品是否可接受，因此尽管在食品安全管理方面作用巨大，这些标准不在本文件范围之内。

食品安全控制体系（包括选用的微生物标准）的严格程度应适当，以保护消费者健康，保证食品贸易的公平. 选用的微生物标准应能保证实现适当程度的控制。

食品法典的作用之一是推荐国际微生物

标准。各国政府可以将食品法典微生物标准纳入本国体系，或将其作为实现本国公共卫生目标的出发点。各国政府也可以制定和实施自己的微生物标准。食品经营者可以在食品安全控制体系范围内制定和实施微生物标准。

应结合以下文件解读本文件：《微生物风险管理的实施原则和准则》（CAC/GL 63—2007），《采样通用准则》（CAC/GL 50—2004），以及《实施微生物风险评估的原则及准则》（CAC/GL 30—1999）。

2　适用范围与定义

2.1　适用范围

本原则和准则旨在为各国政府和食品经营者设定和实施食品安全和其他食品卫生方面的微生物标准提供一个框架。监测食品加工环境的微生物标准不在本文件范围之内。微生物标准适用于（但不限于）以下范围。

（1）细菌、病毒、霉菌、酵母菌和藻类；

（2）原生动物和蠕虫；

（3）上述微生物的毒素和代谢物；

（4）指示活细胞存在的上述微生物的致病性标记物（如与致病性有关的基因或质粒）或其他特征（如抗生素耐药性基因）。

2.2　定义

微生物标准是指在食物链的某一点采样和检测微生物、其毒素和代谢物或者其致病性相关标记物或特征后，用以判定某个食品的可接受性或者实施某个食品安全控制体系

或程序可接受性的风险管理指标。

本准则其他相关定义有：

（1）适当保护水平（ALOP）①。

（2）食品安全目标（FSO）②。

（3）执行目标（PO）②。

（4）执行标准（PC）②。

（5）批次③。

（6）样品③。

（7）食品安全控制体系④。

（8）确证④。

（9）验证④。

（10）属性采样方案③。

（11）变量采样方案③。

3　通用原则

（1）微生物标准应保护消费者健康，在适当的情况下，也应保证食品贸易的公平。

（2）微生物标准应切实可行，仅在必要时才设定。

（3）制定和实施微生物标准的目的应明确阐述。

（4）制定微生物标准应以科学资料和分析为基础，并采取结构化和透明的方式。

（5）制定微生物标准应依据微生物知识以及微生物在食物链上的出现方式和行为特点。

（6）设定微生物标准时，消费者对最终

---

①　《食品进口控制体系准则》（CAC/GL 47—2003）。

②　食品法典委员会，《程序手册》。

③　《采样通用准则》（CAC/GL 50—2004）。

④　《食品安全控制措施确证准则》（CAC/GL 69—2008）。

产品的预期用法和实际用法均应考虑。

（7）选择微生物标准时，其严格程度应适合预期目的。

（8）适当时应定期重审微生物标准，以确保在当前情况和惯例下这些微生物标准仍然适用于既定目的。

4 制定和实施微生物标准

4.1 综合考虑

根据风险管理目标和可用知识与数据水平，制定微生物标准过程中可采用多种方法：可以基于良好卫生规范方面的相关经验性知识；或利用食品安全控制体系的科学知识，比如危害分析与关键控制点体系（HACCP）；也可以通过风险评估实现。所选方法应与风险管理目标以及食品安全性和适宜性方面的决策保持一致。

由于制造、经销、仓储、营销和制备过程中微生物浓度/传播可能发生改变，微生物标准设定于食物链的某一点。

制定微生物标准的必要性需经证实：比如有流行病学证据表明正在审议的食品可能构成重大公共卫生风险，而制定标准对于保护消费者确有意义；或者风险评估结果要求制定标准。

4.2 标准目的

制定和实施微生物标准可能出于多种原因。微生物标准的目的包括但不限于：

（1）评估某个批次的食品以决定接收还是拒收，特别是该食品相关资料不清楚时。

（2）验证食品安全控制体系或食物链上某个安全控制方案的效果，例如前提方案（Prerequisite Programs）和/或危害分析与关键控制点体系（HACCP）。

（3）按照食品经营者之间约定的验收标准检验食品的微生物状况。

（4）验证所选控制措施能否满足执行目标（PO）和/或食品安全目标（FSO）的要求。

（5）使食品经营者了解实施最佳规范时应该达到的微生物水平。

此外，微生物标准实施应用后，作为一种重要的风险管理指标，在检测食品安全控制体系设计和/或操作上的不可预见问题以及获取安全性和适用性信息方面具有其他方式不可替代的优势。

4.3 微生物标准与其他微生物风险管理指标、适当保护水平（ALOP）之间的关系

主管部门和食品经营者可直接采用微生物标准，或通过其他微生物风险管理指标〔如执行目标（PO）、食品安全目标（FSO）〕，来具体实施适当保护水平（ALOP）。这一过程需要采用量化风险评估。风险评估应包括并结合多个因素，如目标微生物的传播和浓度分布，以及食物链中微生物标准设定点之后这些数值如何变化。风险评估应考虑到食品生产系统内在的可变性特征，反映出风险评估的不确定性。目前正在进行一些降低风险评估复杂性的工作，这应有助于促进开发和利用基于风险的微生物标准。

微生物标准可直接关联适当保护水平（ALOP），无须执行目标（PO）或食品安全目标（FSO）。一种方法为，检测单个批次的可接受性，通过与 ALOP 比较评价公共健康相关风险。另一种方法是将微生物标准直接关联某个 ALOP，对不符合微生物标准的批次或程序采取改正措施后，使用风险评估模型来评估改正措施带来的公众健康风险降低效果。

利用统计模型可将 PO 或 FSO 转换为微生物标准。同时应证明 PO 或 FSO 与 ALOP 之间的联系。要设定此类食品微生物标准，需对目标微生物在食品中的分布做出假定。通常假定为对数正态分布及相应的标准差默认值。此外，FSO 或 PO 中应界定危害物的最大频率和/或浓度。如以浓度作为限值，则也应界定满足这一限值的浓度分布比例（例如 95%，99% 等）。

4.4　标准内容与其他考虑事项

微生物标准包含以下内容。

（1）微生物标准的目的；

（2）标准适用的食品、程序或食品安全控制体系；

（3）标准适用的食物链中特定点；

（4）所涉微生物及选择原因；

（5）微生物限值（m，M；见第 4.6 节）或其他限值（例如风险等级）；

（6）采样方案：规定采样数量（n），分析样的大小，以及接受值（c）（如适用）；

（7）采样方案的统计性能（取决于标准目的需要）；

（8）分析方法及其性能参数。

微生物标准应考虑到不符合规定标准时采取的措施，并加以明确（见第 4.11 节）。

其他考虑事项包括但不限于：

（1）样品类型（如食品基质类型、原材料、成品）；

（2）采样工具和技术；

（3）所涉微生物的传播和浓度数据（如基准数据）；

（4）采样频率和时间安排；

（5）采样类型（随机采样、分层采样等）；

（6）所用方法，合并样品的适宜条件（如适用）；

（7）经济和管理可行性，特别是采样方案的选择；

（8）检测结果的解读；

（9）记录保存；

（10）食品的预期用法与实际用法；

（11）原材料的微生物状况；

（12）加工过程对食品微生物状况的影响；

（13）在采样之后的处理、包装、仓储、制备和使用过程中，微生物污染和/或生长和灭活的可能性与后果；

（14）检出可能性。

此外，针对食源性病原体的微生物标准应考虑：实际与潜在健康风险的证据；以及危险人群以及摄入习惯。

4.5　采样方案

制定和选择采样方案时应参照《采样通用准则》（CAC/GL 50—2004）中规定的原则。

微生物标准采样方案的选择取决于微生

物标准的性质和目的。变量采样法评估量化数据，无须将数据归类。变量采样法需要微生物的分布数据，通常假设检测变量遵循正态或对数正态分布。变量采样法很少使用，部分原因是无法用于检测存在/不存在。对基于量化数据的微生物标准来说，如已知批次内和批次间变异性，则可以调整变量采样方案使之适应生产过程的特定条件，这样可以更全面地解读检测结果。

实践中用于批次验收的微生物采样方案大多数是属性采样方案。计算可接受概率时，如果将其作为不合格单位百分比的函数，则无须了解微生物的基本分布信息，也不用做出假定。只要保证采集样本单位时使用的是概率采样技术（如简单随机抽样或分层随机抽样），即可保证属性采样方案的有效性。如果计算可接受概率时将其作为目标微生物水平的函数，则有必要了解或估算微生物的分布情况。

分析样的数量和大小应依照采样方案规定，在设定微生物验收标准时不应修改。特殊情况下（如食源性疾病暴发，或食品投放市场之前经营者希望尽可能检出受污染批次），可能需采用更严格的采样方案以及其他微生物标准。采样方法中应明确说明切换采样方案的规则和程序。除非采样方案另有规定，一个批次不应重复检测。

4.6　微生物限值和/或其他限值

微生物限值是划分合格与不合格分析单位的界限。

微生物限值 m 和 M 是属性采样方案的要素，受到 n、c 和分析单位大小的进一步限定，

表示方式为存在/不存在或分析单位中微生物的浓度。

在适用的情况下，设定微生物标准中的微生物限值时应考虑到目标微生物水平在微生物标准设定点之后可能发生的任何变化（例如数量减少或增加）。微生物标准还应明确说明限值是适用于每个分析单位，平均值，还是其他具体计算方法。

两级属性采样方案中，分析单位的可接受微生物浓度上限值以 m 表示，而接受值 c 为超过该上限值的分析单位的最大容许数目。

三级属性采样方案中，微生物限值 m 划分合格分析单位与边缘可接受分析单位，而限值 M 则界定不合格分析单位。这种情况下，接受值 c 是指边缘可接受分析单位的最大允许数目。

微生物标准应用于其他风险管理指标或适当保护水平（ALOP）时，可用其他微生物限值替代 m 和 M。

4.7　分析方法

应根据不同的微生物限值（如存在/不存在特定的食源性病原体）选择适当的分析方法。所用方法应符合目的，意即已确证该方法适用于相关性能特性（如检测限、可重复性、再现性、包容性、排他性等）。确证研究应基于国际认可的规程并包括实验室间研究。如果做不到，采用这种分析方法的实验室应按照标准化规程对该方法进行确证研究。

指定的分析方法在复杂性、可用培养基、设备、便于解读、所需时间和成本方面应合理可行。

分析之前合并样品可能影响检测结果。合

并样品会影响被检测样品的最终浓度，不适合枚举式分析方法，也不适用于三级采样方案。两级采样方案中的存在/不存在检测可以考虑样品合并，只要能保证检测结果与检测单个分析单位的情况一致。

4.8　统计性能

采样方案的统计性能通常以其操作特性（OC）曲线表示，曲线将可接受概率描述为不合格分析单位实际比例或食品中微生物浓度的函数。OC 曲线可用来评估采样方案的各个参数对方案整体性能的影响。

联合国粮农组织（FAO）和世界卫生组织（WHO）委托微生物风险评估专家联席会议（JEMRA[①]）等开发了一些评估采样方案的网络工具，考虑采样方案时可供使用。

4.9　滑动窗口法

滑动窗口法是指在指定的时间段（"窗口"）采集足够数量（n）的样本单位；根据可接受值 c，将最新 n 个采样单位的检测结果与某个或多个微生物限值（m，M）进行比较；从采样时间段中每获得一个新结果，就将其加入窗口，同时删除最旧的结果，形成所谓"滑动窗口"。这种方法也适合一组结果，比如一周内获得的结果。窗口总是由 n 个结果组成，每次向前移动一个或一组结果。确定滑动窗口跨度时应综合考虑生产频率和相应的采样频率，以便获得足够数量的结果，用以验证食品安全控制体系或程序的性能。

滑动窗口法是一种检查食品安全控制体系或程序中持续微生物性状的低成本实用方法。滑动窗口法与微生物标准惯用的时间点方法一样，可以判定性能是否达到要求，这样在出现不可接受的控制变化时可采取适当干预措施。

滑动窗口的长度应适当，以便及时采取改正措施。如果 n 个结果中有 c 个超出限值 m，或有结果突破了限值 M，则需采取改正措施。

不应混淆滑动窗口法和下一节中描述的趋势分析。

4.10　趋势分析

趋势分析是指检测一段时间内（通常为相对较长、未预先限定的一段时间）观察模式出现的变化的一种程序。该方法可用于多种类型信息，包括比对微生物检测结果和微生物标准。趋势分析可以检测到滑动窗口法无法察觉的逐渐失控，也能检测到较突然的失控。

趋势分析可以显示生产过程中不希望发生的变化所形成的数据变化或数据模式，使食品经营者能够在食品安全控制体系失控之前采取改正措施。采用图形等方式显示检测结果，可使这种趋势（或模式）可视化。

4.11　不符合微生物标准时采取的措施

不符合微生物标准（检测结果不符合要求）时应采取措施，其中包括与检测目的相关的改正措施。这些措施应基于消费者风险评估（如涉及）、食物链中所处环节、该食品具体情况，并考虑到历史上该食品的验收合格情

---

① http：//www.mramodels.org/sampling/。

况。食品经营者应重新评估其食品安全控制体系，包括良好卫生规范（GHP）和操作程序，和/或进行进一步调查以确定应采取的预防措施。

当出现不符合食源性病原体微生物标准的情况时，所采取的措施应包括恰当的产品隔离和处置措施，可能包括进一步加工、转作他用、撤回和/或召回、重新加工、拒收或销毁产品、和/或进一步调查以确定应采取的措施。其他措施可能有增加采样频率、检查与审核、罚款或责令停业。

4.12 文档与记录保存

文档和记录为微生物标准提供必不可少的支持，例如支持微生物标准的科学证据文档以及微生物标准的实施/性能记录。检测报告等记录应提供样品识别、采样方案、分析方法、检测结果及其解读（如适用）方面的完整资料。有些国家政府有微生物标准汇报规定。另请参见《食品卫生通用原则》（CAC/RCP 1—1969）第 5.7 节以及《采样通用准则》（CAC/GL 50—2004）第 2.3.7 节相关规定。

应留存相关文档详细记录所有不符合微生物标准的事例以及采取的改正措施，以控制食品安全风险并防止违规行为再次发生。

5 食品微生物标准的重审

由于制定和实施微生物标准属于微生物风险管理（MRM）事务的一部分，可参照《微生物风险管理的实施原则和准则》

（CAC/GL 63–2007）第 8.2 节相关规定。此外，其他 MRM 指标修订后，或以下方面（但不限于下述）出现新问题或新变化后，应考虑对微生物标准进行相应修订。

（1）所涉微生物的分类、传播或分布；

（2）发病率，包括归因于特定食品的情况；

（3）微生物特征（如抗生素耐药性，致病性等）；

（4）某个指标微生物的适用性；

（5）可用分析方法/检测项目/检测的恰当性；

（6）食品/配料/生产技术/生产工艺；

（7）食品安全控制体系；

（8）危险人群；

（9）所涉食品的消费者行为或膳食摄入模式；

（10）风险理解和知识；

（11）趋势分析结果；

（12）所需保证水平。

微生物标准的重审可由各国政府和/或食品经营者发起和执行。食品法典委员会成员可在食品法典文件中提议重审微生物标准。

重审结果分别为保留、调整或撤销微生物标准。

应利用风险管理框架不断改进、完善和调整微生物标准的相关部分，增强其有效性，不断融入新的科学知识，新的公共卫生风险知识和相关食品安全风险管理指标（FSO、PO 和 PC）。最终目标是对微生物标准、其他指标与公共卫生效果之间的联系做出更为量化的评估。

如果制定微生物标准是为了应对特定的风险后果，则应参照对这种后果的影响重审标准；若无效，就应调整或撤销该标准。

微生物风险管理（MRM）行为原则和准则

CAC/GL 63—2007

2013 年修订

引言

由食源性微生物危害①引起的疾病已成为世界范围的公众健康关注重点。在过去的几十年中，世界上很多地区食源性疾病的发生率有所提高。食源性危害发生的原因很多。这包括微生物的适应、食品生产体系的变化、包括新的饲养操作、畜牧业、农艺流程和食品技术的发展、国际贸易的增长、易感人群和传播、生活方式和消费者需求的变化、人口统计学和生活习性的变化。食品市场的全球化加重了管理这些风险的挑战。

有效管理微生物危害引起的风险从技术上来说是复杂的。食品安全历来并将继续是那些在总体立法框架下执行一系列和食品卫生有关的控制措施的企业职责。近来，风险分析、风险评估、风险管理和风险沟通等相关组成部分，已经被引用为评估和控制微生物危害的一种新方法，用以保护消费者健康，确保食品贸易中的公平做法。它也便于判定食品安全控制体系的等效性。

本文件应和在食品法典②框架内应用的风险分析工作原则、《微生物风险分析行为原则和准则》（CAC/GL 30—1999）等文件一同解读。鼓励与微生物风险管理相关的国家、组织和个人应善加利用这些准则以及由世界卫生组织、联合国粮农组织和食品法典委员会制定的技术信息（如 1997 年在意大利罗马召开的联合国粮农组织/世界卫生组织风险管理与食品安全专家磋商会议第 65 号报告、2000 年 3 月在德国基尔召开的食品中微生物危害的评估者和管理者互动会以及在该会上形成的在制定食品安全标准、准则和相关文本中引入微生物风险评估的原则和准则，以及 2006 年 4 月在德国基尔通过的《运用微生物风险评估结果制定务实风险管理战略：提高食品安全的度量》）。

1 范围

这些原则和准则为微生物风险管理过程

---

① 食源性微生物危害包括（但不限于）病原菌、病毒、藻类、原生动物、真菌、寄生虫、朊病毒、毒素和其他微生物源有害代谢物。

② 食品法典委员会，程序手册。

提供框架，旨在为食品法典和各国①所用提供便利。它们还能为在微生物风险管理过程中应用微生物风险评估提供指导。在具体建议仅针对法典或仅针对国家的情况下，文本中将予以说明。本文件也为执行风险管理的其他相关方，如日常生活中与微生物风险管理相关的产业②和消费者，提供有用的指导。

2 定义

应采用食品法典委员会③程序手册中和食品安全有关的"风险分析"术语的定义。见危害、风险、风险分析、风险评估、危害识别、危害特征描述、剂量反应评估、暴露评估、风险特征描述、风险管理、风险沟通、风险评估政策、风险概要、风险预测、食品安全目标（FSO）、绩效目标（PO）、绩效标准（PC）、可追溯性/产品溯源和等效等定义。

还应采用 HACCP 系统应用原则④，如控制措施、步骤或关键控制点，与食品相关的《微生物标准应用原则和准则》（CAC/GL 21—1997）中的微生物标准定义和在法典⑤框架内风险分析运用的工作原则中相关方的定义。

适当保护水平（ALOP）的定义见有关卫生和植物卫生措施适用的 WTO 协定（SPS 协定）。

验证、核实和食品安全控制体系的定义见《食品安全控制措施验证准则》（CAC/GL 69—2008）。

风险管理者⑥的定义如下：具有微生物风险管理职责的国家或政府间国际组织。

3 微生物风险管理的一般原则

原则1：保护人类健康是微生物风险管理

的首要目标。

原则2：微生物风险管理应考虑到整个食物链。

原则3：微生物风险管理应遵循结构性的方法。

原则4：微生物风险管理过程应透明、连贯且记录在案。

原则5：风险管理者应确保和相关方进行有效的磋商。

原则6：风险管理者应确保和风险评估者保持有效互动。

原则7：风险管理者应考虑因各区域食品链危害的差异和可获得的风险管理措施方面的差异而产生的风险。

原则8：微生物风险管理决议应予以监测和审查，必要时应予以修订。

4 总体考虑

法典和政府决定和建议应以保护消费者的健康为首要目标。为实现这一目标决策应及

---

① 就本文件而言，每次使用"国家""政府""国家的"等术语时，则规定同时适用于法典成员国（规则Ⅰ）和法典成员国组织（规则Ⅱ），如区域经济合作组织（REIO）-见食品法典委员会，程序手册。

② 就本文件而言，产品包括与食品生产、贮存和处理相关的所有部门，从初级生产到零售和食品服务层面（引自食品法典框架内风险分析应用工作原则）。

③ 食品法典委员会，程序手册。

④ CAC/RCP 1—1969 附件。

⑤ 食品法典委员会，程序手册。

⑥ 风险管理者的定义源自风险管理的定义，风险管理不包括参与微生物风险管理实施阶段和相关活动的所有个人。如，微生物风险管理决议大都由产业和其他相关方来执行。风险管理者定义核心是有权限决定和食源性危害相关的风险水平的可接受度的政府组织。

时。在微生物风险管理过程中，适当保护水平（ALOP）是一个关键概念，因为它是某一特定国家对食源性风险公共健康目标的一种反映。

在考虑控制与食品相关的公共健康风险的方式时，微生物风险管理应将食物链看作单个环节的连续统一体。这通常包括：初加工（包括饲养、农业实践、可导致农作物和动物污染的环境条件）、产品设计和加工、运输、贮藏、分销、销售、制备和消费等。这应当尽可能地包括国内和进口产品。

微生物风险管理应遵循一种包括微生物风险管理初期活动、微生物风险管理选项的识别和选择及对采取措施的监测和审查等结构性方法。

为了便于相关方能更深入理解，微生物风险管理过程应透明，并有详细记录。在微生物风险管理制定和执行、微生物风险管理政策制定、确定微生物风险管理优先次序、资源分配（如人力、财力和时间）以及确定在微生物风险管理方案评估中使用的要素①中，风险管理者应清楚说明并执行统一的程序和操作。他们还应保证选择的保护消费者健康的方案科学合理，与识别的风险相称，在实现合理保护水平的同时不会限制贸易或技术革新。风险管理者应确保决定务实、有效，在合适的情况下可执行。

风险管理者应确保和所有相关方进行有效和及时的磋商，为他们理解微生物风险管理的决议、理由和影响提供合理的基础。公众磋商的程度和性质将取决于相关风险和正在考虑的管理战略的紧迫性、复杂性和不确定性。有关微生物风险管理的决议和建议应予

以记录，适当时可以清楚地体现在法典或国家标准和法规中，以利于更广泛地理解微生物风险管理行为。

风险管理者对风险评估者的有关微生物风险管理行为的授权应尽可能清晰。双方的互动和沟通应使风险评估者可以向风险管理者报告任何限制、数据缺陷、不确定性、假设及其对微生物风险管理的影响。当风险评估者出现分歧时，应将少数意见告知风险管理者，同时将这些分歧记录在案。

关于食源性危害的微生物风险管理决议将会因地区微生物情况而异。微生物风险管理应考虑生产方式和加工过程的多样性，监督、监测和认证体系，采样和检测方法，分销和销售体系，消费者膳食模式，消费者的认知力以及特定不良健康效应的流行情况。

微生物风险管理应是一个循环过程，在考虑所有相关的新产生数据的基础上，应对微生物风险管理决议进行及时审查，以实现进一步降低风险和促进公众健康的终极目标。

5　微生物风险管理的前期活动

5.1　微生物食品安全问题的认定

有一种或多种微生物危害引起的食品安全问题被认为或被看作与一种和多种食品相关，因此需要风险管理者加以考虑。风险管理者遵循微生物风险管理过程评估，在必要时管理相关风险。在此过程的前期，应对食品安全问题有明确认定，风险管理者再和风险评估者及相

---

① 见食品法典委员会，程序手册。

关受影响的消费者和产业进行沟通交流。

食品安全问题的认定可以由风险管理者或在不同相关方的配合下完成。在法典框架内，食品安全问题可以由成员政府提出，也可由政府间组织或观察员组织提出。

可基于不同来源的信息来认定食品安全问题，如对流行情况的调查和食物链中危害的集中情况或环境，人群疾病调查数据，流行病或临床研究，实验室研究，科学、技术或医学的发展，不符合相关标准，专家的建议，公众的意见等。

一些食品安全问题可能要求风险管理者无须在进行进一步的科学研究的情况下采取紧急行动①（如需要撤回/召回被污染的产品）。当出现紧急公众健康问题关注要求即刻回应时，国家通常不能延迟采取紧急行动。此类措施应是暂时的、可明确沟通并在一定时限内进行审查。

在证据表明存在人类健康风险，而科学数据不充分或不完整的情况下，较为适宜的做法可能是国家选择采取临时决议，同时在获得更多信息后，可以通告，必要时修改临时决议。在那些情况下，应向所有相关方说明决议的临时性，以及临时决议重新考虑的时限或条件（如在决议刚开始执行时，应清楚说明微生物风险管理完成之后会重新考虑）。

5.2 微生物风险概要

风险概要是对食品安全问题及其简要的背景、与食品安全问题的相关知识的现况，说明目前为止确认的可能的微生物风险管理方案以及将会影响下一步可能行动的食品安全

政策背景的描述。附录Ⅰ在国家层面为风险管理者提供了如何指导风险概要要素建议的相关信息以及在 CCFH 框架下提出的新的工作建议。

考虑风险概要提供的信息可能会产生一些初步决议，如委托开展一项微生物风险管理、在风险管理者层面收集更多的信息或开发风险知识、执行一项紧急的和/或临时的决议（见以上5.1节）。如果可能，各国政府也可以法典标准、建议和指导作为制定微生物风险管理决定的基础。在一些情况下，风险概要可以为微生物风险管理方案的确定和选择提供足够的信息。在其他情况下，可能不需要采取进一步的行动。

风险概要为说明可能的微生物风险管理方案提供了初步分析。微生物风险管理方案可以先以微生物风险管理指导文件草案的形式出具，将来引入法典程序步骤中（如操作规范、指导文件、微生物规格标准等）。

5.3 风险评估政策

参考在风险分析食品法典框架内运用的工作原则②，各国政府应在微生物风险评估之前制定符合其实际情况的微生物风险管理

---

① 国际卫生法规（2005）协定规定了在公共卫生紧急事件，包括食品相关事件中可以执行的适当措施（www.who.int/csr/ihr/ihrwha58_3-en.pdf）。《食品安全紧急情况中信息交流的原则和准则》（CAC/GL 19—1995）将食品安全紧急事件定义为由主管部门认定为对公众健康造成了严重的、尚未得到控制的且需要采取紧急行动的食源性风险等情势，无论该情形是事故性的还是蓄意性事件。紧急措施可以是迅速行动的一部分。

② 见在食品法典框架内应用的风险分析工作原则（食品法典委员会，程序手册）。

政策。

制定风险评估政策是风险管理层的责任，应和风险评估者通力合作。制定风险评估政策能够保证风险评估的科学完整性，为评估过程中实现价值判断政策选择、对人体健康造成风险的不良健康参数、供考虑的数据来源、管理数据缺陷和不确定性之间的平衡提供指导。风险评估政策可以是一般性质的或特定的微生物风险管理，为确保一致性、清晰度和透明度应有据可循。

5.4 微生物风险评估

为对相关科学知识进行客观、系统评估，以便于在充分知情的基础上做出决议，风险管理者可以委托他人进行微生物风险管理评估。

风险管理者应参考《微生物风险管理行为原则和准则》（CAC/GL 30—1999），对风险评估者有明确的授权。微生物风险管理符合风险管理者的需求至关重要。科学界（适当情况下可扩展到公众）对微生物风险管理进行充分审查也很重要。

风险评估者应以此种方式陈述微生物风险管理评估的结果，即风险管理者在评估管理食品安全问题的不同微生物风险管理方案的合适度时能够恰当地理解和利用微生物风险评估的结果。通常，陈述有两种不同的形式：一份详尽的技术报告和一份针对更广泛的读者的说明性摘要。

为了最充分地利用微生物风险管理，应将优势和局限性（重要假设、关键数据缺陷、数据的不确定度和变异度及它们对结果的影响）详细告知风险管理者，包括对与微生物风险管理研究及其成果相关的不确定性的务实认识。风险管理者经与风险评估者磋商后，应决定微生物风险管理是否正在开展和/或评估以及确定合适的微生物风险管理活动，或者决定临时的微生物风险管理方案。

6 微生物风险管理方案的确定和选择

6.1 被食品法典和各国认定可能的微生物风险管理方案

风险管理者应确保为便于相关方的后续执行认定并选择可接受的微生物风险管理方案。在此方面，风险管理者应考虑微生物风险管理方案在把食品安全问题所提出的风险降低到适当水平以及解决与执行选择的微生物风险管理方案相关的实际问题的适当性。

对食品法典和各国合适的潜在微生物风险管理方案（单独或联合使用）列举如下。

6.1.1 食品法典
制定标准和相关文本①。

6.1.2 各国
制定立法要求。

（1）制定（或鼓励制定）具体文件，指导良好农业规范（GAP）、良好作业规范（GMP）、良好卫生规范（GHG）、HACCP 体系的实施。

---

① 在有证据证明存在人体健康风险，但科学资料不充足或不完整的情况下，食品法典委员会不应继续制定标准，而应考虑制定相关文本如操作规范，其前提是现有科学证据支持此文本，在食品法典框架内应用的风险分析工作方法，食品法典委员会，程序手册。

（2）采纳或者对食品法典和相关文本做相应调整以适合本国情况。

（3）为某一特定食品安全事件确定 FSO，同时为企业选择合适的控制措施保留灵活性。

（4）为那些缺乏手段自行制定适当措施的产业或者将会采纳此类控制措施的产业制定控制措施，明确相关要求，包括对那些对整个食品/饲料链①的表现具有重要影响的具体阶段确定合适的指标②。

（5）制定检验和审计程序、认证或许可程序的要求。

（6）某些产品要求有进口证书。

（7）为提高公众认识，加强宣传，制订教育和培训计划。

（8）预防污染和/或危害引入应在食品/饲料链条中的所有相关阶段解决。

（9）要有快速食品/饲料撤回/召回程序，包括适当的可追溯性/有效的产品追踪。

（10）恰当的标签，包括有关指导消费者进行安全操作的信息，在适当时简要地告知消费者食品安全问题。

6.2 微生物风险管理方案的选择

微生物风险管理方案的选择应当基于方案有效减轻风险的能力、实际可行性和方案的后果。在可行的情况下，微生物风险管理通常能在微生物风险管理方案的评价和选择中提供帮助。

要选择既有效又可行的微生物风险管理方案，通常应考虑以下因素。

（1）有计划的危害控制（如 HACCP）比发现并纠正食品安全控制体系（如制成品的批次微生物检测）缺陷更为有效。

（2）可能会暴露于某一特定危害多重潜在的人群。

（3）在后续执行中应对方案的适当性进行监测、审查和修订。

（4）食品企业管理食品安全的能力（如人力资源、数量、操作类型）。比如，对小型或欠发达的食品企业可以选择一种更为传统的方法，而不是以食品安全目标为本位的方法。

6.2.1 选择微生物风险管理方案的责任

风险管理者在选择适当的微生物风险管理方案方面负有首要责任。

风险评估者和其他相关方通过提供便于评估以及比较不同微生物风险管理方案的信息在此过程中发挥着重要作用。

在可行的情况下，食品法典和各国应尝试规定必要的风险降低控制水平（即建立食品安全控制体系所要求的严格性），同时将在可行的限度内为产业提供一定的灵活性，以达到合适的控制水平。

6.2.2 基于风险的微生物风险管理方案

随着被采纳的风险分析日益增多，可以通过更为透明的方式将适当保护水平和食品安全控制体系的紧迫性联系起来，进而比较微生物风险管理方案的适当性以及可能的等效性。这就允许应用传统的微生物风险管理方案，同时开发新的微生物风险管理工具，如 FSO、PO 和 PC，以及增加现有微生物风险管理工具

---

① 见《将微生物风险评估引入食品安全标准、准则和相关文本制定的原则和准则》，德国基尔报告，2002 年 3 月。

② 在饲料中存在的危害会影响动物源性食品的安全的情况下，应考虑饲料的微生物概要。

的科学基础，如微生物标准（MC）。

7　微生物风险管理方案的执行

执行涉及赋予既定微生物风险管理方案效力，确保其得以遵守，即确保按照预期目标来执行微生物风险管理方案。执行会涉及不同的利益方，包括主管机构、产业和消费者。法典不执行微生物风险管理方案。

7.1　政府间国际组织

发展中国家在制定和选择执行战略方面以及在教育领域需要具体援助。此类援助应由诸如联合国粮农组织和世界卫生组织等政府间国际组织和符合 SPS 协定精神的发达国家提供。

7.2　国家

执行战略将取决于既定的微生物风险管理方案，应遵照和相关方磋商程序来制定。可在食物/饲料链的不同节点执行，可能会涉及多个产业和消费者。

一旦确定选择了某一微生物风险管理方案，风险管理者应制订一个执行计划，说明该方案如何执行、由谁来执行以及何时执行。在一些情况下，可以考虑应用分步骤、分阶段执行战略，如部分参照风险和/或能力的基础上，建立不同规模的机构或不同的部门。尤其需要对小型和欠发达的企业提供指导和支持。

为保证透明度，风险管理者应向所有相关方说明微生物风险管理方案决定，包括理

由以及预期受影响的相关方如何执行。在进口受影响的限度内，应告知其他政府相关决定和理由，以确保它们自己的微生物风险管理战略实现同等性。

如既定的微生物风险管理方案是暂时的，应说明理由及完成决定的预期时间。

政府应确保有合适的管理框架和基础结构，包括训练有素的员工和监督人员，以执行法规和验证法规得以遵守。可以在食物链的不同环节执行监督和目标采样计划。主管机构应确保产业应用合适的良好规范，在 HACCP 体系内切实有效监测 CCP，执行纠正行动和验证步骤。

政府应界定用以评估微生物风险管理方案是否得以适当执行的评估程序。如果既定方案未成功达到控制危害的所需要水平，此程序应允许对执行计划或者微生物风险管理方案进行调整。此举旨在对短期评估，尤其是临时微生物风险管理方案，以及 8.1 和 8.2 部分讨论的长期监测和审议进行修改。

7.3　产业

产业负责制定和执行食品安全控制体系，实施微生物风险管理方案决议。视微生物风险管理方案的性质，可能需要采取如下活动。

（1）制定达到食品安全目标或有助于实现食品安全目标或其他管理要求的措施。

（2）绩效标准的确定与已验证的控制措施的适当组合的设计和执行。

（3）食品安全控制体系或相关部分的监测和验证（如控制措施、良好规范）。

（4）适当的微生物分析采样计划的执行。

（5）制订纠正行动计划，包括撤/召回程序，可追溯性/产品追踪等。

（6）适当时和供应方、顾客和/或消费者进行有效的交流。

（7）人员和内部交流的培训或指导。

产业协会可能会发现制定和提供指导文件、培训项目、技术通报和能够协助产业执行控制措施的其他信息是有益的。

7.4 消费者

消费者可以通过负责、符合、被告知和遵循食品安全相关操作指南来增强个人和公众健康。应通过多种手段为消费者提供这些信息，如公众教育计划、合适的标签和公众关注信息。消费者组织在为消费者提供这些信息中可以发挥重要作用。

8 监测和审查

8.1 监测

收集、分析和解释与食品安全控制体系表现相关的资料，在本文中定义为监测，是微生物风险管理过程的一个重要组成部分。监测对于为比较新的微生物风险管理活动的有效性建立一个基线至关重要。监测还可以提供管理者用以确定为进一步完善可以采取什么步骤或者提高降低风险和公众健康的效率的信息。风险管理计划应致力于持续促进公众健康。

开展与评估公众健康状况相关的监测活动在大部分情况下是各国政府的职责。比如，

在国家层面进行人口监测和人类健康资料分析通常由国家来完成。国际组织，如世界卫生组织，可为建立和执行公众健康监测计划提供指导。

为发现食品安全问题，评估公众健康和食品安全现状及趋势，可能会在整个食物链的多个环节均需要有关微生物危害的监测活动。监测应提供有关风险所有方面的信息，包括特定危害和有关微生物风险管理的食品，这对于制定风险概要或者微生物风险评估以及微生物风险管理活动审查所需的数据生成非常关键。监测还应包括评估消费者交流战略的有效性。

监测活动可能包括采集和分析来源于以下途径的数据。

（1）人类临床疾病和影响人类的植物和动物疾病的监测。

（2）流行病暴发调查和其他专门研究。

（3）对从人体、植物、动物、食品和食品加工环境中分离出来的病原体进行实验室测试，以对有关的食源性危害进行监测。

（4）有关环境卫生操作和程序的数据。

（5）食品从业人员与消费者习惯和操作的行为风险因素监测。

当建立或重新设计国家监测体系时，应考虑以下方面。

（1）公共卫生监测体系应能够评估确切食源性疾病和死亡的比例，以及导致每种危害的主要的食物载体、工序和食品处理操作。

（2）应组成流行病学专家和食品安全专家的跨学科小组，调查食源性疾病，确定导致疾病的食物载体和系列事件。

（3）在评估对公众健康的项目影响时，应结合人类疾病数据一同考虑某一特殊干预

措施的微生物和/或物理化学指标。

（4）为方便比较各国的疾病发病率和趋势以及食品链中的微生物数据，各国应当致力于实现监测定义和报告规则、条约和数据管理体系的协调。

8.2 微生物风险管理活动的审查

需要对所选的微生物风险管理活动及其执行的有效性和适当性予以审查。审查是微生物风险管理过程不可或缺的一部分，最好应在事先预定的时间内或获得相关信息的任何时候进行。作为执行计划的一部分，应制定审查标准。审查可能会导致微生物风险管理活动发生改变。

计划对微生物风险管理活动开展定期审查是评估是否达到了预期的消费者健康保护目标的最佳方式。以通过各种适当的监测活动收集到的信息作为审查基础，可以决定对已经执行的微生物风险管理活动进行修改或用另一个微生物风险管理方案来替代。

当出现新活动或新信息时（如新出现的危害、病原体的毒性、在食品中的流行和集中、亚人群的敏感性、膳食摄入模式的改变），应对微生物风险管理活动进行审查。

产业和其他相关方（如消费者）可以建议对微生物风险管理方案进行审查。评估产业微生物风险管理活动的成功可能包括审查食品安全控制体系及其首要计划的有效性、产品检验结果、产品撤回/召回和消费者投诉的发生率和性质。

审查结果以及风险管理者拟采取的相关应对行动应予以公布，并告知所有相关方。

附件Ⅰ 微生物风险概要中建议包含要素

一个风险概要应尽可能提供以下信息。

1. 涉及的危害——食品商品组合

（1）涉及的危害；

（2）食品或食品产品和/或其使用条件，以及危害相关问题（食源性疾病、贸易限制）的描述；

（3）食物链中危害的发生。

2. 公众健康问题的描述

（1）危害描述，包括作为公众健康影响焦点的关键属性（如毒性特征、耐热性、耐药性）。

（2）疾病特征，包括：

①易感人群；

②人类每年发病率，包括，如有可能，年龄和性别差异；

③暴露的结果；

④临床表现的严重性（如死亡率、住院率）；

⑤长期并发症的类型和频率；

⑥治疗的可获得性和类型；

⑦每年食源性传播病例所占的百分比。

（3）食源性疾病的流行病学，包括：

①食源性疾病的病因；

②涉及食品的特征；

③影响危害传播的食品使用和处理；

④食源性散发病例的频率和特征；

⑤来源于爆发调查的流行病数据。

（4）危害所造成的食源性疾病发生率的地区性、季节性和种族性差异，如：

①易于获得，疾病的经济影响和负担；

②医疗、住院费用；

③由疾病引起的误工天数等。

3. 食品生产、加工、销售和消费

（1）相关商品或可能会风险管理的商品的特征。

（2）农场到餐桌体系的描述，包括可能影响商品微生物安全的因素（即初级生产、加工、运输、贮存、消费者处理方式）。

（3）目前关于风险的基本知识，商品生产、加工、运输和消费者处理方式中风险是如何产生的，以及受影响人群。

（4）目前风险管理做法的范围和有效性的简介，包括食品安全生产/加工控制措施、教育计划和公众健康干预计划（如疫苗）。

（5）可用于控制危害的其他降低风险策略的认定。

4. 其他风险概要要素

（1）食品商品的国际贸易范围；

（2）区域/国际贸易协定的存在，以及这些协定如何影响与具体危害/商品组合相关的公众健康问题；

（3）公众对问题和风险的认知程度；

（4）制定法典微生物风险管理指导文件的潜在公共卫生和经济影响。

5. 风险评估需求和对风险评估者提出的问题

（1）对请求进行微生物风险评估的必要性和益处的初步评估，以及在规定的时间内完成该评估的可行性。

（2）如果确定需要进行风险评估，应向风险评估者建议的问题。

6. 可获得的信息和主要知识缺口，尽可能提供以下相关信息

（1）如果可能的话，有关危害/商品组合的现有国家风险管理评估。

（2）便于微生物风险管理活动的其他相关科学知识和数据，包括微生物风险评估行为。

（3）现有的法典微生物风险管理指导文件（包括现有的卫生操作规范和/或操作规范）。

（4）在制定法典微生物风险管理指导文件时可以考虑的国际和/或各国政府和/或产业卫生操作规范和相关信息。

（5）在制定法典微生物风险管理指导文件时可用的信息来源（组织、个人）和科学专业知识。

（6）缺乏关键信息且可能会阻碍微生物风险管理活动的领域，包括微生物风险评估行为。

附件Ⅱ　微生物风险管理度量法指南

引言

"食品卫生通用原则"及其附件"危害分析和关键控制环节（HACCP）体系和应用准则"，和近期采纳的"微生物风险管理行为原则和准则"中所阐明的三个通用原则：①食品安全体系的严格性应与控制公众健康风险和确保食品贸易中的公平操作的双重目标相称；②食品安全控制体系所要求的控制水平应以风险为基础，并应用科学和透明的方法来决定；③食品安全控制体系的表现应是可验证的。通常这些目标部分是已经通过建立微生物标准（MC）、加工标准（PcC）和/或产品标准（PdC）来实现。这些度量法既可以提供阐释食品安全控制体系预期严格水平，又可以验证正努力实现此控制水平的一种手段。然而，这些传统的风险管理工具通常并不直接与公众健康保护的特定水平相关联。相反，这些度量一直以来就是建立在对"尽可能合理实现最低"危害水平的量化考虑之上，这种以危害为基础的方法并不直接考虑管理公众健康风险所需的控制水平。近期采用"在食品法典框架内应用风险分析工作原则"和"政府应用的食品安全风险分析工作原则"已经强调了食品法典的目标是制定以风险为基础的方法，可以将控制措施的严格性与实现特定公众健康保护水平更直接、更透明地联系起来。

以风险为基础的风险管理方法是完善以科学为根基的食品安全体系的一个重要步骤，它将食品安全要求和标准与旨在解决的公众健康问题联系起来。微生物风险评估（MRA）技术的新发展，如定量微生物风险评估（QM-RA）、定性风险评估和格式化的专家启发，使得以下情况日益成为可能，即更加系统地将某一控制措施、一系列控制措施乃至整个食品安全控制体系的表现与管理食品某一安全风险所需要的控制水平联系起来。这对于定量微生物风险评估技术而言尤为准确，它允许在考虑预期公共健康后果时定量考虑不同严格水平的影响。这提高了分析能力，促成一系列新的食品安全风险管理度量，如食品安全目标（FSO）、绩效目标（PO）和绩效标准（PC），旨在在传统的食品安全度量法（即微生物标准 MC、加工标准 PcC、产品标准 PdC）和预期公众健康保护水平之间搭建桥梁。此类度量法提供了一种阐明从农场到餐桌体系中不同环节食品安全体系所要求的严格水平的潜在方法，由此也为实现世界贸易组织 SPS 协定中适当保护水平（ALOP）概念的可操作化提供了一种手段。

如本文件主体部分的概述，阐明了控制措施和食品安全控制体系在实现对公共健康风险必要管理方面的预期表现的能力是演变中的食品法典风险分析范例的一个关键部分。尽管微生物风险评估越来越多地被用于评估控制措施和食品安全控制体系在实现公共健康保护预期目标方面的能力，但在度量法开发方面的应用，即在国际或者国家食品安全风险管理框架内用其来说明这种严格性尚处于初级阶段。特别是，将传统度量法和其他食品卫生生产、分销和消费指南的制定与其预期的公众健康影响关联起来的风险评估工具可能会比较复杂，且并非总是凭直觉获知的。此外，有效的风险评估通常必须考虑和风险因素相关的可变性和不确定性，然而大多数按照立法框架做出且支持主管部门权威的风险管理决定最终必须简化为一个二元判定标准（如"可接受的或不可接受的""安全的或不安全的"）。

1 范围

本附件的目的是就制定和实施微生物风险管理度量法的概念和原则，包括在此过程中风险管理者和风险评估者如何互动，向法典和各国政府提供指南。

本附件所提供的指南也应对那些负有制定、验证和执行控制措施责任的食品产业和其他利益相关方有用，应确保这些措施一旦制定，将可以持续实现某微生物风险管理度量法。

详细考虑与针对某一具体食品/危害的特定度量法制定和执行相关的风险评估工具、

评估和数学/统计原则，不在本文件范围之内。

2 本文件的使用

本附件为微生物风险管理度量法制定的方法提供一般指导，以使控制措施或整个食品安全控制体系的严格性水平与其所需的公众健康保护水平能更客观、更透明地关联起来。附件还解决将这些度量法用作一种说明和验证风险管理决策方法的问题。求助于微生物风险管理措施并不是解决所有食品安全管理问题的万全之计。在无法获取完整风险评估的情况下，将合理、科学的信息告知风险管理者就完全有效且足够了，风险管理者可以决定执行风险管理措施，而不必考虑其影响与公众健康后果之间的直接联系。主管机构的应用水平可以因知识和科学信息的获得性而异。在考虑采用微生物风险管理度量法时，主管机构可以根据各国食品情况而确定优先次序。

本附录应与法典"在食品法典框架内应用风险分析的工作原则①"《微生物风险评估行为原则和准则》（CAC/GL 30—1999）、《微生物风险管理行为原则和准则》（CAC/GL 63—2007）、《政府应用食品安全风险评估工作原则》（CAC/GL 62—2007）、《危害分析和关键控制环节（HACCP）体系和应用准则》（CAC/RCP 1—1969的附件）、《制定和应用与食品有关的微生物标准的原则和准则》（CAC/GL 21—1997）和《食品安全控制措施的验证准则》一同使用。

其执行还取决于是否拥有熟悉风险管理

---

① 食品法典委员会，程序手册。

和风险评估概念、工具和限制的风险评估和风险管理团队。因此，建议这些团队中的成员应将本附件和标准参考文件，如联合国粮农组织/世界卫生组织和食品法典制定的技术资料，一并使用。还意识到微生物风险管理度量法概念是新制定的，有必要制定操作手册，以便于那些在执行度量法方面没有经验的国家执行。

3 制定和执行微生物风险管理度量法的原则

除"微生物风险管理行为原则和准则"所规定的原则之外，还有如下这些原则。

（1）微生物风险管理度量法的制定和执行应遵循结构化方法，风险评估阶段和后续的风险管理决策应完全透明和有据可循。

（2）微生物风险管理度量法应仅在保护人民生命或健康的必要限度适用，设定的水平不应超过进口成员适当保护水平而造成不必要的贸易限制。

（3）微生物风险管理度量法应是可行的，且适合预期目的，在食物链的适当阶段针对某一特定食物链适用。

（4）制定和执行的微生物风险管理措施应符合其所应用的法规/法律体系的要求。

4 不同风险管理度量法之间的关系

主管机构在食品安全方面的一项关键职责是阐明其期望产业达到的控制水平。主管机构通用的一种工具是制定和应用食品安全度量法。主管机构使用的度量法也随着时间变迁而不断变化，食品安全问题的管理已经从以危害为基础的方法转向以风险为基础的方法。

4.1 传统度量法

建立食品安全控制体系中一个或多个步骤的严格性的传统度量法包括产品标准、加工标准和微生物标准。

（1）产品标准 产品标准规定了某一食品的化学或物理特性（如 pH、水分活性），如果符合这些标准将有利于食品安全。产品标准用于阐明限制某一关注病原体或促使其失去活性的条件，由此降低在后续的分销、销售和制备过程中降低风险升高的可能性。需要强调的是，一个产品标准是有关食品和/或原料配料中可能存在的污染的发生率和水平、控制措施的有效性、病原体对控制措施的敏感性、产品使用条件和相关参数以保证产品消费时其含有的病原体数量在可以接受的限度等方面的信息。较为理想的状态是当制定标准时，能对决定产品标准有效性的每种因素均以透明方式加以考虑。

（2）加工标准 加工标准规定了某一食品在其生产过程的特定步骤必须经历的处理条件，以达到对某一微生物危害的理想控制水平。例如，牛奶巴氏杀菌在 72℃下热处理 15 秒的要求明确了要将牛奶中的贝纳特氏立克次体水平降低 5 个 log 所需的时间和温度。另一个例子是为防止生肉中诸如肠沙门菌等嗜温性病原菌的生长，要明确冷藏贮存时间和温度。需要强调的是，一个加工标准应明确说明影响处理有效性的因素。对于牛奶巴氏杀菌的例子，应包括鲜奶中相关病原体的水平、不同微生物菌株的抗热性、为达到预期热处理效果加工能力的变化以及需要降低的危害水平等因素。

（3）微生物标准　微生物标准是以在食物链中某一特定节点的食品检测为基础，以决定食品中某一病原体的发生率和/或水平是否超过了预设限量（如与二级采样计划相关的微生物限量）。这种微生物检测既可作为直接控制措施（即检测每一批量的产品，去除不合格的批次）或者和 HACCP 计划或其他食品安全控制体系联合使用，作为定期验证某一食品安全控制体系是否按照预期运行的一种手段。作为一种技术性的和以统计学为基础的工具，微生物标准要求明确说明拟检测的样品数量、样品大小、分析方法及其灵敏度、"阳性"样品数量和/或导致该批次食品被认为不可接受或有缺陷的微生物数量（即被污染单位的浓度或比例超过预设限量）和未超过预设限量的概率。微生物标准还要求明确说明在微生物超标的情况下拟采取的行动。微生物标准的有效使用取决于根据以上参数选择采样计划，制定合适的严格水平。由于很多食品中某一病原体的水平随着其生产、分销、销售和制备过程而改变，通常某一微生物标准是针对食品链的某一具体节点制定，该微生物标准可能和其他节点不相干。需要强调的是，某一微生物标准应明确阐释该预设限量和选择采样计划的依据。

4.2　新的度量法

应日益强调将风险分析作为管理食品安

全问题的一种手段。这些食品安全问题已导致对制定以风险为基础的度量法的兴趣不断提升，此类度量法可以通过风险评估过程而与公众健康后果更直接地联系起来。食品法典委员会①定义的三种此类以风险为基础的度量法包括食品安全目标、绩效目标和绩效标准。食品法典委员会已经对这些度量法的量化方面做了专门界定，但应用那些在其数量表述方面仍存在差异的度量法仍可能会符合本附件的目标和原则。

（1）食品安全目标　食品安全目标是一种明确说明在某一食品消费时某种病原体发生的最大频率和/或最高浓度用以提供或有助于确定合理保护水平的度量法。食品安全目标是以风险为基础的食品安全体系的一个重要组成部分。通过设定食品安全目标，主管机构明确说明在食物链中应达到的以风险为基础的限量，同时为不同的生产、制造、分销、销售和制备方法提供灵活性。

鉴于食品安全目标和适当保护水平之间的联系，只有国家主管部门才能制定食品安全目标。法典可以协助制定食品安全目标。例如，通过基于国家或国际微生物风险评估的建议。食品安全目标应在食物链的早期阶段由确定绩效目标、绩效标准或微生物标准的主管机构和/或单个食品企业实施。

制定食品安全目标的方法有两种。一是基于对公众健康数据和流行病学调查的分析；二是基于对某一食品中危害水平和/或发生频率的数据分析，制定一个关联危害水平和发病率的风险特征曲线。如可以获得某一特定危害的

---

① 食品法典委员会，程序手册。

曲线，可以作为关联食品安全目标和适当保护水平的有用基础。

在国家中，食品安全目标可用于：①把适当保护水平（无论明确的还是不明确的）表述为对产业和其他相关方更有用的参数；②为提高食品安全，鼓励产业在食品安全控制体系或消费者的行为方面的变革；③与食品贸易相关方进行交流。

作为整个食物链的工作目标，以使产业设计自身的、可操作的食品安全控制体系（通过建立适当的绩效目标、绩效标准和其他控制措施以及相关食品链参与者的互动机制）。

由于食品安全目标和消费时间紧密相关，主管机构不可能因为无法验证食物链中某环节的性质而将食品安全目标作为规范性的度量法。

没有对所有国家都适用的食品安全目标，需要考虑地区差异。

（2）绩效目标　由风险管理者负责的绩效目标提供食物链中某特定环节某一食品中基于风险的操作限量，即如有信心认为能够实现食品安全目标或适当保护水平，则该食物链中该特定环节食品中微生物危害的最高频率和/或浓度。由于绩效目标从概念上是和食品安全目标及适当保护水平相关联的，因此在设定限量时应考虑绩效目标前后食品链相关步骤的影响。例如，考虑瓶装水的一个要求经微生物处理后沙门菌水平的绩效目标应低于 $-2.0 \log 10 \mathrm{cfu/mL}$。这就需要考虑一段时间内尚未来得及处理的水中沙门菌的水平以及微生物处理对于降低污染水平的效力。与控制总体风险有关的绩效目标的设立还应考

虑处理后仍存活的沙门菌的孳生，或者消费前产品的再污染。

整个食物链个别步骤某一危害的发生率和/或浓度可能会与食品安全目标存在重大差异。因此，应遵循以下通用准则。

①如在绩效目标和消费之间食品可能会支持某一微生物危害的生长，那么该绩效目标将必然应比食品安全目标更为严格。严格程度之间的差异将取决于预期水平升高的幅度。

②如能够证明和验证危害水平将在绩效目标环节之后下降（如经最终消费者烹饪），绩效目标的严格性可以低于食品安全目标。以食品安全目标为基础制定绩效目标，交叉污染的频率也可以考虑在控制战略之内。例如，在食物链早期阶段确定生禽肉沙门菌污染的发生率的绩效目标，将有利于在随后的步骤中降低以禽肉为媒介的交叉污染导致的疾病发生率。

③如在绩效目标和消费两个节点之间危害的发生率和/或浓度不可能升高或降低，则绩效目标和食品安全目标可以相同。

微生物风险评估可以帮助决定绩效目标和食品安全目标之间的关系。微生物风险评估还能为风险管理者提供食物链中特定步骤可能发生的危害水平的信息，以及有关符合推荐的绩效目标/食品安全目标的操作可行性的问题的信息。在设计自身的食品安全控制体系以符合绩效目标（由主管部门或单个食品企业制定）和食品安全目标（由主管机构制定）时，单个食品企业必须制定反映其一直符合这些操作规范标准的能力的规定，包括考虑安全界限。

单个食品企业会发现制定其自己的绩效

目标大有裨益。这些绩效目标通常不应是全球范围内通用的，应考虑企业在食物链中所处的位置，在食物链的后续步骤中的不同状况（在特定贮存、运输和货架期条件下病原体生长的可能性和程度等）和最终产品的预期使用（本国消费者处理等）。虽然并非总是能通过分析方法来验证是否符合绩效目标，但可以通过以下措施来实现对是否一直符合某一绩效目标的验证：对相关已验证的控制措施进行监测和记录，包括为最终产品建立以统计学为基础、已验证的微生物标准。有关食品中某一微生物危害流行情况的监测计划（特别是与主管机构制定的绩效目标相关）。

（3）绩效标准　绩效标准明确说明某个或一系列或一组控制措施应实现的最终结果。通常，绩效标准与杀灭微生物（热处理、杀菌剂漂洗）或抑制微生物（如冷藏、降低水分活性）控制措施一同使用。杀灭菌剂控制措施的绩效标准规定了在控制措施的应用过程中微生物群下降的理想水平（如单增李斯特菌水平降低了5log水平）。抑制控制措施的绩效标准规定了在不同条件下应用该措施后可接受的最大微生物群增量（如即食食品冷藏分销过程中单增李斯特菌的增长量低于1log）。在许多情况下，绩效标准说明了为实现食物链中某一特定节点的绩效目标所需要的结果。在就某一绩效标准值做出决定时，有一些因素必须考虑，如原料配料中病原体水平的可变性或与加工技术相关的可变性。

绩效标准通常由每个食品企业自行制定。在需要或者建议产业采用统一标准，而企业自身无力制定绩效标准的情况下，可以由各国政府制定针对具体控制措施的绩效标准。

此种绩效标准经常由产业或有时由主管部门转化为加工标准或产品标准。例如，如某一绩效标准显示热处理应使得危害降低5log水平，那么相应的加工标准将规定达到该绩效标准所需的特定时间和温度组合。同样，如某一绩效标准要求食品的酸化处理能够在两周内将某一危害的增长率降低到1log以下，则产品标准将规定达到该绩效标准的特定酸度和pH。加工标准和产品标准的概念已长期被产业和主管部门所认可和使用。

5　食品安全控制体系中微生物风险管理度量法的整合

《食品卫生通则》（CAC/RCP 1—1969）中的一个重要概念就是关键控制措施应整合到"从农场到餐桌"的食品安全控制体系中，以持续生产出达到预期公众健康保护水平（即适当保护水平）的食品产品。由于制定和执行微生物风险管理度量法的目的是以尽可能客观和透明的方式阐明和验证实现某一特定公众健康保护水平所需的控制措施的严格性，有可能会在食物链的多个环节执行该度量法。理解这些度量法制定的关键是认识到食物链中执行的度量法应相互关联。此种关联有两种。第一种是在食物链某一特定环节不同类型微生物风险管理度量法之间的联系；第二种是食物链中执行的较理想的度量法应相互联系，以使食物链中某一环节的度量法的制定和另一环节的结果相关联，并最终和预期公众健康结果相关联。

绩效目标有可能是主管部门用以说明食品链中某一特定环节上危害控制水平（即发

生率和/或浓度）的以风险为基础的首要度量法。一旦说明，该绩效目标与其他信息即可用来获得其他微生物风险管理度量法。举个简单的例子，食品热处理后的绩效目标是沙门菌浓度不高于−4.0 log10（CFU/g）。如热处理前食品中沙门菌的最高水平为＋1.0 log10（CFU/g），则此环节的绩效目标将是沙门菌降低 5log。绩效目标值以及有关沙门菌热抗性的信息可用于说明实现沙门菌降低 5log 所需要的特定时间/温度组合（即加工标准值）。同样的概念支持某一绩效目标和微生物标准之间的关系。在此情况下，该微生物标准被用来验证没有超过某一绩效目标。绩效目标值连同病原体存在的可能差异性信息以及风险管理者所需要的信任度水平被用于制定和 MC 有关的采样计划和决策标准。总体来说，与微生物标准相关的微生物限量必须比相应的绩效目标更为严格，以考虑信任度要求食品中不存在绩效目标超标。对于风险管理者来说，意识到在缺乏明确的绩效目标的情况下，制定微生物风险管理度量法，如绩效标准、加工标准、产品标准或微生物标准和有关上述标准的其他信息，来推断控制措施的绩效目标至关重要。

如前所述，如要实现预期的总体控制水平，制定食物链中不同环节的微生物风险管理度量法应考虑在食品安全控制体系某一特定部分所发生的危害频率和/或浓度的变化。微生物风险评估的新进展日益容许不同环节的微生物风险管理度量法之间实现相互关联，且与食品安全控制体系要实现的总体保护水平联系起来。将绩效目标和食物链的中间环节执行的其他度量法与主管部门制定的绩效

目标或食品安全目标相关联的能力对于产业而言是一种设计并验证其控制措施是否实现预期控制水平的有用工具。

食物链的特定环节和食物链的各环节之间的微生物风险管理度量法的整合需要有相关领域专家、有关食品产品、工艺以及生产、分销和销售中所用的配料的合适的模型和数据。

6 与微生物风险管理度量法制定和使用相关的重要风险评估概念

食品安全度量法制定的一个内在组成部分是当食品安全控制体系的运行符合预期目标时，考虑食品配料、控制措施以及最终决定预期结果范围的食品的内在可变性。同样，在制定完整的食品安全风险管理度量法时，应考虑与影响食品安全控制体系的参数相关的任何不确定性。可应用数量微生物风险评估法以及设计合理的风险评估来评估可变性和不确定性，并在决策过程中提供一个可以正式评估和记录如何考虑这些重要性质的工具。

在制定和整合上述风险管理度量法时所面临的挑战之一，是将一项风险评估的结果转化为可用于交流和执行的一系列简单限量。这反映了量化微生物风险评估常常是以概率模型为基础，而概率模型一般应用无最大值的无限分布（如适用于微生物群的对数正态分布）。因此，当控制措施或食品安全控制体系的运行达到预期目标时，可计算度量法可能被超过的概率。例如，如某一控制措施旨在为了确保中间加工环节的细菌水平的几何均数为 log10（CFU/g）＝3.0，标准偏差为 0.3，且运

行良好，则可以预计大约 200 中的一份为 log10（CFU/g）= 4.0，大约 1000000 中的一份为 log10（CFU/g）= 4.7。

此概念的含义是微生物风险管理度量法应用的一个固有特征。以上面的例子为例，如果假设风险管理者设定了某个微生物标准，以确保某一信任度，即一个批次超过 log10（CFU/g）= 4.5 将会被检测出来且被拒收，微生物标准超标的任何情况将被认为失控，即使存在体系运行符合预期目标的微小可能性。将通过决定"处于控制之下"控制措施的开放式分布的哪一部分超过了限量和可信度，使得微生物风险管理度量法"可操作"，以使任何超过该值的食品将被拒收［如 95% 的可信度，即 99% 的速食食品中沙门菌的水平低于 1/100g。虽然有一些技术可用来将一些分布应用到风险管理决策和验证标准中（如三级采样计划），任何微生物风险管理度量法还需要一系列操作假设。制定此种度量法的一个关键因素是确保风险管理者和利益相关方能够理解这些基础假设］。

7　微生物风险管理度量法制定和执行过程的实例

尽管微生物风险管理度量法的制定应遵循结构化的方法，主管部门用于制定完整的微生物风险管理度量法而设定的工艺和程序应具有高度的可行性，且无论最初用何种度量法将食品安全控制体系的表现和公众健康结果联系起来。此过程可先从阐明必须实现的疾病控制水平（即适当保护水平）、消费阶段不应超过的暴露水平（即食品安全目标）、

食物链中特定环节必须达到的危害控制水平（即绩效标准）、特定环节需要达到的加工效果（绩效标准）、微生物标准等方面来着手。

当正在考虑制定微生物风险管理度量法时，有可能需要风险评估者和风险管理者进行密切的交流和相互理解。特定微生物风险管理度量法的制定将可能需要由相关领域专家组成的适当风险分析团队。应从合适的科学组织、主管部门、过程控制专家或相关科学知识来源获取针对特定危害/食品的科学建议和数据。

在适当的情况下，风险评估者和风险管理者希望考虑以下协议或者类似协议，保证微生物风险管理原则能促成透明的、并在充分知情的基础上达成决议。

（1）风险管理者委托风险评估者进行风险评估或其他适当的科学分析，通过这些分析能够获知可能需要制定的微生物风险管理度量法。

（2）在与风险评估者磋商后，风险管理者可在产品食物链中那些风险管理度量法最恰当、有用和实用的地方选择一个或多个地点。

（3）风险评估者利用风险评估来评估如何将正在考虑的微生物风险管理度量法的不同值与消费者的暴露以及之后的消费者健康结果联系起来。在任何可行的情况下，风险评估者应为风险管理者提供潜在的微生物风险管理度量法数值、有关需要安全范围的不确定性信息和执行时相应的预期保护水平。

（4）风险评估者利用风险评估和相关工具确保风险管理者正在考虑的微生物风险管理度量法相互一致，并适当考虑食物链中相应

环节出现的危害水平的升高和降低情况。

（5）通过正在考虑的度量法的实施，风险评估者评估实现特定严格水平（度量法）的实际可行性，包括考虑如何验证有效实现微生物风险管理度量法。

（6）风险评估者就不遵守正在考虑的度量法对公众健康的影响提出建议。

（7）风险管理者选择拟执行的微生物风险管理度量法、严格水平以及执行战略。

（8）应风险管理者要求，风险评估者测算由步骤（7）的决策产生或引发出的其他微生物风险管理度量法。

（9）风险管理者和产业一同执行风险管理度量法。

（10）风险管理者审查已实施的微生物风险管理度量法的执行程度、效力和持续的相关性。在开始执行微生物风险管理度量法的时候，就应确定审查标准。例如，审查可以是定期的和/或由其他因素引发，如新的科学见解、公众健康政策的改变或度量法实施的食物链背景的变化。

微生物风险评估准则和导则

CAC/GL 30—1999

修订版本 2012、 2014

1 前言

来自微生物的危害对人体健康的风险是即时的和严重的。对微生物风险分析的过程由三个部分组成；风险评估、风险管理和风险信息交流，其总的目的是要保证公众健康。本文所涉及的风险评估的关键是要保证用合理可靠的科学基础来制定食品安全性标准、准则和其他建议，以增强对消费者的保护和促进国际贸易。微生物的风险评估过程，估计风险时应该尽可能包括量化的信息。微生物风险评估应该用下文所描述的结构方法来进行。本文主要面对政府部门，其他需要制定微生物风险评估的组织、公司和感兴趣的团体也会觉得本文有价值。因为微生物风险评估是一种发展中的科学，特别是在考虑有必要用此方法的国家（尤其是发展中国家），履行这些准则可能需要一段时间和专门的训练。虽然该文件中的主要内容是对微生物的风险评估，该方法也可以用于其他类型的生物学危害。

2 范围

本文用于评估食品中微生物危害的风险。

3 定义

这里所用的定义是为了便于人们更容易理解本文中的某些名词和短语。这些定义是食品法典委员会第 22 届会议中对微生物学、化学或物理因素以及风险管理和风险信息交流时临时采用的。食品法典委员会临时采用这些定义，是因为按照风险分析科学的发展，以及努力与其他类似科学领域协调，这些定义是会修改的。

剂量－反应评估（Dose－response Assessment）是指测定在化学、生物和物理因素暴露的程度（剂量）与对健康不良影响（反应）的严重性和/或频率之间的关系。

暴露评估（Exposure Assessment）是指定性和/或定量评价通过食品可能摄取的生物、化学或物理因素，以及从其他有关来源的暴露。

危害（Hazard）是指食品中可能对健康产生有害作用的生物、化学或物理因素或有害条件。

危害特征（Hazard Characterization）是指定性和/或定量评价与危害有关的对健康有不利作用的性质。微生物风险评估的目的是关注微生物和/或其毒素。

危害鉴定（Hazard Identification）是指对能够导致不利健康作用的生物、化学和物理因素，以及它们在某种食品或某类食品中存在的可能性进行鉴定。

定量风险评估（Quantitative Risk Assessment）是指用数字表达风险并指出其伴随的不确定性的一种风险评估（1955 年专家咨询委员会对风险分析的定义）。

定性风险评估（Qualitative Risk Assessment）是指基于数据的风险评估，但数据还不充分不能用数字估计其风险，按专家以往的知识和对伴随的不确定因素进行调整，允许将风险分级，或按风险描述分类。

风险（Risk）是指食物中存在的危害物对健康产生不良影响的几率及其影响的严重性。

风险分析（Risk Analysis）是指这一过程包括三个部分：风险评估、风险管理和风险信息交流。

风险评估（Risk Assessment）是指以科学为基础的过程，由下列步骤组成：①风险鉴定；②风险特征；③风险估计；④风险管理。

风险特征（Risk Characterization）是指根据危害鉴定、危害特征和暴露评估，对某个人群定性和定量（包括伴随的不确定因素）估计已知或潜在有害健康影响发生的几率和严重性的测定过程。

风险信息交流（Risk Communication）是指在风险评估者、风险管理者、消费者以及其他感兴趣的团体之间对有关风险和风险管理的信息和意见进行交流。

风险估计（Risk Estimate）是指风险特征的产物。

风险管理（Risk Management）是指按照风险评估的结果，权衡政策（如果需要），选择和执行适当控制（包括执法）① 的过程。

灵敏度分析（Sensitivity Analysis）是指通过改变输入信息来测量输出信息的变化，以检验某个模型行为表现的方法。

透明度（Transparent）是指对过程特征的原理、发展的逻辑、约束、假设、价值判断、决策、决定的限制和不确定性都有完整和系统的陈述，并形成文件和可以复审。

不确定性分析（Uncertainty Analysis）是指用于估计与模型输入、假设和结构/形式有关的不确定性的方法。

4 微生物风险评估通则

（1）微生物风险评估应该建立在良好的科学基础上。

（2）风险评估与风险管理之间在功能上应该有区别。

（3）进行微生物风险评估的结构方式包括危害鉴定、危害特征、暴露评估和风险特征。

（4）微生物风险评估要清楚地说明该行

---

① 控制是指预防、消灭或减少危害和/或使风险减到最小。

动的目的，包括会得出的风险估计的型式。

（5）进行微生物风险评估应该是透明的。

（6）必须确定风险评估的限制因素，例如价格、资源或时间，并描述它们可能的结果。

（7）风险估计应该包括对不确定性的描述，以及在风险评估期间这些不确定性在何处出现。

（8）在风险估计中应该可以测定不确定因素的数据；数据和数据收集系统应当尽可能有足够的质量和准确度，使在风险估计中的不确定性最小。

（9）微生物风险评估需要明确考虑微生物在食品中的生长、存活和死亡的动态，和人体在进食以后微生物与人体之间相互作用的复杂性（包括后果），以及微生物是否有进一步扩散的可能性。

（10）如果可能，随着时间的推移，通过与人类疾病数据比较，应进行重新评估。

（11）有新的相关信息时，微生物风险评估可能需要重新评价。

5 应用准则

这些准则为微生物风险评估的要点提供一个大纲，指出在风险评估每一步所需要考虑的决策类型。

5.1 一般考虑

风险分析的要素包括：风险评估、风险管理和风险信息交流。将风险评估与风险管理的功能分开，能保证风险评估过程的无偏向

性。但是，在综合性和系统性的风险评估过程中，需要某些相互作用。这些可能包括对危害的分级和决定风险评估的政策。在风险评估时应该考虑到风险的处理，做决定的过程需要透明。该过程的透明非倾向性很重要，不管谁是评价者或者谁是管理者。

如果可行，一个风险评估过程应该努力要求感兴趣的团体参加，以增加风险评估的透明度；通过增添的专家和信息来加强风险信息交流，从而增加风险评估结果的可信度和可接受性。

科学证据可能是有限的、不完整的或相互矛盾的。在这些情况下，如何完成风险评估过程的决定应该是透明的和广泛通告的。在进行风险评估时，高质量的信息很重要，可以减少风险估计的不确定性并增加其可靠性。应该鼓励尽可能用定量分析，但是也不能低估定性分析信息的价值和用途。

要认识到并不是总能获得足够的资源，且这些限制有可能影响到风险估计的质量。资源有限的情况，为达到透明的目的，在正式记录中描述这些限制是很重要的，在适当情况下，在记录中要包括资源不足对风险评估的影响。

5.2 风险评估目的

在工作开始时必须清楚说明进行特殊风险评估的特定目的。应该确定风险评估结果的形式和其他可能的结果。例如，产物的形式可能是对患病率的估计，或者是对每100000人中年发病率的估计，或者是人类进食后疾病的发生率和对其严重程度的估计。

微生物风险评估可能需要一个初步研究时期。在这一期间，需要构建一个支持从农场到餐桌的危险证据的模型或者描述风险评估的框架。

5.3 危害鉴定

对微生物因素而言，危害鉴定的目的是要证明与食物有关的微生物或微生物毒素。危害鉴定主要是一个从相关的数据来源能够鉴别危害的定性过程。危害的信息可以从科学文献、数据库（例如，食品工业、政府机构和有关的国际组织）以及征求专家的意见获得。其他领域的相关信息包括：临床研究、流行病学研究和监测、动物试验、对微生物特性的研究、从初级产品直到最终消费这条食物链的环境与微生物之间的相互作用，以及对类似微生物及其环境的研究。

5.4 暴露评估

暴露评估包括对人体实际暴露或预期暴露程度的评估。微生物因素暴露的评估是根据食品被某一特殊因素或其毒素污染的可能程度，或可能是根据膳食信息。暴露评估应该说明该食品需要多少量才能对大多数人产生急性疾病。

暴露评估中必须考虑的因素有：随着时间的推移、食品被致病因子污染的频率及其污染水平。影响这些因素的因子，例如致病因子的特性、食品中微生物的生态学、原材料的污染（包括产地的差别和生产季节、卫生水平和加工控制）、食品的加工方法、包装、销售和储存，以及制备时的任何步骤，如食品的烹调和保存。在评估时必须考虑的其他因素还有进食方式。这些因素与社会经济和文化背景、民族、季节、年龄、地区和消费者的爱好与行为的差别有关。要考虑的其他因素还包括食品处理者，他们也可能是污染源，例如手与食品接触的次数以及对环境、时间/温度关系的使用不当。

致病微生物水平的变化有时是动态的，例如，在食品加工时，若时间/温度控制得当则致病微生物较少，但在滥用的情况下（如储藏温度不当以及与其他食品交叉污染）则致病微生物会大量繁殖。因此，对暴露的评估应该描述从产品到消费的过程。构建场景以预测暴露的可能范围。构建的场景要能反映加工过程的影响，如卫生设计、清洁和消毒、时间/温度以及食品史、食品处理和摄取模式、管理控制和监测系统等其他情况。

在各种不确定水平范围内进行暴露评估能估计微生物致病因子或微生物毒素的水平，以及在摄取这些食品时它们出现的可能性。食品分类从定性上可以根据食品的来源是否被污染，食品能否支持有关致病微生物的生长，食品处理是否不当或食品是否经过热处理来区分。食品中微生物（包括病原菌）的存在、生长、成活或死亡，受加工、包装、储存环境（包括储藏温度）、环境的相对湿度和大气中各种气体成分影响。其他有关因素则包括酸碱度（pH）、水分含量、水活性、营养素含量、是否存在抗微生物物质和竞争的微生物群等。在暴露评估中，预测微生物学可能是一门有用的学科。

5.5　危害特征

这一步骤定性和定量地描述了由于摄入食品中的微生物及其毒素所发生的有害作用的严重性及持续期限。假如能够获得数据，则可以进行剂量-反应评估。

危害特征要考虑若干重要因素。这些因素与微生物和人类宿主都有关。在微生物方面，下列因素是重要的：微生物能够复制，微生物的毒性和传染性会根据微生物与宿主和环境之间的相互作用而发生变化；遗传物质在微生物之间能够转移，导致微生物的特性发生转变，例如对抗生素的抵抗力和毒性因子的转移，能够通过第二代和第三代遗传而扩散；暴露后临床症状的发作会延迟；有些微生物在某些个体中持续存在并连续不断排出，并有继续传播感染的危险；在某些病例中，某些微生物甚至含量很低也能导致严重的临床反应；而且食物的某些属性可以改变微生物的致病性，例如，脂肪含量高的食物。

下列因素对宿主可能是重要的：遗传因子，如人类白细胞抗原（HLA）的类型；生理屏障被破坏而易感性增加；个体宿主易感性的特点，如年龄、妊娠、营养、健康和服药状况、合并感染、免疫状态和以前的暴露史；以及人群的特点，如人群免疫状况、医疗保健和微生物在群体中的存在情况等。

对危害特性的描述，最理想的情况是建立剂量-反应关系。在建立剂量-反应关系时，应该考虑有不同的终点（如感染或患病）。在不存在已知的剂量-反应关系时，可能以专家启发作为风险评估的工具来考虑对危害特性

所需的各种因素（如感染性）进行描述。此外，专家们也能设计出分级系统，从而可以用来鉴别危害的严重性和/或疾病的持续时间。

5.6　风险特征

风险特征代表综合危害鉴定、危害特性和暴露评估，以获得一个风险估计；在某个人群中进行定性和定量估计发生不良作用的可能性和严重性，包括与这些估计有关的不确定性的描述。这些估计可以通过与疾病流行危害有关的独立流行病学数据进行比较来评估。

风险特征将过去步骤中所有的定性和定量信息集合在一起，对某个群体的风险提供一个合理的估计。风险特征取决于可获得的数据和专家的判断。定量和定性的综合数据的权重可能仅仅允许作为风险的定性分析。

风险的最终估计的可信度取决于其变异性、不确定性和以前所有步骤中证明的假设。不确定性和变异性的区别对以后选择风险管理步骤是重要的。不确定性与数据本身以及所选择的模型有关。数据的不确定性包括那些可能来源于从流行病学、微生物学以及从动物试验中所获得的信息的评价和插入。不确定性的产生是由于使用从某种条件下所发生的某些现象的数据，估计或预测在其他不能获得数据的类似条件下所发生的现象。生物学上的变异包括微生物群的毒性不同以及人群和特殊亚群的敏感性不同。

重要的是要证明在风险评估中所用的估计和假定的影响；定量的风险评估可以用灵敏度和不确定性分析。

5.7 说明

风险评估应当全面和系统地形成文件并与风险管理者进行交流。了解风险评估的任何限制因素对评估过程透明度的影响，是做决定时必需的。例如，对专家的判断应该进行鉴定和解释它们的合理性。为了保证风险评估的透明度，就要准备一份包括摘要的正式记录，同时要使有兴趣的独立学术团体可以得到这些材料，使其他风险评估者可以重复和讨论这些工作。正式记录和摘要应该指出风险评估中的任何约束、不确定性和假设，以

及它们对风险评估的影响。

5.8 再评估

当获得新的有关信息及数据时，监督项目能够提供机会来重新评估与食品中病原体有关的公共卫生风险。微生物风险评估者有可能将微生物风险评估模型预测的风险估计与人类疾病数据报告进行比较以校准预测的可靠性。这一比较加强了模型的反复性。当可获得新数据时，可能需要重新进行微生物风险评估。

缩略语

ALOP Appropriate Level of Protection 适当保护水平

BfR（德文简称） German Federal Institute for Risk Assessment 德国联邦风险评估研究所

BVL（德文简称） German Federal Office of Consumer Protection and Food Safety 德国联邦消费者保护和食品安全局

CAC Codex Alimentarius Commission 国际食品法典委员会

CCFH Codex Committee on Food Hygiene 食品卫生法典委员会

CCP Critical Control Point 关键控制点

CDC Centers for Disease Control and Prevention 疾病控制与预防中心

CFSA China National Center For Food Safety Risk Assessment 中国国家食品安全风险评估中心

CFSAN Center for Food Safety and Applied Nutrition 美国食品安全与应用营养中心

CFU Colony‑Forming Units 菌落形成单位

DAEC Diffusely Adherent *Escherichia coli* 弥散性黏附性大肠杆菌

EAEC Enteroaggregative *Escherichia coli* 肠聚集性大肠杆菌

EHEC Enterohemorrhagic *Escherichia coli* 肠出血型大肠杆菌

EIEC Enteroinvasive *Escherichia coli* 肠侵袭性大肠杆菌

EPEC Enteropathogenic *Escherichia coli* 肠致病性大肠杆菌

ETEC Enterotoxigenic *Escherichia coli* 肠产毒性大肠杆菌

EFSA European Food Safety Authority 欧洲食品安全局

ETA Event Tree Analysis 事件树分析

EWRS Early Warning Response System 早期预警与应急响应系统

FAO Food and Agriculture Organization of the United Nations 联合国粮食及农业组织

FDA U. S. Food and Drug Administration 美国食品与药物管理局

FIORP Foodborne Illness Outbreak Response Protocol 加拿大食源性疾病暴发应对方案

FM Food Micromodel 食品微模型程序

FSA Food Standards Agency 英国食品标准署

FSSP Food Spoilage and Safety Predictor 食品腐败和安全预测软件

FSIS Food Safety and Inspection Service 美国食品安全检验局

FTA Fault Tree Analysis 故障树分析

FoodNet Foodborne Disease Active Surveillance Network 美国食源性疾病主动监测网

GMP Good Manufacturing Practice 良好作业规范

GHP Good Hygiene Practice 良好卫生

规范

GSP　Good Supply Practice　良好经营规范

GOARN　Global Outbreak Alert and Response Network　全球疫情警报和反应网络

HACCP　Hazard Analysis Critical Control Point　危害分析关键控制点

JEMRA　Joint FAO/WHO Expert Meetings on Microbiological Risk Assessment　微生物风险评估联合专家委员会

ICMSF　The International Commission on Microbiological Specifications for Foods　国际食品微生物标准委员会

INFOSAN　The International Food Safety Authorities Network　国际食品安全当局网络

MKES　Microbial Kinetic Expert System　微生物动态专家系统

MLVA　Multiple Locus Variable Numbers Tandem Repeat Analysis　多基因座可变数目串联重复分析

MRA　Microbiological Risk Assessment　微生物风险评估

NZFSA　The New Zealand Food Safety Authority　新西兰食品安全局

PCP　Preventive Food Safety Controls　预防控制计划

PFGE　Pulsed Field Gel Electrophoresis　脉冲场凝胶电泳

PHA　Primary Hazard Analysis　预先危险分析

PMP　Pathogen Modeling Program　病原菌模型程序

QMRA　Quantitative Microbiological Risk Assessment　定量微生物风险评估

RASFF　Rapid Alert System for Food and Feed　欧盟食品和饲料快速预警系统

RKI　Robert Koch Institute　德国罗伯特·科赫研究所

SFCR　Safe Food for Canadians Regulations　加拿大食品安全条例

SOP　Standard Operating Procedure　标准操作程序

SPS　Sanitary and Phytosanitary Measures　卫生与植物卫生措施协定

SSOP　Sanitation Standard Operating Procedure　卫生标准操作程序

SSSP　Seafood Spoilage and Safety Predictor　海产品腐败和安全预测器

STEC　Shiga toxin – producing *Escherichia coli*　产志贺毒素大肠杆菌

T3SS　Type Ⅲ secretion system　三型分泌系统

TQM Total Quality Management　全面质量管理

USDA　United States Department of Agriculture　美国农业部

VTEC　Verotoxigenic *Escherichia coli* Vero毒素型大肠杆菌

WGS　Whole Genome Sequencing　全基因组测序

WHO　World Health Organization　世界卫生组织

WTO　World Trade Organization　世界贸易组织